致密气藏提高采收率技术

贾爱林　冀　光　孟德伟　等著

石油工业出版社

内 容 提 要

本书从致密砂岩气藏基本地质与渗流特征出发，系统阐述了储层改造、井网井型优化、低成本钻井、井下节流、采气工艺、气藏集输等提高致密砂岩气藏采收率的关键技术，总结了“十三五”致密砂岩气藏开发攻关成果。

本书可供从事油气勘探开发研究人员及高等院校相关专业师生使用。

图书在版编目（CIP）数据

致密气藏提高采收率技术 / 贾爱林等著 . —北京：石油工业出版社，2022. 5

ISBN 978-7-5183-5411-5

Ⅰ. ①致… Ⅱ. ①贾… Ⅲ. ①致密砂岩-砂岩油气藏-提高采收率 Ⅳ. ①TE343

中国版本图书馆 CIP 数据核字（2022）第 093232 号

出版发行：石油工业出版社

（北京安定门外安华里 2 区 1 号　100011）

网　址：www. petropub. com

编辑部：（010）64523708

图书营销中心：（010）64523633

经　　销：全国新华书店

印　　刷：北京中石油彩色印刷有限责任公司

2022 年 5 月第 1 版　2022 年 5 月第 1 次印刷

787×1092 毫米　开本：1/16　印张：18. 5

字数：450 千字

定价：160. 00 元

（如发现印装质量问题，我社图书营销中心负责调换）

前　言

随着常规天然气资源量的不断消耗及人民日益增长的天然气消费需求，供需矛盾越来越突出，因此非常规气勘探开发备受关注。致密砂岩气作为三大非常规天然气之一（致密砂岩气、煤层气、页岩气），是接替常规天然气的重要补充资源。据国际能源署统计，截至2020年，全球非常规天然气可采资源量近$4000\times10^{12}m^3$，其中致密砂岩气资源量$210\times10^{12}m^3$，剩余技术可采储量$81\times10^{12}m^3$。我国作为致密砂岩气主要生产国之一，致密砂岩气地质资源量$21.86\times10^{12}m^3$，主要分布在鄂尔多斯、四川、松辽、塔里木、渤海湾、吐哈和准噶尔等盆地。截至2019年底，我国致密砂岩气累计探明储量$5.2\times10^{12}m^3$，年产量从2004年约$2\times10^8m^3$快速增长到2020年的$431\times10^8m^3$。该数据表明，致密砂岩气藏发展迅速，且仍然具有较大的发展前景。

致密砂岩储层渗透性差、毛细管压力高、含水饱和度高、非均质性强、气水关系复杂等地质特征导致气藏存在渗流复杂、启动压力梯度高、单井产量低、递减快、储量动用程度与采收率低等开发难点。如何提高致密砂岩气藏采收率一直困扰着众多天然气开发工作者，成为致密砂岩气藏增储上产的重要技术瓶颈。

为了推进我国致密砂岩气藏提高采收率技术发展，本书在国家科技重大专项“致密气富集规律与勘探开发关键技术”与中国石油科技专项“天然气藏开发关键技术”的支持下，从致密砂岩气藏基本地质与渗流特征出发，系统阐述了储层改造、井网井型优化、低成本钻井、井下节流、采气工艺、气藏集输等提高致密砂岩气藏采收率的关键技术，总结了“十三五”致密砂岩气藏开发攻关成果，为“十四五”致密砂岩气勘探开发提供借鉴。致密砂岩气大规模开发前景广阔，将对优化我国能源结构和保障国家能源安全具有重大意义。

本书涉及内容广泛，其主要来自国内外同行、专家公开出版或发表的文章及相关资料，所参阅资料列于参考文献，若由于编者疏忽而没有列出，敬请谅解。此外，由于编者水平有限，书中不足之处在所难免，敬请读者批评指正。

目　录

第一章　致密气藏理论采收率标定

第一节　致密气藏理论采收率影响因素

结合实验研究、数值模拟与理论分析，本节系统阐述致密气藏微观渗流机理对采收率的影响；建立了滑脱效应理论修正图版、启动压力梯度—渗透率及应力敏感系数—采收率关系图版；明确了渗透率、孔隙度、含水饱和度、储层厚度等宏观因素对采收率的影响，并建立了采收率与各项宏观因素之间的关系图版；厘清了工程因素对致密气藏采收率的影响。

一、气体滑脱效应的影响

滑脱效应作为影响低渗透气藏非达西渗流规律的因素之一，国内外学者已做过大量研究。本节选取苏东致密气藏的 4 块典型岩心，进行定压差高压气体渗流实验，研究不同渗透率和气藏压力条件下滑脱效应对产能的影响，旨在建立考虑滑脱效应的产能评价新方法，提高致密气藏产能评价准确性。

1. 气体滑脱效应实验

对岩心进行 110℃烘干 12 小时的处理，然后将岩心放入岩心夹持器，确保实验围压大于 2MPa 的孔隙压力，入口压力从 4.5MPa 逐渐降低，出口压力为大气压。苏里格气田东区致密气藏 4 块岩心的基础数据见表 1-1。

表 1-1　苏里格气田东区致密气藏岩心基础数据

井号	岩心编号	直径(cm)	长度(cm)	深度(m)	渗透率(mD)	孔隙度
Z70 井	1	2.521	5.838	2743.67	0.048	0.083
T33 井	2	2.510	6.268	3125.78	0.117	0.094
S240 井	3	2.496	6.137	2863.71	0.213	0.103
Z16 井	4	2.478	6.542	2930.20	0.307	0.115

不同压差下各岩心的渗透率见表 1-2，绘制 K_g—$1/\bar{p}$ 关系曲线如图 1-1 所示，其中 K_g 为空气渗透率，p 为(入口压力+出口压力)/2。

表 1-2　不同压差岩心的渗透率

岩心编号	K_1 (mD)	K_2 (mD)	K_3 (mD)	K_4 (mD)	K_5 (mD)
入口压力(MPa)	1.5	1.1	0.85	0.6	0.35
1	0.251	0.277	0.300	0.342	0.422
2	0.106	0.115	0.122	0.133	0.153
3	0.140	0.146	0.153	0.170	0.195
4	0.156	0.165	0.171	0.191	0.224

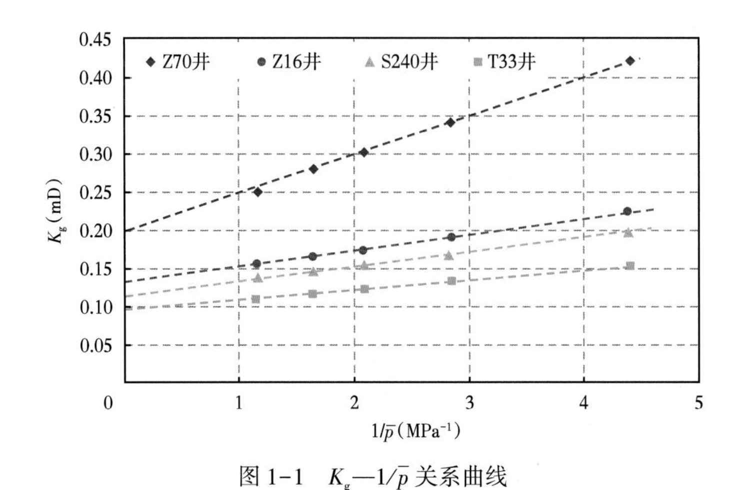

图 1-1 K_g—$1/\bar{p}$ 关系曲线

计算不同岩心的等效液测渗透率(克氏渗透率)K_∞、滑脱因子 b 见表 1-3。

表 1-3 岩心等效液测渗透率 K_∞、滑脱因子 b 计算结果

岩心编号	等效液测渗透率(mD)	滑脱因子
1	0.189	0.279
2	0.091	0.580
3	0.118	0.148
4	0.129	0.409

根据计算结果，绘制 K_g/K_∞—$\bar{p}$ 关系如图 1-2 所示。苏里格气田东区致密气藏岩心存在滑脱效应现象，且随着 $\bar{p}$ 的增大，K_g/K_∞ 逐渐减小，即对致密气藏渗流而言，气体滑脱效应与孔隙压力有较为密切的关系，孔隙压力越大，气体滑脱效应越小。

总结归纳实验结果：渗透率介于 0.1~1.0mD 时，当气藏压力高于 10MPa，滑脱效应对生产有弱影响，影响程度在 3%以内；渗透率小于 0.1mD 时，当气藏压力低于 2MPa，

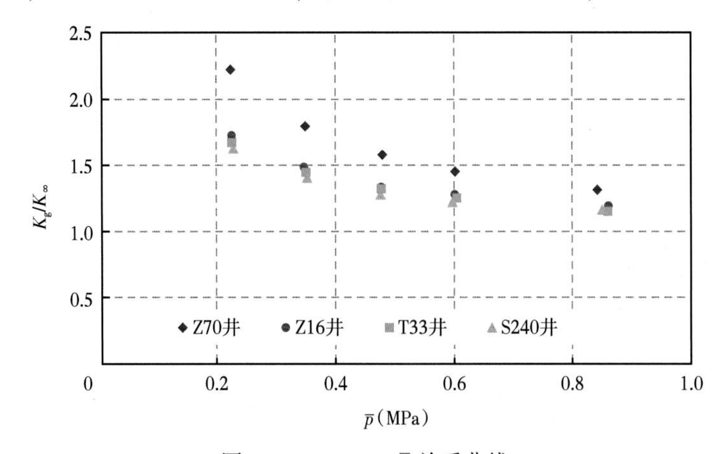

图 1-2 K_g/K_∞—$\bar{p}$ 关系曲线

其影响程度可达10%；渗透率大于1mD时，滑脱效应对生产的影响不明显。

2. 滑脱效应对气体渗流的影响

针对干岩样，通过理论计算，可以得到滑脱效应对气体渗流的影响程度，如图1-3所示。可以发现：室内常规驱替实验时，滑脱效应非常明显，必须考虑其影响，对实验结果进行校正；在同一实验条件下（平均压力），所用岩心渗透率越低，实验结果所受滑脱效应的影响越大。

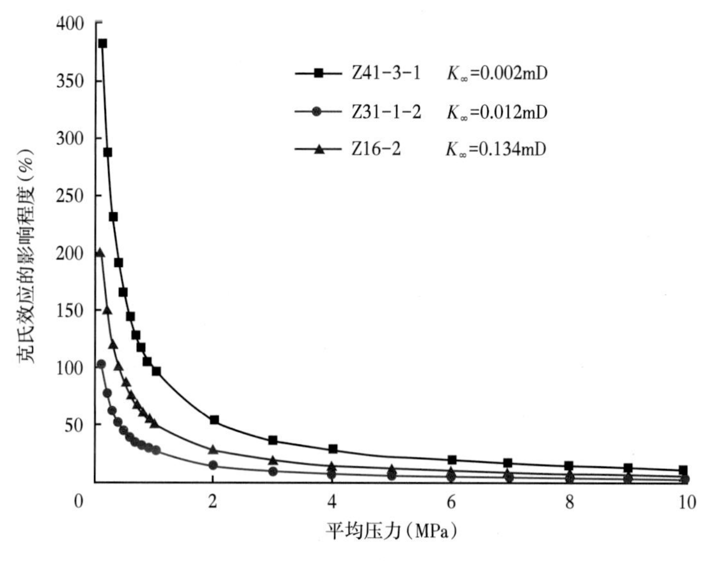

图1-3　滑脱效应对气体渗流的影响程度

苏里格气田东部地区地层静压25.72MPa，平均压力15.17MPa（中国石油长庆油田勘探开发研究院资料），由图1-4可知滑脱效应影响不大，又因为储层含水饱和度高（可达60%以上），因此在后续章节建立渗流数学模型时不予考虑。

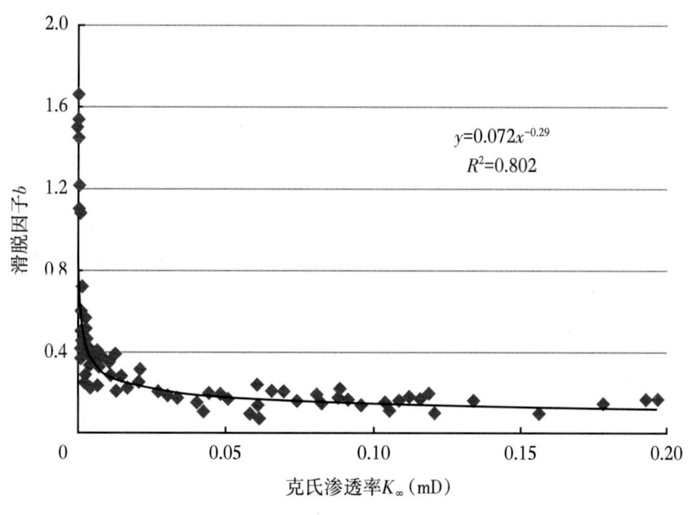

图1-4　克氏渗透率与滑脱因子关系

二、启动压力的影响

当前研究表明，气相启动压力梯度和平均渗透率倒数存在线性关系。启动压力和滑脱效应共同作用存在非达西效应消失现象，但在实际研究中并不能因为其影响效果对冲而忽略此因素。本次研究采用流量压差法和压力平衡法开展实验研究，并建立启动压力梯度与渗透率的关系，分析其对致密气藏产能的影响。

1. 压差流量法

针对致密气藏岩心单相气体启动压力存在性问题应用压差流量法开展了实验研究。选取 10 块长庆苏里格东部气田的岩心进行了气体启动压力梯度测试实验，岩心均为柱状砂岩岩心，外表完好，没有可见微裂缝。逐级增压单相气驱实验的岩心测试结果见表 1-4。

表 1-4　岩心参数及实验测试结果表

岩心编号	长度（cm）	直径（cm）	气测渗透率（mD）	30MPa 围压下初始渗透率（mD）
S240-3	6.15	2.51	0.320	0.142
S240-8	6.76	2.51	0.282	0.138
T43-1	7.14	2.52	0.096	0.039
Z9-4	6.91	2.52	0.220	0.079
Z16-1	7.052	2.51	0.102	0.031
Z31-1	6.76	2.51	0.121	0.055
Z34-2	5.72	2.45	0.314	0.179
Z49-2	6.72	2.52	0.122	0.023
Z50-2	7.444	2.52	0.065	0.009
Z51-1	7.15	2.52	0.416	0.263

绘制驱替压力—流速曲线，如图 1-5 所示，曲线延长线经过坐标原点，其他 5 块岩心的测试结果与此类似，均没有非线性渗流段存在，说明所选取的苏里格东部气田岩心在单相气体渗流过程不存在启动压力。

2. 压力平衡法

实验所用岩心的基础数据见表 1-5。

表 1-5　实验岩心数据

井号	岩心编号	长度（cm）	直径（cm）	渗透率（mD）
T43 井	1	5.96	2.51	0.132
T29 井	2	6.75	2.52	0.041
Z9 井	3	7.29	2.52	0.032
Z16 井	4	6.33	2.52	0.396
Z29 井	5	6.12	2.53	0.048
Z36 井	6	6.41	2.52	0.023

续表

井号	岩心编号	长度(cm)	直径(cm)	渗透率(mD)
Z50 井	7	7.76	2.52	0.04
Z52 井	8	6.43	2.52	0.154
Z53 井	9	6.62	2.52	0.19
Z80 井	10	7.44	2.52	0.154

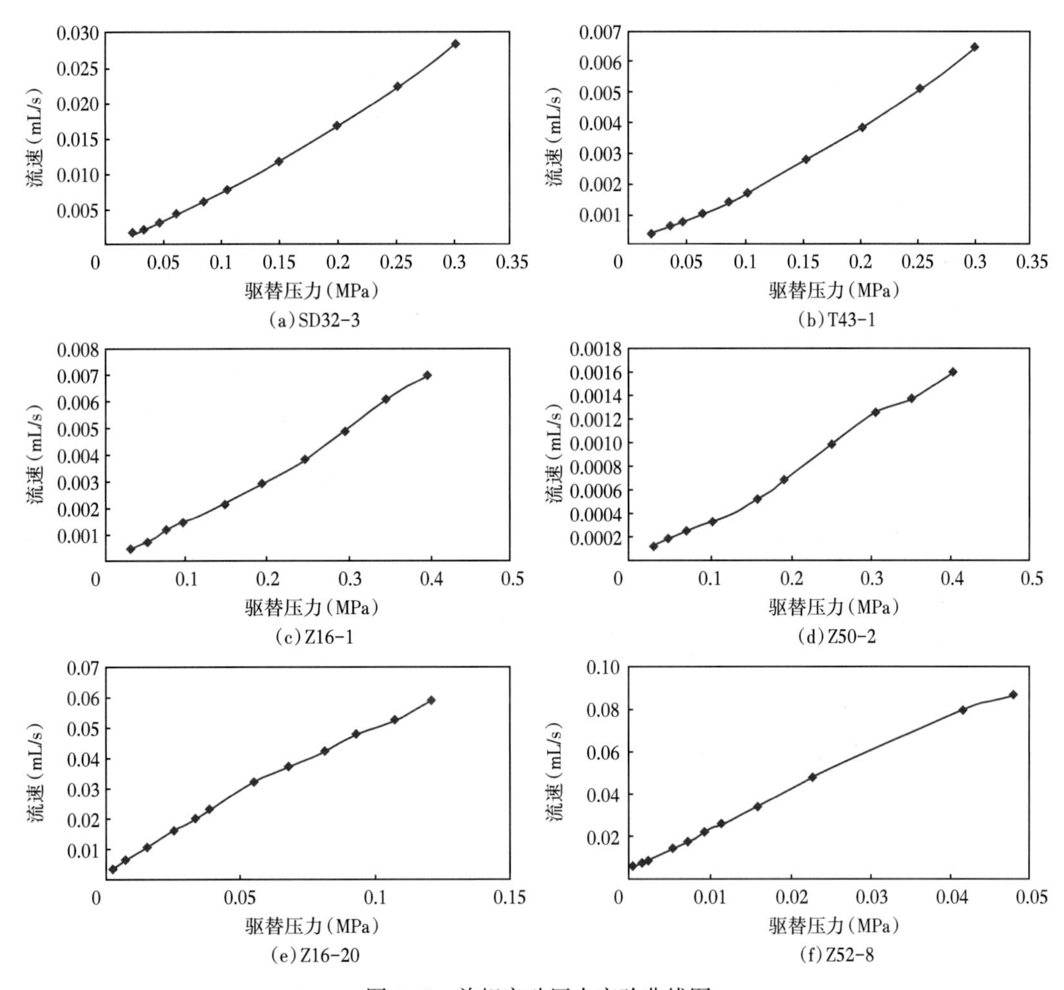

图 1-5　单相启动压力实验曲线图

对 Z16 井岩心进行压力平衡法测试启动压力梯度，控制 Z16 井岩心进出口两端的压力，待岩心中的流体达到稳定渗流后，在保持岩心上游端压力不变的同时将岩心下游端的阀门关闭，记录不同时刻进出口端的压差，并计算相应的压力梯度，将结果绘制成压力梯度—时间关系曲线，如图 1-6 所示。由图 1-6 可以看出，Z16 井岩心最终稳定后的压力梯度为 1.43MPa/m，即 Z16 井岩心的启动压力梯度为 1.43MPa/m，与压差流量法测得的结果相差不大。

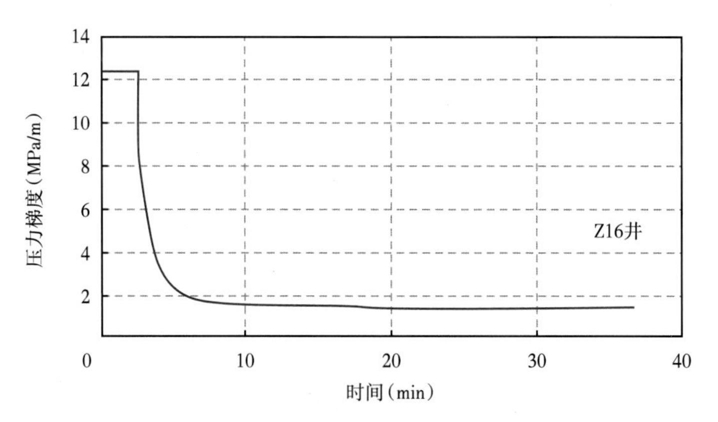

图 1-6　Z16 井岩心压力梯度—时间关系曲线

Z52 井岩心和 Z16 井岩心气水两相渗流，存在启动压力效应，经分析认为，水相的存在产生了气水界面张力，且所选两块岩心的孔隙度较小，导致气水界面张力相对常规低渗透岩心更大，对流体的渗流产生了一定的阻力，必须附加一定的启动压力，流体才能开始渗流。单相渗流不存在启动压力效应。气水两相时，当渗透率大于 0.1mD 时，不存在启动压力效应；而当渗透率小于 0.1mD 时，存在启动压力效应且较明显(图 1-7)。启动压力效应的存在降低了致密气藏的可动用程度，影响采收率。随着启动压力梯度的增大，致密气藏的采收率随之减小(图 1-8)。

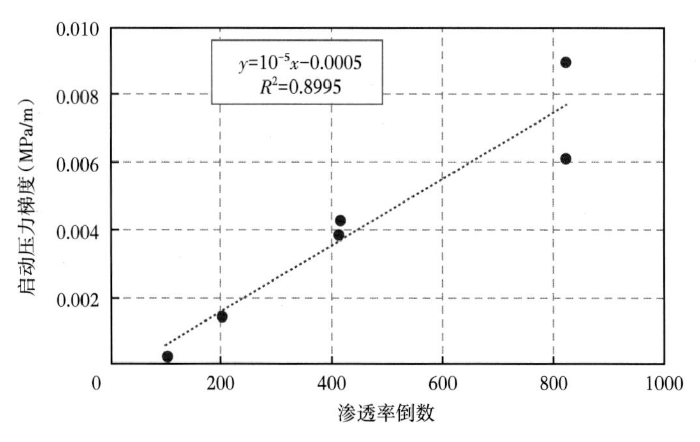

图 1-7　启动压力梯度与渗透率倒数关系

因此对于致密气藏，应考虑启动压力梯度的影响。根据实验结果，建立了启动压力梯度与储层物性参数渗透率的关系式：

$$\lambda = 10^{-5}\frac{1}{K} - 5\times 10^{-4}$$

式中　λ——启动压力梯度；

K——储层物性参数渗透率。

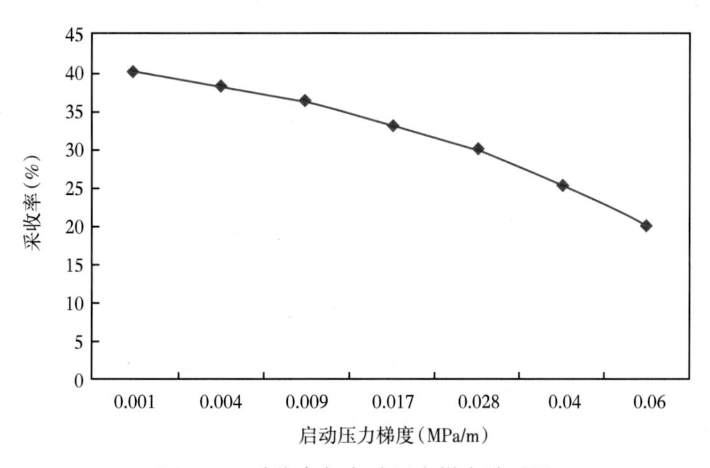

图 1-8　采收率与启动压力梯度关系图

三、应力敏感性的影响

在模拟储层压力、温度的基础上，考虑原始地应力分布，对苏里格气田东部气田盒八段和山一段的岩心进行应力敏感性实验，并采用应力敏感性系数对实验结果进行分析评价。

1. 应力敏感性实验

应力敏感系数和渗透率伤害率评价应力敏感性的标准见表 1-6。

表 1-6　评价标准

评价指标	评价标准		
应力敏感系数（S_s）	$S_s \leqslant 0.3$	$S_s < D_K \leqslant 0.7$	$S_s > 0.7$
渗透率损害率（D_K）	$D_K \leqslant 0.3$	$0.3 < D_K \leqslant 0.7$	$D_K > 0.7$
应力敏感性	弱	中等	强

应力敏感实验的岩心数据见表 1-7。

表 1-7　应力敏感实验岩心数据

井号	岩心编号	长度(cm)	直径(cm)	深度(cm)	温度(℃)	渗透率(mD)
Z50 井	1	7.77	2.52	2912.20	93	0.040
Z16 井	2	6.32	2.51	3021.39	98	0.392
SD32—46 井	3	6.76	2.52	3003.21	97	0.918
SD32—46 井	4	6.41	2.51	3005.29	98	0.901
Z36 井	5	6.30	2.52	3100.37	96	0.021
SD35-58 井	6	7.31	2.51	2969.26	97	0.131
SD23-53 井	7	7.11	2.51	2951.13	96	0.215
SD23-53 井	8	7.38	2.51	2936.14	97	0.167
T33 井	9	6.73	2.52	2736.16	98	0.148
T41 井	10	6.85	2.51	2505.28	92	0.537

不同有效围压下的渗透率见表 1-8，根据实验结果作各岩心渗透率随围压的变化曲线，如图 1-9 所示。

表 1-8　不同有效围压下的渗透率

岩心编号	渗透率（mD）									
	2.5MPa	5.0MPa	7.5MPa	10.0MPa	12.5MPa	15.0MPa	20.0MPa	25.0MPa	30.0MPa	35.0MPa
1	0.5386	0.3371	0.2239	0.1583	0.1164	0.0887	0.0597	0.0439	0.0341	0.0288
2	0.3956	0.2210	0.1418	0.0988	0.0722	0.0549	0.0345	0.0242	0.0177	0.0133
3	0.9683	0.5900	0.3902	0.2488	0.1933	0.1431	0.0829	0.0529	0.0350	0.0270
4	0.9071	0.5527	0.3656	0.2335	0.1805	0.1343	0.0775	0.0496	0.0329	0.0253
5	0.0231	0.0104	0.0071	0.0050	0.0039	0.0029	0.0018	0.0012	0.0009	0.0007
6	0.1515	0.0867	0.0568	0.0384	0.0289	0.0226	0.0148	0.0102	0.0087	0.0064
7	0.2447	0.1321	0.0925	0.0686	0.0544	0.0443	0.0320	0.0247	0.0201	0.0170
8	0.1772	0.1008	0.0664	0.0480	0.0368	0.0288	0.0190	0.0137	0.0104	0.0081
9	0.1475	0.0864	0.0555	0.0366	0.0260	0.0178	0.0101	0.0065	0.0042	0.0034
10	0.5386	0.3371	0.2239	0.1583	0.1164	0.0887	0.0597	0.0439	0.0341	0.0288

从图 1-9 中可以看出，随着有效应力增加，各岩心的渗透率逐渐降低，表明各岩心均发生了应力敏感现象。由图 1-10 可以看出，在经过降压和升压过程后，岩心的渗透率受到了一定程度的伤害，未能恢复到初始值。随着有效应力的增加，渗透率损失比值初期很大，突破某一极限后，逐渐趋于平缓，呈现出先陡后缓的变化趋势。根据渗透率伤害率公式进行计算表明，致密气藏渗透率伤害率最大为 96%，不可逆伤害率为 30%~60%。

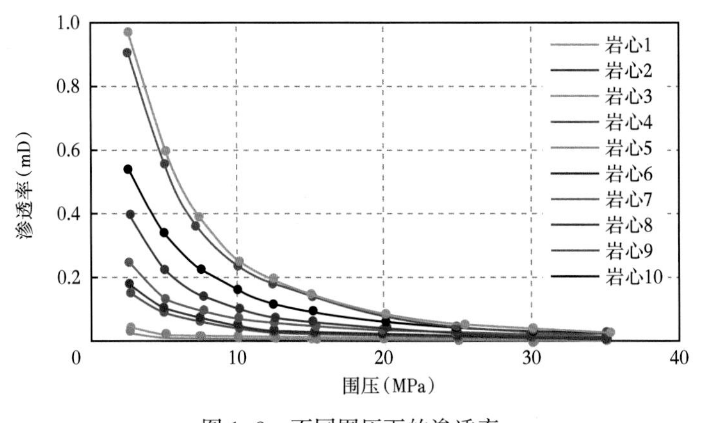

图 1-9　不同围压下的渗透率

为了进一步评价岩心的应力敏感性，计算岩心的应力敏感系数和渗透率伤害率，并根据评价标准对 10 块岩心的应力敏感程度进行评价，评价结果见表 1-9。

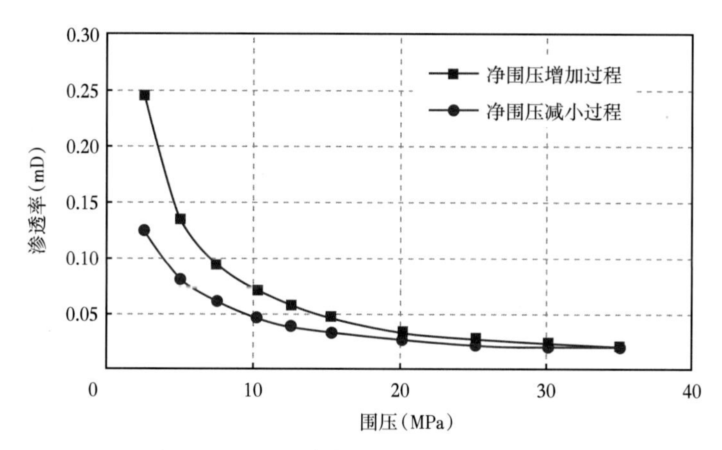

图 1-10 SD23 井岩心不同围压下的渗透率

表 1-9 岩心应力敏感程度评价结果

井号	岩心编号	应力敏感系数	渗透率伤害率	应力敏感性评价
Z50 井	1	0.0998	0.6338	中等
Z16 井	2	0.0989	0.4457	中等
SD32-46 井	3	0.1385	0.2965	弱
SD32-46 井	4	0.1387	0.2862	弱
Z36 井	5	0.0974	0.6837	中等
SD35-58 井	6	0.0915	0.542	中等
SD23-53 井	7	0.0748	0.5023	中等
SD23-53 井	8	0.1299	0.4851	中等
T33 井	9	0.1151	0.5187	中等
T41 井	10	0.0870	0.4182	中等

所选苏里格气田东部地区 10 块岩心的平均应力敏感系数为 0.10716，应力敏感性 80%，为中等应力敏感。且岩心的初始渗透率越小，应力敏感性越强，不可逆伤害率越大，伤害程度越大。应力敏感降低储层渗透能力，引起气藏的最终采收率降低(图 1-11)。

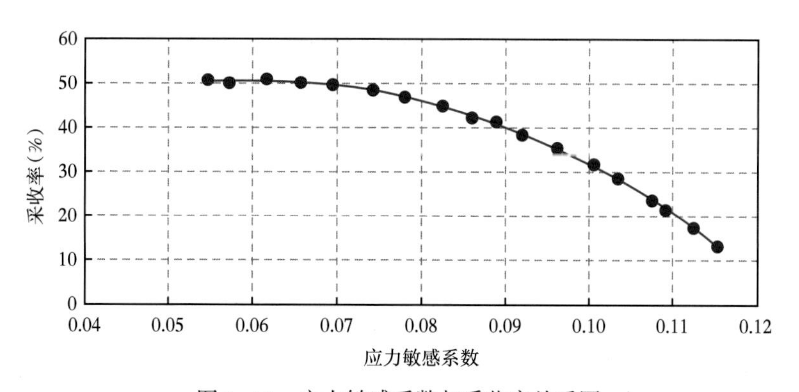

图 1-11 应力敏感系数与采收率关系图

对于致密气藏，应力敏感系数与气藏采收率呈反比关系，当应力敏感程度较大时，采收率明显下降。

2. 束缚水条件下的应力敏感分析

首先进行一组同一位置、相同物性岩心的应力敏感实验，来说明对比实验的可行性与准确性。钻井取心 Z29-1、Z29-2、Z29-3、Z29-4 及 Z29-5，该组岩心均取自 Z29 井且取心的方向相同。该组岩心的基本物性参数及取心层位信息，见表 1-10。

表 1-10　Z29 井钻井取心岩心参数

岩心编号	长度(cm)	直径(cm)	取心深度(m)	渗透率(mD)
Z29-1	6.12	2.53	2902.89	0.0476
Z29-2	6.32	2.53	2913.84	0.1445
Z29-3	6.33	2.53	2901.12	0.2166
Z29-4	6.32	2.53	2899.22	0.1955
Z29-5	6.16	2.53	2917.80	0.1718

如图 1-12 所示为 Z29-1、Z29-2、Z29-3、Z29-4 及 Z29-5 岩心的应力敏感特征曲线，可见，Z29 井所取的 5 块岩心物性相近、岩性相似，所表现出的渗透率应力敏感特征也相近。因此，可以进行前面所述的对比实验。

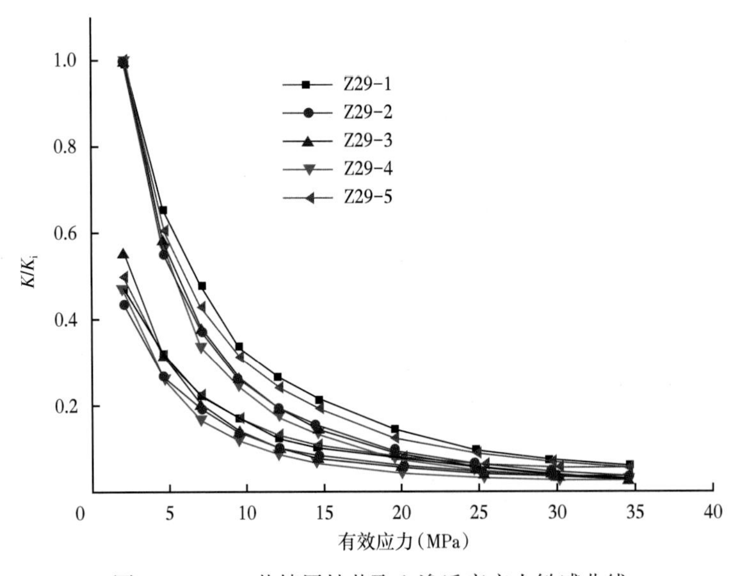

图 1-12　Z29 井储层钻井取心渗透率应力敏感曲线

选取储层同一位置的岩样，将其分为两部分(保证物性相近)，其中一块建立束缚水，进行含束缚水岩心与干岩心应力敏感实验对比研究。岩样 Z54-1-1、Z63-1-1、T33-2-1、Z70-2-1 为干岩心，岩样 Z54-1-2、Z63-1-2、T33-2-2、Z70-2-2 为含束缚水的岩心。如图 1-13 至图 1-16 为 4 组岩心对比实验结果，可见含束缚水岩心与干岩心应力敏感曲线差别明显。

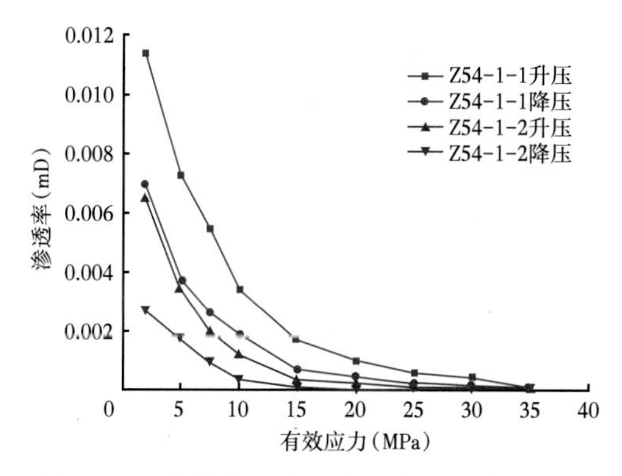

图 1-13 束缚水对渗透率、应力敏感的影响

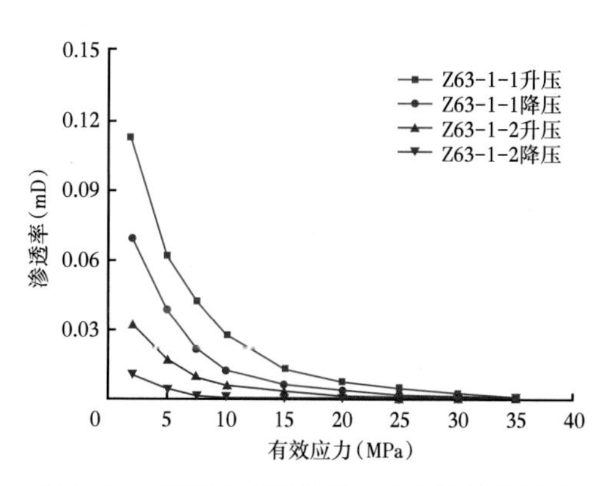

图 1-14 束缚水对渗透率、应力敏感的影响

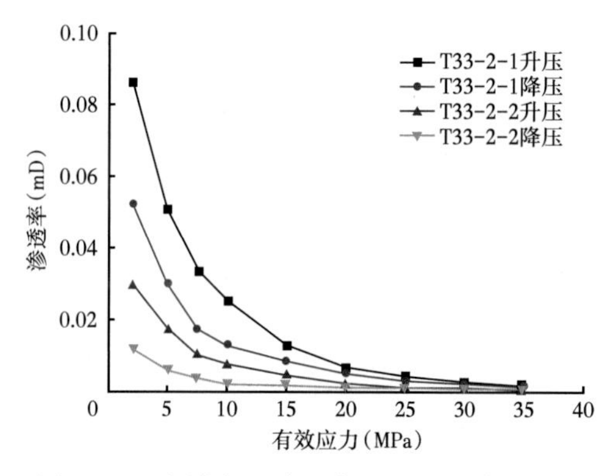

图 1-15 束缚水对渗透率、应力敏感的影响

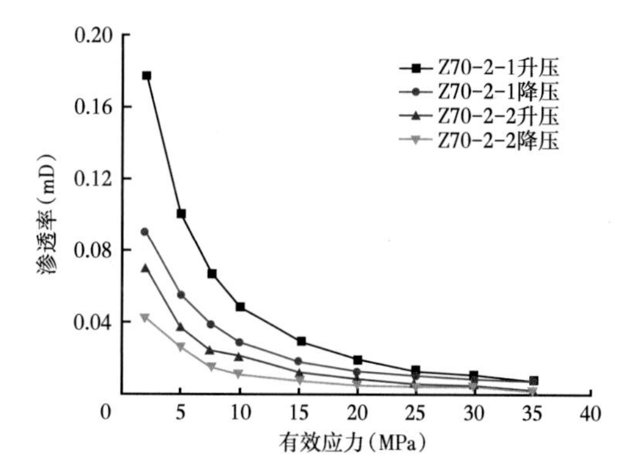

图 1-16 束缚水对渗透率、应力敏感的影响

含束缚水岩样比干岩样应力敏感性强（表 1-11），地层水存在加剧了储层的应力敏感程度；岩心越致密这种现象越明显。这是因为，岩心是亲水性的，水赋存于岩心的小孔道中。当覆压增加时，岩心受到挤压变形，小孔道中的部分水被挤出，占据了原本属于气体流动通道的大孔道，从而导致气体有效流动急剧降低。对于致密岩心，束缚水饱和度很高，岩心受压变形后，束缚水对气体渗流的影响程度更大。

表 1-11 干岩心与含束缚水岩心渗透率、应力敏感系数及恢复程度

岩心编号	气测渗透率（mD）	应力敏感性系数	恢复程度（%）
Z54-1-1	0.035	0.576	41.614
Z54-1-2（束缚水）	0.016	0.666	60.017
Z63-1-1	0.057	0.641	43.239
Z63-1-2（束缚水）	0.022	0.723	61.612
T33-2-1	0.109	0.587	40.059
T33-2-2（束缚水）	0.038	0.641	60.232
Z70-2-1	0.157	0.516	51.489
Z70-2-2（束缚水）	0.081	0.553	60.046

3. 微裂缝条件下的应力敏感分析

苏里格气田东部地区储层微裂缝普遍存在，因此有必要研究微裂缝对致密储层应力敏感性的影响。如前文所述，选取储层同一位置的岩样，将其分为两部分（保证物性相近），其中一块制造微裂缝，进行含微裂缝岩心与原始岩心应力敏感实验对比研究。制造微裂缝的方法采用三轴应力法，岩样 Z70-7-1、Z70-4-1、T33-2-1、Z52-11-1 为原始岩心，岩样 Z70-7-2、Z70-4-2、T33-2-2、Z52-11-2 为含微裂缝的岩心。如图 1-17—图 1-20 为 4 组岩心对比实验结果，可见含微裂缝的岩心与原始岩心的应力敏感曲线差别明显。

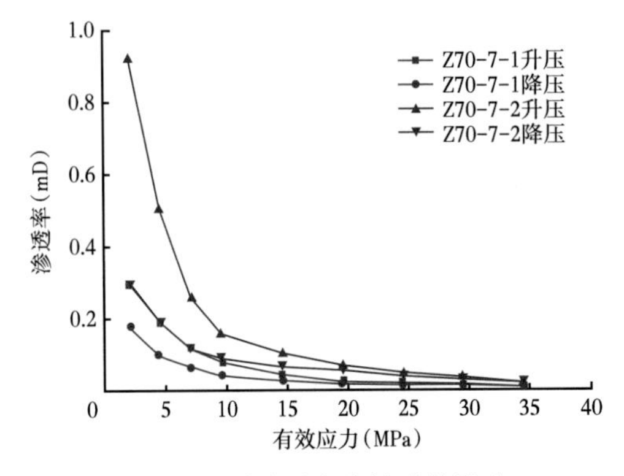

图 1-17　微裂缝对应力敏感的影响（1）

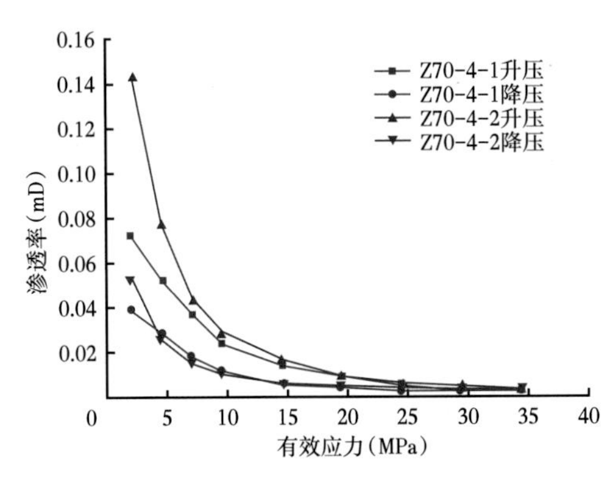

图 1-18　微裂缝对应力敏感的影响（2）

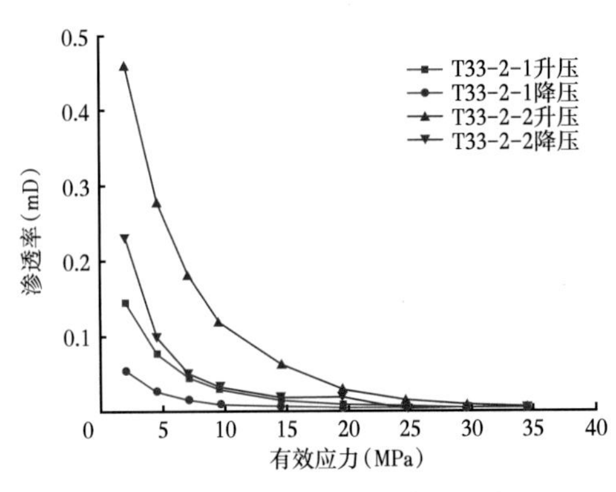

图 1-19　微裂缝对应力敏感的影响（3）

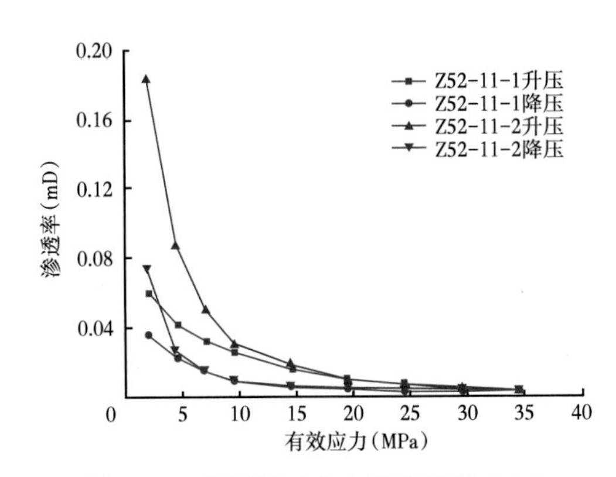

图 1-20　微裂缝对应力敏感的影响（4）

含微裂缝的岩心应力敏感性更大，渗透率恢复程度更低。这是因为，随着有效覆压的增加，微裂缝闭合，有效渗流通道急剧减小，这使得岩心的渗透率迅速降低；泄压过程中，由于发生了结构性变形，微裂缝不会重新张开，因此渗透率恢复程度较低。

四、气水两相渗流规律

选取苏里格气田东部地区岩心，按石油行业标准《岩心分析方法》（GB/T 29172—2012）进行清洗并烘干，抽真空饱和模拟地层水。应用非稳态法测试了不同岩心物性、不同驱替条件下的低渗透岩石相渗曲线。如图 1-21 所示为岩心的相对渗透率曲线图，为了获得具有代表性的相对渗透率曲线，需要将相对渗透率曲线进行归一化处理，如图 1-22 所示。

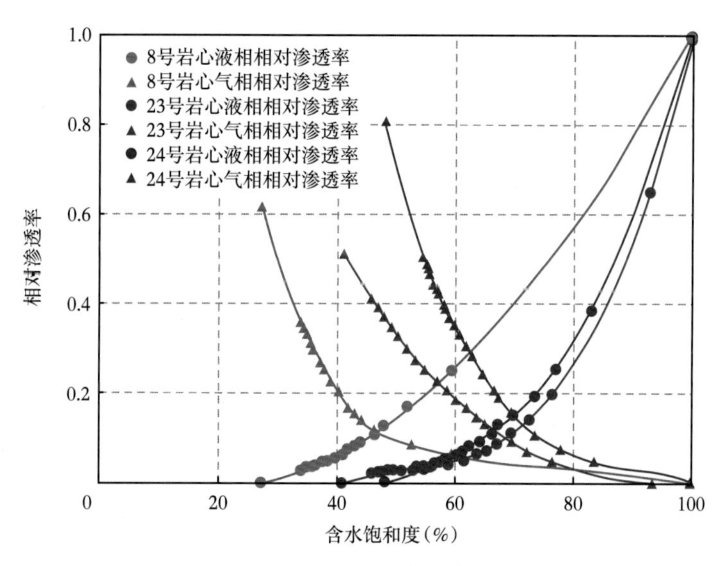

图 1-21　岩心相对渗透率曲线

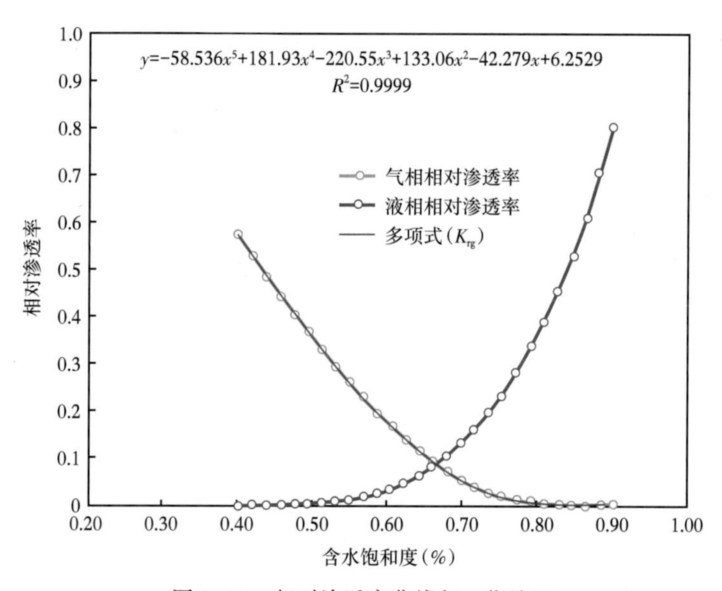

图 1-22　相对渗透率曲线归一化处理

根据图 1-21 与图 1-22 得到，束缚水饱和度范围为 27.43%~47.98%，平均为 48.05%；等渗点处含水饱和度分布在 47.25%~68.83%，平均值为 61.32%；等渗点处气水相相对渗透率分布在 0.1007~0.1349，平均值为 0.1170；共渗区范围平均值为 61.14%。

五、气藏宏观地质因素的影响

根据以前学者研究认为采收率影响较大的因素为渗透率、孔隙度、含水饱和度、储层厚度、地层压力系数、采气速度，分别设置不同的模拟方案，研究不同因素对致密气藏采收率的影响规律。

1. 渗透率的影响

设定 17 种不同渗透率模拟方案，对比分析不同渗透率条件下，气藏开采 20 年后的采收率变化，并与实验结果进行对比分析。数值模拟结果见表 1-12。

表 1-12 不同渗透率下数值模拟结果

渗透率(mD)	0.001	0.003	0.005	0.01	0.02	0.03	0.05	0.07	0.09
采收率(%)	0.44	1.06	1.62	2.87	5.23	7.405	11.47	15.22	18.71
渗透率(mD)	0.1	0.2	0.3	0.4	0.5	0.7	0.9	1	
采收率(%)	20.36	33.77	43.75	50.88	56.86	65.73	71.95	74.39	

根据数值模拟结果，绘制渗透率—采收率关系曲线，如图 1-23 所示：采收率与渗透率呈对数函数关系。随着渗透率的增加，采收率逐渐提高，但当渗透率增大到一定程度时，致密气藏采收率的增加逐渐变缓。绘制渗透率—采收率半对数曲线，如图 1-24 所示：致密气藏采收率存在临界渗透率值 0.1mD。当渗透率小于 0.1mD 时，致密气藏采收率随渗透率的增加而大大增加；当渗透率大于 0.1mD 时，致密气藏采收率随渗透率的增加提高幅度变缓。

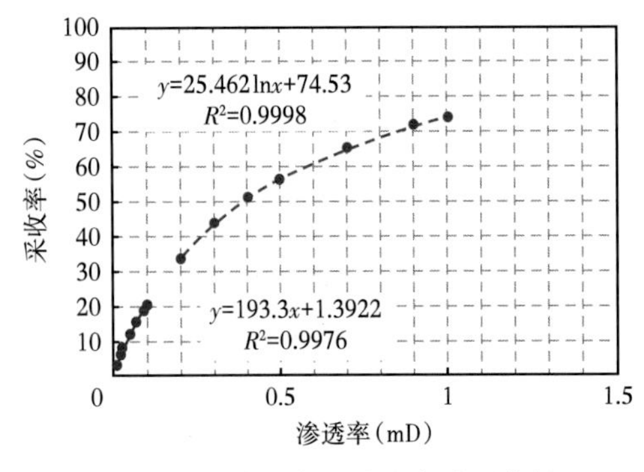

图 1-23 渗透率—采收率关系曲线

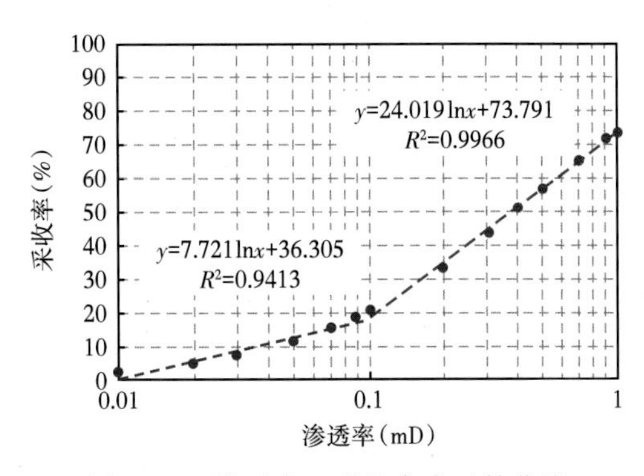

图 1-24 渗透率—采收率半对数曲线

李奇通过全直径岩心衰竭式开发物理模拟，探究了致密气藏采收率与渗透率之间的关系。将数模结果与实验结果进行对比分析，数模结果与实验结果近似相符，渗透率与致密气藏采收率近似呈对数函数关系，随着储层渗透率的增加，致密气藏的采收率显著增加。存在致密气藏采收率发生显著变化的临界渗透率为 0.1mD。

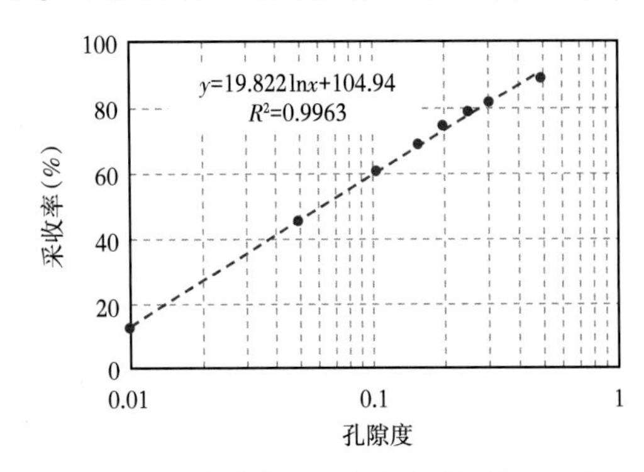

图 1-25 采收率—孔隙度半对数关系曲线

2. 孔隙度的影响

为研究孔隙度对采收率的影响规律，设定了 8 种不同孔隙度模拟方案，对比分析不同方案气藏开采 20 年后的采收率变化，绘制采收率与孔隙度之间的关系曲线如图 1-25 所示，致密气藏采收率与孔隙度之间呈对数函数关系，拟合率高达 99.63%。随着孔隙度的增大，致密气藏得采收率逐渐提高，当孔隙度增大到一定程度时，采收率的增幅逐渐变缓。

3. 储层厚度的影响

设定储层厚度分别为 2m、4m、6m、8m、10m 五种模拟方案，模拟不同方案气藏开采 20 年后的采收率变化。衰竭式开发物理模拟实验将岩心直径近似作为气层的储层厚度，模拟不同直径岩心的生产动态曲线，进而分析储层厚度对致密气藏采收率的影响。采收率—储层厚度关系曲线如图 1-26 所示：致密气藏采收率与储层厚度近似呈对数关系，随着储层厚度的增加，致密气藏采收率逐渐提高。

将数模结果与实验结果(图 1-27)进行对比分析，发现采收率随储层厚度的变化趋势与采收率随岩心直径的变化趋势基本一致：致密气藏采收率与储层厚度呈对数关系，随着储层厚度增加，致密气藏采收率逐渐增大。

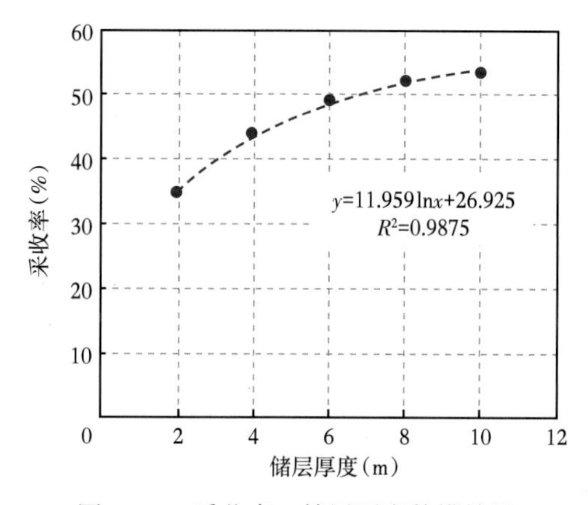

图 1-26　采收率—储层厚度数模结果

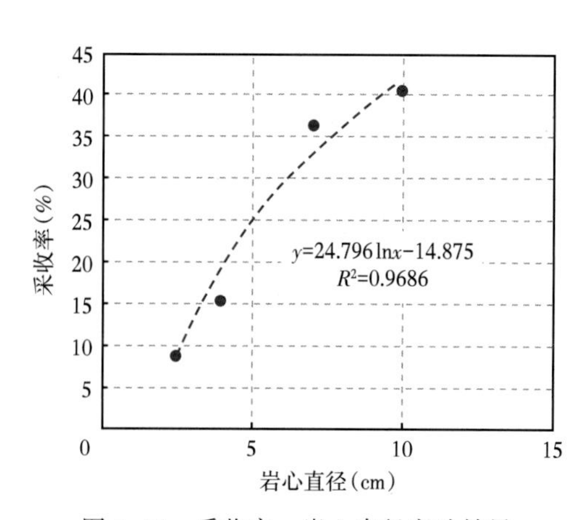

图 1-27　采收率—岩心直径实验结果

4. 地层压力系数的影响

设定 6 种不同地层压力系数的模拟方案，对比分析不同方案气藏开采 20 年后的采收率变化情况(表 1-13)，并与实验结果进行对比分析。

表 1-13　不同地层压力系数下数模结果

地层压力系数	0.5	0.7	1.0	1.5	2	2.5
采收率（%）	44.34	50.90	68.95	63.85	65.92	64.43

饱和不同初始压力的全直径岩心，进行地层压力系数与采收率关系物理模拟实验，实验结果如图 1-28 所示，发现数值模拟结果与实验结果变化趋势基本一致：致密气藏采收率与地层压力系数呈对数关系，随着地层压力系数增加，致密气藏采收率逐渐增大。

5. 含水饱和度的影响

设置了 9 种不同含水饱和度的模拟方案，模拟不同方案气藏开采 20 年后的采收率变化(表 1-14)，并与实验结果进行对比分析。

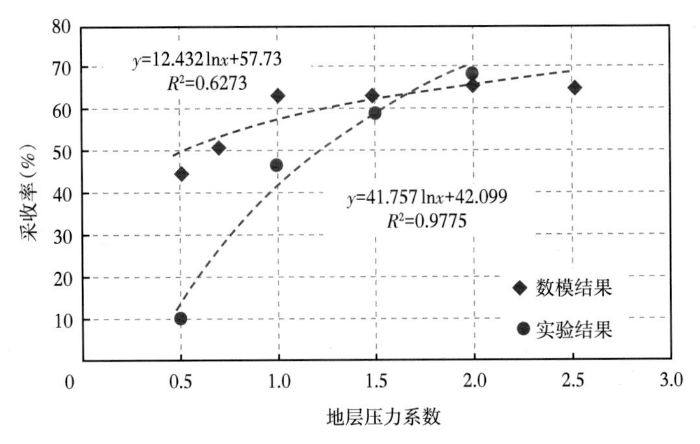

图 1-28　数模结果与实验结果对比图

表 1-14　不同含水饱和度下数模结果

含水饱和度(%)	9	10	20	30	40	50	70	80	90
采收率(%)	62.10	60.25	57.00	53.33	39.89	30.21	14.23	7.94	3.96

作采收率与含水饱和度的关系曲线，如图 1-29 所示：致密气藏采收率与含水饱和度呈分段线性函数关系，含水饱和度的临界值为 35%。将数模结果与实验结果进行对比分析，结果如图 1-30 所示。

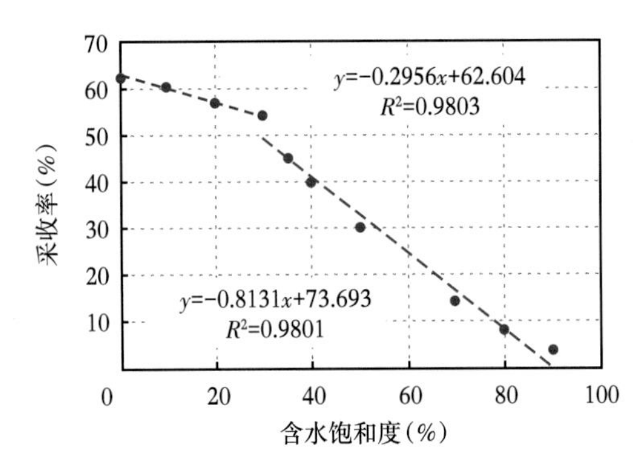

图 1-29　采收率—含水饱和度数模结果

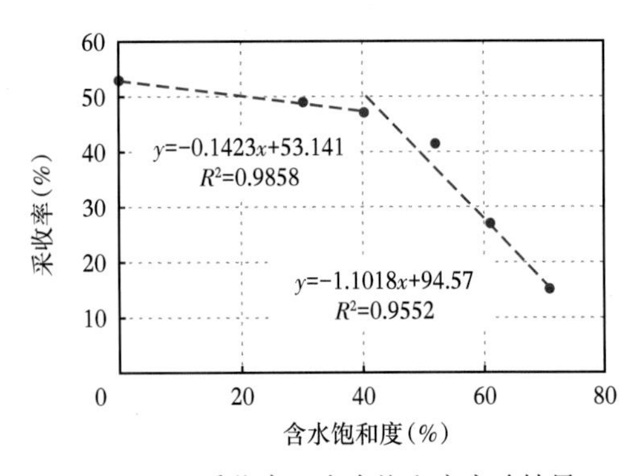

图 1-30　采收率—含水饱和度实验结果

数模结果与实验结果拟合较好：致密气藏的采收率与含水饱和度呈线性分段函数关系，随着含水饱和度的增加，致密气藏采收率逐渐降低。存在致密气藏采收率发生显著变化的临界含水饱和度 35%；当储层的含水饱和度低于临界含水饱和度时，储层采收率随含水饱和度的增加变化不大；当储层的含水饱和度高于临界含水饱和度时，随着含水饱和度的增加，储层采收率大幅降低。

6. 采气速度的影响

设定了 9 种不同采气速度的模拟方案，对气藏开采 20 年后各方案的采收率变化进行对比分析，并与实验结果进行对比。不同采气速度下气藏开采 20 年后的采收率如图 1-31

所示：致密气藏采收率与采气速度呈分段线性函数关系。采气速度的临界值为2%，当采气速度小于2%时，采收率随采气速度的增大而增大，且增速较快；当采气速度大于2%时，随采气速度的增大，采收率提高缓慢，增速较小。

7. 废弃井底压力对采收率的影响

设计了6种不同废弃井底压力的模拟方案，比较各方案气藏开采20年后采收率的差异。不同废弃井底压力下数值模拟结果与全直径岩心物理模拟实验结果对比如图1-32所示。数值模拟结果与实验结果变化趋势基本一致：致密气藏采收率与废弃井底压力呈线性函数关系，随着废弃井底压力增加，致密气藏采收率逐渐降低。

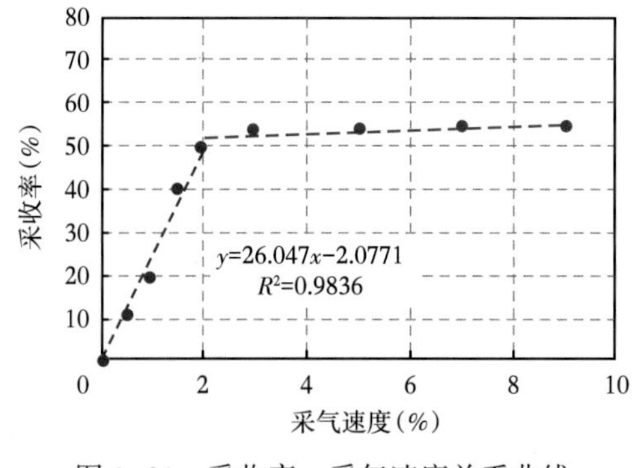

图1-31　采收率—采气速度关系曲线

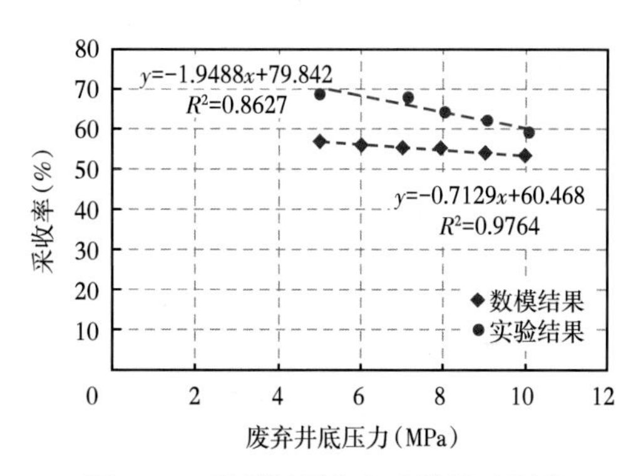

图1-32　数模结果与实验结果对比图

六、工程因素的影响

在开发致密气藏过程中，除考虑上述宏观因素外，还研究了5项工程因素对采收率的影响程度，包括裂缝条数、水平段长度、裂缝半长、裂缝导流能力和裂缝间距，并确定出最优工程指标。

由裂缝条数与产量图版，认为对于长度为1000m的水平段，当裂缝条数大于10条时，产量增幅开始减小。这是因为随着裂缝条数的增加，裂缝间距在不断减小，裂缝间的相互干扰越来越严重，地层压力下降过快，总产量增加有限(图1-33)。因此可以大致选取1

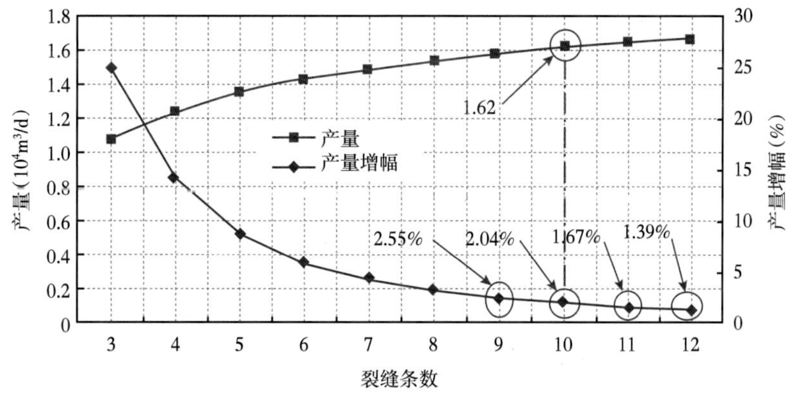

图1-33　产量—裂缝条数关系图

条/100m 的裂缝密度作为极限裂缝密度。

产量的增加幅度随着水平段长度的增加而减小，水平段长度并非越长越好(图 1-34)，而是存在一个合理区间，因此在综合考虑含气面积、产量以及经济成本等因素的基础上，确定最优水平井长度为 1000~1400m。

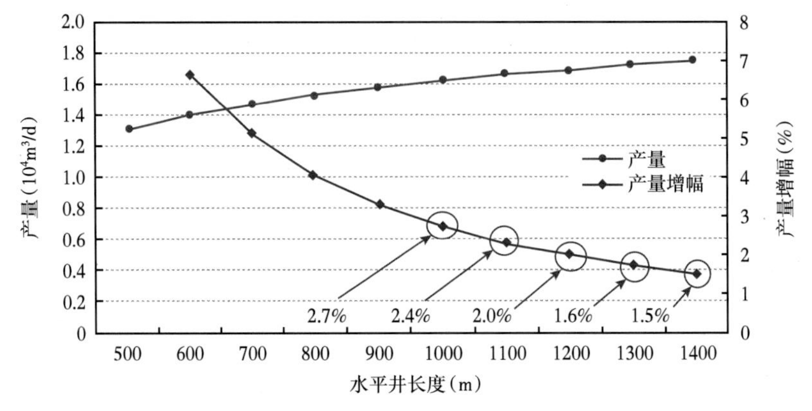

图 1-34　水平井长度与产量增幅关系图

随着裂缝半长的增加，产量初期增幅较大，后期逐渐趋于平缓(图 1-35)，综合考虑产量增幅、经济技术等因素，认为致密气藏最优裂缝半长为 160m。

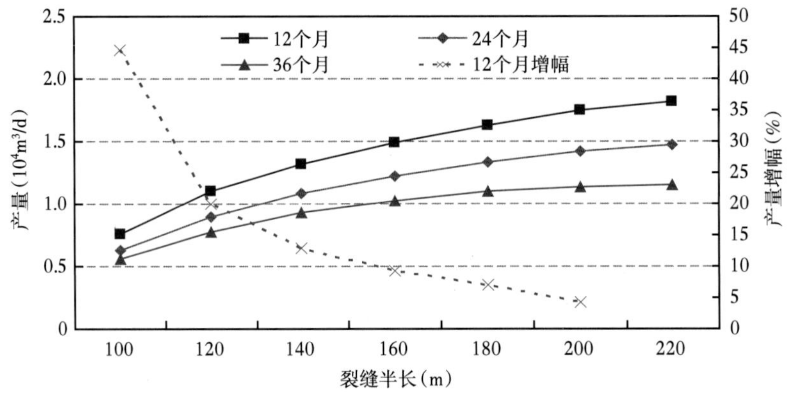

图 1-35　裂缝半长与产量关系图

随着裂缝导流能力的增加产量也在增加，当裂缝导流能力增加到 15~25D·cm 时，产量增幅趋于平缓，因此致密气藏的最优裂缝导流能力为 15~25D·cm（图 1-36—图 1-38）。

对比等间距裂缝、中间密两端疏裂缝、两端密中间疏裂缝和间距由小变大裂缝 4 种裂缝间距排列方式，两端密中间疏裂缝部署方式产量最大，是由于端点区域泄气面积大，中部各缝因泄气面积相对增加而提高的产量大于端缝因泄气面积相对减少而降低的产量。

综上所述，采用 1000m 水平段长度的水平井、以两端密中间疏的排列方式压裂部署、10 条裂缝半长为 160m 的裂缝，能够大幅提高致密气藏采收率。

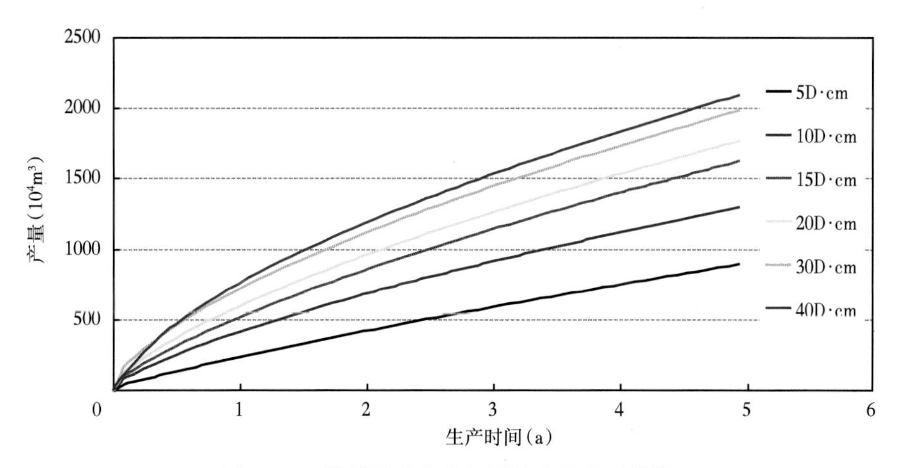

图 1-36　储层导流能力与累计产量关系曲线

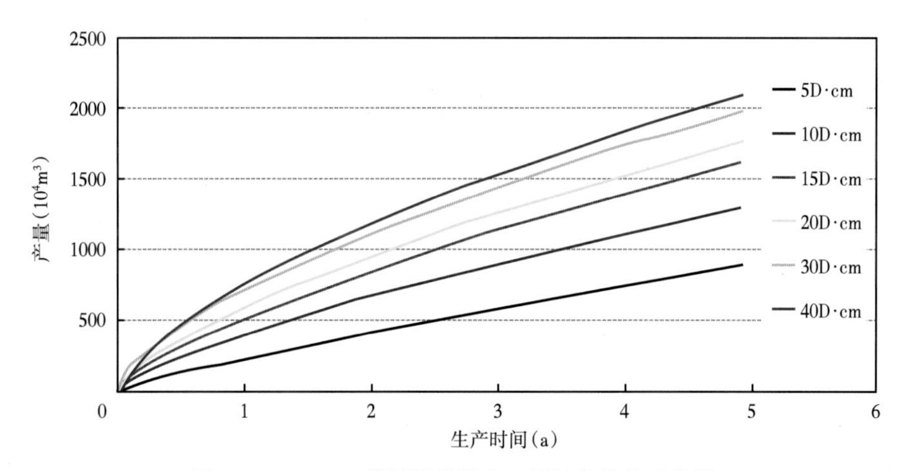

图 1-37　0.2mD 储层导流能力与累计产量关系曲线

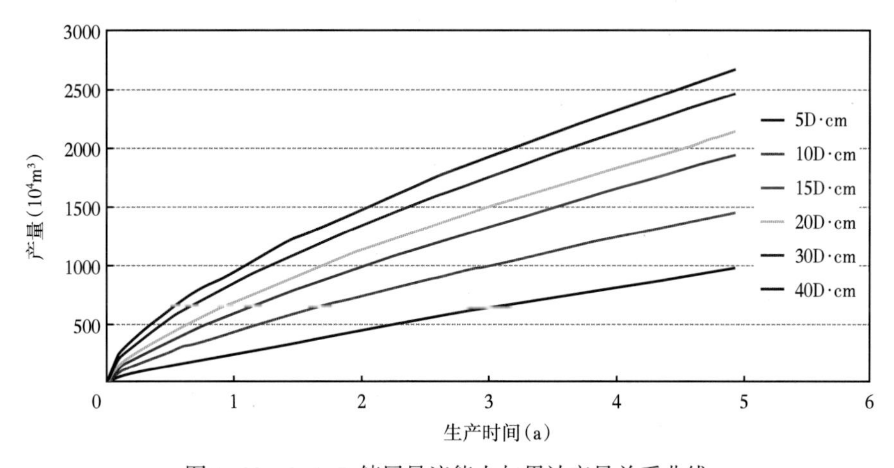

图 1-38　0.5mD 储层导流能力与累计产量关系曲线

第二节　致密气藏采收率影响主控因素

将渗透率、地层压力、含水饱和度、有效厚度等参数对采收率影响进行综合模糊评判，形成了致密气藏采收率的多因素综合评价方法，建立了致密气藏采收率图版。

一、采收率影响因素权重分析

选取了苏里格气田某致密气藏的 30 口井进行研究，在这里节选出 10 口井的数据显示计算过程，其原始数据见表 1-15。

表 1-15　原始数据表

编号	采收率（%）	渗透率（mD）	泄流半径（m）	地层压力（MPa）	孔隙度（%）	有效厚度（m）	渗透率变异系数	含气饱和度（%）
1	0. 294	0. 022	303. 01	31. 500	7. 160	8. 880	1. 050	57. 470
2	0. 583	0. 010	154. 23	32. 900	11. 610	12. 000	0. 988	62. 094
3	0. 615	0. 018	192. 70	32. 700	8. 150	8. 700	0. 161	68. 043
4	0. 241	0. 099	372. 67	33. 340	6. 420	6. 400	0. 725	76. 118
5	0. 528	0. 058	109. 13	31. 100	7. 360	15. 700	0. 291	57. 330
6	0. 307	0. 038	139. 03	32. 100	7. 964	17. 600	0. 399	58. 213
7	0. 570	0. 036	169. 86	32. 500	9. 390	14. 600	0. 346	66. 131
8	0. 213	0. 029	157. 71	31. 100	10. 295	20. 100	0. 555	58. 645
9	0. 753	0. 032	165. 10	32. 500	9. 680	11. 600	0. 568	52. 973
10	0. 468	0. 013	190. 70	32. 700	7. 660	18. 370	0. 174	57. 377

灰色关系分析法的主要步骤分为 3 步。

（1）数据的标准化。

由于原始数据从 0. 1～100 分布不均，为了统一进行对比分析，首先要将数据进行标准化，不同趋势的值标准化方程有一定差异，对于值越大越有利的储层物性参数采用式（1-1）进行标准化：

$$x_i=(x_i-x_{min})/(x_{max}-x_{min}) \tag{1-1}$$

因素为：有效厚度、孔隙度、渗透率、含气饱和度、原始地层压力。

对于值越小越有利的储层物性参数采用式（1-2）进行标准化：

$$x_i=(x_{max}-x_i)/(x_{max}-x_{min}) \tag{1-2}$$

因素为：渗透率变异系数、泄流半径。

经过标准化的数据就都变为 0～1 之间分布，并且转化后的数据都变成与母序列呈正相关关系的数据，这样就便于下一步计算关联度，避免出现误差，结果见表 1-16。

表 1-16　标准化数据表

编号	采收率（%）	渗透率（mD）	泄流半径（m）	地层压力（MPa）	孔隙度（%）	有效厚度（m）	渗透率变异系数	含气饱和度（%）
1	0. 122	0. 136	0. 264	0. 328	0. 127	0. 348	0. 392	0. 194
2	0. 553	0. 000	0. 829	0. 839	0. 890	0. 529	0. 435	0. 394
3	0. 600	0. 084	0. 683	0. 766	0. 297	0. 337	1. 000	0. 651
4	0. 042	1. 000	0	1. 000	0	0. 203	0. 614	1. 000
5	0. 470	0. 535	1. 000	0. 182	0. 161	0. 744	0. 912	0. 188
6	0. 141	0. 311	0. 887	0. 547	0. 265	0. 855	0. 838	0. 226
7	0. 533	0. 288	0. 770	0. 693	0. 509	0. 680	0. 874	0. 569
8	0. 000	0. 206	0. 816	0. 182	0. 665	1. 000	0. 731	0. 245
9	0. 806	0. 247	0. 788	0. 693	0. 559	0. 506	0. 722	0. 000
10	0. 380	0. 026	0. 690	0. 766	0. 213	0. 899	0. 991	0. 190

（2）标准化数据处理。

对于已经标准化后的数据，现在要计算其与采收率的差值，计算方法是用算出来的标准化数值减去其对应的采收率数值并求绝对值，计算结果见表 1-17。

表 1-17　处理后数据表

编号	采收率（%）	渗透率（mD）	泄流半径（m）	地层压力（MPa）	孔隙度（%）	有效厚度（m）	渗透率变异系数
1	0. 015	0. 143	0. 207	0. 005	0. 226	0. 271	0. 073
2	0. 553	0. 276	0. 287	0. 338	0. 023	0. 118	0. 158
3	0. 515	0. 083	0. 167	0. 303	0. 263	0. 400	0. 051
4	0. 958	0. 042	0. 958	0. 042	0. 162	0. 573	0. 958
5	0. 065	0. 530	0. 288	0. 309	0. 274	0. 441	0. 282
6	0. 170	0. 746	0. 407	0. 124	0. 714	0. 697	0. 086
7	0. 244	0. 237	0. 161	0. 023	0. 148	0. 341	0. 036
8	0. 206	0. 816	0. 182	0. 665	1. 000	0. 731	0. 245
9	0. 560	0. 019	0. 113	0. 247	0. 300	0. 084	0. 806
10	0. 354	0. 310	0. 386	0. 168	0. 519	0. 611	0. 190

（3）确定灰色关联度及权重系数。

在计算出 Δ_i 之后，然后从所有的绝对值中确定最大值（max）及最小值（min），从而计算灰色关联系数：

$$p_i = \frac{\min + 0.5\max}{\Delta_i + 0.5\max} \tag{1-3}$$

计算结果见表 1-18。

表 1-18　灰色关联度数据表

编号	有效渗透率（mD）	泄流半径（m）	地层压力（MPa）	孔隙度	有效厚度（m）	渗透率变异系数	含气饱和度（%）
1	0.976	0.781	0.710	0.994	0.692	0.652	0.877
2	0.477	0.647	0.638	0.599	0.959	0.813	0.763
3	0.495	0.861	0.753	0.625	0.659	0.558	0.911
4	0.344	0.927	0.344	0.927	0.759	0.468	0.344
5	0.889	0.488	0.637	0.621	0.649	0.533	0.642
6	0.750	0.403	0.554	0.805	0.414	0.420	0.858
7	0.675	0.681	0.760	0.960	0.775	0.597	0.937
8	0.711	0.382	0.736	0.431	0.335	0.408	0.674
9	0.474	0.968	0.819	0.672	0.627	0.860	0.384
10	0.588	0.620	0.567	0.752	0.493	0.452	0.728

对于每一个因素都有一系列关联系数，求出其平均值即是灰色关联度，将所求的灰色关联度进行归一化即为所要求的权重系数。

按上述步骤进行计算，得到权重系数见表 1-19。

表 1-19　权重系数表

因素	权重系数
有效渗透率	0.2122
含水饱和度	0.1673
废弃井底压力	0.1452
裂缝半长	0.1325
地层压力	0.1306
有效厚度	0.1113
裂缝导流能力	0.1009

结果表明：有效渗透率对采收率的影响程度最大，权重为 0.2122，其次为含水饱和度和废弃压力，权重系数依次为 0.1673 和 0.1452。

由此可以得到，在致密砂岩气藏中，采收率的主控影响因素为渗透率、含气饱和度以及原始地层压力，即在储层物性参数中，对采收率影响较大的因素主要为储层有效渗透率、原始地层压力及储层原始含气饱和度。

二、基于模糊评价法的采收率多因素评价

1. 多因素模糊优化原理

通过对多个因素的模糊综合评价，可以确定目标函数与各影响因子之间的关系。

一般，模糊综合评判的步骤包括以下6步。

(1)确定评判因素集合。

确定影响采收率的因素的集合。在第一节，确定了影响致密气藏采收率的6个主要因素：渗透率、含水饱和度、孔隙度、储层厚度、地层压力系数、采气速度，表示为

$$U=(m_1,\ m_2,\ \cdots,\ m_n)$$

(2)参数处理。

对渗透率、孔隙度、储层厚度和地层压力系数进行取对数处理，采气速度和废弃井底压力保持原值不变，对含水饱和度和渗透率变异系数进行分段处理。

(3)模糊因素的权重值确定。

渗透率、含水饱和度、孔隙度、储层厚度、地层压力系数、采气速度等因素对致密气藏采收率的影响权重分别为0.16、0.1、0.13、0.14、0.12、0.13、0.14、0.08，所以

$$W=(0.16,\ 0.1,\ 0.13,\ 0.14,\ 0.12,\ 0.13,\ 0.14,\ 0.08)$$

(4)建立单因素权重矩阵。

若某一模糊因素的隶属度向量表示为$\boldsymbol{R}=(r_{i1},\ r_{i2},\ \cdots,\ r_{im})$，则式(1-4)即为各因素隶属度向量的矩阵形式：

$$\boldsymbol{R}=\begin{pmatrix} r_{11} & r_{12} & \cdots & r_{1m} \\ r_{21} & r_{22} & \cdots & r_{2m} \\ \vdots & \vdots & \vdots & \vdots \\ r_{n1} & r_{n2} & \cdots & r_{nm} \end{pmatrix} \tag{1-4}$$

式中 $\boldsymbol{R}$——模糊关系矩阵，与模糊因素集合之间的关系相互对应。

(5)确定储层单项指标最佳值。

对于矩阵$\boldsymbol{R}$，通过取大原则确定储层单项指标最大值得到向量$\boldsymbol{G}$，通过取小法则确定储层单项指标最小值得到向量$\boldsymbol{B}$。

由取大法则得：

$$\boldsymbol{G}=(\max_{1\leqslant i\leqslant n} r_{i1},\ \max_{1\leqslant i\leqslant n} r_{i2},\ \cdots,\ \max_{1\leqslant i\leqslant n} r_{im}) \tag{1-5}$$

由取小法则得：

$$\boldsymbol{B}=(\min_{1\leqslant i\leqslant n} r_{i1},\ \min_{1\leqslant i\leqslant n} r_{i2},\ \cdots,\ \min_{1\leqslant i\leqslant n} r_{im}) \tag{1-6}$$

(6)模糊优化指标V_i计算：

$$V_i=\frac{1}{1+\left[\sum_{j=1}^{m} w_j(g_j-r_{ij})/\sum_{j=1}^{m} w_j(r_{ij}-b_j)\right]^2} \tag{1-7}$$

2. 致密气藏采收率多因素评价方法

根据多因素模糊优化理论，可用模糊优化指标V_i近似评价致密气藏的采收率。为了验证该方法的适用性，特选取苏里格气田南区、苏14区块、苏里格气田东区、临兴西区、

大牛地 5 个典型气藏，进行模糊优化评价。

所选取的 5 个典型气藏的评价参数见表 1-20。

表 1-20 原始数据

气藏	渗透率(mD)	含水饱和度(%)	孔隙度	储层厚度(m)	地层压力系数	采气速度	渗透率变异系数	废弃井底压力(MPa)
苏南	0.430	28.210	0.072	9.200	0.830	0.021	0.285	6.200
苏 14	0.045	32.103	0.075	6.500	0.859	0.043	0.274	4.200
苏东	0.176	58.011	0.085	10.000	0.843	0.033	0.330	7.000
临兴西	0.410	47.210	0.089	12.501	0.770	0.102	0.650	5.100
大牛地	0.661	46.701	0.076	7.700	0.910	0.027	0.301	6.200

已知，致密气藏的采收率与不同因素之间呈不同函数关系，为了评价结果的精确性，需要对致密气藏采收率影响因素的原始数据进行数据初处理。数据初处理结果见表 1-21。

表 1-21 数据初处理结果

气藏	渗透率(mD)	含水饱和度(%)	孔隙度	储层厚度(m)	地层压力系数	采气速度	渗透率变异系数	废弃井底压力(MPa)
苏南	-0.8440	2.8210	-2.6311	2.2192	-0.1863	0.0210	0.2850	6.2000
苏 14	-3.1011	3.2103	-2.5903	1.8718	-0.1520	0.0430	0.2740	4.2000
苏东	-1.7373	58.0000	-2.4651	2.3026	-0.1708	0.0330	0.3300	7.0000
临兴西	-0.8916	47.2000	-2.4113	2.5257	-0.2614	0.1020	0.6500	5.1000
大牛地	-0.4155	46.7000	-2.5744	2.0412	-0.0943	0.0270	0.3000	6.2000

根据表 1-21 建立不同因素的隶属度矩阵。

当参数值越大越好时：

$$r_{ij}=\frac{a_{ij}-\min\limits_{1\leqslant i\leqslant n}a_{ij}}{\max\limits_{1\leqslant i\leqslant n}a_{ij}-\min\limits_{1\leqslant i\leqslant n}a_{ij}} \tag{1-8}$$

当参数值越小越好时：

$$r_{ij}=\frac{\max\limits_{1\leqslant i\leqslant n}a_{ij}-a_{ij}}{\max\limits_{1\leqslant i\leqslant n}a_{ij}-\min\limits_{1\leqslant i\leqslant n}a_{ij}} \tag{1-9}$$

当参数指标为某一固定值 a 较好时：

$$r_{ij}=1-\frac{|a_{ij}-a|}{\max|a_{ij}-a|} \tag{1-10}$$

根据式(1-8)—式(1-10)计算不同因素的 r_{ij}，形成如表 1-22 所示的 $\boldsymbol{R}$ 矩阵。

表 1-22　*R* 矩阵

气藏	渗透率（mD）	含水饱和度	孔隙度	储层厚度（m）	地层压力系数	采气速度	渗透率变异系数	废弃井底压力（MPa）
苏南	0.1595	1	0	0.5312	0.4492	0.9878	0.9707	0.0293
苏 14	1	0.9929	0.1857	0	0.6547	0.7195	1	0
苏东	0.4921	0	0.7551	0.6588	0.5422	0.8415	0.8511	0.1489
临兴西	0.1773	0.1957	1	1	0	0	0	1
大牛地	0	0.2048	0.2579	0.2591	1	0.9146	0.9309	0.0691

对表 1-22 中的矩阵 ***R***，利用式（1-8）与式（1-9）确定出储层单项指标最佳值，得到相应的向量 ***G*** 与向量 ***B***：

$$\boldsymbol{G}=(1,\ 1,\ 1,\ 1,\ 1,\ 0.988,\ 1,\ 1) \tag{1-11}$$

$$\boldsymbol{B}=(0,\ 0,\ 0,\ 0,\ 0,\ 0,\ 0,\ 0) \tag{1-12}$$

联立式（1-11）与式（1-12），代入式（1-10）即可求得致密气藏采收率模糊评价值。将采收率模糊评价值与实际采收率进行误差分析，结果见表 1-23。

表 1-23　致密气藏采收率模糊评价值

气藏	渗透率（mD）	含水饱和度	孔隙度	储层厚度（m）	地层压力系数	采气速度	渗透率变异系数	废弃井底压力	采收率模糊评价值（%）	实际采收率（%）
苏南	0.1595	1	0	0.5313	0.4492	0.9878	0.9707	0.0293	54.24	49.31
苏 14	1	0.9929	0.1857	0	0.6547	0.7195	1	0	68.59	71.30
苏东	0.4922	0	0.7551	0.6588	0.5422	0.8415	0.8511	0.1489	64.76	59.32
临兴西	0.1773	0.1957	1	1	0	0	0	1	30.51	41.03
大牛地	0	0.2048	0.2579	0.2591	1	0.9146	0.9301	0.0691	43.18	39.11

如图 1-39 所示为致密气藏采收率模糊评价值与实际采收率的对比分析。多因素模糊

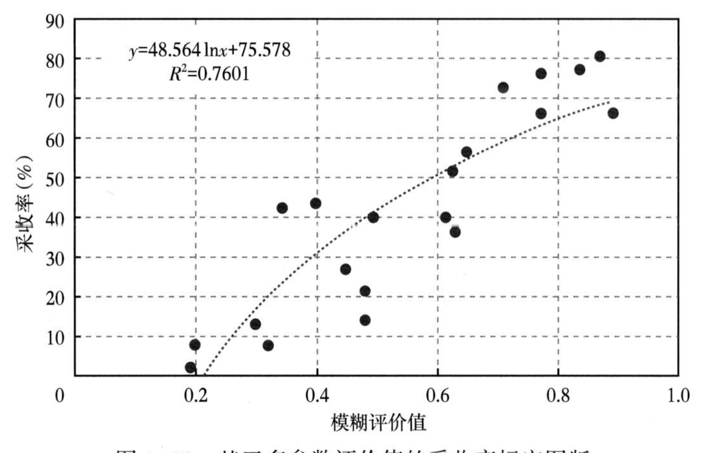

图 1-39　基于多参数评价值的采收率标定图版

分析方法的结果与实际采收率误差不超过25%，说明多因素模糊分析方法得到的结果与实际采收率基本一致，可用 V_i 近似评价致密气藏的采收率。

第三节　致密气藏可动性渗流评价

系统分析了致密压敏效应下的水锁规律，结合毛细管束模型与水膜理论，得到不同驱替压差下的可动用临界喉道半径；制定了可动用性渗流评价标准，建立了可动用性渗流评价方法，绘制了可动用性渗流图版。

一、可动临界喉道半径

1. 水锁效应评价

利用相对渗透率曲线判断气藏水锁伤害方法主要有以下3种。

(1)直接利用气—水相对渗透率曲线的形态，定性判断气层水锁程度。

流体低饱和度区间的气—水相对渗透率曲线由于孔隙介质不混相流体的多相干扰作用，曲线越陡峻，说明含水饱和度增加对气相渗透率下降的作用越明显。岩石的孔渗性影响相对渗透率曲线形态，岩石越致密，曲线也就越陡峻，水锁伤害越严重（图1-40）。

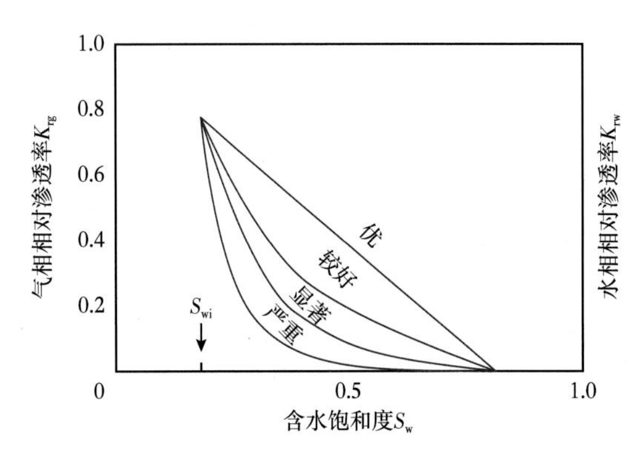

图1-40　利用气—水相对渗透率曲线判断水锁程度

(2)以水相渗透率与岩样的气测渗透率比值作为相对渗透率，评价水锁伤害率。原生水饱和度低于束缚水饱和度时，油、气驱替外来水时只能将含水饱和度降至束缚水饱和度，必然出现水锁效应，此时的水锁伤害率为

$$D_R = [K_{rg(wi)} - K_{rg(wirr)}] / K_{rg(wi)} \tag{1-13}$$

式中　D_R——水锁伤害率，%。

计算了两块岩心的水锁伤害率，发现陕255-3物性较差，水锁伤害程度更大，见表1-24。

表1-24　水锁伤害率计算结果

编号	长度(cm)	直径(cm)	渗透率(mD)	孔隙度(%)	D_R(%)
陕255-3	6.472	2.524	0.116	7.05	92.2
陕240-10	7.083	2.522	0.489	10.79	75.2

(3)气驱水CT扫描。

通过CT扫描能够直接观察到岩心内部的两相流体空间的分布特征及饱和度剖面分布及推进情况，可以分析两相渗流规律。实验选取陕255-3、陕240-10两块岩心，驱替相为标准盐水，CT值为649.0024，实验结果如图1-41所示。不同时刻，岩心水饱和度推进情况。陕 255-3：分选性差，残余气多，水锁程度大；陕 240-10：分选性好，残余气少，水锁程度较小。与上节理论计算结果吻合。

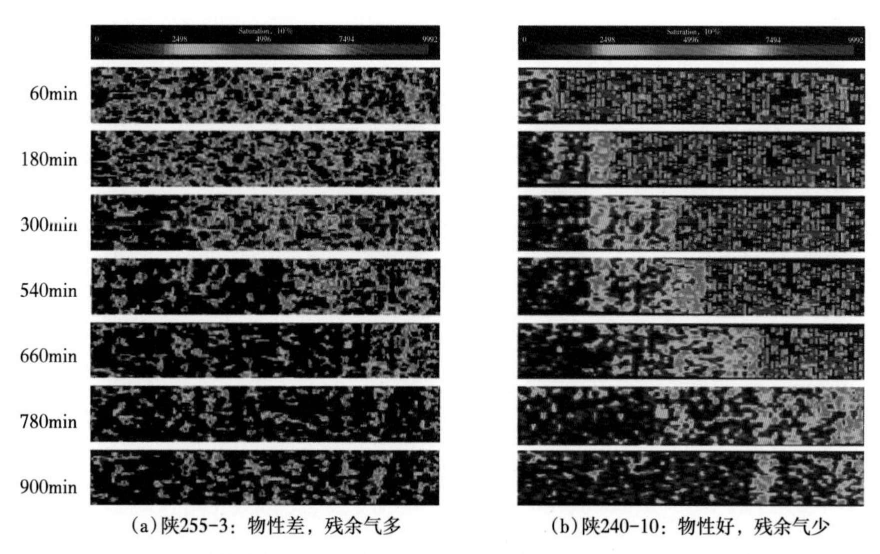

(a)陕255-3：物性差，残余气多　　(b)陕240-10：物性好，残余气少

图 1-41　CT 扫描结果图（驱替由左至右；蓝色为标准盐水，红色为甲烷气）

2. 压敏作用下水锁规律

通过核磁共振测试，得到不同围压下岩心束缚水的核磁共振 T_2 谱图(图 1-42、图 1-43)，其中，束缚水状态下的 T_2 谱曲线代表着气驱后不可流动的水在孔隙中的分布情况。

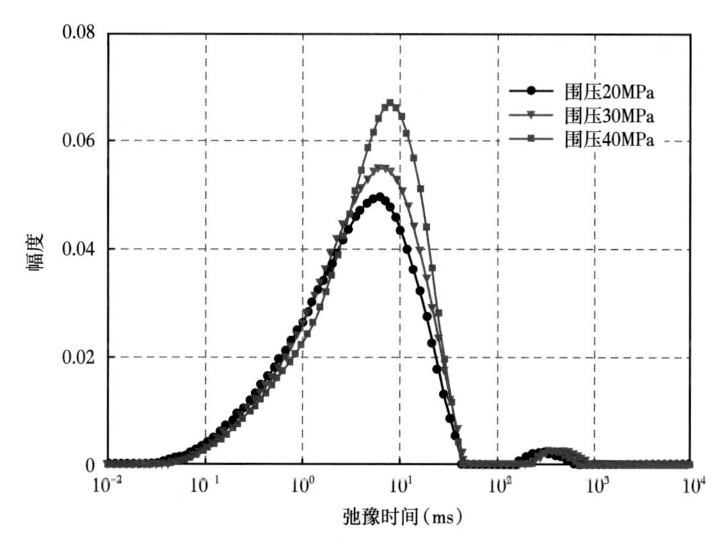

图 1-42　岩心 S36-29 不同围压下束缚水核磁共振 T_2 谱图

可以看出：随着围压的增大，束缚水所占的信号幅度增大。从围压 20~30MPa，实验岩心的核磁信号幅度平均增加 7.57%；从 30MPa 到 40MPa，核磁信号幅度平均增加 8.77%，束缚水饱和度增大。这与气驱法测试的结果大致相同。含束缚水岩心的核磁共振

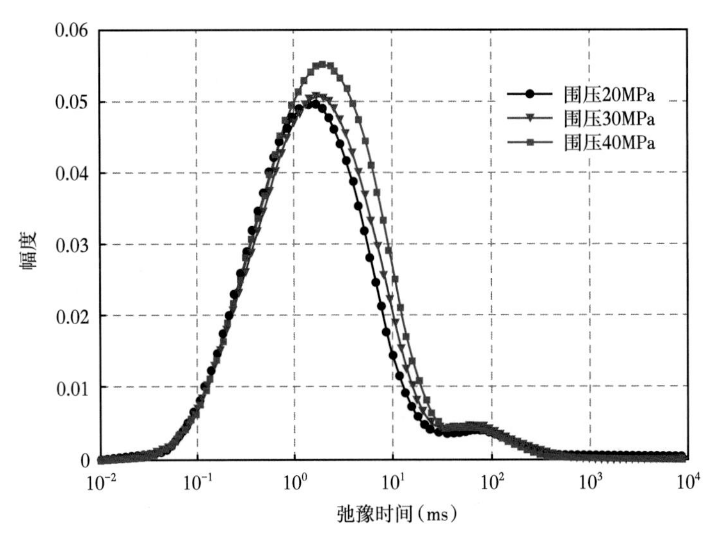

图 1-43　岩心 S36-39 不同围压下束缚水核磁共振 T_2 谱图

T_2 谱呈现出不明显的双峰结构，同时，右峰明显低于左峰，这是由于致密砂岩孔隙细小，束缚水主要存在于微细孔隙中。随着围压的增大，T_2 谱左峰的幅度明显增大，并且有逐渐向右移动的趋势。这表明在压敏效应下，孔喉半径减小，小孔喉所占的比例增加，毛细管力的阻力作用导致孔喉中的水更难被驱替出去，所以束缚水含量增高。

将不同围压下含束缚水岩心 T_2 谱曲线的下包面积除以对应围压下饱和水岩心 T_2 谱曲线的下包面积，得到不同围压下的核磁束缚水饱和度（表 1-25），可以看出：随着围压的增加，束缚水饱和度增大。

表 1-25　不同围压下的含束缚水岩心核磁测试参数

岩心编号	孔隙度(%)	渗透率(mD)	围压(MPa)	束缚水饱和度(%)
36-29	8.06	0.1717	20	52.47
			30	56.35
			40	60.54
36-39	5.49	0.1018	20	73.71
			30	76.69
			40	85.02
44-6	7.54	0.1742	20	54.26
			30	56.09
			40	61.64

如图 1-44 与图 1-45 所示，可知应力增加会加剧水锁伤害程度；围压增大，孔隙体积减小，束缚水在孔隙中所占的空间增大。核磁确定可动用喉道半径下限为 0.02μm。

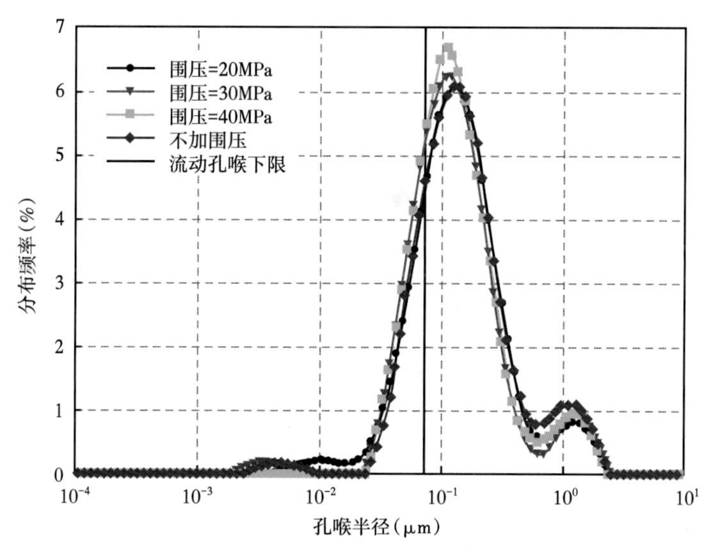

图 1-44　孔喉半径与分布频率的关系

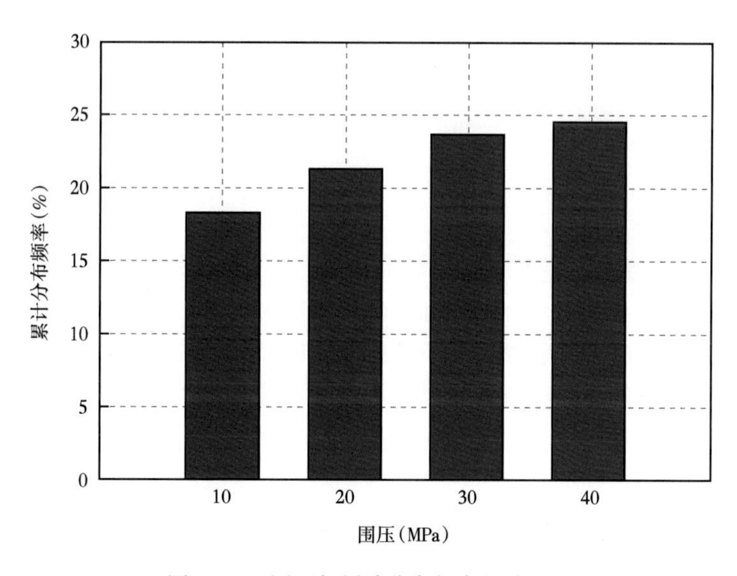

图 1-45　围压与累计分布频率的关系图

3. 毛细管束模型与水膜理论

低渗透致密储层中的束缚水主要以毛细管束缚水和水膜束缚水这两种形式存在于孔喉中。毛细管束缚水依靠毛细管力而滞留在较小的孔道中，水膜束缚水则依靠分子引力而滞留在较大的孔隙壁上(图 1-46)。

通过水膜厚度与毛细管半径的对比分析可以初步确定水膜水占喉道半径的比例。毛细管半径可以用式(1-14)得到，具体计算表达式为

$$r=2\times10^{-3}\frac{\sigma_{\mathrm{gw}}}{p_{\mathrm{c}}} \tag{1-14}$$

式中　r——毛细管半径，μm。

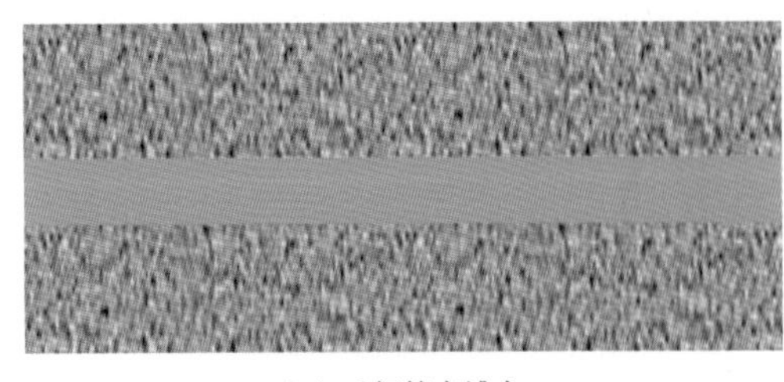
（a）毛细管束缚水

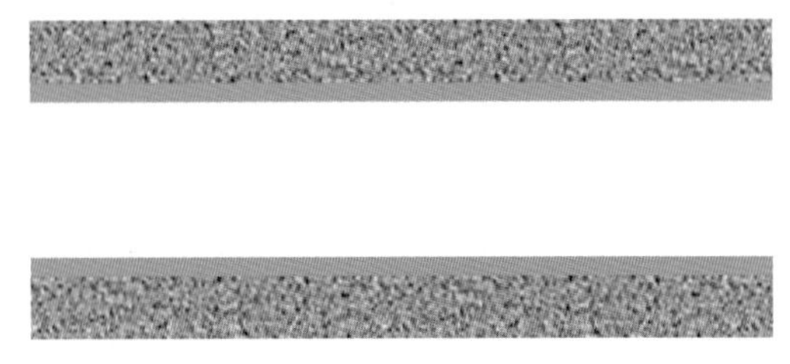
（b）水膜束缚水

图 1-46　砂岩中的水相分布

通过铸体薄片和扫描电镜分析，鄂尔多斯盆地上古砂岩气藏储层晶间微孔普遍，故可将喉道认为是“毛细管束”型。储层水以毛细管水和水膜水的形式存在。毛细管水靠毛细管力滞留于喉道中，水膜水则靠分子引力滞留于孔隙壁上或者较大的喉道壁上。

在研究储层岩石中真实水膜的赋存问题时，通常会把多孔介质假设为等直径的毛细管束，并且认为水膜束缚水在孔道中是均匀分布的。邓勇等(2011)推导出了致密砂岩的水膜厚度计算公式：

$$\delta = r \times 0.25763 e^{-0.261r} (\Delta p)^{-0.419} \times \mu_w \qquad (1-15)$$

式中　δ——水膜厚度，μm；

r——毛细管半径，μm；

Δp——压差，MPa；

μ_w——液相黏度，mPa · s。

从式(1-15)可以看出：随着驱替压差的增大，束缚水膜厚度减小。因此，通过增大驱替压力可以将储层岩石中更小孔喉空间内的水驱替出去。

对比实际储层中的临界毛细管半径值与可能存在的水膜厚度上限值的大小，可以看出：水膜厚度总是比所对应的毛细管半径要小得多(图 1-47)。虽然低渗透致密气藏中的

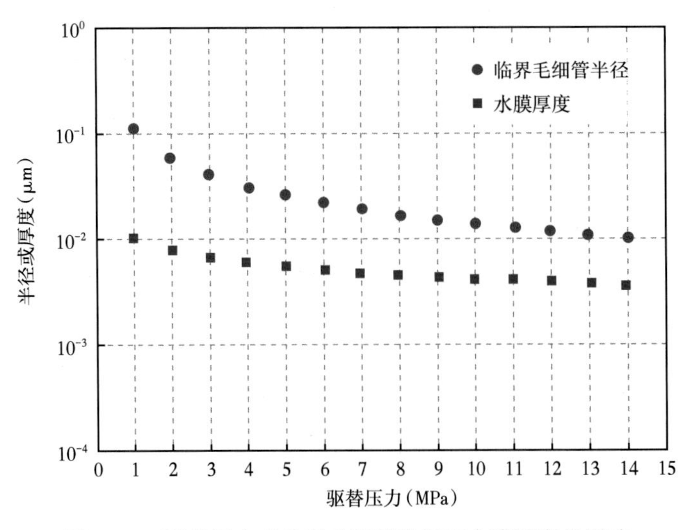

图 1-47　驱替压力对临界毛细管半径和水膜厚度的影响

毛细管水和水膜水均比常规气藏中高，但无论在低渗透或中、高渗透气藏中，水膜厚度都不会影响有效毛细管半径。因此，在储层岩石中控制水相赋存状态的力主要是毛细管力。

驱替压差增大后，更多的、赋存于储层小孔隙的水被驱替而出，从而形成了天然气的渗流空间，因此对应不同的驱替压差，存在天然气渗流的“临界喉道半径”。如图 1-48 所示，驱替压差 7.2MPa，喉道半径在 0.01μm 以下的空间被残余水占据，0.01μm 以上的储层连通空间被天然气占据，成为有效渗流空间，因此对应该驱替压差下的临界喉道半径为 0.01μm。

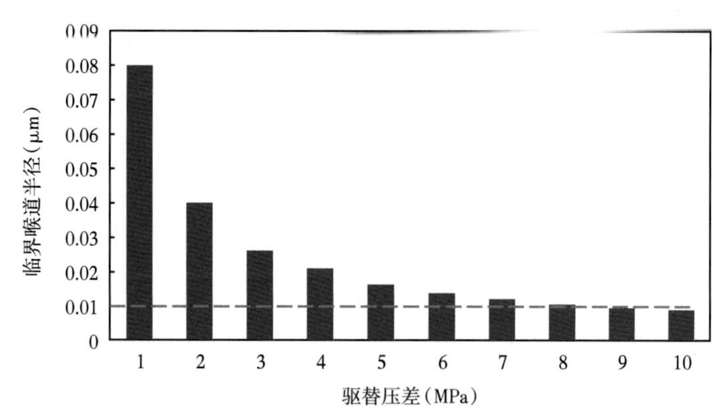

图 1-48　对应于不同驱替压差的临界喉道半径

二、可动性渗流评价标准

1. 微观渗流孔喉贡献分析

随着特征尺寸的减小，流体分子的平均自由程与流动特征尺寸的比值相对增大，在微尺度下的流体流动规律明显不同于宏观尺度下流体的流动规律，流体流动特性已不符合传统的连续介质流体力学理论，许多在宏观流动中被忽略的因素，成为影响流体流动的主要因素。孔隙在结构上可划分为孔隙和喉道，储层岩石微观孔隙结构决定其宏观储、渗性质，由微观孔隙结构参数表征岩石的宏观性质是油田开发中的一个重要研究领域。

1）喉道半径

由图 1-49 可知，主流喉道半径与储层渗透率具有较好的函数关系，喉道控制储层渗

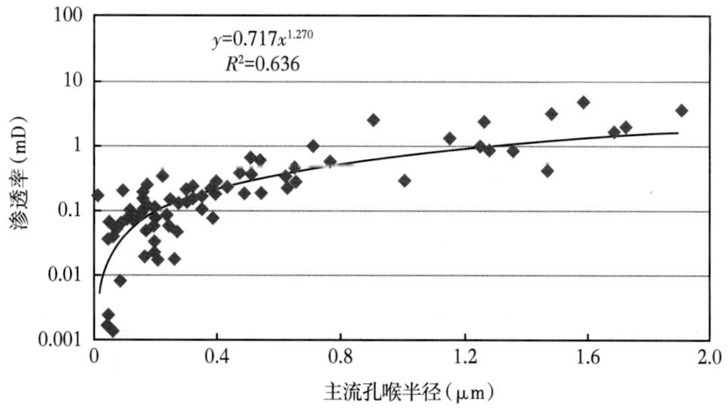

图 1-49　渗透率与主流孔喉半径关系

流能力。主流孔喉半径平均值主要分布在0.4m以下，渗透率也主要分布在0.1mD以下。

对于特低渗透致密储层而言，如果对储层渗透率起主要贡献的较大喉道分布较多，那么流体渗流时的通道就大，渗流阻力自然就小，储层的开发潜力大；反之，如果对储层渗透率起主要贡献的只是分布较多的较细小喉道，那么流体的渗流阻力就大，储层开发难度也会加大。本区有50%岩心主流喉道半径小于0.4μm，即主要是半径小于0.4μm的喉道在对渗流起到控制作用。主流喉道半径较大时，主流喉道半径处于0.4~2μm，较大喉道分布比较分散，对渗流起不到绝对控制。

2）孔喉比

从油气田开发的角度来看，储层岩石多孔介质内孔喉半径比的大小对气相渗流有着显著影响。当大孔隙被小喉道所控制，即孔喉半径比较大时，大孔隙内的气难以流经小喉道被采出，这往往成为剩余气的主要分布区，此时气采收率较低；如果大孔隙被较大喉道所控制，即孔喉半径比小，那么大孔隙中的气很容易通过喉道而渗流出来，剩余气分布少。特低渗透致密储层喉道整体比较细小、孔喉半径比较大，这也是该类储层驱替效果差、采收率不高的主要原因之一。

3）有效孔隙体积

将在仪器施加的最高进汞压力下汞所进入的孔隙空间定义为岩样的有效孔隙空间，同时根据毛细管压力波动将有效孔隙体积分为有效孔道和有效喉道体积，相应地定义了孔道与喉道进汞饱和度，总的进汞饱和度即为孔道与喉道进汞饱和度之和。有效孔道喉道体积是孔隙喉道半径及其发育个数的函数，分别反映了储层储集和渗流空间的大小。致密砂岩储层物性尤其是有效储集物性越好，单位体积岩样有效孔道喉道体积越大。

2. 评价参数和标准建立

1）气水相相对渗透率规律研究

气水两相渗流实验在理论上不仅可反映岩石样品中气水两相通过的能力，同时也可反映岩石的孔隙结构。

从图1-50—图1-53可以看出，岩样束缚水饱和度 S_w 较高，在40%~60%，这主要是由于相对气相而言，水相为润湿相，且致密砂岩孔喉细小，大量水分布在岩石颗粒表面及细小孔喉内，这些水仍处于非连续相，为束缚水，故束缚水饱和度较高。但是由于苏里格

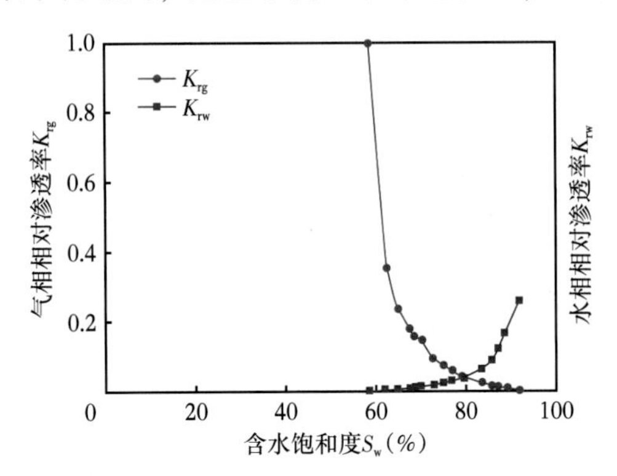

图1-50 岩心S240-18气水相相对渗透率曲线

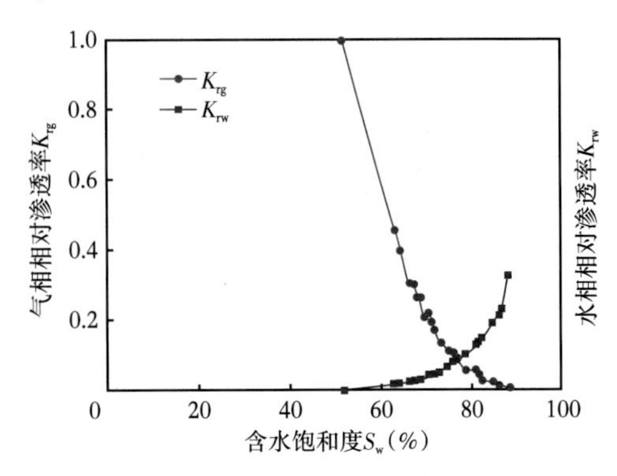

图1-51 岩心S240-13气水相相对渗透率曲线

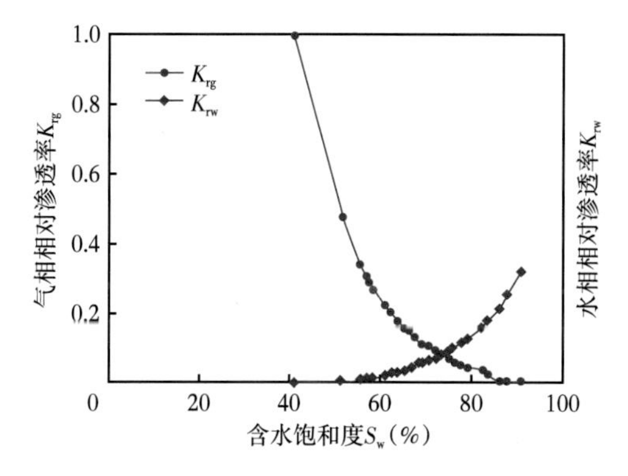

图1-52　岩心T43-2气水相相对渗透率曲线

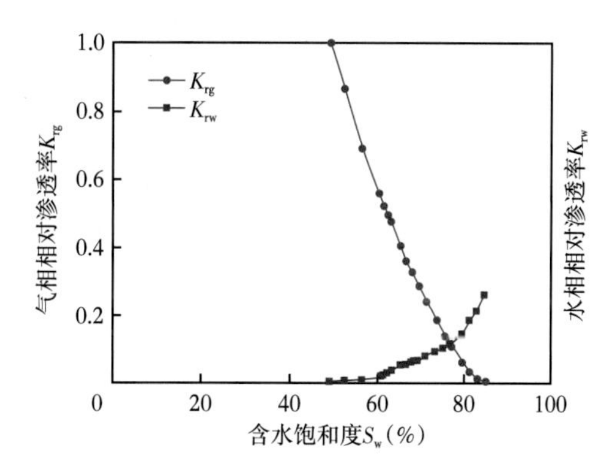

图1-53　岩心Z52-26气水相相对渗透率曲线

气田东部地区储层原始含水饱和度高，一般超过50%，故仍然存在可动水，生产过程中出现气水两相渗流过程。气水共渗区间窄，对于低渗透岩样，共渗区间为50%~90%；而对于特低渗透岩样，共渗区间仅为50%~80%；总的来看，开发过程中气体的渗流阻力较大，最终的采出程度偏低，对于渗透率小于0.1mD的储层，这一特点尤其显著。

2)致密气藏渗流机制总结

致密气藏储层物性差、渗透率小、束缚水饱和度，同时，存在启动压力梯度和应力敏感性，气相在储层中的渗流阻力大、压降大。微观上，主流喉道半径小、孔喉比大，对储层渗透率起主要贡献的只是分布较多的较细小喉道；宏观上，便表现为储层渗透率小，气相在孔隙中的渗流难度大。

储层岩石孔喉半径比的大小对气相渗流有着显著影响，当孔喉半径比较大时，气占据大孔隙，水相占据小孔喉，大孔隙内的气难以流经小喉道被采出。致密储层喉道整体比较细小、孔喉半径比较大，这也是采收率不高的主要原因之一。

3)评价参数和标准建立

将多孔介质中的流体在地层条件下能够有效地运移，并聚集成流，称为有效渗流。在进行有效渗流评价时，选择拟渗透率模数(应力敏感)、启动拟压力梯度、主流喉道半径、孔隙度、孔喉比等参数。

(1)主流喉道半径。

低渗透油气藏渗透率主要由喉道半径及其分布控制。主流喉道半径能表征储层基质的渗透能力，其与渗透率关系如图1-54所示。在微裂缝不发育时，渗透率和主流喉道半径都能反映储层的渗流能力；当微裂缝较为发育时，渗透率反映整个储层的宏观渗流能力，而主流喉道半径反映了储层基质的孔隙结构特征和渗流能力。因此，主流喉道半径更能够反映低渗透砂岩气藏储层特征，应作为气藏渗流能力评价参数之一。

根据主流喉道半径—渗透率半对数曲线的斜率变化，将主流喉道半分为4个区间，对应的渗透率如图1-55所示。

主流喉道半径小于0.1μm的占较大的比例，此时渗透率在0.1mD及以下，选择将0.1μm作为一个评价点。

主流喉道半径处于0.1~0.4μm的岩心占最大的比例，此时渗透率为0.1~0.8mD，并

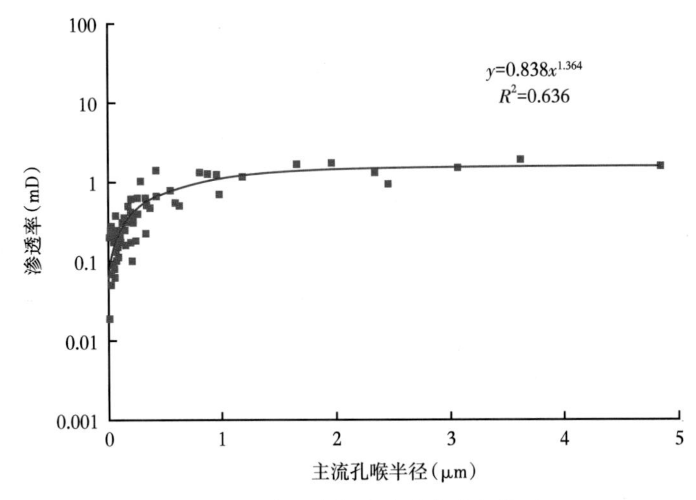

图 1-54　渗透率与主流孔喉半径关系

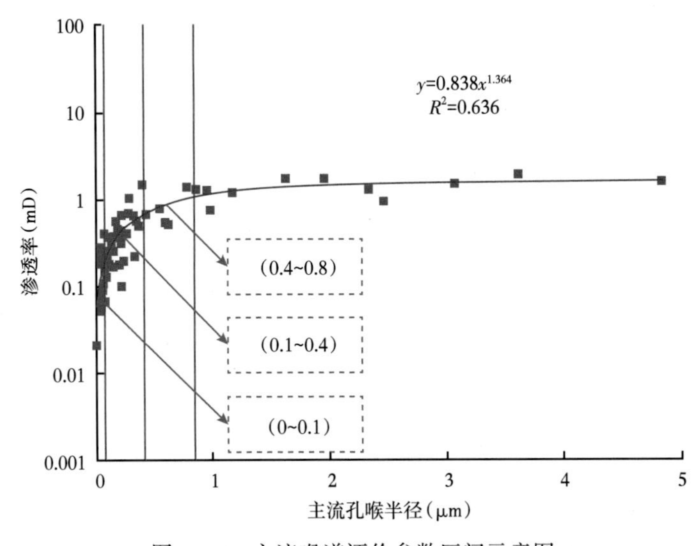

图 1-55　主流喉道评价参数区间示意图

且渗透率变化逐渐变缓慢，将主流喉道半径 0. 1~0. 4μm 作为第二个评价区间。

主流喉道半径处于 0. 4~0. 8μm 的岩心所占比例很小，渗透率范围 0. 8~1mD，渗透率变化程度不大，将主流喉道半径 0. 4~0. 8μm 作为第三个评价区间。

主流喉道半径大于 0. 8μm 的岩心占的比例极小，且分布分散，渗透率大于 1mD，将 0. 8μm 作为第四个评价区间。

主流喉道半径评价区间为：0~0. 1μm、0. 1 ~0. 4μm、0. 4~0. 8μm 与>0. 8μm。

(2)最大喉道半径。

对应主流喉道半径评价区间划分时的渗透率，进行最大喉道半径区间划分，如图 1-56 所示。

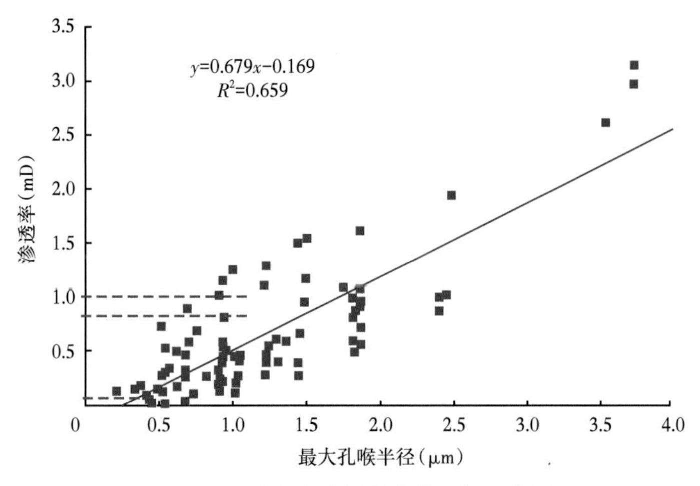

图 1-56　最大喉道评价参数区间示意图

研究区渗透率小于0.1mD的岩心，最大喉道半径约0.3μm，平均喉道半径较小，主流喉道半径小于0.1μm；渗透率为0.1~0.8mD的岩样，最大喉道半径0.3~1.5μm，主流喉道半径主要在0.1~0.4μm；渗透率为0.8~1mD的岩样，最大喉道半径1.5~1.75μm，主流喉道半径0.4~0.8μm；渗透率大于1mD的岩样，最大喉道半径大于1.75μm，主流喉道半径大于0.8μm。孔喉半径小于0.1μm的孔隙称非有效孔隙，在总的孔喉体积中占较大的比例。

所以将最大喉道半径区间划分为：<0.3μm；0.3~1.5μm；1.5~1.75μm；>1.75μm。

(3)孔隙度。

孔隙度表征有效孔隙体积占岩石体积百分比例。通过对研究区低渗透岩心进行孔渗参数的测试，其渗透率主要分布在0.07~0.8mD，孔隙度主要分布在2%~8%。根据孔隙度与主流厚道半径的对应关系，对孔隙度的范围划分为：<5%；5%~8%；8%~10%；>10%。

(4)孔喉比。

孔喉比也会对喉道处产生较大的影响，孔喉比越大，即喉道半径越小，流速越大、切应力也越大，压力梯度急剧上升，从而导致能量的大量损失(图1-57)。具体评价标

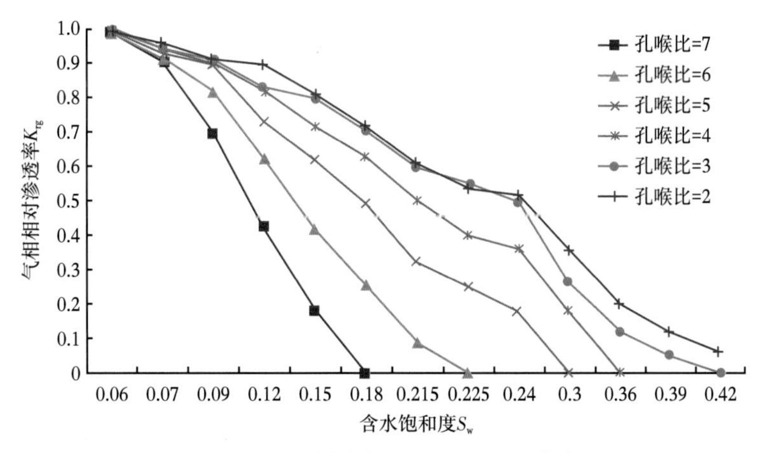

图 1-57　不同孔喉比下，K_{rg}—S_w 曲线

准见表 1-26。

表 1-26　有效渗流评价参数总结

多级渗流分类	渗透率(mD)	主流孔喉半径(μm)	最大孔喉半径(μm)	孔喉比
Ⅰ	大于 1	>0.8	>1.75	<2
Ⅱ	0.8~1	0.4~0.8	1.5~1.75	2~4
Ⅲ	0.1~0.8	0.1~0.4	0.3~1.5	4~6
Ⅳ	0.001~0.1	0.01~ 0.1	0.1~0.3	6~10
无效渗流	<0.001	<0.01	< 0.1	>10

基于以上的分析和总结，将无效渗流总结为：渗透率小于 0.001mD，主流孔喉半径小于 0.1μm，孔喉比大于 10。

宏观上，应力敏感和启动压力梯度影响单井控制面积；微观上，喉道半径和孔喉比则决定有效渗流。由于致密气藏应力敏感性强、主流喉道半径小、孔喉比大，单井控制面积小、有效渗流范围小，对采收率的影响很大。

3. 可动性渗流图版建立

致密气藏孔喉细小、比表面积大、渗透率低，使流体渗流存在一些明显的渗流特征。

由于存在启动压力梯度，则气藏中的渗流速度表达式为

$$v=\begin{cases}-\dfrac{K}{\mu}\left(\dfrac{\Delta p}{L}-\lambda\right)\times 10^{8}, & \dfrac{\Delta p}{L}\geqslant\lambda\\[2ex] 0, & \dfrac{\Delta p}{L}<\lambda\end{cases}\tag{1-16}$$

式中　v——渗流速度；

K——渗透率，mD；

λ——启动压力梯度，MPa/m。

由于存在应力敏感现象，则气藏中的渗透率随压力发生变化：

$$K=K_{o}e^{-\alpha(p_{r}-p)}\tag{1-17}$$

式中　K_o——渗透率，mD；

α——应力敏感系数，无量纲。

根据渗流影响因素的分析，对气体渗流速度公式进行修正，得到气体渗流速度表达式为

$$v_{g}=-\frac{K_{i}e^{-\alpha(\Delta p)}}{\mu_{g}}\left(\frac{\Delta p}{L}-\lambda\right)\tag{1-18}$$

式中　v_g——气体渗流速度；

K_i——原始渗透率，mD；

α——应力敏感系数，无量纲；

λ——启动压力梯度，MPa/m。

根据测得相关参数，计算渗流速度，当渗流速度足够小时，则可当作无效渗流。根据计算结果，划分有效渗流区域，其中Ⅰ区为无效渗流区，Ⅱ区为有效渗流区，如图1-58所示。

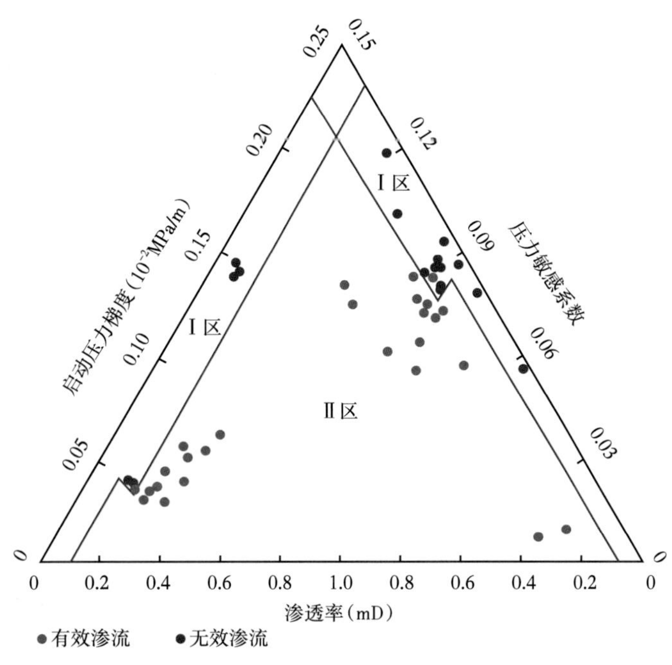

图1-58　基于启动压力梯度、应力敏感的可动用性渗流图版

三、致密气藏采收率评价

1. 致气藏有效渗流评价

研究区储层物性及孔喉结构的特点总结如下。

(1)岩心的孔渗性不好。在统计的岩心数据内，超低渗透岩心(渗透率小于1mD的岩心)占据了绝大部分。

(2)孔隙结构参数整体极小。

歪度指孔喉分布偏于粗孔喉或细孔喉。细歪度，即大部分孔喉都很细。

研究区岩心歪度主要分布在-1~1，如图1-59所示，在统计的数据范围内，粗歪度岩心的渗透率都大于0.1mD，所占比例很小。

主流孔喉半径平均值主要分布在0.8μm以下(渗透率主要分布在0.8mD以下)。研究区渗透率小于0.1mD的岩心，最大喉道半径约0.3μm，平均喉道半径较小；渗透率在0.1~0.8mD的岩样，最大喉道半径0.3~1.5μm。

中值半径：汞饱和度为50%时相应的注入曲线的毛细管压力所对应的半径值。中值半径越大则中值压力越小，中值半径与渗透率的相关性很好。根据图1-60我们还可以看出：中值半径大部分都小于0.4μm。

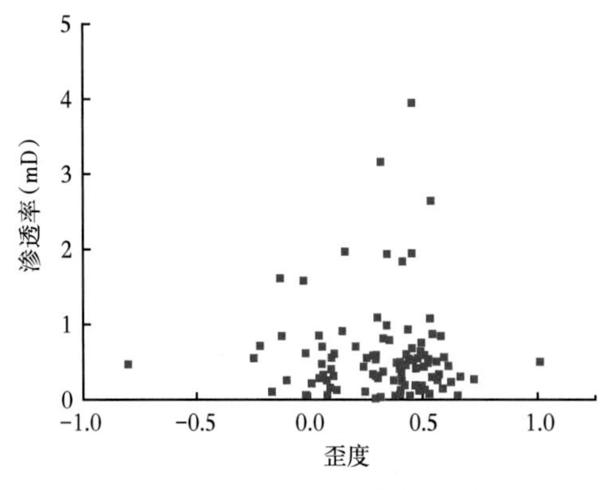

图 1-59　渗透率与歪度关系曲线

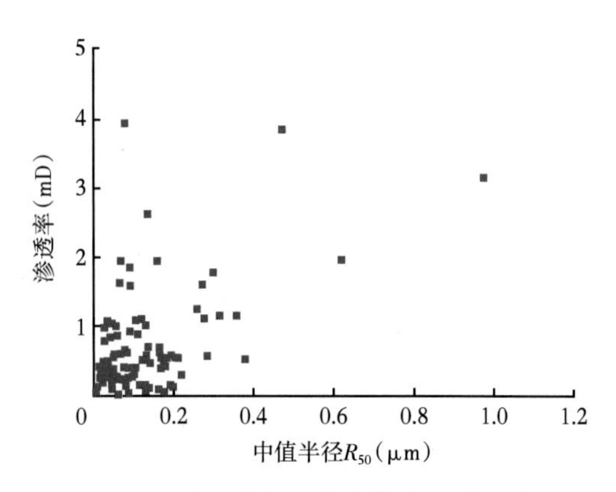

图 1-60　渗透率与喉道中值半径关系曲线

2. 采收率理论评价

1) 启动压力梯度

在进行理论评价时，一些基础额参数将依据实际的生产数据进行取值。此处以实际生产井 SD29-28 井为例进行理论研究和分析，SD29-28 井的基本数据见表 1-27。

表 1-27　SD29-28 井的基本数据

井名	原始地层压力(MPa)	渗透率(mD)	供给半径(m)	厚度(m)	黏度(cP)	压缩因子	地层温度(K)
SD29-28	25.68	0.152	480	6.6	0.02	0.92	360

在考虑启动压力梯度的情况下，计算不同启动压力梯度下，地层中各个点处的压力(图 1-61)。在地层中各点压力计算的基础上，可以计算不同启动压力梯度下的地层驱动

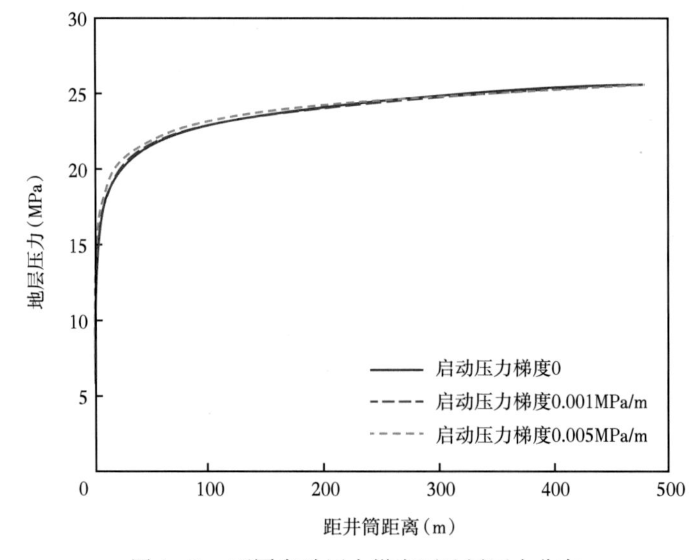

图 1-61　不同启动压力梯度下地层压力分布

压力梯度，并进行相关分析。具体的步骤是：（1）根据井的实际数据，定井底流压为2.5MPa，利用考虑启动压力梯度的产能方程，计算整体的产能；（2）由井筒到供给边界，取一组距离点，由边界往内，利用外面的点计算临近点的压力数据；（3）计算得到压力数据后，可以得到压力梯度数据。

分析图1-62可以发现，启动压力梯度越大，相同距离处，地层压力越大。考虑启动压力梯度时，启动压力梯度越大的储层，距离井筒相同距离点处的驱动压力梯度越小。总结即为启动压力梯度越大，距离井筒相同位置处的压力越大，驱动压力梯度越小，导致单井的控制面积越小。

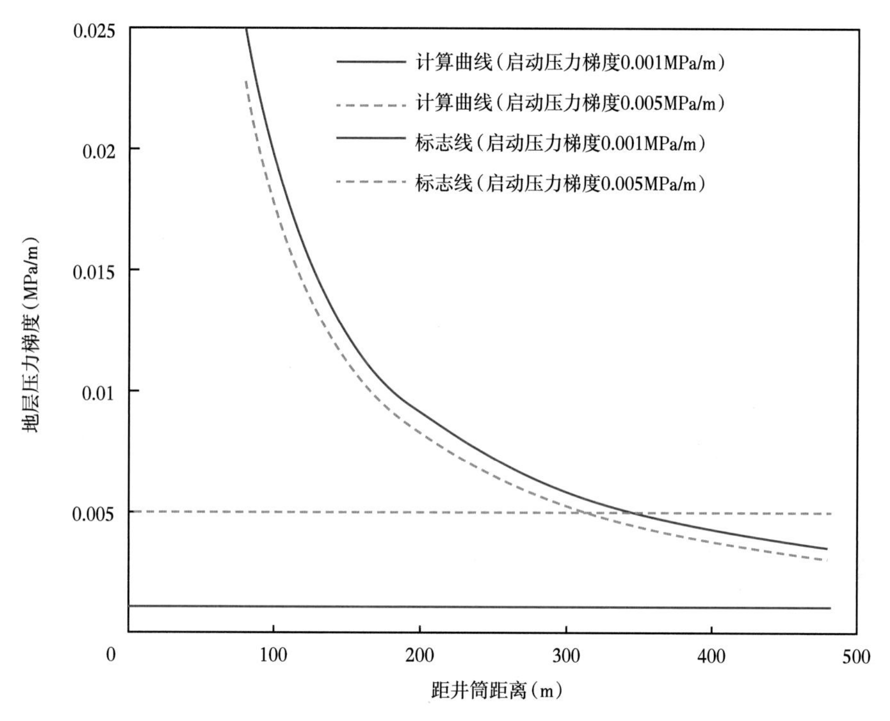

图1-62　不同启动压力梯度下地层压力梯度分布

SD29-28井的供给半径为480m，当启动压力梯度变为0.005MPa/m时，单井的有效控制半径变为315m，单井控制面积的损失率为56.9%。所以，启动压力梯度对于有效控制面积的影响是巨大的，在开发中需要着重考虑。

2）*应力敏感*

同样的方法，得到不同应力敏感下的压力展布和驱动压力梯度分布（图1-63与图1-64）。区别在于计算压力时，此处要用到迭代的方法。

渗透率模数越大，相同位置处的压力越大，驱动压力梯度越小，和启动压力梯度相同的原理，将导致单井控制半径减小。

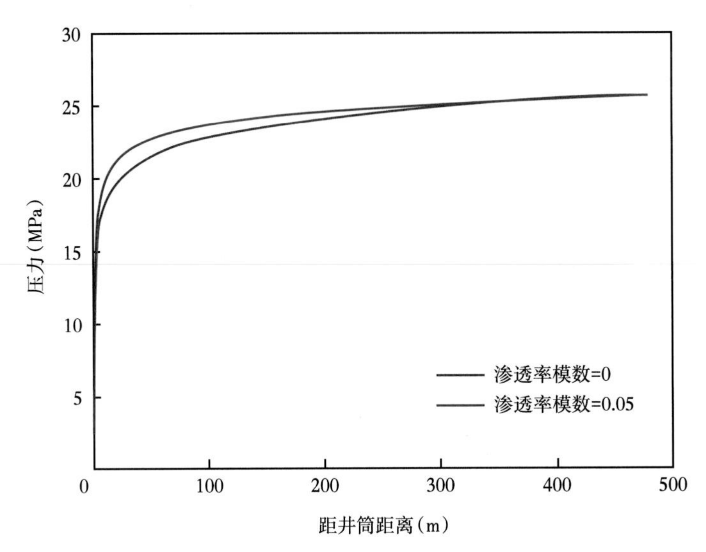

图 1-63　不同渗透率模数下的地层压力分布

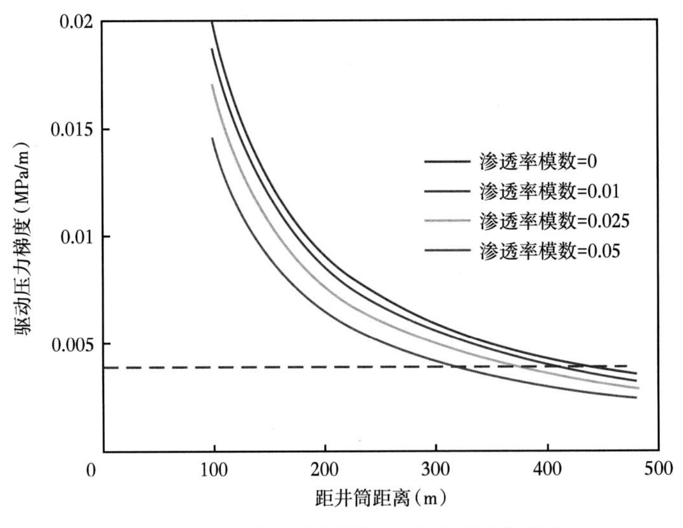

图 1-64　不同渗透率模数下的地层压力分布

第四节　致密气藏理论采收率标定新方法

综合考虑致密气藏微观渗流机理和宏观影响因素，建立了考虑滑脱效应、启动压力梯度、应力敏感的基质—裂缝储层渗流模型，在此基础上建立动态毛细管数—采收率模型。

一、致密气藏渗流模型

1. 物理模型描述

致密砂岩储层孔隙类型包括缩小粒间孔、粒间溶孔、溶蚀扩大粒间孔、粒内溶孔、铸模孔和晶间微孔；孔隙喉道以片状、弯片状和管束状喉道为主；发育构造微裂缝、解理缝及层面缝等裂缝结构。致密砂岩储层渗流空间具有强烈的尺度性，空间尺度分为致密基块孔喉尺度、天然裂缝尺度、水力裂缝尺度及宏观气井尺度，而气体的产出就是经过致密基块—天然裂缝—水力裂缝—井筒的跨尺度、多种介质的复杂过程(图 1-65)。

如图 1-66 所示为对致密气藏实际的储渗空间和渗流过程的详细描述。在整个渗流过程中，气相要依次经过致密基块、天然裂缝、水力裂缝、井筒，在整个渗流过程中，由于流相需要经过的介质较多，介质间流体的交换过程、渗流规律及相互间的压力变化规律的研究难度较大。因此，虽然这个模型对渗流过程描述得很细致，但若以此为基础进行渗流规律的研究，工作量和难度都很大，一般会对模型进行简化，实际应用中，也多使用简化的模型(图 1-66)。

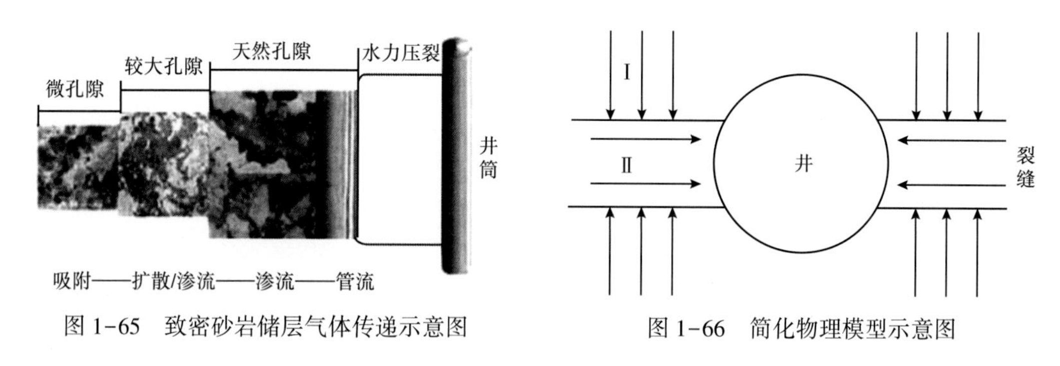

图 1-65　致密砂岩储层气体传递示意图

图 1-66　简化物理模型示意图

简化后的模型应用难度降低不少，也是本文在研究中采用的模型。致密气藏基本渗流微分方程如下。

1)连续性方程

对于基质和裂缝系统，极坐标下裂缝系统的连续性方程为

$$\frac{\partial(\rho_f\phi_f)}{\partial t}+\nabla(\rho_f V_f)-q_{ex}=0 \tag{1-19}$$

式中　ρ_f——流体密度，kg/m³；

ϕ_f——裂缝孔隙度，%；

t——时间，d；

V_f——裂缝孔隙体积，m³；

q_{ex}——基质与裂缝系统之间的窜流项。

基质系统的连续性方程为

$$\frac{\partial(\rho_m\phi_m)}{\partial t}+\nabla(\rho_m V_m)+q_{ex}=0 \tag{1-20}$$

其中

$$q_{ex}=\frac{3.6\alpha k_m\rho_0}{\mu}(p_m-p_f) \tag{1-21}$$

由于基质系统的渗透率远小于裂缝系统的渗透率，因而依靠渗流传导而引起的流体质量变化与窜流项和弹性项相比可以忽略不计，因此基质系统的连续性方程可变为

$$\frac{\partial(\rho_m\phi_m)}{\partial t}+q_{ex}=0 \tag{1-22}$$

则整理得裂缝系统的方程为

$$\frac{\partial(\rho_f\phi_f)}{\partial t}+\nabla(\rho_f V_f)+\frac{\partial(\rho_m\phi_m)}{\partial t}=0 \tag{1-23}$$

2)运动方程

对于致密气藏中的气体渗流，考虑启动压力梯度、滑脱效应和应力敏感的气体渗流运动方程为

$$\begin{cases} v_f=0, & \dfrac{dp}{dr}\leqslant\lambda \\ v_f=-\dfrac{3.6k_{fi}(1+b/\bar{p})e^{-\alpha_f(p_i-p_f)}}{\mu}\left(\dfrac{dp}{dr}-\lambda\right) & \dfrac{dp}{dr}>\lambda \end{cases} \tag{1-24}$$

3)状态方程

裂缝系统：

$$\rho_f=\rho_0 e^{C_\rho(p_f-p_0)} \tag{1-25}$$

$$\phi_f=\phi_{f_0}[1+C_f(p_f-p_0)] \tag{1-26}$$

基质系统：

$$\rho_m=\rho_0 e^{C_\rho(p_m-p_0)} \tag{1-27}$$

$$\phi_m=\phi_{m_0}[1+C_m(p_m-p_0)] \tag{1-28}$$

由于液体的压缩性很小，可将式(1-25)与式(1-26)按麦克劳林级数展开为

$$\rho=\rho_0[1+C_\rho(p-p_0)] \tag{1-29}$$

气体的状态方程：

$$\rho=\rho_0 e^{c_g(p-p_0)} \tag{1-30}$$

$$\rho=\frac{Mp}{RTZ} \tag{1-31}$$

2. 渗流模型

1)渗流微分方程建立

(1)裂缝系统渗流方程。

在极坐标下，裂缝系统的连续性方程可化为

$$\frac{1}{r}\frac{\partial}{\partial r}(r\rho_f V_f)=\frac{-\partial(\rho\phi)}{\partial t}+q_{ex} \tag{1-32}$$

联立连续性方程式(1-23)、运动方程式(1-26)、状态方程式(1-31)可得

$$\frac{1}{r}\frac{\partial}{\partial r}\left[r\times\frac{Mp_{\mathrm{f}}}{RTZ}\cdot-\frac{3.6k_{\mathrm{fi}}\ (1+b/\overline{p})\ \mathrm{e}^{-\alpha_{\mathrm{f}}(p_{\mathrm{i}}-p_{\mathrm{f}})}}{\mu}\left(\frac{\partial p_{\mathrm{f}}}{\partial r}-\lambda\right)\right]=-\frac{\partial\left(\dfrac{Mp_{\mathrm{f}}}{RTZ}\cdot\phi\right)}{\partial t}+\frac{3.6\alpha_{\mathrm{f}}k_{\mathrm{m}}\rho_0}{\mu}\ (p_{\mathrm{m}}-p_{\mathrm{f}})\tag{1-33}$$

因为 $$\frac{\partial}{\partial t}\left(\frac{p}{Z}\right)=\frac{1}{Z}\frac{\partial p}{\partial t}+p\cdot\frac{\mathrm{d}}{\mathrm{d}p}\left(\frac{1}{2}\right)\cdot\frac{\partial p}{\partial t}=\frac{p}{Z}\left(\frac{1}{p}-\frac{1}{Z}\frac{\partial Z}{\partial p}\right)\frac{\partial p}{\partial t}$$

所以式(1-31)可化为

$$\frac{k_{\mathrm{fi}}}{r}\frac{\partial}{\partial r}\left[r\frac{p_{\mathrm{f}}}{\mu Z}\ (1+b/\overline{p})\ \mathrm{e}^{-\alpha_{\mathrm{f}}(p_{\mathrm{i}}-p_{\mathrm{f}})}\left(\frac{\partial p_{\mathrm{f}}}{\partial r}-\lambda\right)\right]=\phi_{\mathrm{f}}\cdot\frac{p_{\mathrm{f}}}{Z}\cdot C_{\mathrm{ft}}\times\frac{\partial p}{\partial t}\times\frac{1}{3.6}-\frac{\alpha_{\mathrm{f}}k_{\mathrm{m}}\rho_0}{\mu Z}\ (p_{\mathrm{m}}-p_{\mathrm{f}})\tag{1-34}$$

进一步整理可得

$$\frac{k_{\mathrm{fi}}}{r}\frac{\partial}{\partial r}\left[r\frac{p_{\mathrm{f}}}{\mu z}\ (1+b/\overline{p})\ \mathrm{e}^{-\alpha_{\mathrm{f}}(p_{\mathrm{i}}-p_{\mathrm{f}})}\left(\frac{\partial p_{\mathrm{f}}}{\partial r}-\lambda\right)\right]=\frac{\phi_{\mathrm{f}}\mu C_{\mathrm{ft}}}{3.6}\times\frac{p_{\mathrm{f}}}{\mu Z}\frac{\partial p_{\mathrm{f}}}{\partial t}-\frac{\alpha_{\mathrm{f}}k_{\mathrm{m}}\rho_0}{\mu Z}\ (p_{\mathrm{m}}-p_{\mathrm{f}})\tag{1-35}$$

对于式(1-35)中，启动压力梯度的处理：由于 λ 很小，$\frac{\partial}{\partial r}\left(\frac{p}{\mu Z}\right)$ 也很小，因而可忽略 $2\lambda\frac{\partial}{\partial r}\left(\frac{p}{\mu Z}\right)$，则式(1-35)等号左边可化为

$$\begin{aligned}&\frac{k_{\mathrm{fi}}}{r}\frac{\partial}{\partial r}\left[r\frac{p_{\mathrm{f}}}{\mu Z}(1+b/\overline{p})\mathrm{e}^{-\alpha_{\mathrm{f}}(p_{\mathrm{i}}-p_{\mathrm{f}})}\left(\frac{\partial p_{\mathrm{f}}}{\partial r}-\lambda\right)\right]\\&=\frac{k_{\mathrm{fi}}}{r}\frac{\partial}{\partial r}\left[r\frac{p_{\mathrm{f}}}{\mu Z}(1+b/\overline{p})\mathrm{e}^{-\alpha_{\mathrm{f}}(p_{\mathrm{i}}-p_{\mathrm{f}})}\frac{\partial p_{\mathrm{f}}}{\partial r}-r\frac{p_{\mathrm{f}}}{\mu Z}(1+b/\overline{p})\mathrm{e}^{-\alpha_{\mathrm{f}}(p_{\mathrm{i}}-p_{\mathrm{f}})}\lambda\right]\end{aligned}\tag{1-36}$$

定义拟压力：

$$\psi(p_{\mathrm{f}})=\int_{p_0}^{p_{\mathrm{f}}}\frac{2p}{\mu Z}(1+b/\overline{p})\mathrm{d}p$$

则

$$\frac{\partial\psi(p_{\mathrm{f}})}{\partial r}=\frac{2p_{\mathrm{f}}}{\mu Z}(1+b/\overline{p})\frac{\partial p_{\mathrm{f}}}{\partial r}$$

则式(1-36)可化为

$$\begin{aligned}&\frac{k_{\mathrm{fi}}}{r}\frac{\partial}{\partial r}\left[r\frac{p_{\mathrm{f}}}{\mu Z}(1+b/\overline{p})\mathrm{e}^{-\alpha_{\mathrm{f}}(p_{\mathrm{i}}-p_{\mathrm{f}})}\left(\frac{\partial p_{\mathrm{f}}}{\partial r}-\lambda\right)\right]\\&=\frac{k_{\mathrm{fi}}}{2r}\frac{\partial}{\partial r}\left[r\mathrm{e}^{-\alpha_{\mathrm{f}}(\psi_{\mathrm{i}}-\psi_{\mathrm{f}})}\frac{\partial\psi_{\mathrm{f}}}{\partial r}\right]-\frac{k_{\mathrm{fi}}}{2\mathrm{r}}\frac{\partial}{\partial r}\left[r\frac{2p_{\mathrm{f}}}{\mu Z}(1+b/\overline{p})\mathrm{e}^{-\alpha_{\mathrm{f}}(p_{\mathrm{i}}-p_{\mathrm{f}})}\lambda\right]\end{aligned}\tag{1-37}$$

定义启动拟压力梯度：

$$\lambda_{\psi}=\frac{2p_{\mathrm{f}}}{\mu Z}\ (1+b/\overline{p})\lambda$$

则裂缝系统的方程可化为

$$\frac{k_{fi}}{2}\frac{1}{r}\frac{\partial}{\partial r}\left[re^{-\alpha_{\psi_f}(\psi_i-\psi_f)}\frac{\partial\psi_f}{\partial r}\right]-\frac{k_{fi}}{2}\left[\lambda_\psi\alpha_{\psi_f}e^{-\alpha_{\psi_f}(\psi_i-\psi_f)}\frac{\partial\psi_f}{\partial r}+\frac{1}{r}e^{-\alpha_{\psi_f}(\psi_i-\psi_f)}\lambda_\psi\right]$$
$$=\left[\frac{\phi_f\mu C_{ft}}{3.6}\times\frac{1}{2}\times\frac{\partial\psi_f}{\partial t}+\frac{\phi_m\mu C_{mt}}{3.6}\times\frac{1}{2}\times\frac{\partial\psi_m}{\partial t}\right]\times\frac{1}{k_{fi}} \tag{1-38}$$

裂缝系统方程(1-38)的左边项进一步化简为

$$\frac{k_{fi}}{2}\frac{1}{r}\frac{\partial}{\partial r}\left[re^{-\alpha_{\psi_f}(\psi_i-\psi_f)}\frac{\partial\psi_f}{\partial r}\right]-\frac{k_{fi}}{2}\left[\lambda_\psi\alpha_{\psi_f}e^{-\alpha_{\psi_f}(\psi_i-\psi_f)}\frac{\partial\psi_f}{\partial r}+\frac{1}{r}e^{-\alpha_{\psi_f}(\psi_i-\psi_f)}\lambda_\psi\right]$$
$$=\frac{1}{r}\times r\frac{\partial}{\partial r}\left[e^{-\alpha_{wf}(\psi_i-\psi_f)}\frac{\partial\psi_f}{\partial r}\right]+\frac{1}{r}e^{-\alpha_{\psi_f}(\psi_i-\psi_f)}\frac{\partial\psi_f}{\partial r} \tag{1-39}$$
$$=e^{-\alpha_{\psi_f}(\psi_i-\psi_f)}\frac{\partial^2\psi_f}{\partial r^2}+\frac{\partial\psi_f}{\partial r}e^{-\alpha_{\psi_f}(\psi_i-\psi_f)}\times\alpha_{\psi_f}\frac{\partial\psi_f}{\partial r}+\frac{1}{r}e^{-\alpha_{wf}(\psi_i-\psi_f)}\frac{\partial\psi_f}{\partial r}$$
$$=e^{-\alpha_{\psi_f}(\psi_i-\psi_f)}\frac{\partial^2\psi_f}{\partial r^2}+e^{-\alpha_{\psi_f}(\psi_i-\psi_f)}\times\alpha_{\psi_f}\left(\frac{\partial\psi_f}{\partial r}\right)^2+\frac{1}{r}e^{-\alpha_{wf}(\psi_i-\psi_f)}\frac{\partial\psi_f}{\partial r}$$

裂缝系统可化为

$$e^{-\alpha_{\psi_f}(\psi_i-\psi_f)}\left[\frac{\partial^2\psi_f}{\partial r^2}+\alpha_{\psi_f}\left(\frac{\partial\psi_f}{\partial r}\right)^2+\frac{1}{r}\frac{\partial\psi_f}{\partial r}-\lambda_\psi\alpha_{\psi_f}\frac{\partial\psi_f}{\partial r}-\frac{1}{r}\lambda_\psi\right]$$
$$=\left(\frac{\phi_f\mu C_{ft}}{3.6}\frac{\partial\psi_f}{\partial t}+\frac{\phi_m\mu C_{mt}}{3.6}\times\frac{\partial\psi_m}{\partial t}\right)\times\frac{1}{k_{fi}} \tag{1-40}$$

即

$$e^{-\alpha_{\psi_f}(\psi_i-\psi_f)}\left[\frac{\partial^2\psi_f}{\partial r^2}+\alpha_{\psi_f}\left(\frac{\partial\psi_f}{\partial r}\right)^2+\frac{1}{r}\frac{\partial\psi_f}{\partial r}-\lambda_\psi\alpha_{\psi_f}\frac{\partial\psi_f}{\partial r}-\frac{1}{r}\lambda_\psi\right]$$
$$=\frac{\mu}{3.6k_{fi}}\left[\phi_f C_{ft}\frac{\partial\psi_f}{\partial t}+\phi_m C_{mt}\times\frac{\partial\psi_m}{\partial t}\right] \tag{1-41}$$

所以裂缝系统的渗流方程为

$$\frac{\partial^2\psi_f}{\partial r^2}+\alpha_{\psi_f}\left(\frac{\partial\psi_f}{\partial r}\right)^2+\left(\frac{1}{r}-\lambda_\psi\alpha_{\psi_f}\right)\frac{\partial\psi_f}{\partial r}-\frac{1}{r}\lambda_\psi=\frac{\mu}{3.6k_{fi}e^{-\alpha_{\psi_f}(\psi_i-\psi_f)}}\left(\phi_f C_{ft}\frac{\partial\psi_f}{\partial t}+\phi_m C_{mt}\times\frac{\partial\psi_m}{\partial t}\right) \tag{1-42}$$

(2)基质系统渗流方程。

对于基质系统，由式(1-25)可化为

$$\frac{\phi_m\mu C_{mt}}{3.6}\times\frac{p_m}{\mu Z}\times\frac{\partial p_m}{\partial t}+\frac{\alpha k_m}{\mu}(p_m-p_f)\times\frac{p_m}{Z}=0 \tag{1-43}$$

其中

$$C_{mt}=C_m+C_\rho$$

定义拟压力：

$$\psi_m = 2\int_{p_0}^{p_m} \frac{p}{\mu Z} dp$$

则基质系统的渗流方程可化为

$$\frac{\phi_m \mu C_{mt}}{3.6} \frac{\partial \psi_m}{\partial t} + \alpha k_m (\psi_m - \psi_f) = 0 \tag{1-44}$$

在基质—裂缝渗流模型推导过程中，省略了部分推导过程，现将推导时所应用的部分公式备注如下。

①渗透率模量 $\alpha_m = \frac{1}{k}\frac{dk}{d\psi}$

对其积分可得

$$\alpha_m d\psi = \frac{1}{k} dk$$

即

$$\alpha_m(\psi - \psi_i) = \ln\frac{k}{k_i}$$

则

$$\frac{k}{k_i} = e^{-\alpha_m(\psi_i - \psi)}$$

所以

$$k = k_i e^{-\alpha_m(\psi_i - \psi)}$$

②

$$\psi_m - \psi_f = \int_{p_0}^{p_m} \frac{p}{\mu Z} dp - \int_{p_0}^{p_f} \frac{p}{\mu Z} dp \approx 2p_0\left(\int_{p_0}^{p_m} \frac{1}{\mu Z} dp - \int_{p_0}^{p_f} \frac{1}{\mu Z} dp\right) = \frac{2}{\mu Z}(p_0 p_m - p_0 p_f)$$

所以

$$\frac{2\alpha k_m p_0}{\mu Z}(p_m - p_f) = \alpha k_m (\psi_m - \psi_f)$$

③定义拟压力：

$$\psi_f = 2\int_{p_0}^{p_f} \frac{p}{\mu Z} dp, \quad \psi_m = 2\int_{p_0}^{p_m} \frac{p}{\mu Z} dp$$

则

$$\frac{\partial \psi_f}{\partial t} = 2\frac{p_f}{\mu Z}\frac{\partial p_f}{\partial t}$$

$$\frac{\partial \psi_m}{\partial t} = 2\frac{p_m}{\mu Z}\frac{\partial p_m}{\partial t}$$

$$\frac{\partial \psi_f}{\partial r} = 2\frac{p_f}{\mu Z}\frac{\partial p_f}{\partial r}$$

$$\frac{\partial \psi_m}{\partial t} = 2\frac{p_m}{\mu Z}\frac{\partial p_m}{\partial r}$$

④对于实际气体，μ，Z 都是压力的函数。

⑤由

$$\rho_f=\frac{M_{sc}p_f}{Z_f}$$

$$\phi_f=\phi_{0f}e^{\beta_f(p_f-p_0)}$$

可得

$$\begin{aligned}\frac{\partial(\rho_f\phi_f)}{\partial t}&=\frac{\partial\left(\frac{M_{sc}p_f}{Z_f}\phi_f\right)}{\partial t}\\&=M_{sc}\frac{\partial}{\partial t}\left(\frac{p_f}{Z_f}\phi_f\right)\\&=M_{sc}\left[\phi_f\frac{\partial}{\partial t}\left(\frac{p_f}{Z_f}\right)+\frac{p_f}{Z_f}\frac{\partial}{\partial t}\phi_f\right]\\&=M_{sc}\left\{\phi_f\left[\frac{1}{Z_f}\frac{\partial p_f}{\partial t}+p_f\frac{d}{dp}\left(\frac{1}{Z_f}\right)\frac{\partial p_f}{\partial t}\right]+\frac{p_f}{Z_f}\frac{\partial}{\partial t}\left[\phi_{0f}e^{\beta_f(p_f-p_0)}\right]\right\}\\&=M_{sc}\left[\phi_f\left(\frac{1}{Z_f}\frac{\partial p_f}{\partial t}-p_f\frac{1}{Z_f^2}\frac{\partial Z_f}{\partial p}\frac{\partial p_f}{\partial t}\right)+\frac{p_f}{Z_f}\phi_{0f}e^{\beta_f(p_f-p_0)}\beta_f\frac{\partial p_f}{\partial t}\right]\\&=M_{sc}\left[\phi_f\frac{p_f}{Z_f}\left(\frac{1}{p_f}-\frac{1}{Z_f}\frac{\partial Z_f}{\partial p}\right)\frac{\partial p_f}{\partial t}+\frac{p_f}{Z_f}\phi_f\beta_f\frac{\partial p_f}{\partial t}\right]\\&=\frac{M_{sc}}{2}\left[\phi_f\frac{2p_f}{\mu_Z}C_f\frac{\partial p_f}{\partial t}+\frac{2p_f}{\mu_f Z_f}\phi_f\beta_f\frac{\partial p_f}{\partial t}\right]\\&=\frac{M_{sc}\mu}{2}\left(\phi_f(C_f+\beta_f)\frac{\partial\psi_f}{\partial t}\right)\end{aligned}\tag{1-45}$$

忽略基质的应力敏感性，则

$$\begin{aligned}\frac{\partial(\rho_m\phi_m)}{\partial t}&=\frac{\partial}{\partial t}\left(\frac{M_{sc}p_m}{Z_m}\phi_m\right)=M_{sc}\frac{\partial}{\partial t}\left(\frac{p_m}{Z_m}\phi_m\right)=M_{sc}\phi_m\frac{\partial}{\partial t}\left(\frac{p_m}{Z_m}\right)\\&=M_{sc}\phi_m\left[\frac{1}{Z_m}\frac{\partial p_m}{\partial t}+p_m\frac{d}{dp}\left(\frac{1}{Z_m}\right)\frac{\partial p_m}{\partial t}\right]\\&=M_{sc}\phi_m\left[\frac{1}{Z_m}\frac{\partial p_m}{\partial t}-\frac{p_m}{Z_m^2}\frac{\partial Z_m}{\partial p}\frac{\partial p_m}{\partial t}\right]\\&=M_{sc}\phi_m\left[\frac{p_m}{Z_m}\left(\frac{1}{p_m}-\frac{1}{Z_m}\frac{\partial Z_m}{\partial p}\right)\frac{\partial p_m}{\partial t}\right]\\&=M_{sc}\phi_m\frac{p_m}{Z_m}C_m\frac{\partial p_m}{\partial t}=\frac{M_{sc}\mu}{2}\phi_m C_m\frac{\partial\psi_m}{\partial t}\end{aligned}\tag{1-46}$$

2）渗流微分方程无因次化

按表 1−28 所示定义无因次变量。

表 1−28　无因次变量定义

变量	定义
无因次裂缝拟压力	$\psi_{mD}=\dfrac{78.489k_0h}{Tq_{sc}}(\psi_i-\psi_m)$
无因次基质拟压力	$\psi_{fD}=\dfrac{78.489k_0h}{Tq_{sc}}(\psi_i-\psi_f)$
无因次时间	$t_D=\dfrac{3.6k_0t}{(\phi_fC_{ft}+\phi_mC_{mt})ur_w^2}$
无因次井筒半径	$r_D=\dfrac{r}{r_w}$
无因次拟渗透率模数	$\alpha_{\psi_{fD}}=\dfrac{Tq_{sc}}{78.489k_{f0}h}\alpha_{\psi_f}$
无因次拟启动压力梯度	$\lambda_{\psi D}=\dfrac{78.489k_{f0}hr_w}{Tq_{sc}}\lambda_{\psi}$
窜流系数	$\lambda=\alpha\dfrac{k_m}{k_0}r_w^2$
弹性储容比	$\omega=\dfrac{\phi_fC_{ft}}{\phi_fC_{ft}+\phi_mC_{mt}}$

则裂缝系统的方程可化为

$$\frac{\partial^2\psi_f}{\partial r^2}+\alpha_{\psi_f}\left(\frac{\partial\psi_f}{\partial r}\right)^2+\left(\frac{1}{r}-\lambda_{\psi}\alpha_{\psi f}\right)\frac{\partial\psi_f}{\partial r}-\frac{1}{r}\lambda_{\psi}$$
$$=\frac{\mu}{3.6k_{f0}}\left[\phi_{0f}C_{ft}\frac{\partial\psi_f}{\partial t}e^{(\beta_{\psi f}-\alpha_{\psi f})(\psi_f-\psi_0)}\frac{\partial\psi_f}{\partial t}+\phi_mC_{mt}\frac{\partial\psi_m}{\partial t}\right] \tag{1-47}$$

基质系统的无因次化方程可化为

$$(1-\omega)\frac{\partial\psi_{mD}}{\partial t_D}+\lambda(\psi_{mD}-\psi_{fD})=0 \tag{1-48}$$

3）定产量生产数学模型建立

对于无限大地层一口井定产量生产时：

初始条件：

$$\psi_{fD}\big|_{t_D=0}=\psi_{mD}\big|_{t_D=0}=0 \tag{1-49}$$

内边界定产：

$$e^{-\alpha_{\psi_{fD}}\psi_{fD}}\left(\frac{\partial\psi_{fD}}{\partial r_D}+\lambda_{\psi D}\right)\Bigg|_{r_D=1}=-1 \tag{1-50}$$

外边界无限大：

$$\lim_{r_D\to\infty}\psi_{fD}=\lim_{r_D\to\infty}\psi_{mD}=0 \tag{1-51}$$

为了消去模型中的平方项，做如下的定义：

$$\xi=\psi_{\mathrm{mD}}$$

$$\tau=t_{\mathrm{D}}$$

$$u=\ln r_{\mathrm{D}}$$

$$\eta=\frac{1}{\alpha_{\mathrm{D}}}(1-\mathrm{e}^{-\alpha_{\mathrm{D}}\psi_{\mathrm{D}}})$$

所以基质—裂缝系统的模型整理如下：

$$\begin{aligned}&\frac{\partial^2\eta}{\partial\mu^2}-\mathrm{e}^{\mu}\alpha_{\psi_{\mathrm{fD}}}\lambda_{\psi_{\mathrm{BD}}}\frac{\partial\eta}{\partial\mu}\\&=\mathrm{e}^{2\mu}\left\{\omega(1-\alpha_{\psi_{\mathrm{fD}}}\eta)^{r_{\mathrm{D}}-1}\frac{\partial\eta}{\partial\tau}-\lambda\left[\frac{1}{\alpha_{\psi_{\mathrm{fD}}}}\ln(1-\alpha_{\psi_{\mathrm{fD}}}\eta)+\xi\right]\right\}-\mathrm{e}^{u}\lambda_{\psi_{\mathrm{BD}}}(1-\alpha_{\psi_{\mathrm{fD}}}\eta)\end{aligned}\tag{1-52}$$

$$(1-\omega)\frac{\partial\xi}{\partial\tau}=-\lambda\left[\frac{1}{\alpha_{\psi_{\mathrm{fD}}}}\ln(1-\alpha_{\psi_{\mathrm{fD}}}\eta)+\xi\right]\tag{1-53}$$

内边界定产条件：

$$\left[\frac{\partial\eta}{\partial\mu}+\lambda_{\psi_{\mathrm{BD}}}(1-\alpha_{\psi_{\mathrm{fD}}}\eta)\right]\Bigg|_{\mu=0}=-1\tag{1-54}$$

外边界条件：

$$\lim_{\mu\to\infty}\eta=\lim_{\mu\to\infty}\xi=0\tag{1-55}$$

初始条件：

$$\eta\,|_{\tau=0}=0,\ \xi\,|_{\tau=0}=0\tag{1-56}$$

3. 数学模型求解

1）模型求解方法

引入 Pedrosa 代换：

$$\psi_{\mathrm{fD}}=-\frac{1}{\alpha_{\psi_{\mathrm{fD}}}}\ln\left[1-\alpha_{\psi_{\mathrm{fD}}}\xi_{\mathrm{D}}\right]$$

则裂缝系统的方程可化为

$$\begin{aligned}&\frac{\partial^2\xi_{\mathrm{D}}}{\partial r_{\mathrm{D}}^2}+\left(\frac{1}{r_{\mathrm{D}}}-\alpha_{\psi_{\mathrm{fD}}}\lambda_{\psi\mathrm{D}}\right)\frac{\partial\xi_{\mathrm{D}}}{\partial r_{\mathrm{D}}}+\frac{1}{r_{\mathrm{D}}}\lambda_{\psi\mathrm{D}}(1-\alpha_{\psi_{\mathrm{fD}}}\xi_{\mathrm{D}})\\&=\omega(1-\alpha_{\psi_{\mathrm{fD}}}\xi_{\mathrm{D}})^{\frac{\beta_{\psi_{\mathrm{fD}}}}{\alpha_{\psi_{\mathrm{fD}}}}-1}\frac{\partial\xi_{\mathrm{D}}}{\partial t_{\mathrm{D}}}-\lambda\left[\frac{1}{\alpha_{\psi_{\mathrm{fD}}}}\ln(1-\alpha_{\psi_{\mathrm{fD}}}\xi_{\mathrm{D}})+\psi_{\mathrm{mD}}\right]\end{aligned}\tag{1-57}$$

基质系统的方程可化为

$$(1-\omega)\frac{\partial\psi_{\mathrm{mD}}}{\partial t_{\mathrm{D}}}+\lambda\left[\frac{1}{\alpha_{\psi_{\mathrm{fD}}}}\ln(1-\alpha_{\psi_{\mathrm{fD}}}\xi_{\mathrm{D}})+\psi_{\mathrm{mD}}\right]=0\tag{1-58}$$

内边界定产条件：

$$e^{-\alpha_{\psi_{fD}}\frac{-1}{\alpha_{\psi_{fD}}}\ln(1-\alpha_{\psi_{fD}}\xi_D)}\left(\frac{1}{1-\alpha_{\psi_{fD}}\xi_D}\frac{\partial\xi_D}{\partial r_D}+\lambda_{\psi D}\right)\Bigg|_{r_D=1}=-1 \tag{1-59}$$

$$(1-\alpha_{\psi_{fD}}\xi_D)\left(\frac{1}{1-\alpha_{\psi_{fD}}\xi_D}\frac{\partial\xi_D}{\partial r_D}+\lambda_{\psi D}\right)\Bigg|_{r_D=1}=-1 \tag{1-60}$$

即

$$\frac{\partial\xi_D}{\partial r_D}+(1-\alpha_{\psi_{fD}}\xi_D)\lambda_{\psi D}\Bigg|_{r_D=1}=-1 \tag{1-61}$$

外边界条件：

$$\lim_{r_D\to\infty}\xi_D=\lim_{r_D\to\infty}\psi_{Dm}=0 \tag{1-62}$$

初始条件：

$$\xi_D|_{t_D=0}=\psi_{Dm}|_{t_D=0}=0 \tag{1-63}$$

根据正则摄动理论，以下各项可展开为无因次渗透率模量的幂级数形式：

$$\xi_D=\xi_{D0}+\alpha_{\psi_{fD}}\xi_D+\alpha_{\psi_{fD}}^2\xi_D^2+\cdots \tag{1-64}$$

$$-\frac{1}{\alpha_{\psi_{fD}}}\ln(1-\alpha_{\psi_{fD}}\xi_D)=\xi_D+\frac{1}{2}\alpha_{\psi_{fD}}\xi_D^2+\cdots \tag{1-65}$$

由于无因次拟渗透率模量的值很小（$\alpha_{\psi_{fD}}\ll 1$），取零阶摄动解即可满足工程精度的要求。因此渗流模型可化为：

裂缝系统：

$$\frac{\partial^2\xi_{D0}}{\partial r_D^2}+\left(\frac{1}{r_D}-\alpha_{\psi_{fD}}\lambda_{\psi D}\right)\frac{\partial\xi_{D0}}{\partial r_D}+\frac{1}{r_D}\lambda_{\psi D}=\omega\frac{\partial\xi_{D0}}{\partial t_D}-\lambda[\psi_{mD}-\xi_{D0}] \tag{1-66}$$

基质系统：

$$(1-\omega)\frac{\partial\psi_{mD}}{\partial t_D}+\lambda[\psi_{mD}-\xi_{D0}]=0 \tag{1-67}$$

内边界条件：

$$\frac{\partial\xi_{D0}}{\partial r_D}+\lambda_{\psi D}\Bigg|_{r_D=1}=-1 \tag{1-68}$$

外边界条件：

$$\lim_{r_D\to\infty}\xi_{D0}=\lim_{r_D\to\infty}\psi_{Dm}=0 \tag{1-69}$$

初始条件：

$$\xi_{D0}|_{t_D=0}=\psi_{Dm}|_{t_D=0}=0 \tag{1-70}$$

对致密气藏渗流模型基于 t_D 进行 Laplace 变换于 s，得

裂缝系统：

$$\frac{\partial^2\overline{\xi_{D0}}}{\partial r_D^2}+\left(\frac{1}{r_D}-\alpha_{\psi_{fD}}\lambda_{\psi D}\right)\frac{\partial\overline{\xi_{D0}}}{\partial r_D}+\frac{1}{r_D s}\lambda_{\psi D}=\omega s\overline{\xi_{D0}}-\lambda(\overline{\psi_{mD}}-\overline{\xi_{D0}}) \tag{1-71}$$

基质系统：

$$(1-\omega)s\overline{\psi_{mD}}+\lambda(\overline{\psi_{mD}}-\overline{\xi_{D0}})=0 \tag{1-72}$$

即

$$\overline{\psi_{mD}}=\frac{\lambda}{(1-\omega)s+\lambda}\overline{\xi_{D0}} \tag{1-73}$$

内边界条件：

$$s\frac{\partial\overline{\xi_{D0}}}{\partial r_D}+\lambda_{\psi D}\bigg|_{r_D=1}=-1 \tag{1-74}$$

外边界条件：

$$\lim_{r_D\to\infty}\overline{\xi_{D0}}=\lim_{r_D\to\infty}\overline{\psi_{Dm}}=0 \tag{1-75}$$

初始条件：

$$\overline{\xi_{D0}}\big|_{t_D=0}=\overline{\psi_{Dm}}\big|_{t_D=0}=0 \tag{1-76}$$

联立式(1-71)和式(1-72)，消除$\overline{\psi_{mD}}$得

$$\frac{\partial^2\xi_{D0}}{\partial r_D^2}+\left(\frac{1}{r_D}-\alpha_{\psi fD}\lambda_{\psi D}\right)\frac{\partial\overline{\xi_{D0}}}{\partial r_D}-s\frac{(1-\omega)\omega s+\lambda}{(1-\omega)s+\lambda}\overline{\xi_{D0}}+\frac{1}{r_D s}\lambda_{\psi D}=0 \tag{1-77}$$

令

$$f(s)=\frac{(1-\omega)\omega s+\lambda}{(1-\omega)s+\lambda} \tag{1-78}$$

则

$$\frac{\partial^2\xi_{D0}}{\partial r_D^2}+\left(\frac{1}{r_D}-\alpha_{\psi fD}\lambda_{\psi D}\right)\frac{\partial\overline{\xi_{D0}}}{\partial r_D}-sf(s)\overline{\xi_{D0}}+\frac{1}{r_D s}\lambda_{\psi D}=0 \tag{1-79}$$

式(1-79)是一个非齐次方程，特解用格林函数表示，其通解为

$$\overline{\xi_{D0}}=AI_0[r_D\sqrt{sf(s)}]+BK_0[r_D\sqrt{sf(s)}]+\int_0^{+\infty}G(r_D,\tau)\mathrm{d}\tau \tag{1-80}$$

式中 A、B——第一类、第二类零阶虚宗量 Bessel 函数，无量纲。

$$\frac{\partial\overline{\xi_D}}{\partial r_D}=\sqrt{sf(s)}\left\{AI_1[r_D\sqrt{sf(s)}]-BK_1[r_D\sqrt{sf(s)}]+\frac{\lambda_{\psi D}}{s}I_1[r_D\sqrt{sf(s)}]\int_0^{+\infty}K_0[\tau\sqrt{sf(s)}]\mathrm{d}\tau\right\} \tag{1-81}$$

将式(1-80)代入内边界条件式(1-81)可得

$$\sqrt{sf(s)}\left[AI_1[r_D\sqrt{sf(s)}]-BK_1[r_D\sqrt{sf(s)}]+\frac{\lambda_{\psi D}}{s}I_1[r_D\sqrt{sf(s)}]\int_0^{+\infty}K_0[\tau\sqrt{sf(s)}]\mathrm{d}\tau\right]+\frac{\lambda_{\psi D}}{s}=-\frac{1}{s} \tag{1-82}$$

将式(1-82)代入外边界条件式(1-73)可得

$$AI_0[r_D\sqrt{sf(s)}]+BK_0[r_D\sqrt{sf(s)}]+\frac{\lambda_{\psi D}}{s}K_0[r_D\sqrt{sf(s)}]\int_0^{+\infty}I_0[\tau\sqrt{sf(s)}]d\tau=0 \tag{1-83}$$

对 Bessel 函数来说：

$$\lim_{x\to\infty}I_0(x)\to\infty$$

$$\lim_{x\to\infty}K_0(x)\to 0$$

所以可求得

$$A=0$$

联立式(1-82)和式(1-83)，可求得

$$B=\frac{1}{K_1[r_D\sqrt{sf(s)}]}\left\{\frac{1+\lambda_{\psi D}}{s\sqrt{sf(s)}}+\frac{\lambda_{\psi D}}{s}I_1[r_D\sqrt{sf(s)}]\int_0^{+\infty}K_0[\tau\sqrt{sf(s)}]d\tau\right\}$$

将 A，B 的值代入式(1-80)，可得

$$\overline{\xi_D}=\frac{1}{K_1[r_D\sqrt{sf(s)}]}\left\{\frac{1+\lambda_{\psi D}}{s\sqrt{sf(s)}}+\frac{\lambda_{\psi D}}{s}I_1[r_D\sqrt{sf(s)}]\int_0^{+\infty}K_0[\tau\sqrt{sf(s)}]d\tau\right\}K_0[r_D\sqrt{sf(s)}]+\int_0^{+\infty}G(r_D,\tau)d\tau \tag{1-84}$$

式(1-84)即为致密气藏渗流模型的 Laplace 空间的压力解表达式。

2)模型的解

根据 Van Everdingen 与 Hurst 的研究，在拉式空间，定压生产条件下的无因次产量解与定产生产条件下的无因次压力解之间的关系为

$$\overline{\xi_D}(s)\overline{q_D}(s)=\frac{1}{s^2} \tag{1-85}$$

由式(1-85)可求得 Laplace 空间下的产量解$\overline{q_D}$。采用 Stehfest 数值反演方法，利用 Matlab 编程，可得到实空间无因次产量解 q_D，并绘制实空间致密气藏的无因次产量曲线(图 1-67)。

根据求解的结果，致密气藏基质—裂缝渗流模型的完整产量递减曲线由 3 个不同的流动阶段组成，在双对数曲线中分为：(1)早期阶段，此时只有裂缝中的流体发生流动，产量递减的速度相对较快；(2)过渡阶段，在早期阶段结束时出现，此时基质系统中的流体在基质系统与裂缝系统的压差作用下开始参与流动，由于基质中的流体和基质存在弹性能量，裂缝系统的能量得到一定程度的补给，过渡阶段的产量递减减缓，当裂缝和岩石之间的压力达到平衡时，基质系统与裂缝系统整体径向流动；(3)晚期阶段，由于该渗流模型为无限大地层，无外来能量补充，因而产量递减加速，q_D 曲线急剧下降。影响曲线形态的基本参数有：弹性储容比 ω，窜流系数 λ 和拟启动压力梯度 $\lambda_{\psi D}$。

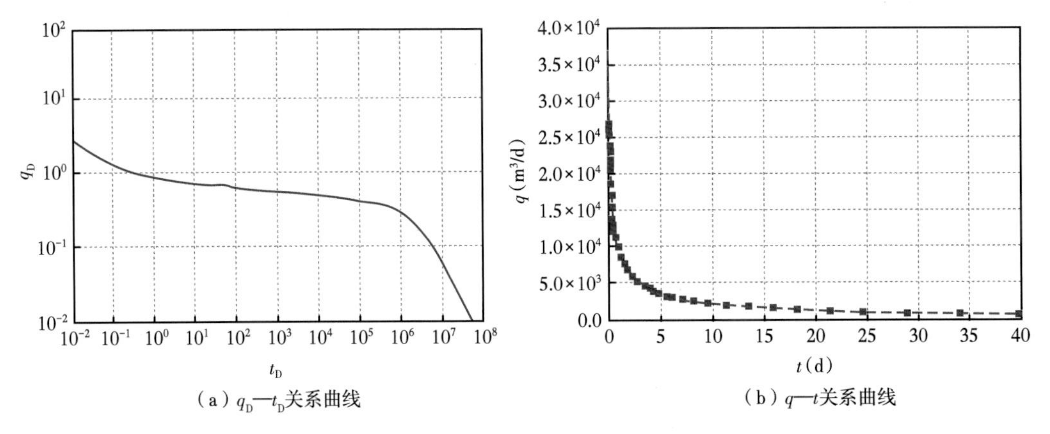

图 1-67 致密气藏基质—裂缝渗流模型的解

二、致密气藏采收率标定方法

从致密气藏的渗流特征进行研究，即在采收率标定方法研究过程中考虑应力敏感作用及启动压力梯度的存在。

1. 常规气藏物质平衡方程

基础的物质平衡方程可用式(1-86)表达：

$$GB_{gi}=(G-G_p)B_g+GB_{gi}\left(\frac{C_wS_{wi}+C_p}{1-S_{wi}}\right)(p_i-p)+(W_e-W_pB_w) \tag{1-86}$$

式中 G——气藏地质储量，m^3；

G_p——气藏累计产出气量，m^3；

B_{gi}——原始条件下的气体体积系数，无量纲；

B_g——压力为 p 时气体的体积系数，无量纲；

p_i——原始地层压力，MPa；

p——目前地层压力，MPa；

W_e——水侵量，m^3；

C_w——液体的弹性压缩系数，MPa^{-1}；

W_p——累计产水量，m^3；

C_p——岩石的压缩系数，MPa^{-1}；

S_{wi}——束缚水饱和度，无量纲；

B_w——地层水的体积系数，无量纲。

其中 GB_{gi}代表的是总气量，$(G-G_p)B_g$ 代表剩余气量，$GB_{gi}\left(\frac{c_ws_{wi}+c_p}{1-s_{wi}}\right)(p_i-p)$代表岩石和水的膨胀产出的气量，$(W_e-W_pB_w)$ 代表水体积的变化量。

以物质平衡方程为基础，推导采收率的计算公式。

式(1-86)两边同时除以 GB_{gi}，同时由

$$B_g=\frac{p_{sc}ZT}{pT_{sc}} \tag{1-87}$$

$$B_{gi}=\frac{p_{sc}Z_iT}{p_iT_{sc}} \tag{1-88}$$

可得

$$\frac{p}{Z}\left(1-\frac{C_wS_{wi}+C_p}{1-S_{wi}}\Delta p-\frac{W_e-W_pB_w}{GB_{gi}}\right)=\frac{p_i}{Z_i}\left(1-\frac{G_p}{G}\right) \tag{1-89}$$

令

$$C_e=\frac{C_wS_{wi}+C_p}{1-S_{wi}} \tag{1-90}$$

$$\omega=\frac{W_e-W_pB_w}{GB_{gi}} \tag{1-91}$$

则物质平衡方程可转变为

$$\frac{p}{Z}(1-C_e\Delta p-\omega)=\frac{p_i}{Z_i}\left(1-\frac{G_p}{G}\right) \tag{1-92}$$

则可得采收率的表达式：

$$R=\frac{G_p}{G}=1-\frac{p_a/Z_a}{p_i/Z_i}(1-C_e\Delta p-\omega) \tag{1-93}$$

对于封闭气藏：

$$R=\frac{G_p}{G}=1-\frac{p_a/Z_a}{p_iZ_i}(1-C_e\Delta p) \tag{1-94}$$

式中　p_{sc}——标准状况下气体的压力，MPa；

T_{sc}——标准状况下气体的温度，K；

C_e——气体总的压缩系数，MPa^{-1}；

ω——存水体积系数，无量纲。

由此，即得到了常规的由物质平衡方程推导得到的采收率的表达式，然而针对致密气藏，这个表达式还需要再加修正，主要从在第二章中所提到的致密气藏的渗流特征对致密气藏采收率的影响中入手，在物质平衡方程中考虑到致密气藏的应力敏感作用以及启动压力梯度对于采收率的影响。

2. 考虑应力敏感的方程

建立一个简单的毛细管束模型，即将岩石简化为孔隙空间由等直径的平行毛细管束所组成的理想岩石。

原始地层压力下的模型，定义其视体积为 V_i，孔隙体积为 V_{pi}，孔隙半径为 r_i，原始地层压力为 p_i；地层压力变化后的模型，定义其视体积为 V，孔隙体积为 V_p，孔隙半径为 r，

目前地层压力为 p；同时横截面孔隙个数为 n，长度为 L。

首先，对于原始地层压力模型，由：

$$V_{pi}=n\pi r_i^2 L \tag{1-95}$$

得

$$r_i=\sqrt{\frac{V_{pi}}{n\pi L}} \tag{1-96}$$

且

$$\phi=\frac{V_{pi}}{V_i} \tag{1-97}$$

由式(1-96)和式(1-97)可得

$$k_i=\frac{\phi r_i^2}{8\tau^2}=\frac{1}{8\tau^2}\frac{V_{pi}}{V_i}\frac{V_{pi}}{n\pi L}=\frac{1}{8n\pi L\tau^2}\frac{V_{pi}^2}{V_i} \tag{1-98}$$

同理，对于目前地层压力模型可得

$$k=\frac{1}{8n\pi L\tau^2}\frac{V_p^2}{V} \tag{1-99}$$

则由式(1-88)和式(1-99)可得

$$\frac{k}{k_i}=\frac{V_p^2}{V_{pi}^2}\frac{V_i}{V} \tag{1-100}$$

由压缩系数定义：

$$C_p=\frac{1}{V_p}\frac{\Delta V_p}{\Delta p} \tag{1-101}$$

可得

$$\frac{V_p}{V_{pi}}=1-C_p\Delta p \tag{1-102}$$

本体变形过程中孔隙度不变原则为

$$\frac{V}{V_i}=1-C_p\Delta p \tag{1-103}$$

则由式(1-102)和式(1-103)可得

$$\frac{k}{k_i}=1-C_p\Delta p \tag{1-104}$$

同时应力敏感定义为

$$k=k_i e^{-a_k(p_i-p)} \tag{1-105}$$

则由式(1-104)和式(1-105)可得

$$e^{-a_k \Delta p}=1-C_p \Delta p \tag{1-106}$$

化简得

$$C_p=\frac{1}{\Delta p}\left(1-e^{-a_k \Delta p}\right) \tag{1-107}$$

式(1-107)即为最终得到的岩石压缩系数与应力敏感系数的关系式。

在得到岩石压缩系数与应力敏感系数的关系后，接下来考虑将这个关系应用到物质平衡方程中。在物质平衡方程中，岩石压缩系数主要表达的是孔隙体积的变化值，因此，从此入手进行推导。在物质平衡方程中，孔隙体积变化值主要由压缩系数定义进行推导。岩石压缩系数为

$$C_p=-\frac{1}{V_p} \frac{dV_p}{dp} \tag{1-108}$$

移项，两边积分得

$$\int_{p_i}^{p} C_p dp=-\int_{V_{pi}}^{V_p} \frac{1}{V_p} dV_p \tag{1-109}$$

在常规物质平衡方程里，认为岩石压缩系数为定值，因此积分后不变。然而在致密气藏中，因考虑到应力敏感，这里岩石压缩系数不再是定值，因此孔隙体积的变化值就要发生变化，即当岩石压缩系数不为定值时：

$$V_p=V_{pi} e^{-\int_{p_i}^{p} C_p dp} \tag{1-110}$$

则孔隙体积变化值为

$$\Delta V_p=V_p-V_{pi}=V_{pi}\left(e^{-\int_{p_i}^{p} C_p dp}-1\right) \tag{1-111}$$

又由式(1-107)得

$$\Delta V_p=V_{pi}\left[e^{-\int_{p_i}^{p} \frac{1}{\Delta p}\left(1-e^{a_k \Delta p}\right) dp}-1\right] \tag{1-112}$$

在此，就要推导式(1-112)中含应力敏感系数的那一部分的积分。

首先：

$$\frac{1}{\Delta p}\left(1-e^{-a_k \Delta p}\right) dp=\int_{p_o}^{p_i} \frac{1}{\Delta p}\left(1-e^{-a_k \Delta p}\right) dp \tag{1-113}$$

由麦克劳林公式：

$$-\int_{p_i}^{p} e^{-a_k \Delta p} \approx 1-a_k \Delta p+\frac{1}{2}\left(a_k \Delta p\right)^2 \tag{1-114}$$

则

$$\frac{1}{\Delta p}(1-e^{-a_k \Delta p})=a_k-\frac{1}{2}a_k^2 \Delta p \tag{1-115}$$

积分就变为

$$\int_{p_a}^{p_i}\frac{1}{\Delta p}(1-e^{-a_k \Delta p})\mathrm{d}p=\int_{p_a}^{p_i}(a_k-\frac{1}{2}a_k^2 \Delta p)\mathrm{d}p=a_k(p_i-p_a)-\frac{1}{4}a_k^2(p_i-p_a)^2 \tag{1-116}$$

即可得到

$$\Delta V_p=V_{pi}\left[e^{a_k(p_i-p_a)-\frac{1}{4}a_k^2(p_i-p_a)^2}-1\right] \tag{1-117}$$

式(1-117)即为考虑了应力敏感作用后物质平衡方程中孔隙体积变化值的表达式。

3. 考虑启动压力梯度的方程

启动压力梯度使致密储层流体运动不再符合经典达西运动方程，当储层的压力梯度低于启动压力梯度时，气体无法流动。因此对于致密气藏，地层中任意一点的压力梯度值需大于启动压力梯度。在地层中，任意一点的压力梯度可表示为

$$\frac{\mathrm{d}p}{\mathrm{d}r}=\frac{p_e^2-p_w^2}{\ln\frac{r_e}{r_w}}\frac{1}{2rp} \tag{1-118}$$

要求地层中任意一点的压力梯度值需大于启动压力梯度，因此

$$\frac{p_e^2-p_w^2}{\ln\frac{r_e}{r_w}}\frac{1}{2r_e p_e}\geqslant \lambda_T \tag{1-119}$$

则当储层达到废弃压力时，其压力梯度应至少等于启动压力梯度，则

$$\lambda_T=\frac{p_a^2-p_{wa}^2}{\ln\frac{r_e}{r_w}}\frac{1}{2r_e p_a} \tag{1-120}$$

式(1-120)可转化为

$$p_a^2-2r_e\ln\frac{r_e}{r_w}\lambda_T p_a-p_{wa}^2=0 \tag{1-121}$$

式(1-121)中，设

$$b=r_e\ln\frac{r_e}{r_w}\lambda_T \tag{1-122}$$

则式(1-121)变为

$$p_a^2-2bp_a-p_{wa}^2=0 \tag{1-123}$$

则可求得废弃压力的大小为

$$p_a = b + \sqrt{b^2 + p_{wa}^2} \tag{1-124}$$

式(1-124)即为考虑了启动压力梯度后，致密气藏废弃压力的表达式，将式(1-124)代入到物质平衡方程即可求得考虑启动压力梯度的物质平衡方程。

4. 理论采收率标定方程

滞留于致密气藏中天然气的总量决定了储层压力的大小，也就是说所有残余气都能用废弃压力表征。因此通过分析致密气藏应力敏感、启动压力梯度、水锁效应下的废弃压力就可确定致密气藏的采收率。

与应力敏感油有关的压缩系数变化量：

$$C_e = \frac{1}{1-S_{wi}}\left[a_k - \frac{1}{4}(p_i - p_a)a_k^2 + C_w S_{wi}\right] \tag{1-125}$$

渗透率变化为

$$K_a = 1.8331 K \Delta p^{-0.851}$$

含水饱和度与相对渗透率的关系为

$$K_{rg} = 0.01(-58.536 S_w^5 + 181.93 S_w^4 - 220.55 S_w^3 + 133.06 S_w^2 - 42.279 S_w + 6.3229) K_a \tag{1-126}$$

式中　K_{rg}——气相相对渗透率，无量纲；

S_w——含水饱和度，无量纲。

开发中含水饱和度的动态变化率为

$$S_{wi} = 1 - \frac{p_i}{p_e}(1 - S_w) \tag{1-127}$$

启动压力梯度与渗透率的关系为

$$\lambda_r = \frac{0.00001}{K} - 0.0001 \tag{1-128}$$

启动压力梯度与废弃压力的关系为

$$p_a = r_e \ln\frac{r_o}{r_w}\lambda_r + \sqrt{\left(r_e \ln\frac{r_o}{r_w}\lambda_r\right)^2 + p_{wa}^2} \tag{1-129}$$

根据物质平衡法、废弃压力以及压缩系数表达式确定废弃压力与采收率的关系图。

物质平衡法采收率表达式为

$$R = \frac{G_p}{G} = 1 - \frac{p_a/Z_a}{p_i/Z_i}(1 - C_e \Delta p) \tag{1-130}$$

废弃压力表达式为

$$p_a = r_a \ln\frac{r_e}{r_w}\left\{\frac{0.00001}{0.018331K\Delta p^{-0.851}\left[0.7179\left(1-\frac{p_i}{p_e}(1-S_w)\right)^3+1.5373\left(1-\frac{p_i}{p_e}(1-S_w)\right)^2-0.40868\left(1-\frac{p_i}{p_e}(1-S_w)\right)+1.9177\right]}-0.0001\right\}$$
$$+\sqrt{\left(r_e\ln\frac{r_e}{r_w}\left\{\frac{0.00001}{0.018331K\Delta p^{-0.851}\left[0.7179\left(1-\frac{p_i}{p_e}(1-S_w)\right)^3+1.5373\left(1-\frac{p_i}{p_e}(1-S_w)\right)^2-0.40868\left(1-\frac{p_i}{p_e}(1-S_w)\right)+1.9177\right]}-0.0001\right\}\right)^2+p_{wa}^2}$$

(1-131)

压缩系数表达式：

$$C_e=\frac{1}{1-S_{wi}}\left[a_k-\frac{1}{4}\ (p_i-p_a)\ a_k^2+C_wS_{wi}\right] \tag{1-132}$$

式中 R——气藏最终采收率；

p_a——气藏废弃压力，MPa；

Z_a——地层压力为废弃压力时气体的压缩因子；

p_i——原始地层压力，MPa；

Z_i——原始地层压力下气体压缩因子；

C_e——总的压缩系数，MPa^{-1}；

S_{wi}——束缚水饱和度；

a_k——应力敏感系数；

C_w——地层水的压缩系数，MPa^{-1}；

p_{wa}——废弃压力时的井底压力，MPa；

r_e——供给半径，m；

r_w——井筒半径，m；

λ_r——启动压力梯度，MPa/m。

如图 1-68 所示，随着废弃压力的增大，采收率不断下降。同一种废弃压力下，渗透

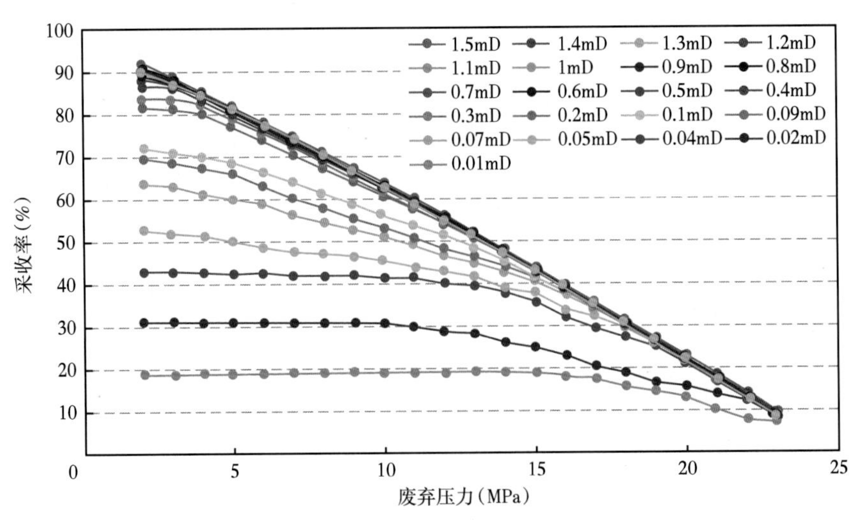

图 1-68 渗透率—废弃压力—采收率图版

率越高，采收率越低。通过分析致密气藏应力敏感、启动压力梯度、水锁效应下的废弃压力就可实现对致密气藏理论采收率的标定工作。

第五节　苏里格致密气采收率标定

苏里格气田东区构造上位于鄂尔多斯盆地伊陕斜坡的中北部，地理上横跨内蒙古自治区的乌审旗和陕西省榆林市的榆阳区，南接靖边气田，东部紧邻榆林气田。地表为沙漠、草地覆盖，地面海拔为1250~1350m，地形相对平缓，高差20m左右。鄂尔多斯盆地面积约$25×10^4km^2$，在地质历史时期经历了多旋回演化，沉积类型多样。前寒武纪结晶变质岩系构成了盆地的基底，盆地主体沉积岩厚度约5000m，地层基本完整，仅缺失中—上奥陶统、志留系、泥盆系及下石炭统。盆地内发育下古生界、上古生界及中生界三套含油气层系。整体上看，从盒八段到山二段砂岩岩石孔隙度分布范围在0.4%~16.99%，平均8.64%，渗透率分布范围0.001~6.996mD，平均0.304mD。按照划分标准属于致密气藏。

运用建立的致密气藏采收率标定方法，对苏里格气田东区某致密气藏采收率进行标定，计算所需参数见表1-29，该区渗透率平面分布图如图1-69所示，最终计算得到该区平均采收率为75.6%，其中各处采收率随物性不同而变化，采收率平面分布图如图1-70所示。

表1-29　物质平衡法计算所需参数

原始地层压力（MPa）	废弃井底压力（MPa）	供给半径（m）	井筒半径（m）	束缚水饱和度（%）	地层水压缩系数（MPa^{-1}）
27.6	2	250	0.062	31	0.049
应力敏感系数（MPa^{-1}）	启动压力梯度（MPa/m）	经济极限产量（m^3/d）	有效厚度（m）	废弃时天然气压缩因子	原始天然气压缩因子（MPa^{-1}）
0.601	0.0036	1200	10	0.919	0.865

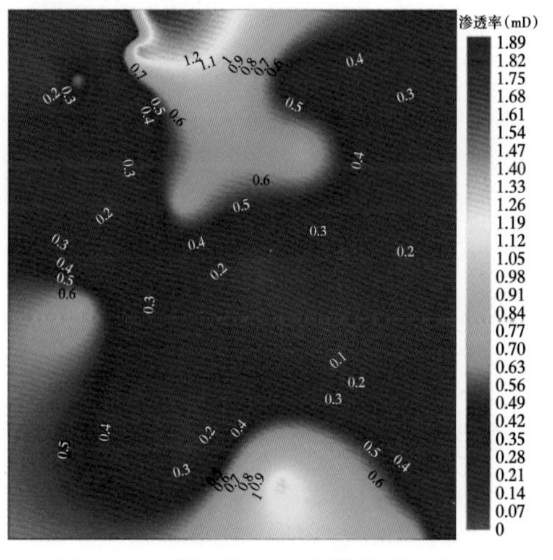

图1-69　苏里格气田东部某致密气田渗透率平面分布图

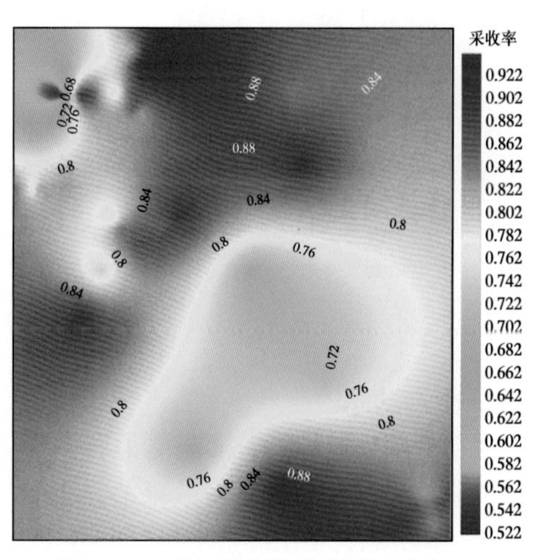

图1-70　苏里格气田东部某致密气田采收率平面分布图

第二章　致密气储量分级评价及开发动用顺序

第一节　储量分级分类标准

一、多参数储量评价体系的建立

不同地质条件下形成不同储层品质，产生不同的开发特征和经济效益。地质条件是资源基础，生产动态是开发表现，经济效益是追求目标。结合地质条件、开发效果及经济效益这三个维度建立储量综合评价体系。

1. 地质条件

苏里格气田储层沉积后，遭受了强烈的成岩作用(图 2-1)，变得极为致密，非均质性强。孔隙度、渗透率、含气饱和度等储层参数为离散相，在三维空间变化快(图 2-2)，不适合作为主要的分类参数。另一方面，有效砂体是致密气藏的“甜点”，是储量计算的主体和产量的主要贡献者，一般要求常压渗透率大于 0.1mD、含气饱和度大于 45%(图 2-3)。有效单砂体符合一定的统计规律，厚度主要分布在 1.5~5m（图 2-4），平均 3.2m。同时，储量丰度与气井产量具有较好的相关性，对于储层品质具有较强的指示意义。因此，选取有效厚度和储量丰度作为储量评价的主要地质参数。

(a)压实作用

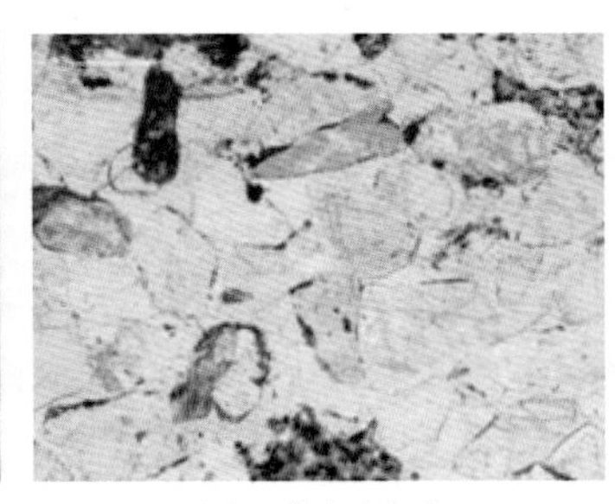
(b)石英次生加大

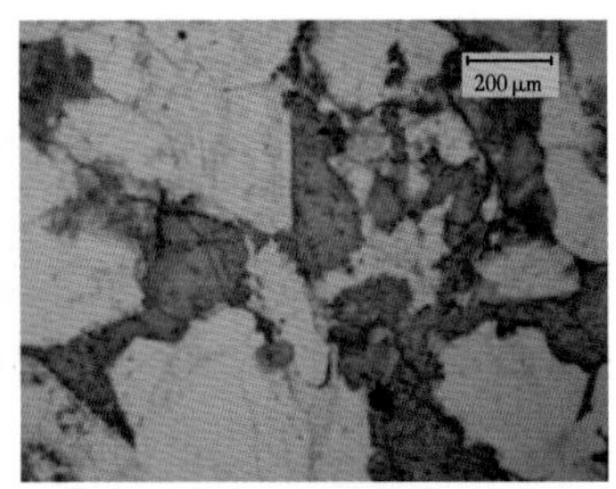

(c)钙质胶结

图 2-1　储层主要的成岩作用

2. 生产动态

致密气藏连通性差、渗流能力弱，气井控制范围小、稳产时间短、递减快，具有“一井一单元”特征，单井开发效果差异大。气井初期日产量及预测最终累计产量(Estimated Ultimate Recovery，EUR)是衡量气井开发效果的关键参数。

计算气井动态储量是准确获得预测最终累计产量参数的必要途径。在获得气井的动态储量的基础上，给出一定的废弃条件(井口压力小于 3MPa，日产气量小于 1000m^3)，即可

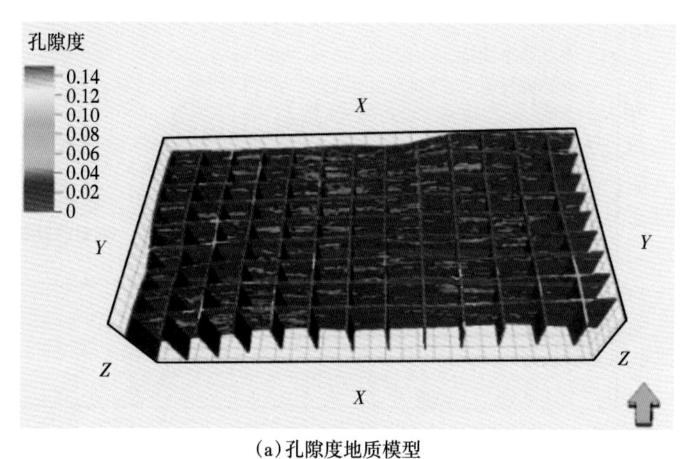

(a)孔隙度地质模型

(b)渗透率地质模型

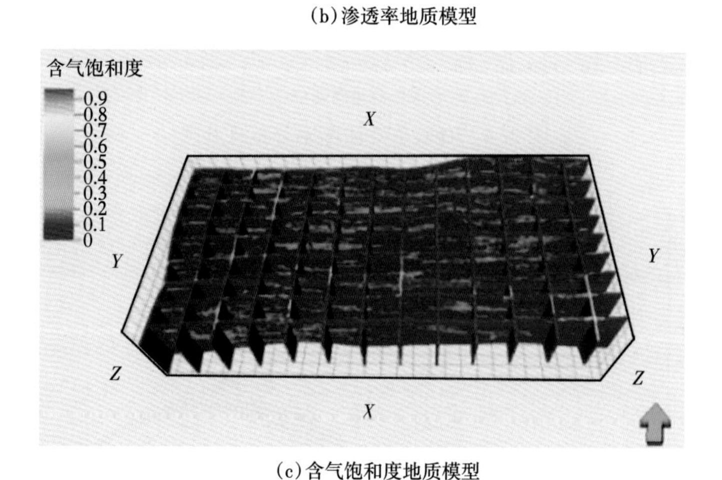

(c)含气饱和度地质模型

图 2-2　储层参数地质模型

得到预测最终累计产量。动态储量是利用动态方法得到的气井泄流面积内控制的储量之和，是设想气藏地层压力降为零时，能够参与渗流、流动的那部分地质储量。计算动态储量有很多种方法(图 2-5)，包括物质平衡法、压降曲线法、产能不稳定法(RTA)等，它

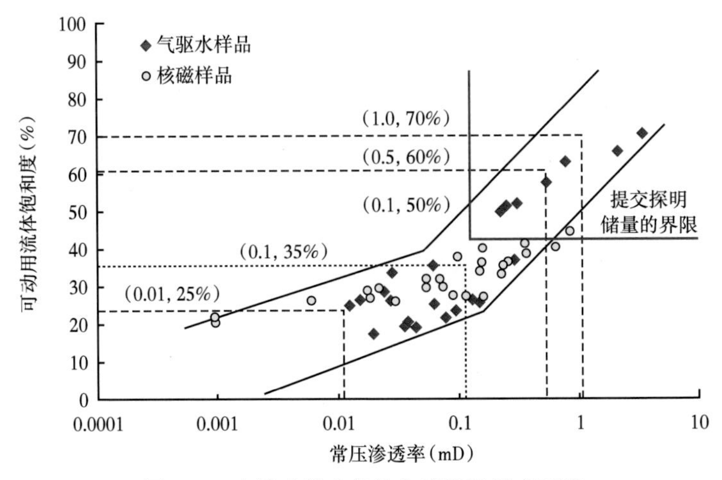

图 2-3 有效砂体含气饱和度及渗透率下限

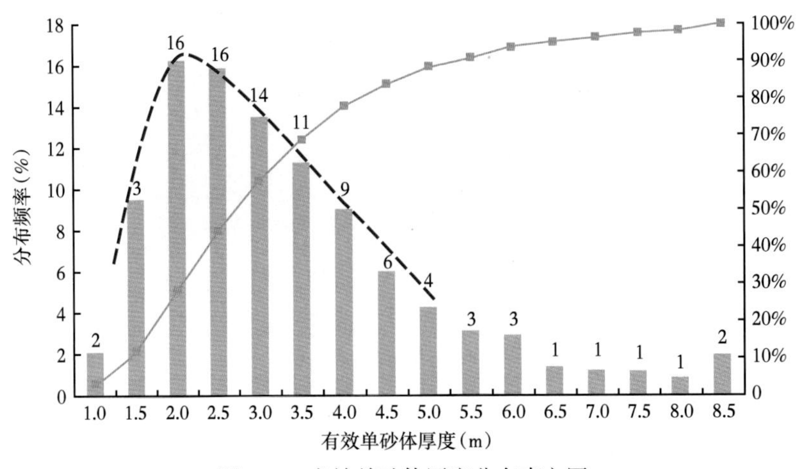

图 2-4 有效单砂体厚度分布直方图

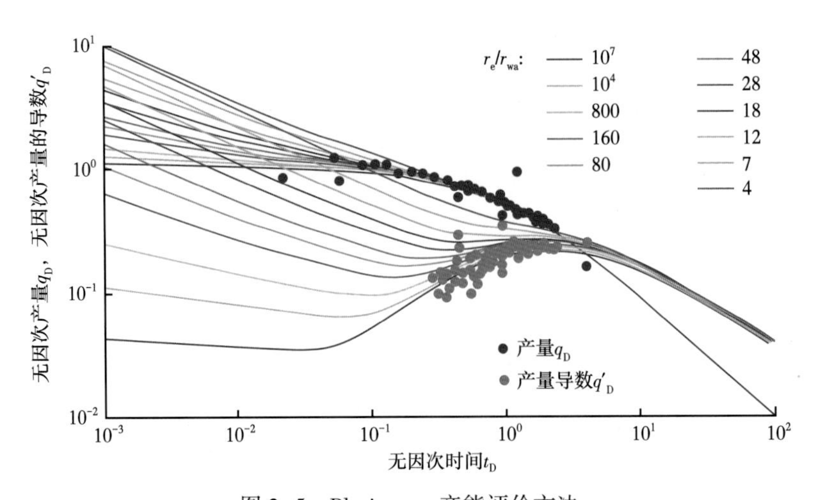

图 2-5 Blasingame 产能评价方法

们的适用条件各不相同。物质平衡法需要在生产过程中取若干压力测试，压降曲线法一般应用于气井早期不稳定试井过程。在开发中后期，动态资料较丰富，结合产量不稳定分析效果较好。

3. 经济效益

按照目前情况，气井钻完井固定成本 800 万，银行贷款 45%，利率 6%，操作成本 120 万元，折旧 10 年，并综合考虑销售税金、城市建设、教育附加、资源税等，天然气商品率 92%，动态计算不同气价下气井满足内部收益率 12%、8%、0 对应的经济极限产量。随着气价上升，气井所需的极限经济产量在不断下降（图 2-6）。目前的气价位 1150 元/10^3m^3，气井满足 12%内部收益率所对应的经济极限产量为 $1504\times10^4m^3$，满足 8%内部收益率所对应的经济极限产量为 $1364\times10^4m^3$，满足 6%内部收益率所对应的经济极限产量为 $1290\times10^4m^3$，满足 0 内部收益率所对应的经济极限产量为 $1075\times10^4m^3$。

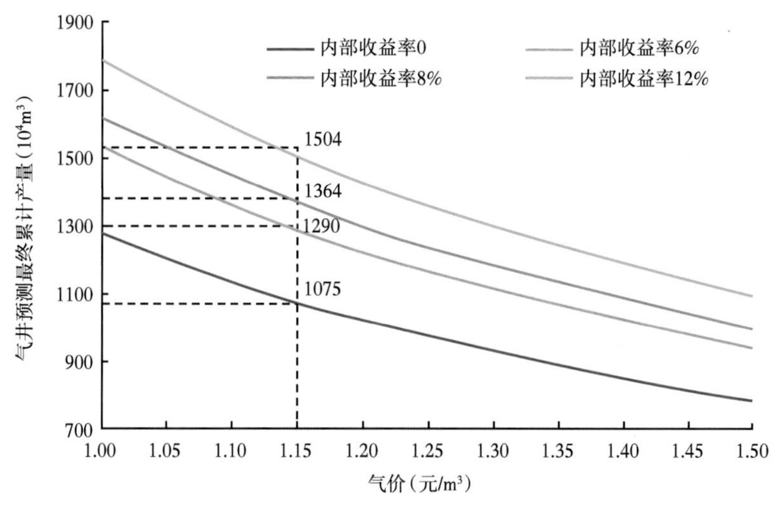

图 2-6　气井经济累计产量评价曲线

分析经济参数与气藏地质条件、开发动态特征之间的内在映射关系（图 2-7），构建以内部收益率为核心的储量分析评价体系。内部收益率是国际上评价投资有效性的关键指

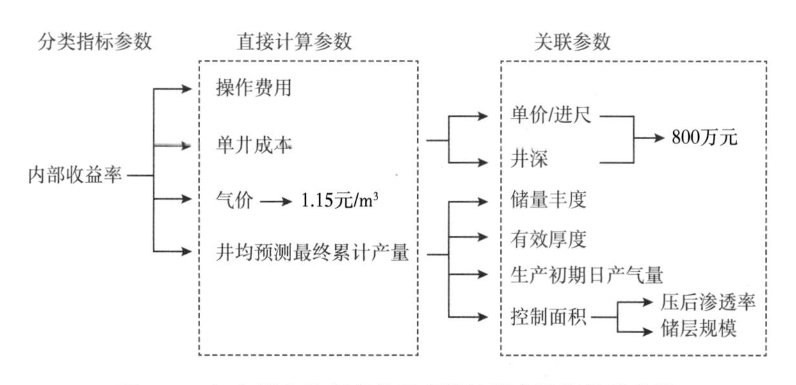

图 2-7　与内部收益率有关的直接计算参数及关联参数

标，是指资金流入现值总额与资金流出现值总额相等、净现值(NPV)等于零时的折现率，可理解为项目投资收益能承受的货币贬值、通货膨胀的能力。核算某个区块内所有井在开采全生命周期内的井均收益和支出，得到的井均内部收益率即为区块的内部收益率。

对于气井来说，生产期内收益为外输气价与气井预测最终累计产量的乘积。长庆气区外输气价近年来保持在1.15元/m^3，基本可看成一个常数。因此评价生产周期内收入的关键是评价气井预测最终累计产量。气井预测最终累计产量受区块地质条件、压裂改造效果、生产方式等因素控制。需要指出的是，开发效益是有时间维度的，对应同样的气井预测最终累计产量，生产周期越长，开发收益越低。气井的生产年限因气藏类型、生产制度不同而有所差异，苏里格气田规划方案将单井生产年限设定在11~15年。

生产期内支出主要包括钻完井综合成本、操作成本及相关税费等三部分费用。钻完井综合成本在井投产之前一次性投入，资金量较大，为钻完井、储层压裂改造及地面配套费用之和，与各区块储层埋深、岩石力学性质、地面交通条件、气藏开发管理模式等因素息息相关。操作成本为在气井生产过程中产生的费用，与气井产量有较强的线性关系。相关税费包括城市建设维护费、资源税、教育附加税等，皆与气井收益呈线性关系。

总的来看，内部收益率的计算涉及地质、气藏、工艺及生产管理等气田开发的多个方面，包含参数众多，是气田开发效益的综合体现。

二、储量分类与评价

以开发效益为核心指标，结合地质、动态等参数，并考虑气田开发管理分区，建立储量分类标准(表2-1)，将储量区分成富集区、低丰度Ⅰ类区、低丰度Ⅱ类区及富水区四类。其中，富集区内部收益率大于12%，低丰度Ⅰ类区内部收益率6%~12%，低丰度Ⅱ类区内部收益率小于6%，富水区内部收益率小于6%。

表2-1　苏里格气田储量分级分类评价标准

储量类型	地质参数			开发动态参数		经济参数
	有效厚度(m)	储量丰度($10^8m^3/km^2$)	含气饱和度(%)	首年日产量(10^4m^3)	预测最终累计产量(10^8m^3)	内部收益率(%)
富集区	>10	>1.2	>58	1.1~1.4	>0.15	>12
低丰度Ⅰ类	7~10	1.0~1.2	52~58	0.8~1.1	0.13~0.15	6~12
低丰度Ⅱ类	5~7	<1.0	48~52	0.7~0.9	0.10~0.13	<6
富水区	5~7	<1.0	<48	<0.7	<0.10	<6

三、各类储量区地质及开发特征

1. 富集区特征

富集区分布在中区主体、道达尔合作区、东区局部及西区北部，面积10229km^2，储量14856×10^8m^3，平均储量丰度1.45×$10^8m^3/km^2$。区块平均有效砂体厚度大于10m，井间连通性和连续性相对好，纵向多层叠合连片(图2-8)。

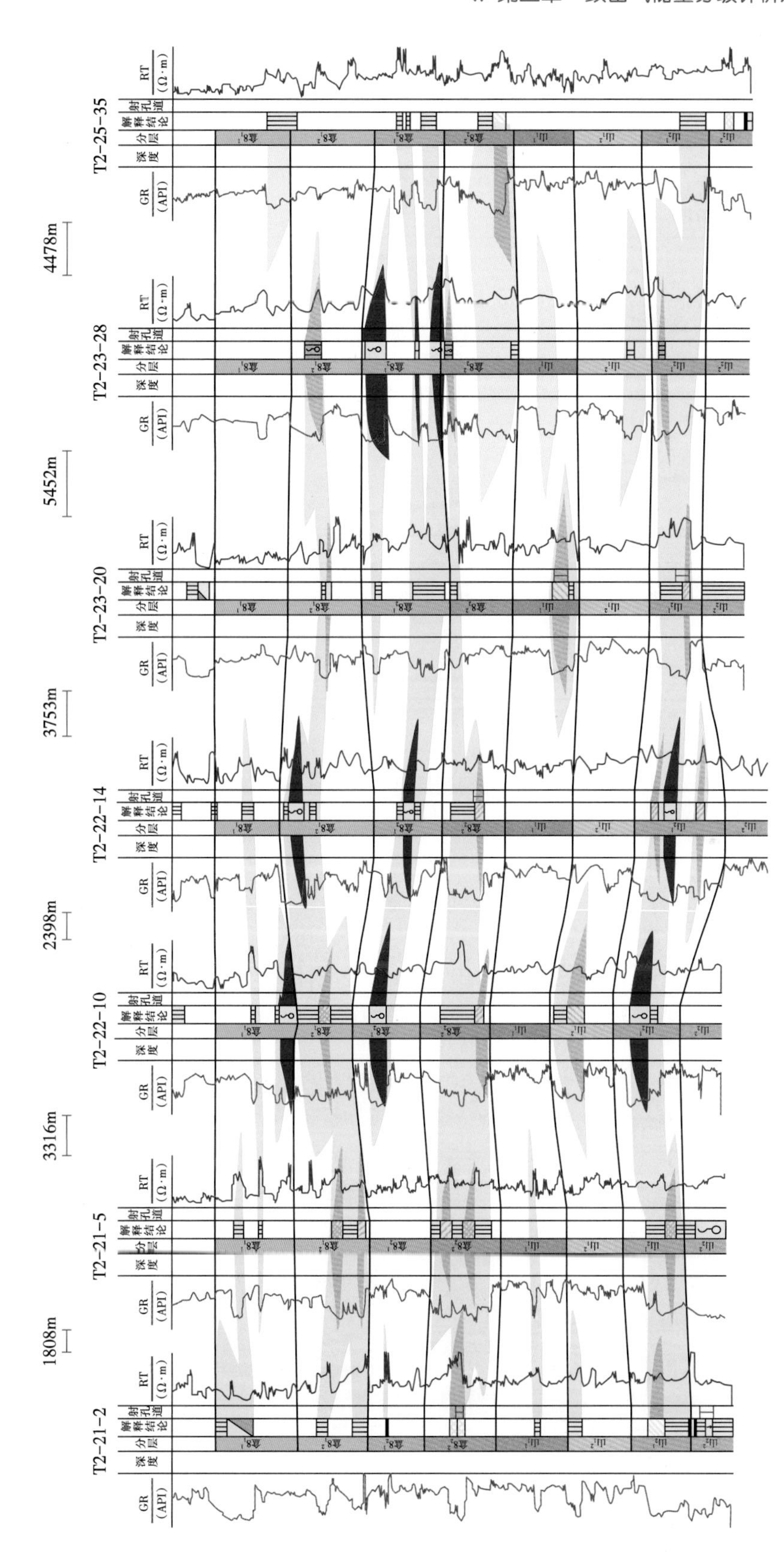

图2-8　富集区有效储层连通剖面

富集区气井产量相对较高，稳产能力相对较强（图 2-9），是苏里格气田开发效果的Ⅰ类储量。气井预测最终累计产量分布在（2000～3500）$\times10^4m^3$，平均 $2352\times10^4m^3$。前 3 年累计产量占气井预测最终累计产量的 40%～50%。

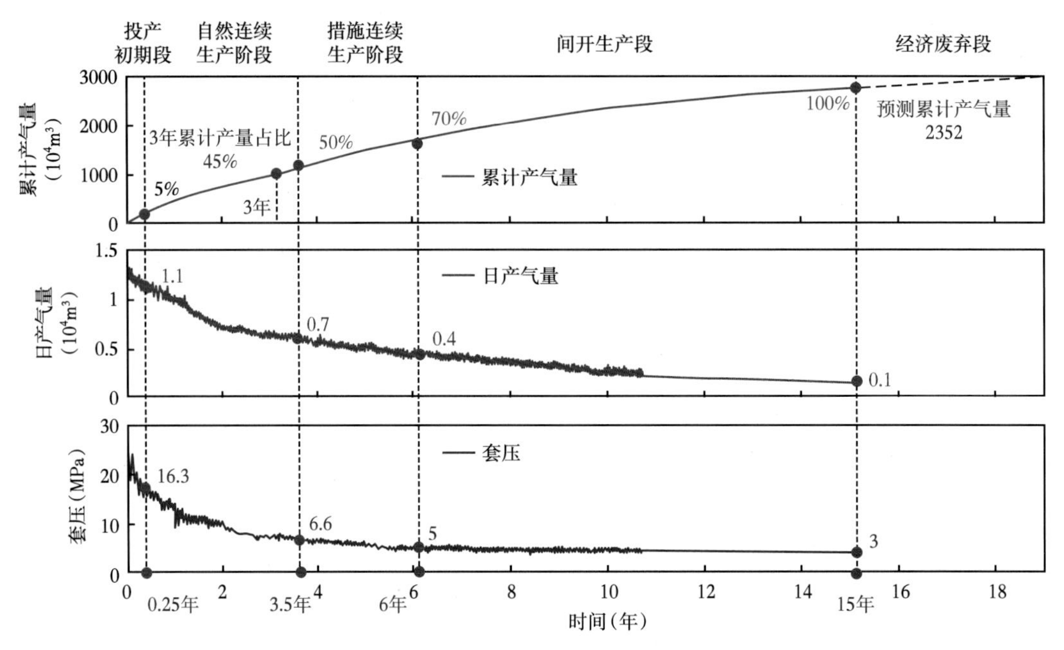

图 2-9　富集区气井预测最终累计产量分布直方图

2. 低丰度区

低丰度Ⅰ类区主要分布在气田东区，面积 $8475km^2$，储量 $9831\times10^8m^3$，丰度 $1.16\times10^8m^3/km^2$，有效砂体呈薄层透镜状（图 2-10）。低丰度Ⅱ类区主要分布在南区，面积 $6538km^2$，储量 $5361\times10^8m^3$，丰度 $0.82\times10^8m^3/km^2$。相比于低丰度Ⅰ类区，低丰度Ⅱ类区储层更加致密，有效砂体厚度小于 7m，连续性和连通性差。

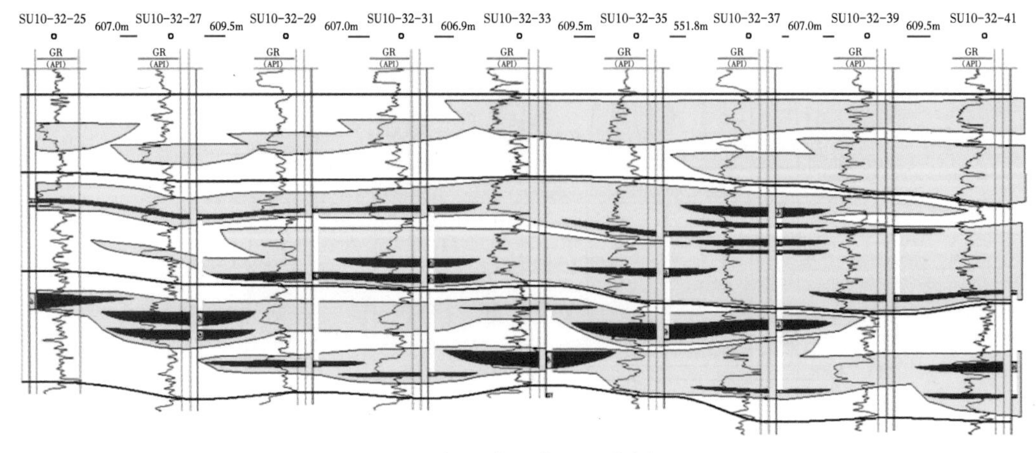

图 2-10　低丰度区典型连井剖面图

低丰度区气井预测最终累计产量为(1000~1500)×10^8m^3，其中Ⅰ类区井平均预测最终累计产量为1443×10^4m^3，Ⅱ类区井平均预测最终累计产量为1095×10^4m^3，前3年累计产量占气井预测最终累计产量的50%~60%(图2-11)。

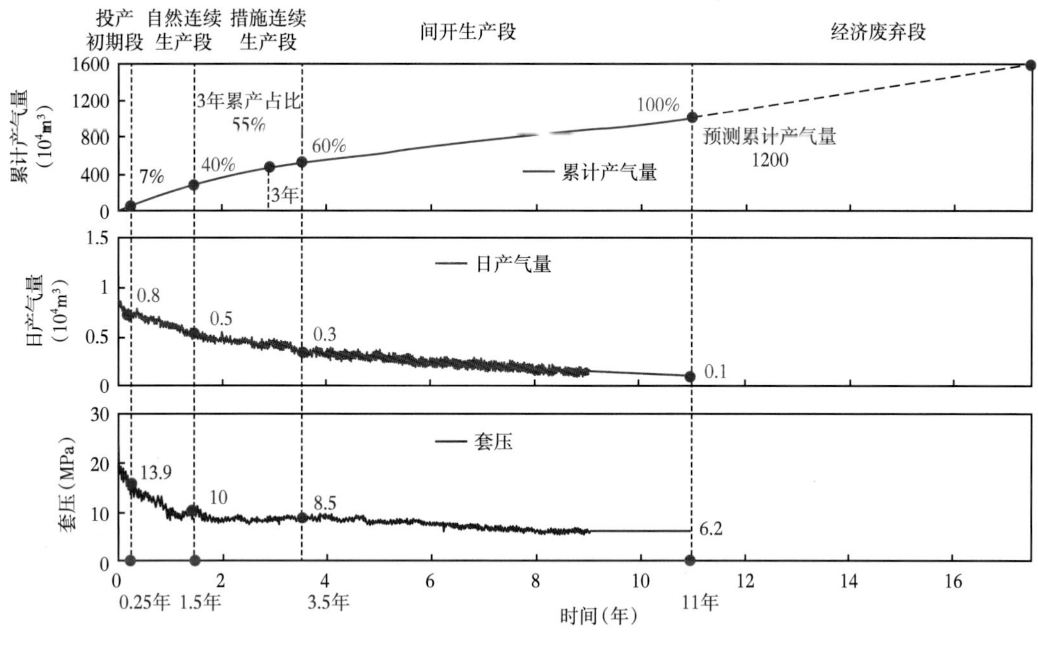

图2-11 低丰度区气井生产特征曲线

3. 富水区

富水区主要分布在苏里格西区大部、东区北部及中区部分地区，面积87243km²，储量8040×10^8m^3，储量丰度1.11×$10^8m^3/km^2$。相比于低丰度Ⅰ区，其物性较好，但含水饱和度较高，大于50%，气、水关系复杂(图2-12)。

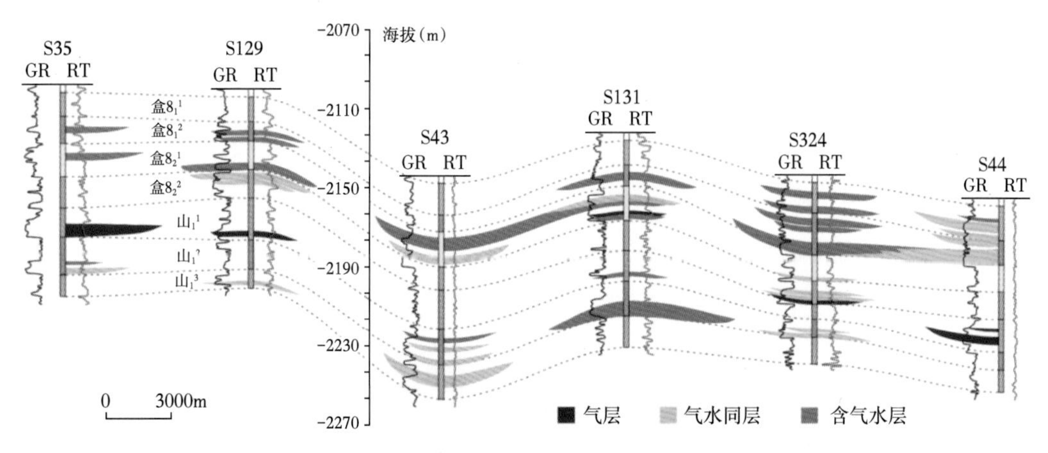

图2-12 苏里格西区(S43井)连井剖面图

富水区生产井水气比一般大于 $1m^3/10^4m^3$，携液能力差，受产水影响，前 3 年平均日产气量 $0.61×10^4m^3$（图 2-13），井平均预测最终累计产量为 $722×10^4m^3$，在目前的经济及技术条件下，达不到开发效益标准。

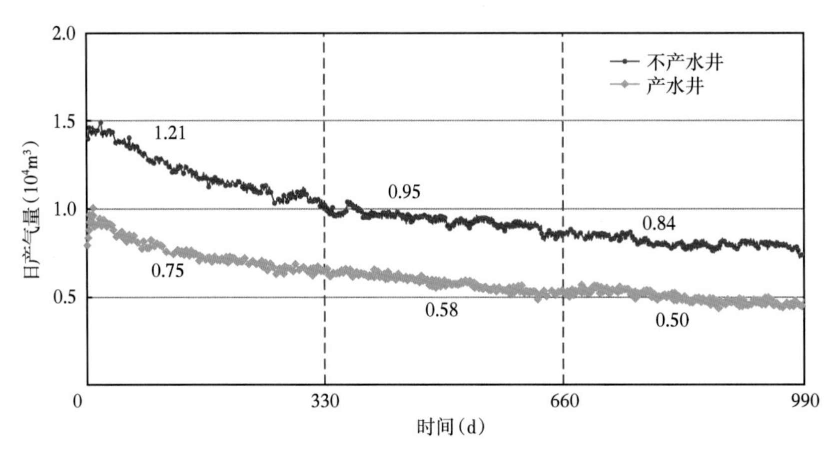

图 2-13　产水和不产水气井前 3 年产量变化曲线

综合来看，气田工作区含气面积 $3.25×10^4km^2$，储量 $3.81×10^{12}m^3$，累计产量 $2512×10^8m^3$（表 2-2）。富集区及低丰度Ⅰ类区以 58%的面积富集了 65%的储量，贡献了 93%的产量（图 2-14），是气田的主力储量区。

表 2-2　苏里格气田各类储量区基本参数

储量类型	储量规模（10^8m^3）	储量占比（%）	区域面积（km^2）	面积占比（%）	储量丰度（$10^8m^3/km^2$）	累计产量（10^8m^3）	产量占比（%）
富集区	14856	39.0	10229	31.5	1.48	2017.3	80.3
低丰度Ⅰ类区	9831	25.8	8475	26.1	1.16	321.7	12.8
低丰度Ⅱ类区	5361	14.1	6538	20.1	0.82	125.7	5.0
富水区	8040	21.1	7243	22.3	1.11	47.7	1.9
总计	38088	100	32485	100.0	1.17	2512.4	100.0

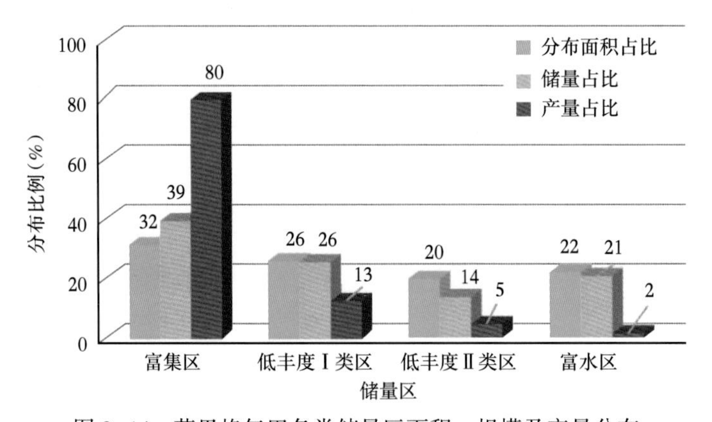

图 2-14　苏里格气田各类储量区面积、规模及产量分布

第二节　储量动用程度及剩余储量评价

明确储量动用程度对于分析苏里格气田稳产潜力具有重要意义。关于气田储量动用程度，存在一定的矛盾。一方面，若储量动用程度高，按照大型气田年采气速度1.5%～2%计算，“合理年产量”应为$(370\sim500)\times10^8m^3$。截至2021年，苏里格气田年产量$260\times10^8m^3$，显然与“合理年产量”有一定的距离。另一方面，若储量动用程度低（$<1\times10^{12}m^3$），基于气田庞大的储量基数（$3.81\times10^{12}m^3$），则会面临矿权流转等开发管理问题。

因此，考虑致密气特征，以开发方案为参照，完善储量结构体系。将提交的探明及基本探明储量分成已开发储量和未开发储量两大部分。已开发储量是根据方案规划布井、已开发区内的储量，按照投产井的泄气范围分成已动用储量和待动用储量，其中待动用储量用于气田后续稳产。未开发储量主要包括三部分：环境敏感区储量、开发效益差导致暂未开发储量、编制开发方案后新增可动用储量。

下面分开发储量和动用储量两大层级进行阐述，如图2-15所示。

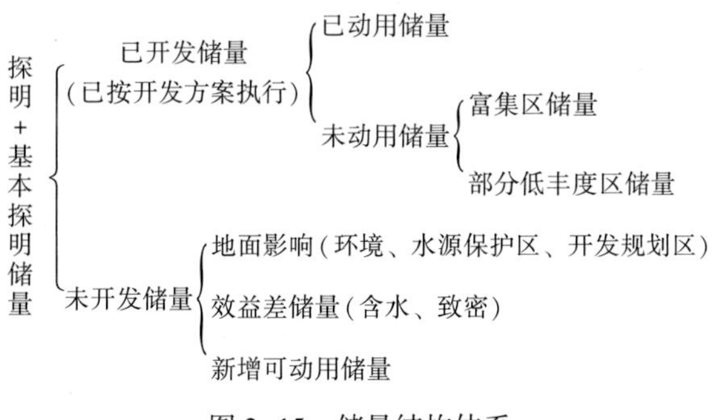

图2-15　储量结构体系

一、气田已开发储量评价

若开发区70%以上区域已按开发方案部署实施钻井，则该区块内储量算作已开发储量。鉴于致密气特殊的开发模式，即持续钻井维持稳产，方案编制内储量即为已开发储量。苏里格气田在2009年提交了$230\times10^8m^3$开发规划，仅包括中部、东部、西部及道达尔合作区等4个开发大区，之后在2013年提交了《苏南区30亿方开发方案》，在2014年提交了《苏里格南区19.5亿方开发方案》。

根据苏里格气田获批的3个开发方案，总计规划开发储量$2.32\times10^{12}m^3$。其中中部规划开发储量$7872\times10^8m^3$，东部规划开发储量$4779\times10^8m^3$，西部规划开发储量$5728\times10^8m^3$，道达尔规划开发储量$1335\times10^8m^3$，东南部规划开发储量$1335\times10^8m^3$，南部规划开发储量$1080\times10^8m^3$。

二、气田动用储量评价

1. 气井泄气范围

根据密井网解剖等综合地质分析（图2-16），气田有效砂体长400～700m，宽200～

500m。受砂体边界控制，气井泄流面积较小，主要分布在 0.1～0.5km^2（图 2-17），平均 0.24km^2，现有 600m×800m 骨架井网对储量控制不足。

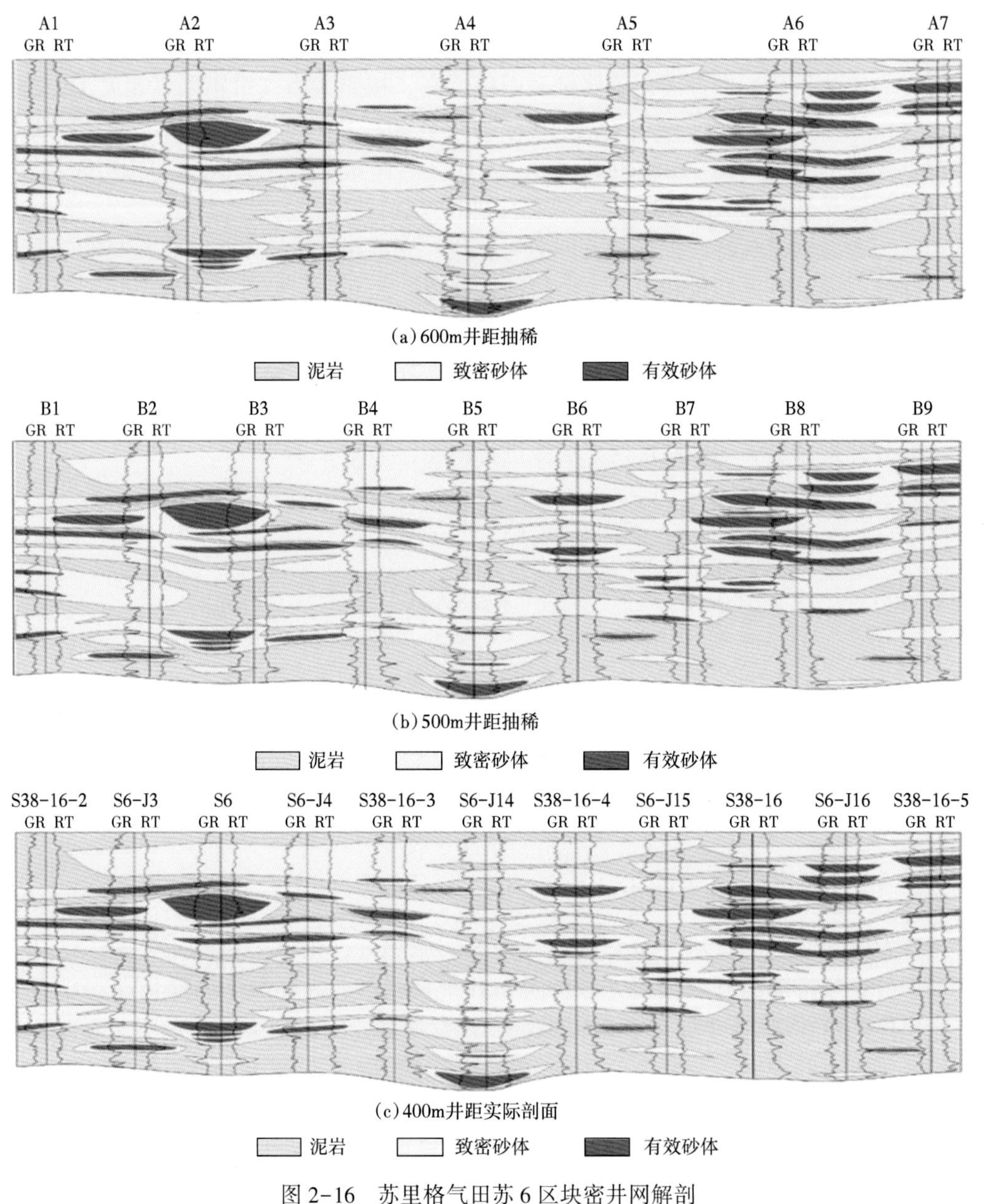

图 2-16　苏里格气田苏 6 区块密井网解剖

2. 储量动用计算方法

气田开发井网多样，包括水平井网：600m×1200m、600m×800m、500m×600m 及以密等井网（图 2-18，表 2-3）。结合气井泄气范围与开发井网类型，采用两种方法计算动用储量。

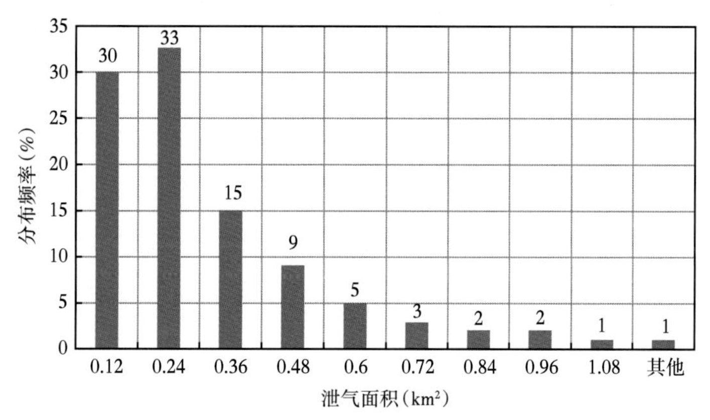

图 2-17　苏里格气井泄气面积分布直方图

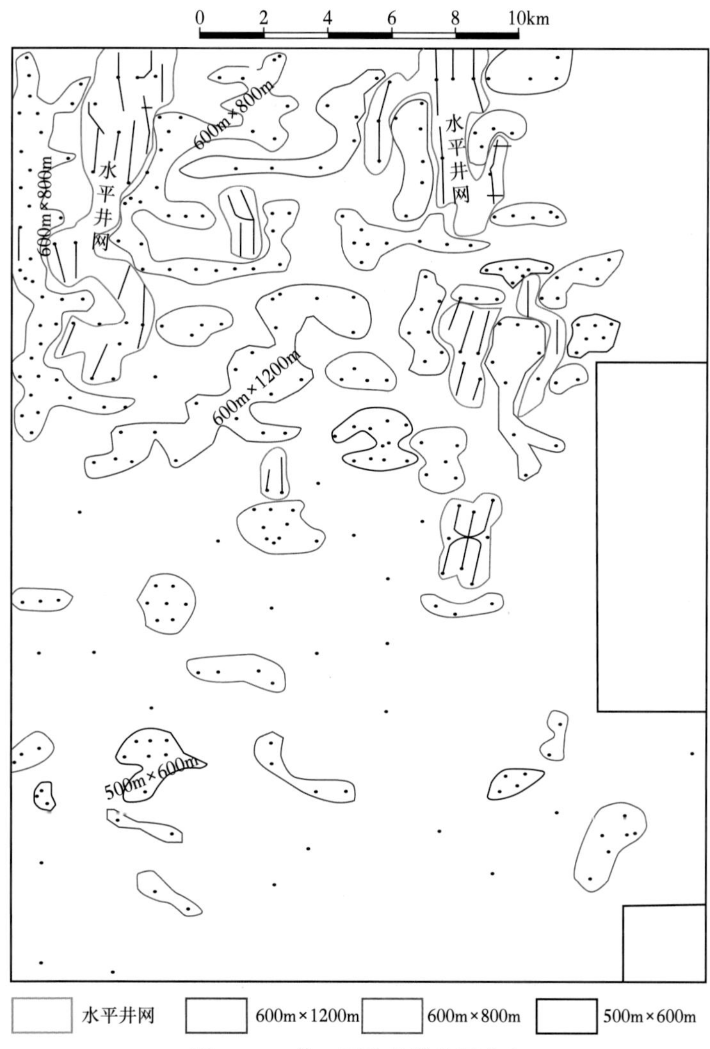

图 2-18　桃 2 区块各类井网分布

表 2-3　桃 2 区块各类井网面积统计

井网	水平井区	600m×1200m	600m×800m	500m×600m 以密
面积(km^2)	61.49	51.75	85.4	13.77
储量(10^8m^3)	121.76	67.81	139.22	23.72

第一种方法，对于密井网(井网密度大于 2 口/km^2)，储量控制程度相对较高，后期加密调整空间小，以井区为单元，乘以储量丰度，得到区块动用储量；第二种方法，对于稀井网(井网密度小于 1 口/km^2)，以井为单元，累计区块内所有井动用储量得到区块的动用储量。

3. 气田动用储量

苏里格气田投产井数约 1.6 万口，密井网主要分布在富集区，其他储量区均为稀井网。富集区储层品质较好，开发时间最早，动用程度最高。从富集区到低丰度区，再到富水区，储量动用程度降低。富集区内累计投产井数 8897 口，动用储量 7318×10^8m^3；低丰度Ⅰ类区累计投产井数 4406 口，动用储量 2428×10^8m^3；低丰度Ⅱ类区累计投产井数 1915 口，动用储量 986×10^8m^3；富水区累计投产井数 765 口，动用储量 380×10^8m^3(表 2-4)。

表 2-4　苏里格气田四类储量动用程度

储量类型	提交储量(10^8m^3)	投产井数(口)	动用储量(10^8m^3)	动用程度(%)	剩余储量(10^8m^3)
富集区	14856	8897	7318	49.3	7538
低丰度Ⅰ类区	9831	4406	2428	24.7	7403
低丰度Ⅱ类区	5361	1915	986	18.4	4375
富水区	8040	765	380	4.7	7660
总计	38088	15983	11112	29.2	26976

三、气田剩余储量评价

剩余储量是指总储量除去已动用储量的剩余部分。苏里格气田提交探明+基本探明储量 3.81×10^8m^3，已动用 1.11×$10^{12}m^3$，剩余 2.70×$10^{12}m^3$。结合当前井型井网条件，可进一步划分为直井未压裂改造、水平井遗留、井间未动用等 3 种类型(图 2-19—图 2-21)。

以开发效果较好，井网程度较高的中区 4 个自营区块开展剩余储量规模及各类储量规模比例研究。

1. 直井垂向未压裂改造型

直井未压裂改造的储层主要为差气层，统计分析表明，单井此类储量的丰度范围为

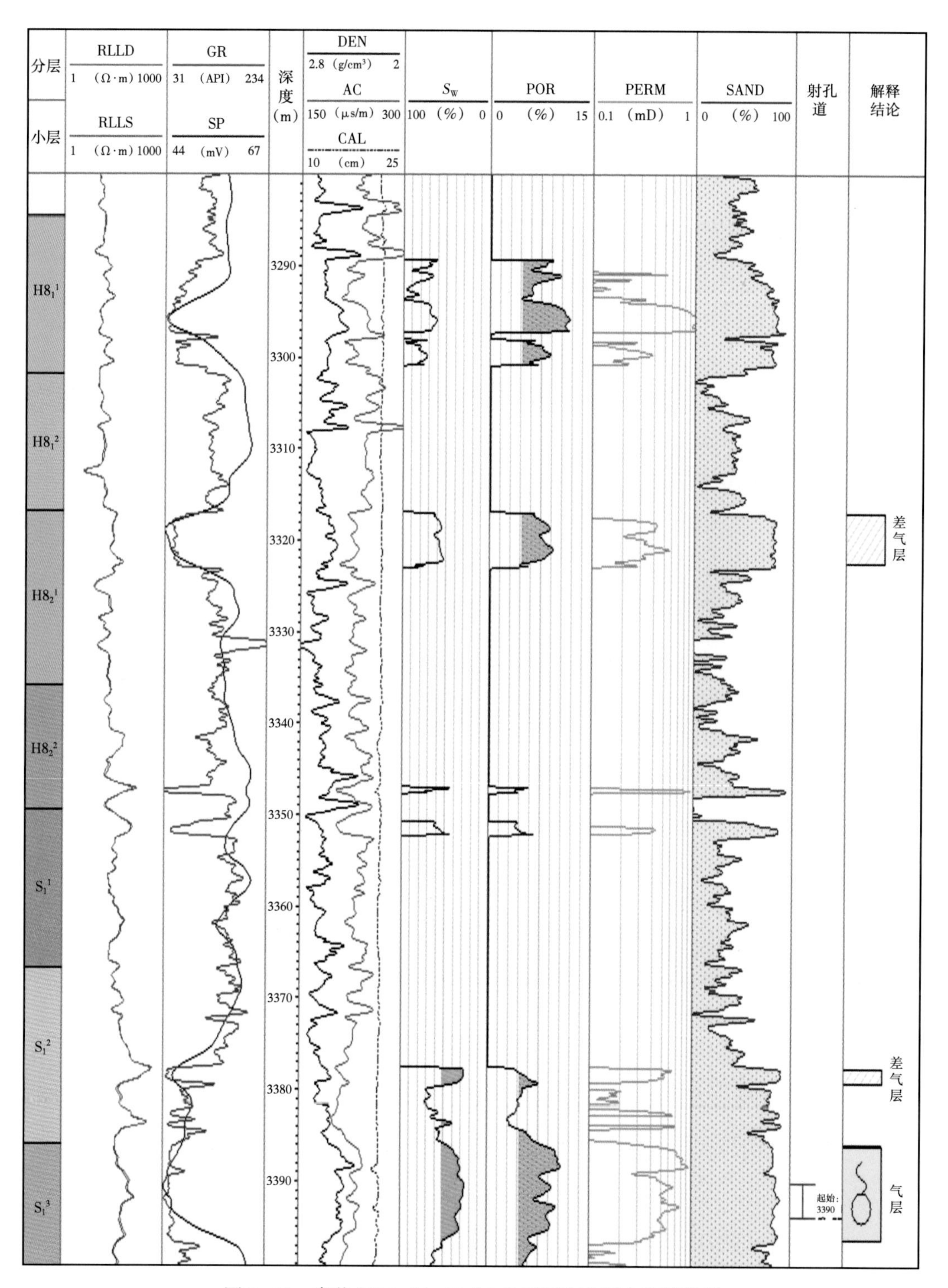

图 2-19　直井（S36-16-15 井）未压裂改造剩余储量类型

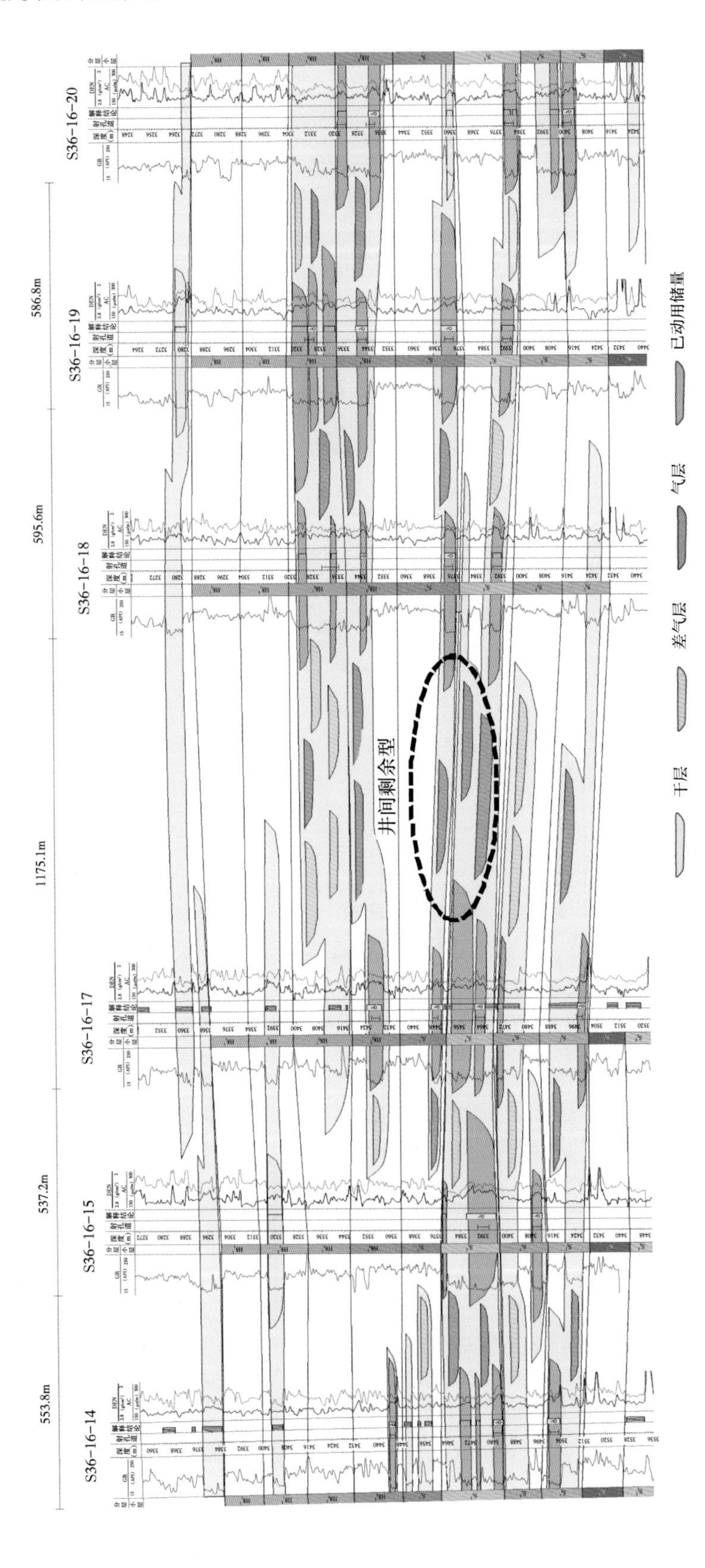

图 2-20　井间剩余储量类型

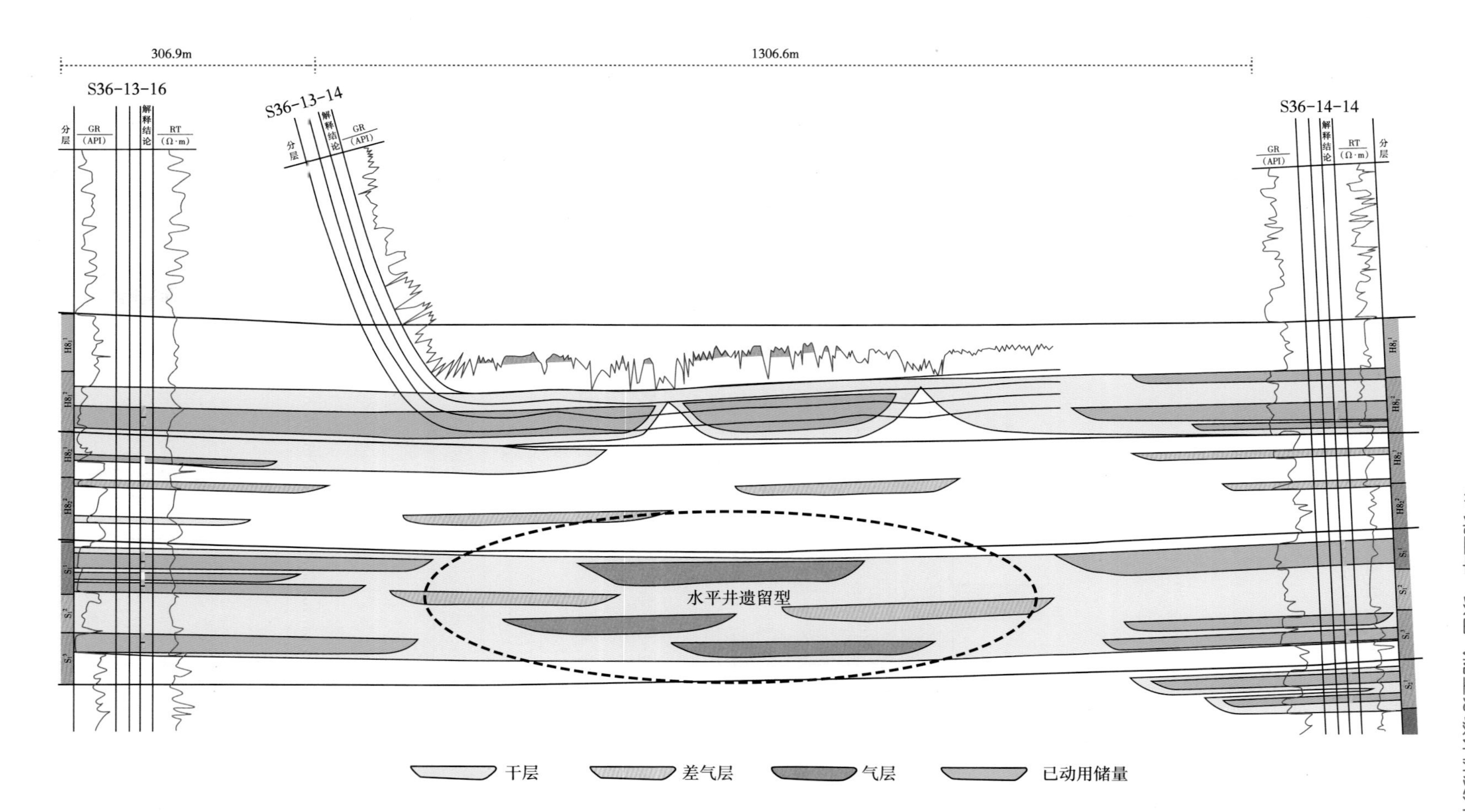

图2-21　水平井遗留型剩余储量类型

(0~1.0)×$10^8m^3/km^2$(图 2-22)。约 53.18%的井有效储层全部压裂，因此不存在此类储量。此类储量单井平均丰度为 0.18×$10^8m^3/km^2$，按自营区直井 1403 口、直井泄气半径 0.21 km^2 折算，此类储量规模为 53.03×10^8m^3。约占自营区总储量规模的 1.37%。

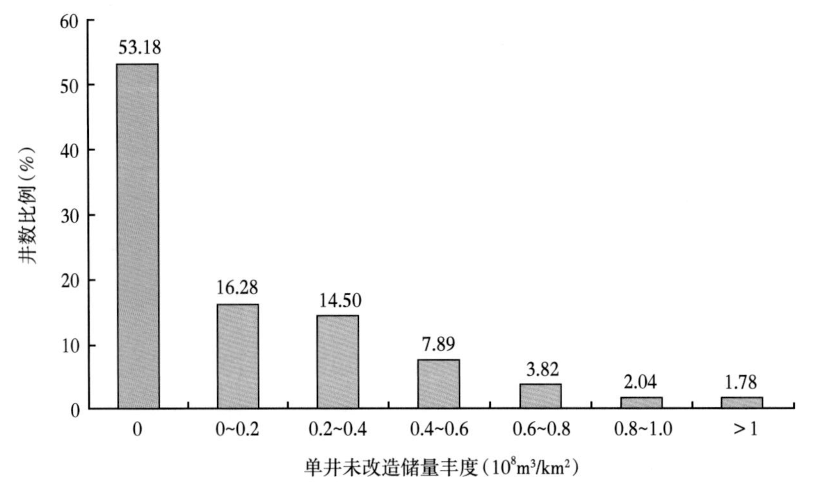

图 2-22 单井垂向未压裂改造储量丰度分布

2. 水平井遗留型

结合水平井数量、水平段未动用的储量占比、水平井动态储量规模，开展水平井遗留型剩余储量评价。分析表明，此类储量规模为 117.15×10^8m^3(表 2-5)。约占自营区总储量规模的 3.03%。

表 2-5 中区自营区块水平井遗留型剩余储量评价表

区块	动态控制储量(10^4m^3)	水平井未动用储量纵向占比(%)	水平井数量(口)	未动用储量规模(10^8m^3)
苏 36-11	7829.0	42.50	67	38.77
苏 6	6831.0	41.60	29	13.94
苏 14	7283.0	40.50	70	34.70
桃 2	7877.0	41.30	53	29.74
合计/平均	7455.0	41.46	219	117.15

3. 井间未动用型

井间未动用型是指分布于直井、水平井井间，不在泄气范围之内的储量类型。井间未动用储量规模=总储量-动态储量-直井垂向未压裂改造-水平井遗留。评价分析表明，井间未动用型储量规模为 3110.35×10^8m^3。井间未动用储量约占自营区总储量规模的 80.35%，是未来开发动用的最主要类型(图 2-23)。

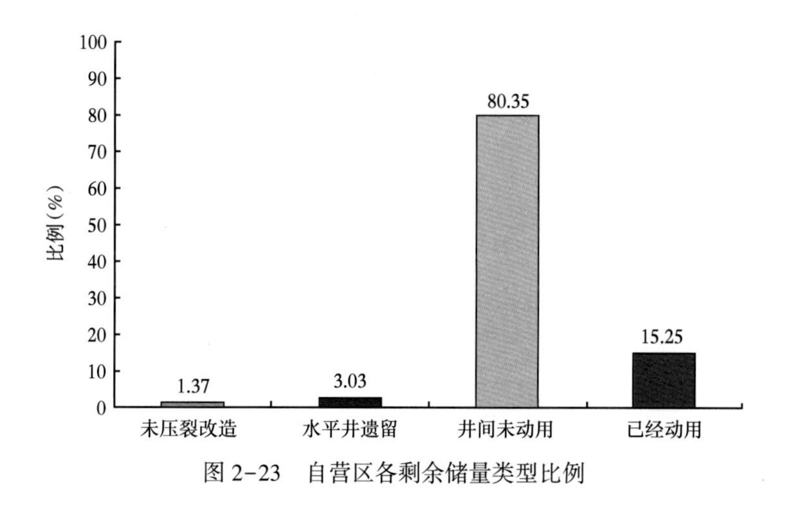

图 2-23　自营区各剩余储量类型比例

第三节　苏里格气田剩余储量经济动用序列

一、储量经济动用序列分析

致密气开发以 8% 内部收益率为下限。在单井综合成本 800 万元条件下，内部收益率与气价、初期日产气量、递减率、预测最终累计产量等参数关系密切(图 2-24)。

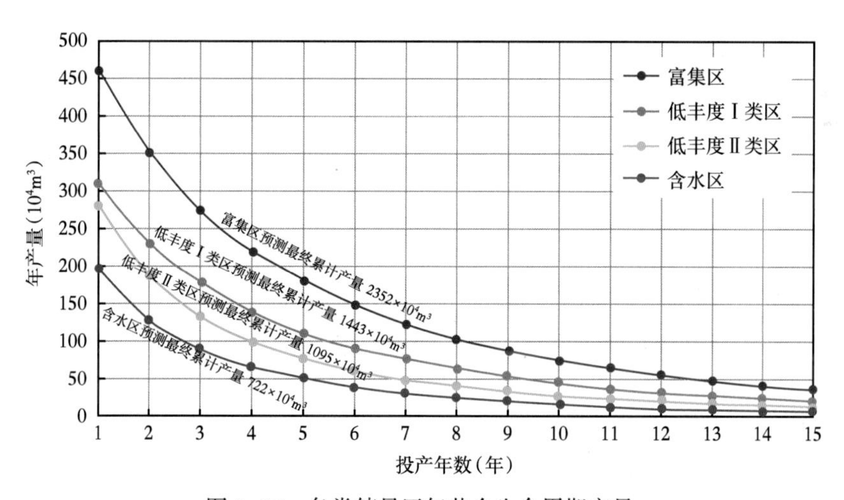

图 2-24　各类储量区气井全生命周期产量

确定各储量区内部收益率 8% 对应的最低气价，建立气田剩余储量经济动用级序，为气田持续效益开发奠定基础(图 2-25)。图 2-25 中，不同颜色块代表不同储量评价单元；横坐标表示各储量单元储量规模占气区总储量的比例，占比越大，颜色块越宽；纵坐标指示各储量单元满足内部收益率 8% 效益开发时所对应的气价下限，由于同一个储量单元内气井生产指标也存在一定的差异，因此每个储量单元对应的效益开发气价下限是一个范围。为了便于各单元对比效益开发所对应的气价下限，将各储量单元以储量规模为权重做了平均值处理，例如富集区效益开发对应气价下限为600~1000元/10^3m^3，根据富集区储量分布特点和气井生产特征，计算其效益开发的平均气价下限为818元/10^3m^3。

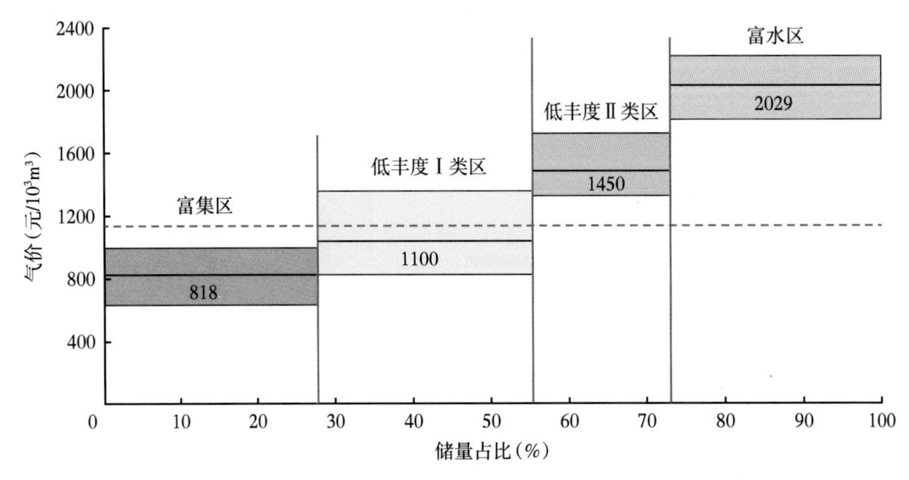

图2-25　苏里格气田各类储量分级动用序列（内部收益率：8%）

在现有技术条件下，富集区开发效益好；低丰度Ⅰ类区对应气价下限为818~1268元/10^3m^3，平均1100元/10^3m^3，在现气价1150元/10^3m^3条件下，基本能够实现整体有效动用；低丰度Ⅱ类区效益开发对应气价下限1268~1634元/10^3m^3，平均1450元/10^3m^3，不能整体有效动用，需优选富集区开发；富水区有效开发对应气价下限1726~2253元/10^3m^3，平均2029元/10^3m^3，在现有技术及经济条件下暂不能有效动用，未来随着气价上涨、政策补贴或技术进步，存在动用可能性。

该储量接替序列简洁直观地反映了苏里格气田储量的可开发性，对于气田储量的开发次序、开发潜力及长期开发战略的制定具有指导意义。同时，该序列具有较强的拓展性，一方面在现有序列的基础上可以叠加每个储量单元的储量动用比例，体现气田的储量动用现状；另一方面，气区未来新增的探明储量，也可补充到这一框架里，不断完善。

二、富集区开发对策

针对富集区、低丰度区、富水区的储量基础、动用基础及开发效果，分别提出了各类储量区的开发稳产技术对策。

1. 富集区开发对策

目前富集区主体开发井网600m×800m对储量控制不足，采收率仅为32%。国内外开发实践表明，井网加密是提高致密气采收率的最有效手段。根据苏里格气田自营区8个密井网实际生产数据（表2-6），利用建模、数模等方法（图2-26、图2-27），兼顾技术和经济因素，开展了富集区适宜井网密度优化。研究表明，在保证一定经济效益基础上，采用加密井网开发，可提高富集区储量动用程度。加密井网开发目标是在经济有效条件下，最大幅度提高采收率，因此是在满足一定效益的条件下确定井网密度和生产指标。

表 2-6　气田密井网区实际生产数据

密井网区	井网密度（口/km²）	储量丰度（$10^8m^3/km^2$）	最终累计产量（10^4m^3）	采收率（%）
苏 36-11 试验区	5.0	2.17	2524	58.2
苏 14 三维区 E	2.4	2.21	2732	29.7
苏 14 实验区	2.9	1.74	2336	39.8
苏 6 试验区	3.9	1.67	1906	44.5
苏 14 三维区 A	2.8	1.30	1499	32.3
苏 14 三维区 B	2.9	1.28	1602	36.3
苏 14 三维区 C	2.1	1.35	1749	27.2
苏 14 三维区 D	2.5	1.32	1594	30.2

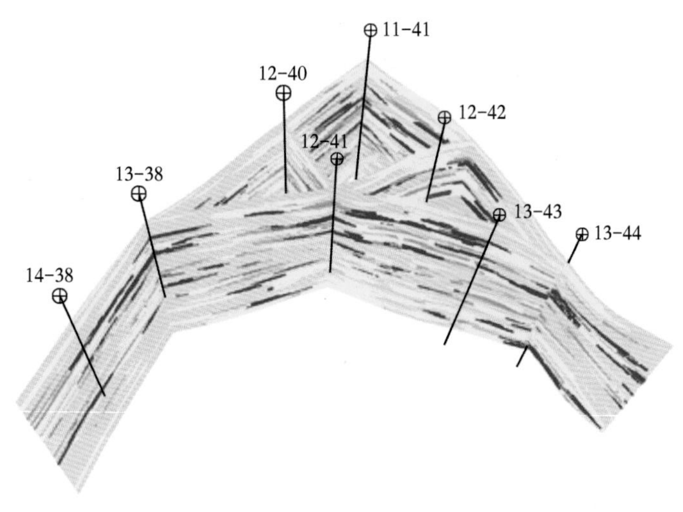

图 2-26　地质建模

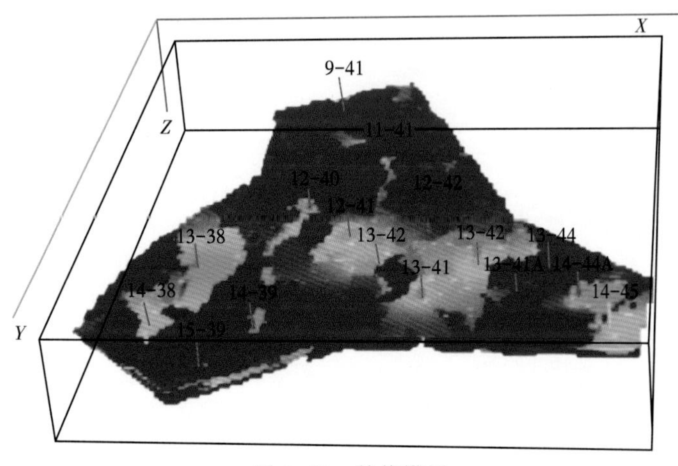

图 2-27　数值模拟

1）加密原则

一般来说，随着井网密度的增加，采收率在不断增加，但增加的幅度越来越小，井间干扰越来越严重，单井最终累计产量也不断减小。确定合理的井网加密密度，要同时兼顾单井拥有较高的采气量及区块拥有较高的采收率，提出了井网加密的3条原则：

（1）兼顾较高的气井产量和气田采收率，接受一定的井间产量干扰，即 a（产生干扰）<井网密度<b（严重干扰井网）；

（2）所有井满足内部收益率标准，即井网密度不超过 c（经济极限井网密度）；

（3）每口加密井累计产气量所带来的效益能够覆盖成本，即井网密度≤d（最大收益井网密度）。

2）加密优化结果

模拟井网不断加密的开发指标，随着井网密度增加，采收率提高幅度逐渐减少，加密井增产气量逐渐降低，所有井平均累计产量逐渐降低。8 口/km^2 后采收率提高幅度较小（图2-28），7.2 口/km^2 井均达不到6%内部收益率（图2-29），加密井在4.3 口/km^2 以上自身没有效益（图2-30、图2-31）。综合分析表明，在现有条件下，气田富集区可加密至4 口/km^2。

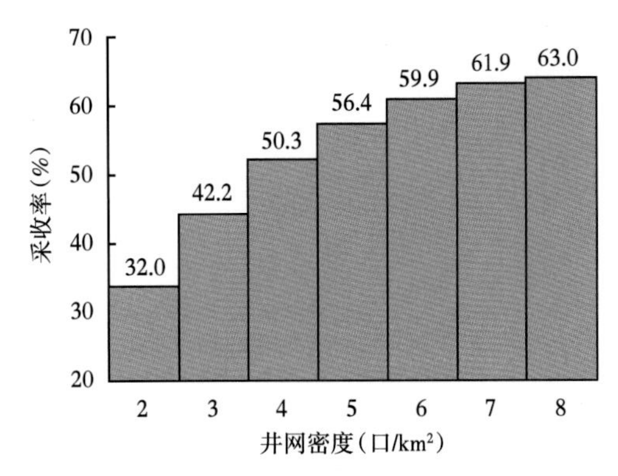

图2-28 采收率随井网密度变化关系

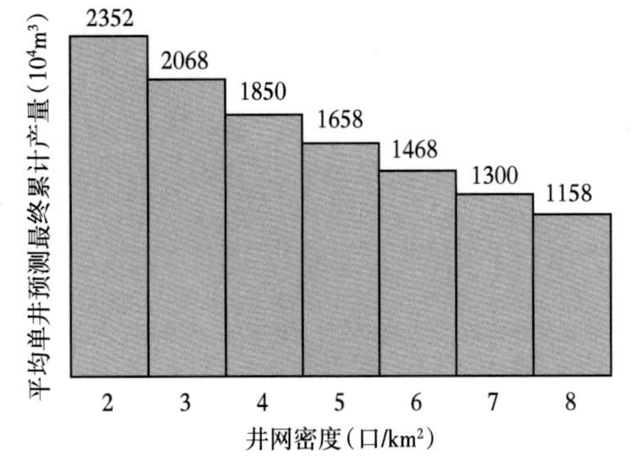

图2-29 井均预测最终累计产量随井网密度变化关系

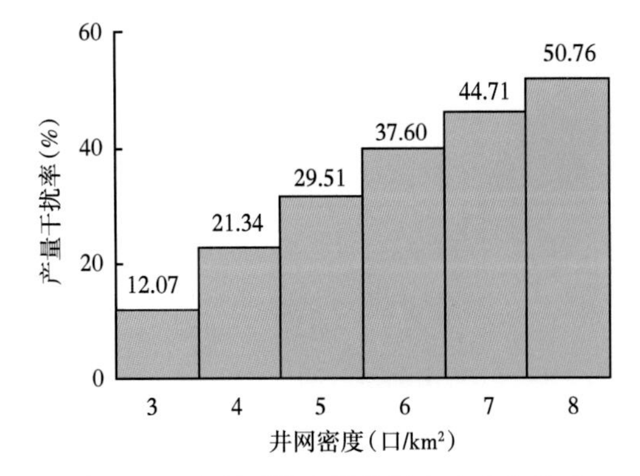

图2-30 产量干扰率随井网密度变化关系

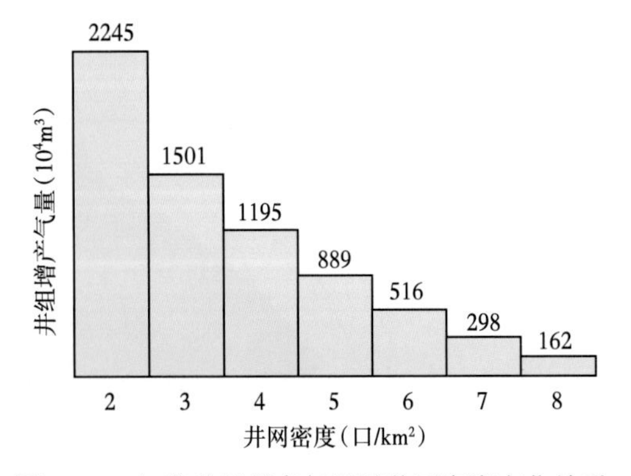

图2-31 加密井组增产气量随井网密度变化关系

苏里格富集区由 2 口/km^2 加密到 4 口/km^2（图 2-32），井均预测最终累计产量由 $2352\times10^4m^3$ 降为 $1850\times10^4m^3$，采收率由 32%提升至 50%。东区等低丰度储量区单井预测最终累计产量为$(1000\sim1440)\times10^4m^3$，富集区加密的经济效益要好于低效储量区动用。

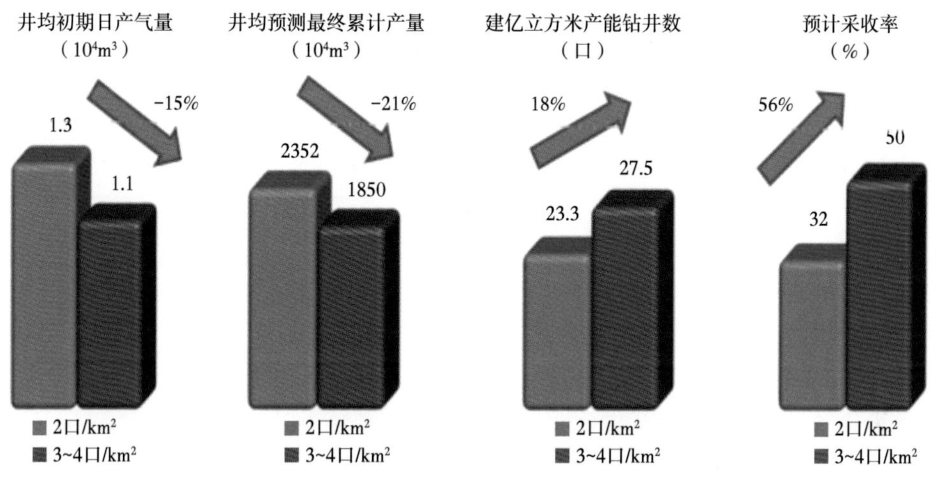

图 2-32　气田富集区加密后指标

3）加密调整方法

密井网已动用区单井开发时间长，井均累计产量相对较大，井间调整难度大，不再加密（图 2-33）；稀井网区按井为单元扣除累计动用面积后，整体按照 4 口/km^2 布新井。另外需要指出的是，加密具有实效性，建议确定好井网密度后趁早加密。剩余可动富集区 $3343km^2$，骨架井网由 2 口/km^2 加密至 4 口/km^2，可多钻新井 6685 口，多新建产能 $199\times10^8m^3/a$，累计多采气 $901\times10^8m^3$（表 2-7）。

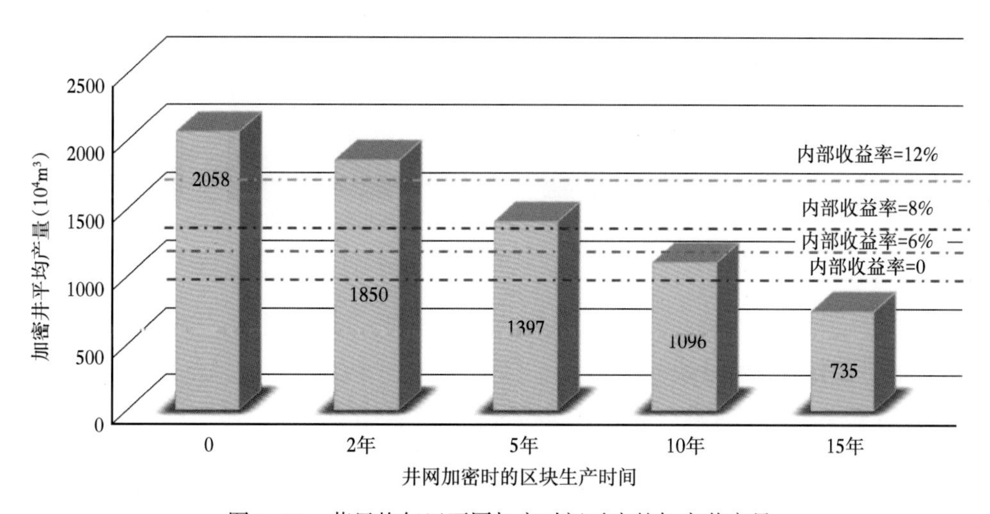

图 2-33　苏里格气田不同加密时间对应的加密井产量

表 2-7　富集区不同井网条件区块可钻井数、建产、采气量对比

井网密度（口/km^2）	可钻井数（口）	可新建产能（$10^8m^3/a$）	单井预测最终累计产量（10^4m^3）	累计采气量（10^8m^3）
2	6685	287	2352	1572
4	13370	485	1850	2473
增量	6685	199	-502	901

2. 低丰度Ⅰ类区开发对策

低丰度Ⅰ类区主要分布在苏里格气田东区，具有上、下古生界多层系含气的特征。下古生界部分井射产，开发效果较好（图 2-34）。截至 2018 年底，下古生界井以 21.5%的井数比例获得了 28.3%的产量比例。建议上古生界为主兼顾下古生界，上、下古生界立体开发，有效动用“甜点区”，夯实稳产能力。

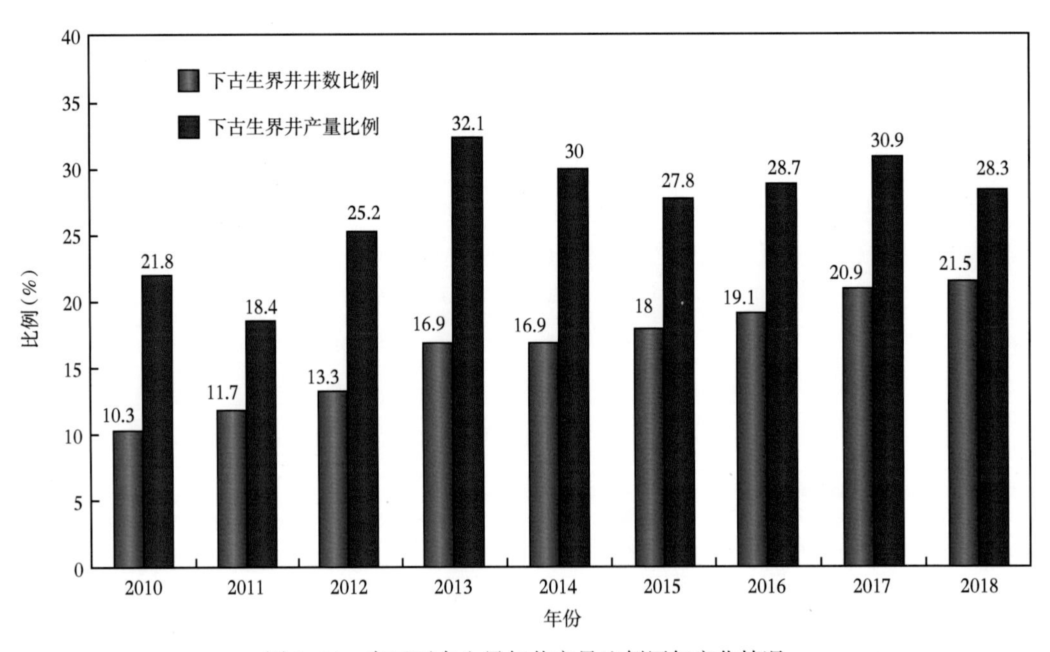

图 2-34　东区下古生界气井产量比例历年变化情况

3. 低丰度Ⅱ类区开发对策

低丰度Ⅱ类区动用程度低，整体动用风险大，建议优选“甜点区”优先动用、滚动开发。首先根据地质参数和开发动态拟合关系，建立“甜点区”优选标准（表 2-8）。

有效开发初期试气日产气须大于 $2\times10^4m^3$，要求有效砂厚大于 10m 且相对集中（图 2-35）；单井最终累计产气量须大于 $1300\times10^4m^3$，对应储量丰度大于 $1\times10^8m^3/km^2$（图 2-36）。根据“甜点区”优选标准，“甜点区”储量占区内储量的 1/3～1/2。

表 2-8 低丰度Ⅱ类区甜点区优选标准

指标	参数	数值/结果
地质	有效砂厚(m)	单层>5，区块>8
	储量丰度($10^8m^3/km^2$)	>1
	储层性质	有效砂体相对集中连续性较好
动态	试气日产气量(10^4m^3)	>2
	无阻流量($10^4m^3/d$)	>5
	EUR (10^4m^3)	>1300

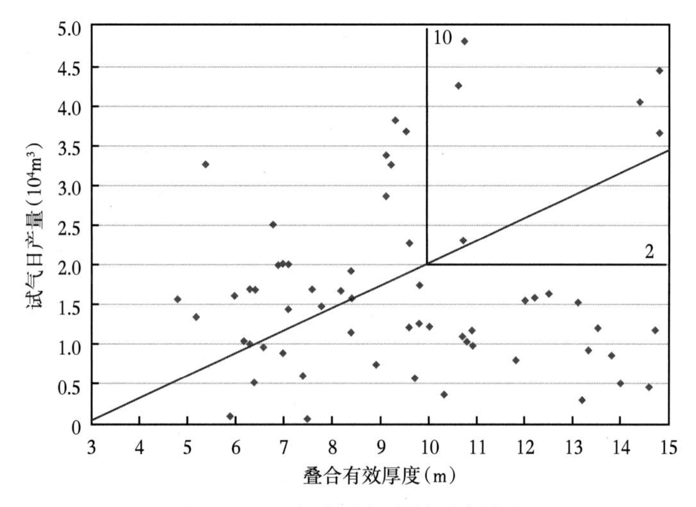

图 2-35 试气产量与有效厚度关系

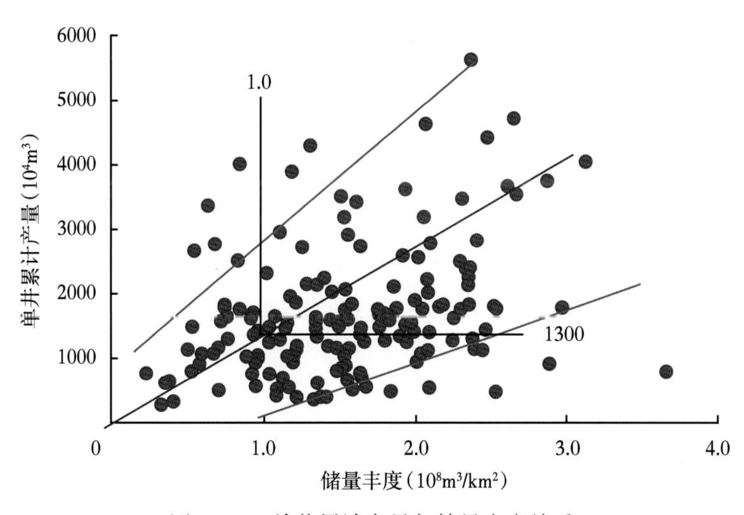

图 2-36 单井累计产量与储量丰度关系

4. 富水区开发对策

富水区分布面积大，气、水关系复杂，影响储量 $8040\times10^8m^3$，动用程度低，仅为4.7%。在现有的技术和经济条件下，富水区尚不能有效动用。一方面需要结合地质、地球物理等手段，优选相对“甜点区”，夯实气田稳产所需的可动用储量规模；另一方面需要攻关排水采气技术，完善采气工艺，优化生产制度，实现降本增效。鉴于目前6%收益率下限标准对应增量气而非存量气，应充分利用好政策，为气田上产打好基础。

第三章　地应力及其对人工裂缝和井网的影响

第一节　地应力建模技术

一、单井地应力建模

上覆地层压力一般通过对密度测井曲线积分求取；孔隙压力可根据 RFT、DST、PWD 实际测量确定，或通过对地震数据和电测资料的精细处理和分析进行预测；最小水平主应力一般根据钻井井漏实验（扩展井漏实验）、微裂缝实验、钻井液漏失、开泵或停泵引起的井内钻井液增减（或压力变化）情况等的分析而确定；岩石强度可通过岩心实验实际测量，也可根据测井曲线选取不同的强度模型进行计算。

以 LX-1 井为例，从原理、方法到结果详细介绍本区地应力建模技术方法，确定预测方法及模型参数，并应用到其他井，对其他井展开地应力模型预测（图 3-1）。

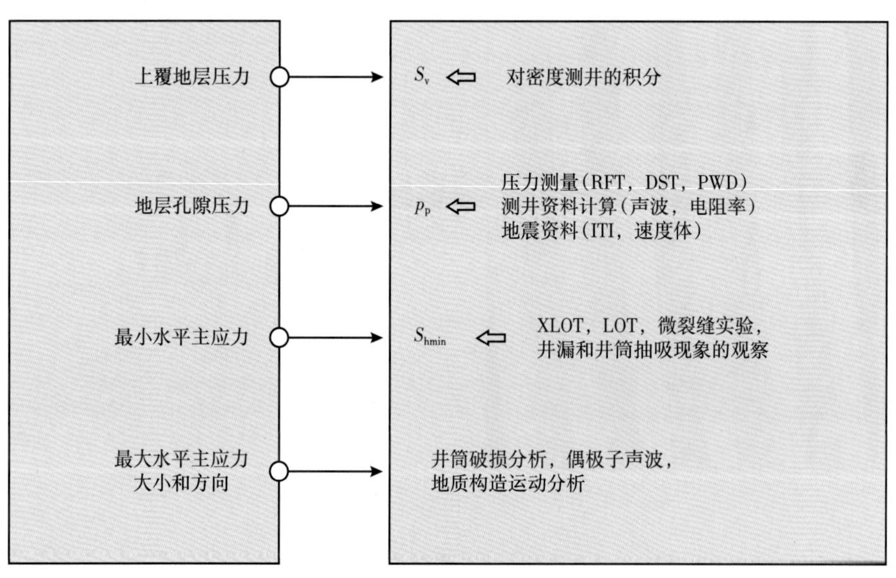

图 3-1　地应力模型参数求取方法

1. 地应力方向

地壳内的水平差应力导致在钻井井壁形成应力集中，当井孔周围水平最大主应力与最小主应力之差大于地层中岩石抗压强度时，井眼就会产生崩落掉块，形成井壁崩落椭圆，其长轴方向与最小主应力方向平行，而与最大水平主应力垂直。在垂直岩石破损方向的井壁，其周向应力是张性的，若其超过岩石的张性强度，则在最大水平主应力方向会对称地产生张性裂缝。成像测井资料，如电成像测井和声学成像测井，可以有效识别张性裂缝。

首先通过 EMI 成像识别出 LX-1 井井壁垮塌及钻井诱导张性裂缝，并分别统计出其方位。其中井壁垮塌方向约 N144°E，钻井诱导裂缝方向约 NE53°，井壁垮塌数量明显高于钻井诱导缝，因此确定 LX-1 井最大水平主应力方向为 N54°E 左右，即北东向（图 3-2）。

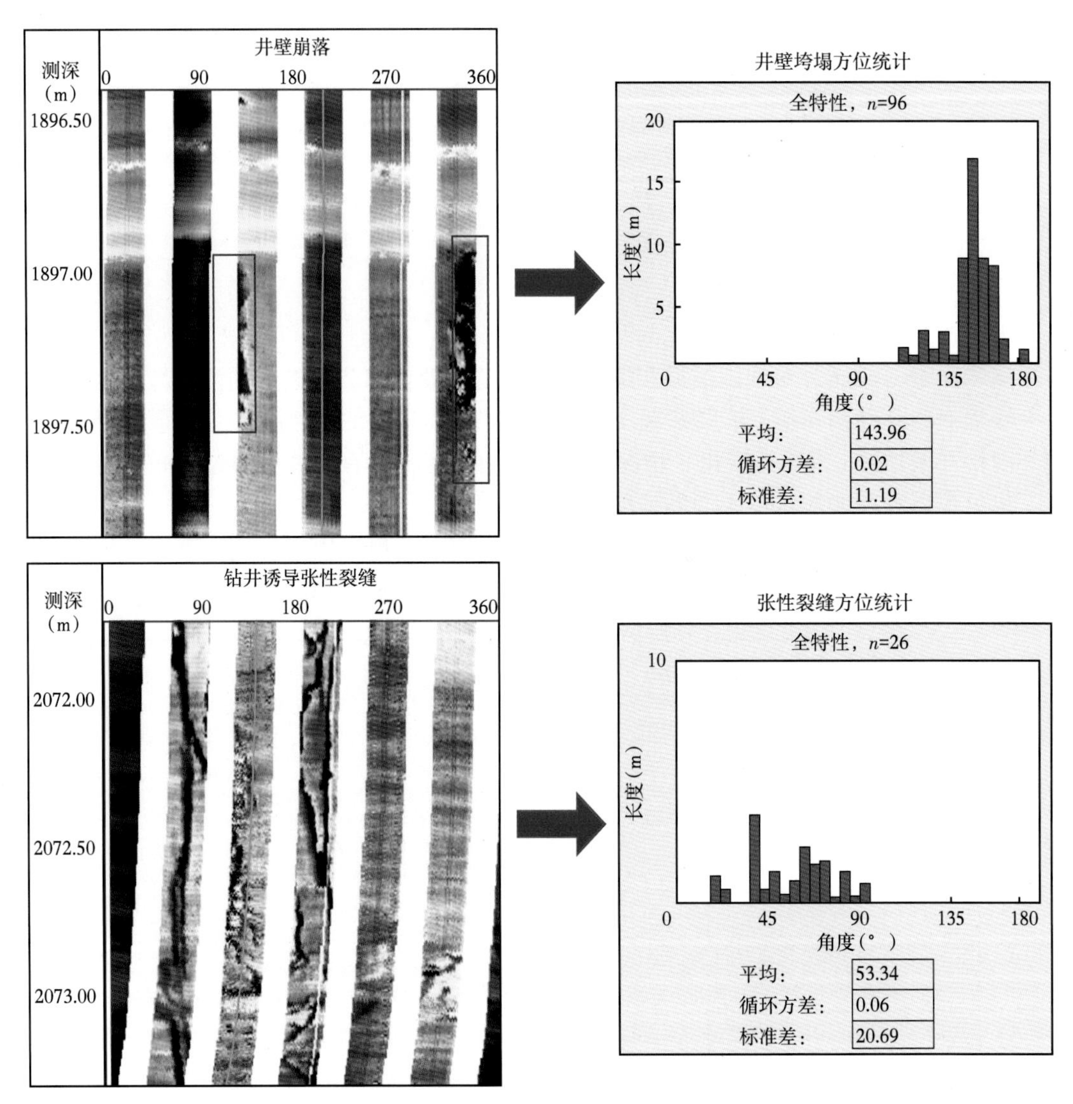

图 3-2　LX-1 井地应力方向确定

2. 上覆岩层压力

垂向地应力通常称为上覆岩层压力，上覆岩层压力是岩石与孔隙流体总重量产生的压力。通常将其表示为当量密度的形式，称为上覆岩层压力梯度，其随深度的变化曲线称为上覆岩层压力梯度曲线或剖面。上覆岩层压力梯度主要取决于岩石体密度随井深的变化情况，不同地区的上覆岩层压力梯度是不同的。密度测井和声波测井可以直观地反映地层压实规律，可以获得岩石体积密度值。

利用密度数据，采用式（3-1）计算上覆地层压力梯度：

$$\sigma_{\mathrm{v}}^{i}=\frac{\rho_{\mathrm{w}}H_{\mathrm{w}}+\rho_0H_0+\sum_{i}\rho_{\mathrm{i}}\mathrm{d}h_{\mathrm{i}}}{H_{\mathrm{w}}+H_0+\sum_{i}\mathrm{d}h_{\mathrm{i}}} \tag{3-1}$$

式中　σ_{v}^{i}——i 点深度的上覆压力梯度，g/cm³；

ρ_{w}——海水密度，g/cm³；

ρ_0——上部无密度测井数据段平均密度，g/cm³；

H_{w}——海水深度或补心高度，m；

H_0——上部无密度测井数据段平均长度，m；

ρ_{i}——测井密度，g/cm³；

$\mathrm{d}h_{\mathrm{i}}$——对应 ρ_{i} 的测井层段厚度，m。

LX-1 井即采用的密度积分法，计算的上覆岩层压力随深度的增加而增大，目的层压力梯度为 2.48~2.51SG（SG=MPa/m）（图 3-3）。

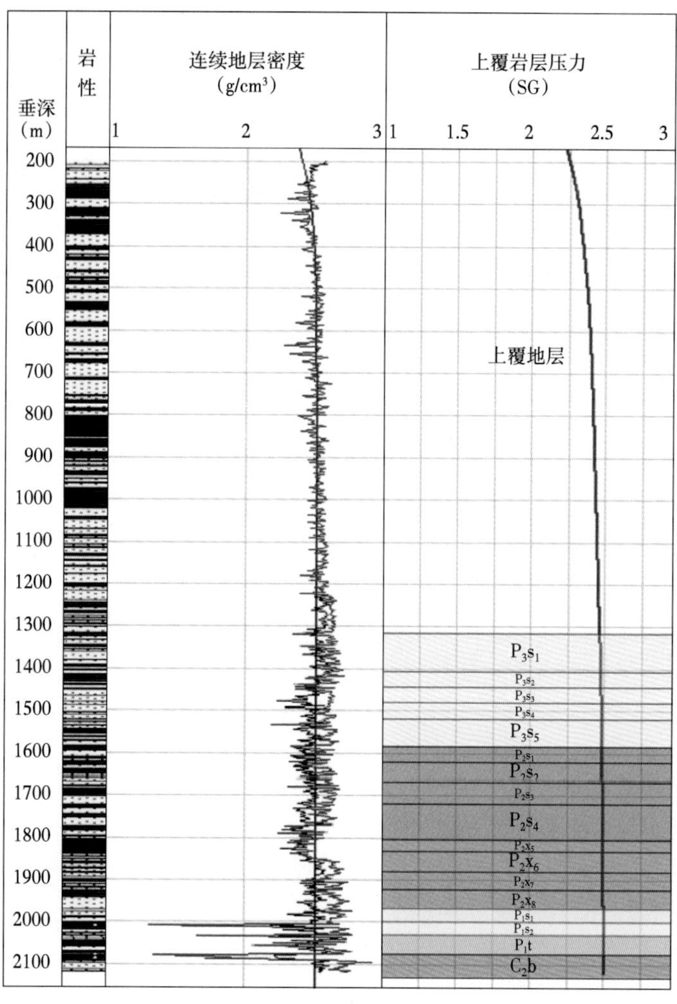

图 3-3　LX-1 井上覆地层压力计算结果

3. 地层孔隙压力

依据泥岩欠压实理论，结合伊顿法、等深度法预测孔隙压力。但是研究区孔隙压力情况比较特殊，以异常井段的顶部为界划分为上下两段，并且按照两套不同的压力系统分别拟合泥岩正常压实趋势线。从预测结果来看，与 DST 实测孔隙压力吻合比较好，说明此套解释方案可行。LX-1 井目的层地层压力稳定，压力系数为 0.88~0.96，低于静水压力，属于常压地层，局部偏低压(图 3-4)。

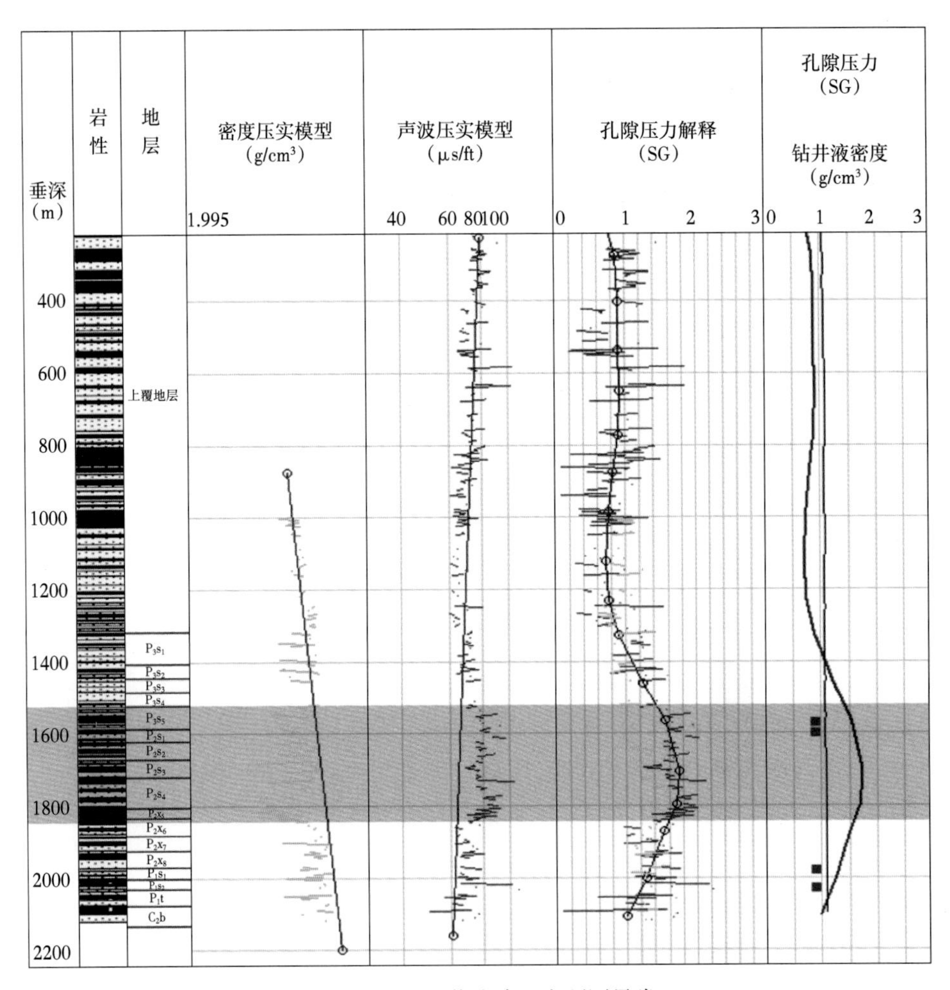

图 3-4 LX-1 井孔隙压力预测异常

4. 最小水平主应力

最小水平主应力可从微裂缝实验及扩展井漏实验获取，采用测井计算方法，即考虑上覆岩层压力、地层孔隙压力以及构造运动三方面因素的影响，以井漏试验数据作为校验值分析最小水平主应力。测井曲线计算最小水平主应力公式为

$$S_{\mathrm{Hmin}}=\frac{v}{1-v}S_{\mathrm{v}}+\frac{1-2v}{1-v}\alpha p_{\mathrm{p}}+\frac{E}{1-v^2}\varepsilon_x+\frac{vE}{1-v^2}\varepsilon_y$$

式中 S_{Hmin}——最小水平主应力，MPa；

S_v——上覆岩层压力，MPa；

p_p——地层压力，MPa；

a——Biot 系数，无量纲，一般取 1；

v——泊松比，无量纲；

E——杨氏模量，GPa；

ε——区域构造应力系数，无因次。

LX-1 井最小水平主应力采用测井计算方法，并用小压分析的数据对预测结果校验，二者吻合得比较好，说明预测结果可靠。目的层最小水平主应力在 1.4~2.14SG，约 21.8~42.6MPa，随着埋深的增加而逐渐增大，其中石千峰组最小水平主应力为 1.63~2.09SG，上石盒子组为 1.63~2.06SG，下石盒子组为 1.58~2.08SG，山西组为 1.54~2.05SG，太原组为 1.4~2.14SG，本溪组为 1.54~2.06SG（图 3-5）。

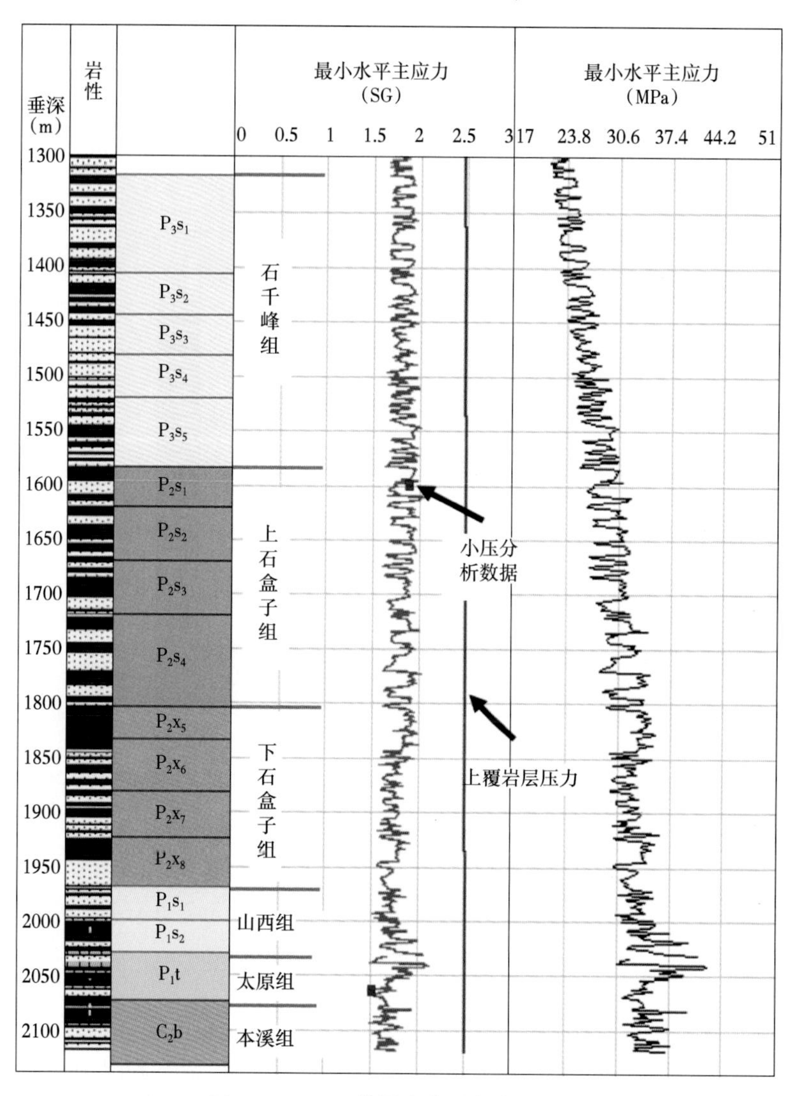

图 3-5　LX-1 井最小水平主应力剖面

5. 最大水平主应力

最大水平主应力 S_{Hmax} 的模拟主要依据库仑断层理论。在多边形区域内，不同的应力状态对应着 S_v、S_{Hmin} 和 S_{Hmax} 三者不同的相对关系，即正常（NF：$S_{Hmin}<S_{Hmax}<S_v$）、走滑（SS：$S_{Hmin}<S_v<S_{Hmax}$）和反转（RF：$S_v<S_{Hmin}<S_{Hmax}$）地应力类型。而在多边形边界上，地应力处于摩擦平衡状态，在地壳中经常见到此种地应力状态。库仑断层理论基于如下假设：如果断层的剪应力与有效正应力之比超过滑动摩擦系数 0.6，地层就会沿着最可能方向产生断层而滑动。如图 3-6 所示为根据井壁岩石强度或所观察到的井筒垮塌情况计算的最大水平主应力。图中红色等值线为岩石强度，即在一定深度，根据岩石的压实强度（UCS）和垮塌宽度，确定 S_{Hmax} 值的可能区间。

LX-1 井即采用上述方法求取最大水平主应力。如图 3-6 所示为 1830m 的一处垮塌，通过岩石抗压强度约束，得到此处最大水平主应力区间为 2.578～2.917SG，平均约 2.76SG。统计一系列垮塌深度点的最大水平主应力值，结合有效应力比值法［$(S_{Hmax}-P_p)/(S_v-p_p)$］，拟合出一条连续的最大水平主应力剖面（图 3-7）。目的层最大水平主应力在 2.73～2.76SG，34～56.6MPa。其中石千峰组为 2.73～2.74SG，上石盒子组为 2.74～2.75SG，下石盒子组为 2.74～2.76SG，山西组、太原组和本溪组均为 2.76SG。

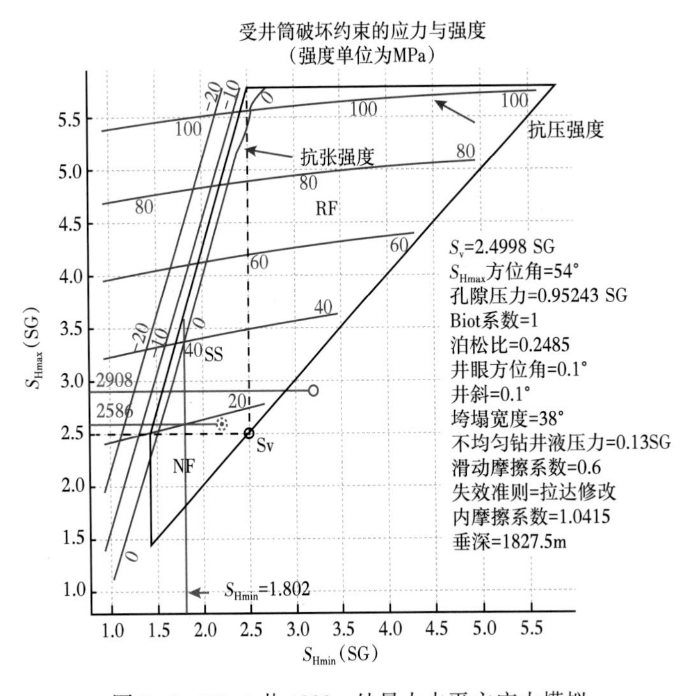

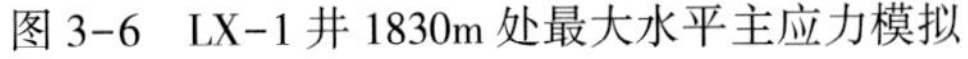
图 3-6　LX-1 井 1830m 处最大水平主应力模拟

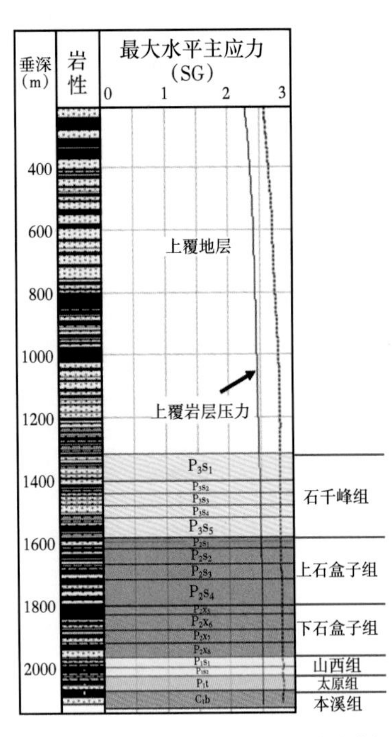

图 3-7　LX-1 井最大水平主应力剖面

6. 模型验证

建立的地应力模型可靠与否还需要验证，验证的方法是利用建立的地应力模型与实际使用的最低钻井液密度预测井眼垮塌位置与宽度，并与 FMI 成像上识别的实际垮塌对比。对于垮塌宽度的预测，其原理和最大水平主应力的求取原理是大致一样的，二者互为逆过程。通过对比，预测的垮塌情况与实际垮塌吻合较好，说明预测结果可靠(图 3-8)，地应力模型能够反映现今真实的地应力状态。

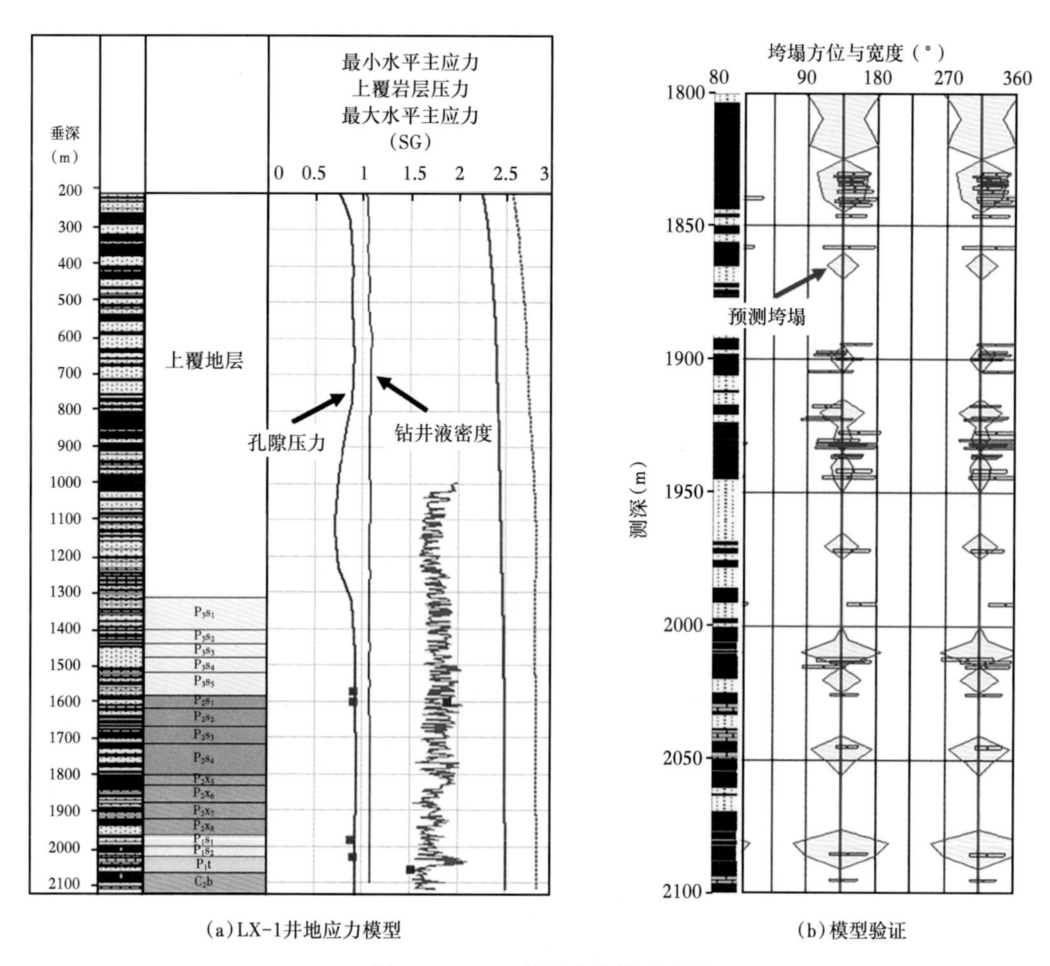

(a)LX-1井地应力模型　　(b)模型验证

图 3-8　LX-1 井地应力模型验证

二、三维地应力建模

三维地应力建模的模型要素和单井地应力模型基本相同，重在展现各要素的空间分布规律。主要是基于相控建模策略，采用序贯高斯模拟方法建立单井应力的三维模型(图 3-9 与图 3-10)。

三、区域应力场特征

如图 3-11 与图 3-12 所示分别为太二段与盒八段下亚段应力分布图，图中，棍状反映应力方向，颜色代表应变大小，红、黄色代表应变相对大。由于模拟是基于构造曲率属性，因此，模拟结果也能一定程度地反映断裂分布，尤其是天然裂缝的发育方向和程度。太二段和盒八段应力平面分布规律变化不大。

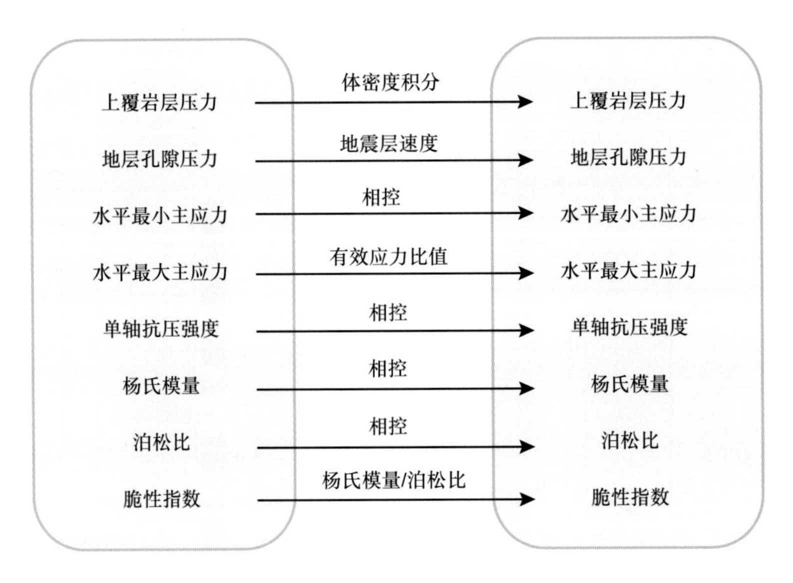

图 3-9　三维地应力建模方法

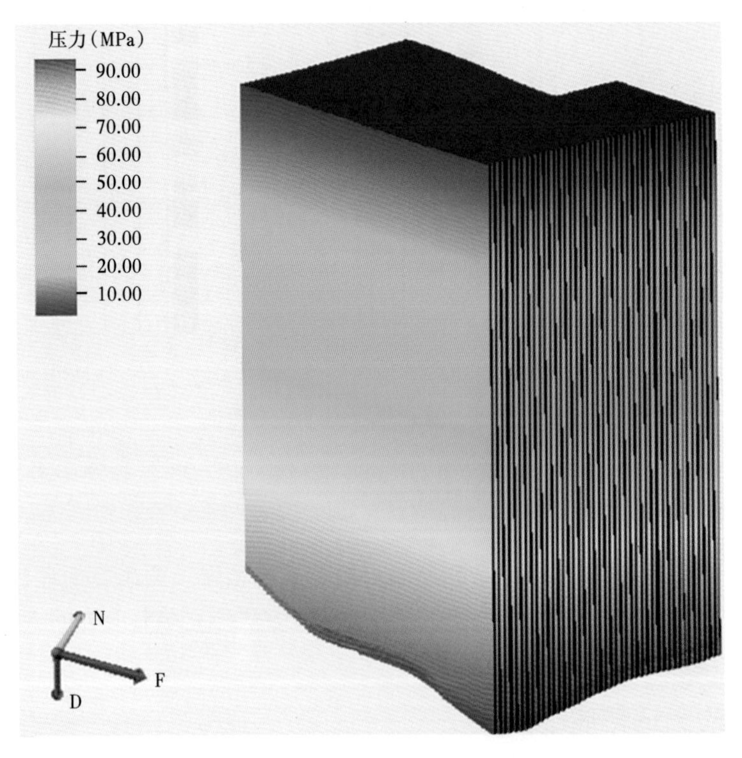

图 3-10　上覆岩层压力三维模型

模拟结果，南北走向的断裂反映了近东西向的挤压应力，与单井分析的应力方向一致，说明模拟结果可靠。

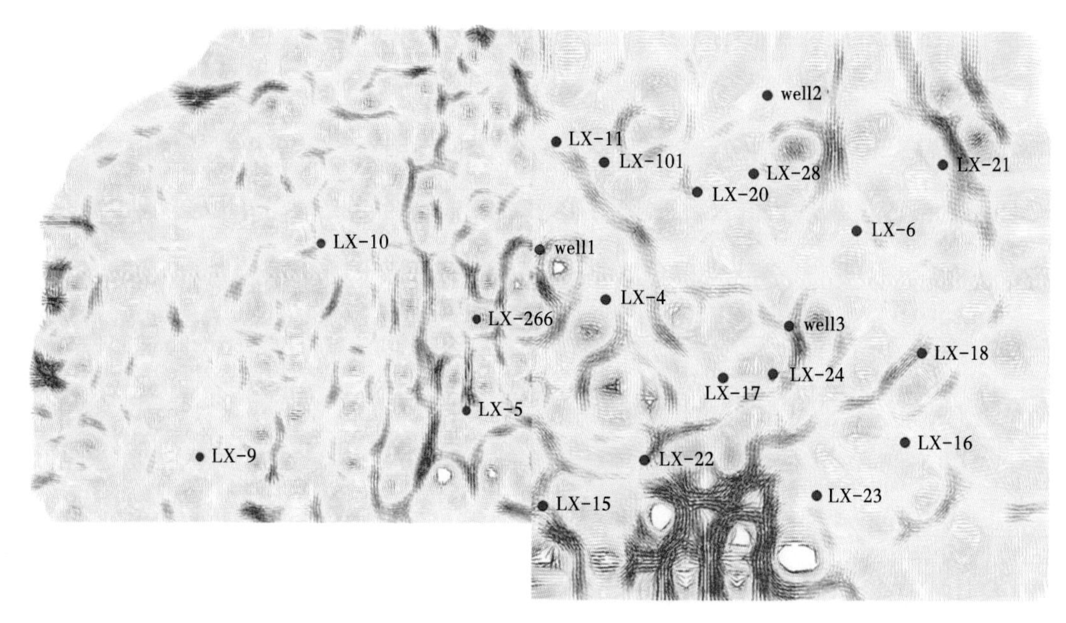

图 3-11　太二段应力分布

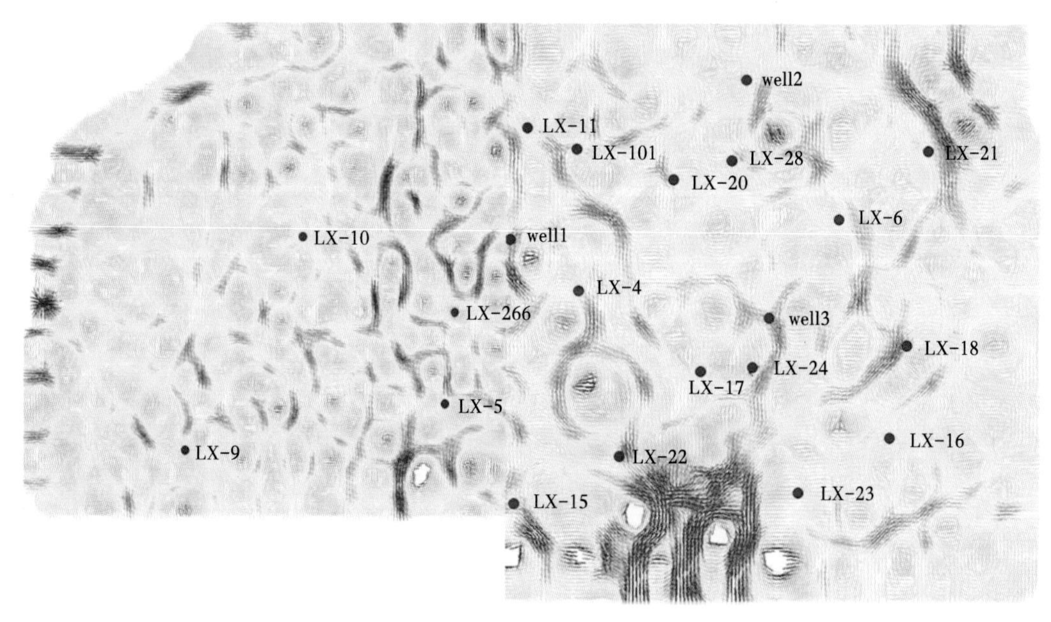

图 3-12　盒八段下亚段应力分布

第二节　压裂效果分析

表 3-1 为本区压裂施工参数与地层物性关系表，去掉基本参数不完整的井，对 5 口压裂井进行了施工参数与地层物性关系分析。

表 3-1 施工参数与地层物性关系表

井号	有效厚度（m）	孔隙度（%）	渗透率（mD）	砂比（%）	砂量（m^3）	施工排量（m^3/min）
LX-1（第 1 段）	10	7.53	1.54	19.7	65	5
LX-1（第 2 段）	8	7.53	1.54	20.4	50	4.5
LX-1（第 3 段）	6	7.53	1.54	20.2	45	4
LX-101	16.5	9.6	5.8	21.1	160	5
LX-103	18	11.6	4.97	22.3	110	5
LX-102-2D（第 1 段）	10	10.9	1.63	23	50	4
LX-102-2D（第 2 段）	8	10.9	1.63	23.2	30	3.5
LX-17	10.5	12.6	3.7	22.9	65	4.5

压裂设计参数与地层物性参数总体上具有一定的相关性，这说明压裂设计基本采用了较为合理的模式，但是压裂设计还有提升改进的空间。例如，随着地层孔隙度的增加，压裂液的滤失量增加，对应的施工排量应相应提高，即施工排量应随孔隙度呈增加趋势，实际施工参数统计对这一特征体现不是很好；再如，随着有效厚度的增加，砂量也在增加，这有利于充分改造储层。根据地应力分析的结果，主要统计分析了 5 口目标井的储隔层应力、储层厚度、隔层厚度及砂泥岩的杨氏模量，结果见表 3-2。

表 3-2 10 口井力学参数统计表

井号	分段	储层厚度（m）	应力差（MPa）		隔层厚度（m）		杨氏模量（GPa）	
			上部	下部	上部	下部	砂岩	泥岩
LX-1	第 1 段	14	6.6	6.2	4.4	4.6	23	6.6
	第 2 段	8.5	14.5	6.6	2.6	4.4	23	6.6
	第 3 段	8	3.8	14.5	3.5	2.6	25.7	6.6
LX-101	—	20	5.9	7.2	6	3	28	9.3
LX-103	—	26	6.1	4.3	1.8	9	24.8	7.5
LX-102-2D	第 1 段	10	15	13	6.6	8.9	30.1	6.4
	第 2 段	7	14.5	15	5	6.6	26.1	6.4
LX-17	—	12.5	13	14.5	11.4	6.7	31.9	7.51

（1）LX-1 井压裂分析。

LX-1 井采用桥塞+射孔+分压压裂工艺，目的层段为太二段。目的层段射孔厚度 20m，跨度 34m，跨度较大，为对储层进行充分改造，同时避免合压时隔夹层对裂缝延伸的影响，采用分层压裂工艺。分 3 层压裂：①2040.0～2036.0m，2034.0～2030.0m；②2024.0～

20222.0m，20200.0～2016.0m；③2012.0～2006.0m。

第一级 LX-1 井压裂施工拟合曲线及拟合后裂缝形态如图 3-13 与图 3-14 所示。施工排量 $5m^3/min$，施工总液量 $471.3m^3$，共加砂 $47.6m^3$。根据施工曲线模拟得到裂缝缝高 41.2m，延伸范围 2023～2064.2m，裂缝半缝长 286.9m，支撑半缝长 215m，支撑缝宽 2.3mm。最后分析得该级并未上窜至第二级。

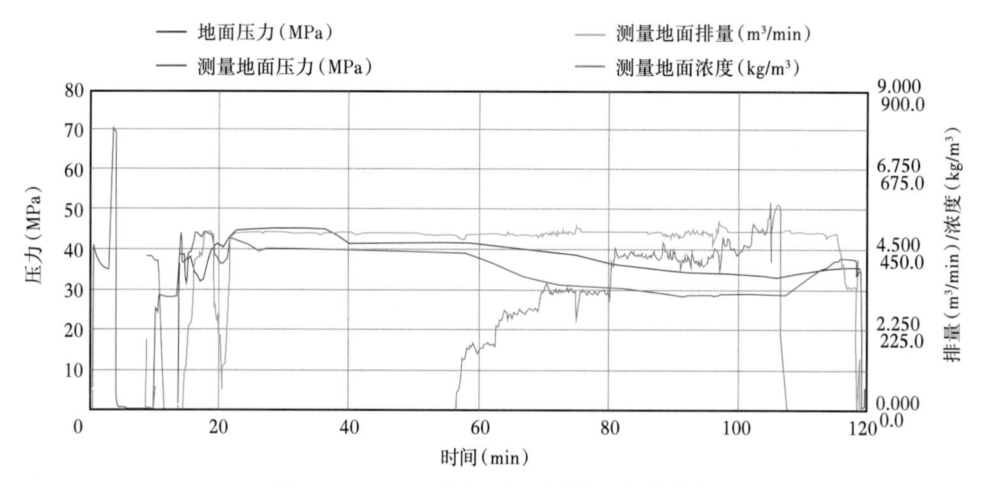

图 3-13　LX-1 井第一级压裂施工拟合曲线

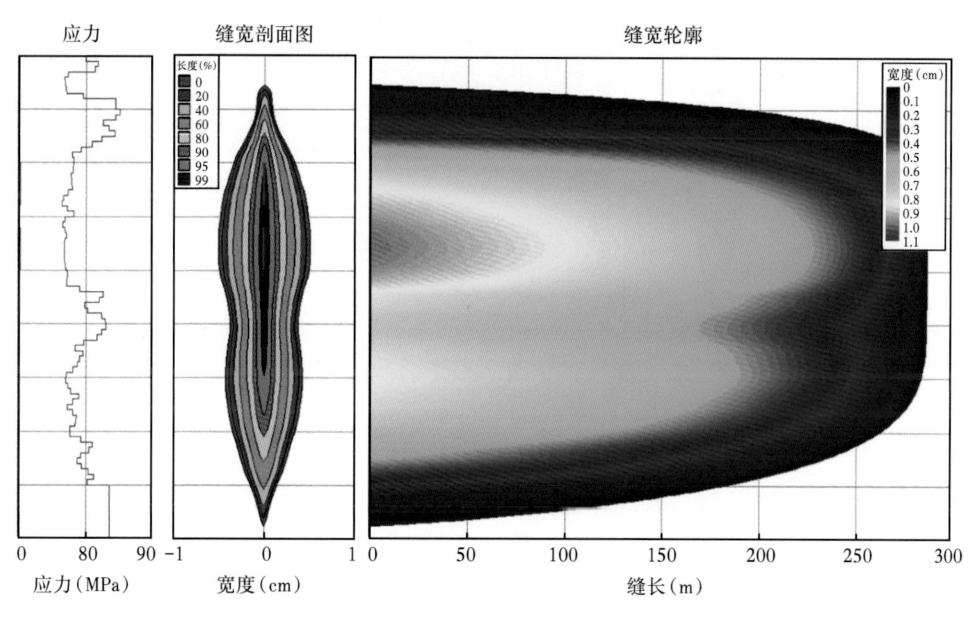

图 3-14　LX-1 井第一级裂缝形态

第二级 LX-1 井压裂施工拟合曲线及拟合后裂缝形态如图 3-15 与图 3-16 所示。施工排量 $5m^3/min$，施工总液量 $388m^3$，共加砂 $47.6m^3$。根据施工曲线模拟得到裂缝缝高 59.8m，延伸范围 1993.2～2053m，裂缝半缝长 232m，支撑半缝长 210.6m，支撑缝宽

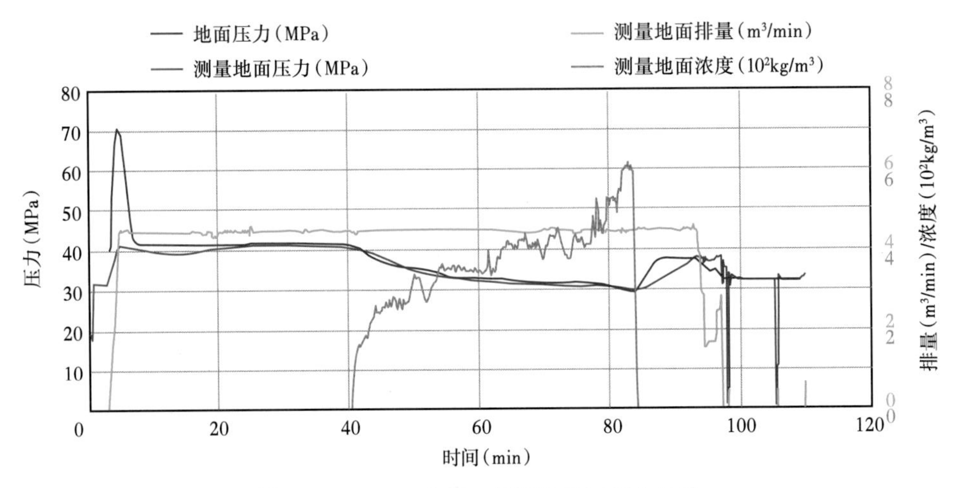

图 3-15 LX-1 井第二级压裂施工拟合曲线

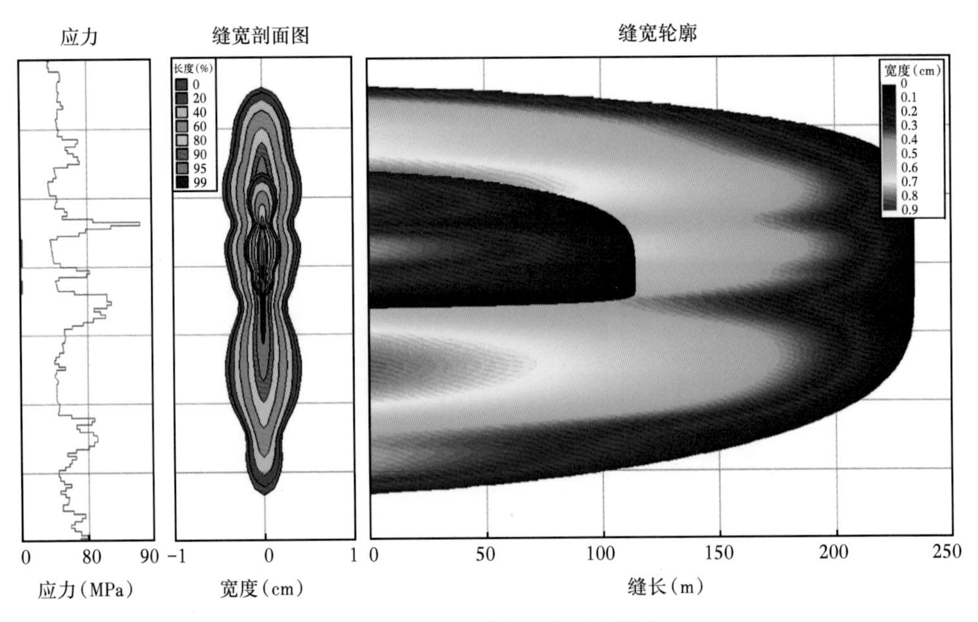

图 3-16 LX-1 井第二级裂缝形态

2mm。分析得该级上窜至第三级目的层，下窜至第一级目的层，但未上窜至上覆地层。

第三级 LX-1 井压裂施工拟合曲线及拟合后裂缝形态如图 3-17 与图 3-18 所示。施工排量 $5m^3/min$，施工总液量 $333.3m^3$，共加砂 $33m^3$。根据施工曲线模拟得到裂缝缝高 58.4m，延伸范围 1941.5～2013m，裂缝半缝长 182m，支撑半缝长 123.6m，支撑缝宽 2.6mm。因下隔层有薄小隔层，应力比较大，该级压裂主要向上延伸。

(2) LX-101 井压裂分析。

LX-101 井目的层段为太二段，射开段为 1672.5～1665.0m、1663.0～1658.0m、1657.0～1653.0m，射孔厚度 16.5m，跨度 19.5m，跨度较大，砂体连续。LX-101 井采用

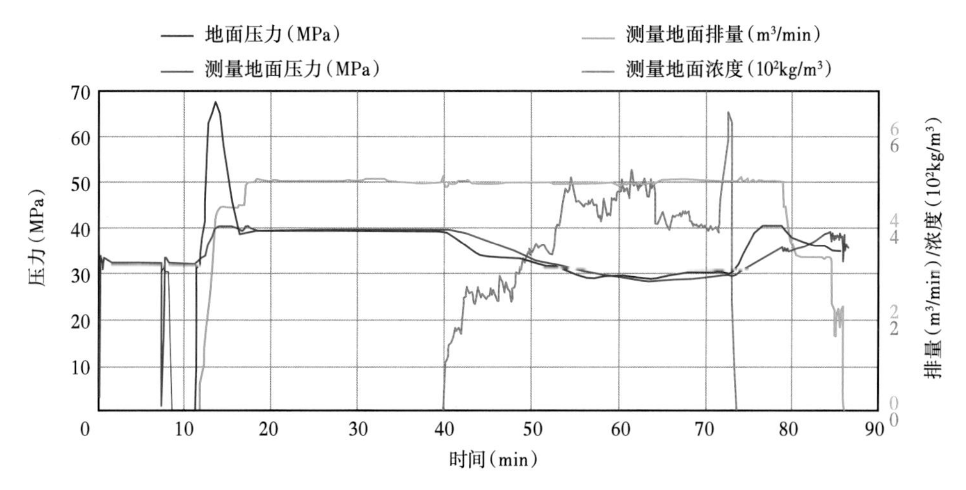

图 3-17　LX-1 井第三级压裂施工拟合曲线

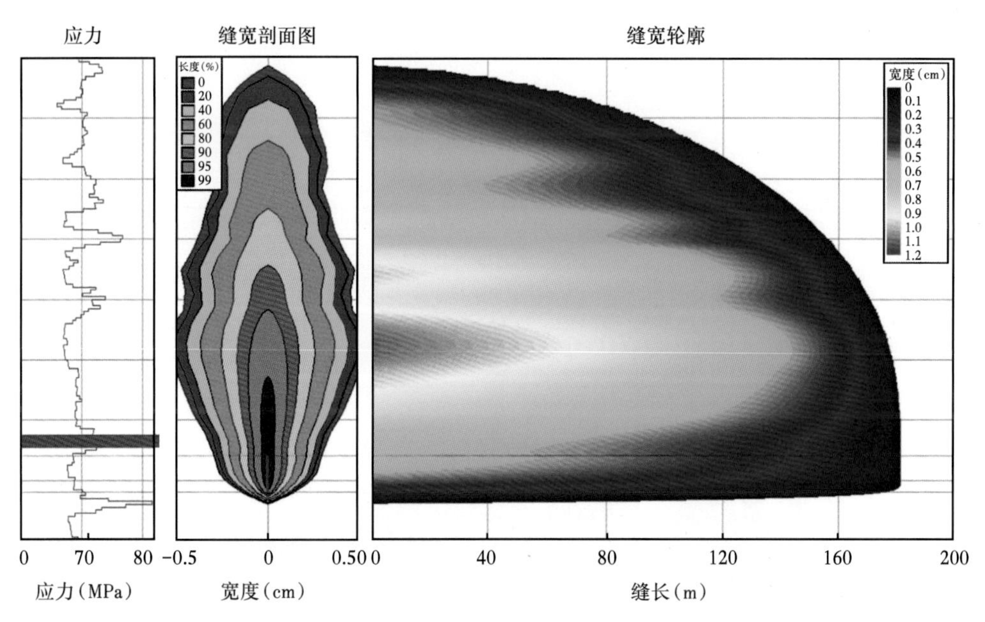

图 3-18　LX-1 井第三级裂缝形态

油套混注笼统二次加砂压裂工艺：

第一次加砂：①前置液阶段采用变排量施工，无明显破裂点；排量 4.0~5.0m³/min，压力 53~55.6MPa。②加砂阶段，随着砂浓度增加，静液柱压力逐渐增大，施工压力逐渐降低(55.6~51.8MPa)，地层加砂容易，对砂比不敏感，最高砂比 546kg/m³；③顶替工序完成后，进行了 50min 压降测试，压降 0.84MPa/50min，压降梯度 0.0168MPa/min。

第二次加砂：①前置液阶段排量 5.0m³/min，有明显破裂点(64MPa)，表明相对第一次加砂，近井地带滤失明显降低；②加砂阶段(5.0m³/min)，随着加砂浓度增加，静液柱压力逐渐增大，施工压力逐渐降低(油压 54.41~51.26MPa，套压 35.21~34MPa)，地层加砂容易，对砂比不敏感，最高砂比 554kg/m^3；③顶替工序完成后，进行了 30min 压降测试，压降 0.75MPa/30min，压降梯度 0.025MPa/min，压降速度较第一次加砂快，表明地层渗透率有一定程度改善。

该井压裂采用二次加砂，压裂施工拟合曲线及拟合后裂缝形态如图 3-19 和图 3-20 所示。施工排量为 5m^3/min，施工总液量为 1163.7m^3，共加砂 140m^3。根据该施工曲线进行模拟，得到裂缝缝高为 99m，延伸范围为 1625~1680m，裂缝半缝长为 104.7m，支撑半缝长为 104m，支撑缝宽为 5.6mm。因为采用二次加砂压裂，液量和加砂量都偏大，压裂分析上窜至上覆地层。

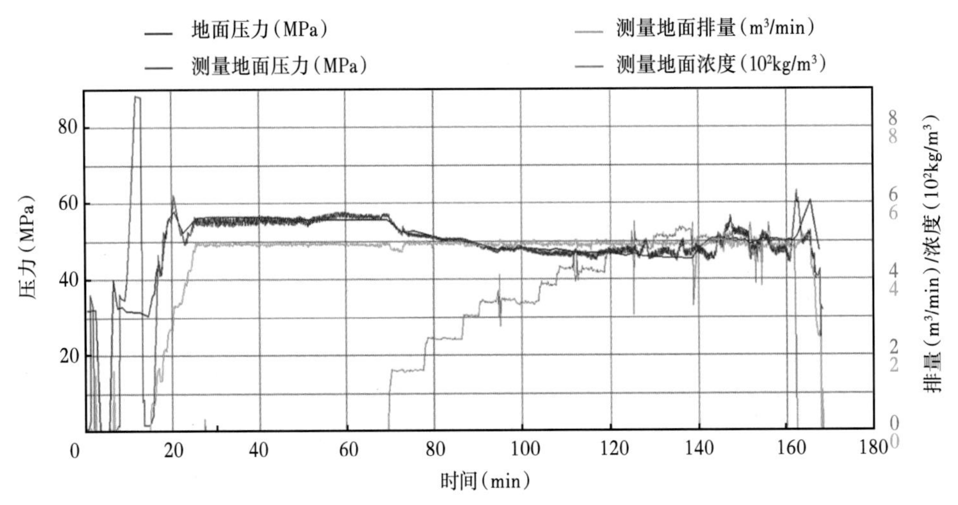

图 3-19　LX-101 井压裂施工拟合曲线

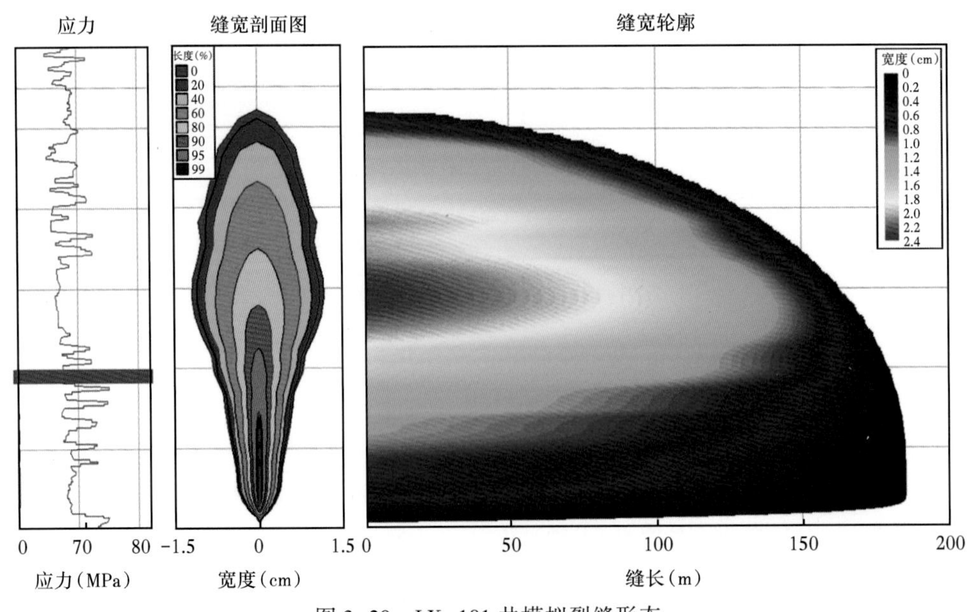

图 3-20　LX-101 井模拟裂缝形态

(3)LX-103 井压裂分析。

LX-103 井目的层段太二段，射开段为 1771.0~1772.5m、1775.0~1778.5m、1783.0~1788.0m、1784.5~1794.5m，射孔厚度 20.0m，跨度 23.5m，根据测井解释目的层上下段各有一套泥岩，上隔层泥岩厚度 1.8m，应力差 6.1MPa；下隔层泥岩厚度 9m，应力差 4.3MPa。因为上隔层比较薄，在施工过程中裂缝会向上延伸。

LX-103 井压裂施工拟合曲线及拟合后裂缝形态如图 3-21 与图 3-22 所示。施工排量为 $5m^3/min$，施工总液量为 $667.6m^3$，共加砂 $95.7m^3$。根据该施工曲线模拟得到裂缝支撑缝高 82.6m，延伸范围 1695.6~1798m，支撑半缝长 185.7m，支撑缝宽 3.4mm。因下隔层有薄小隔层，应力比较大，该级压裂主要向上延伸上窜。

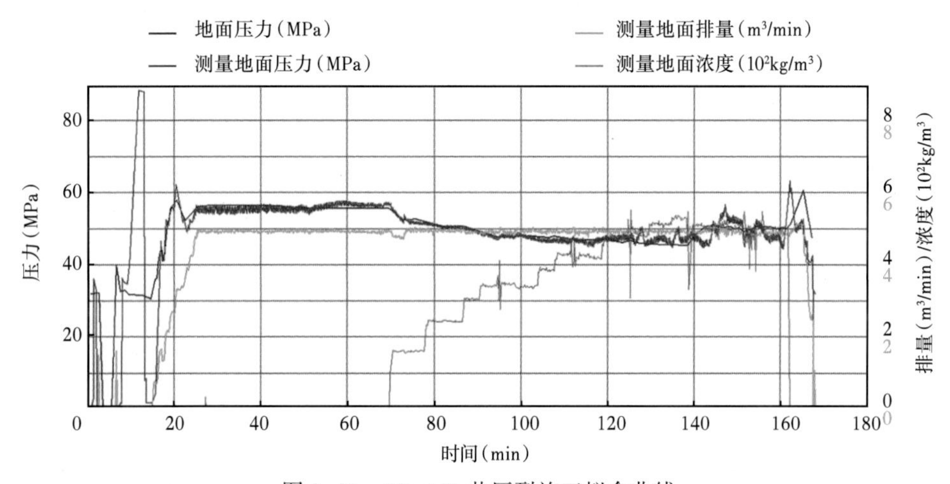

图 3-21　LX-103 井压裂施工拟合曲线

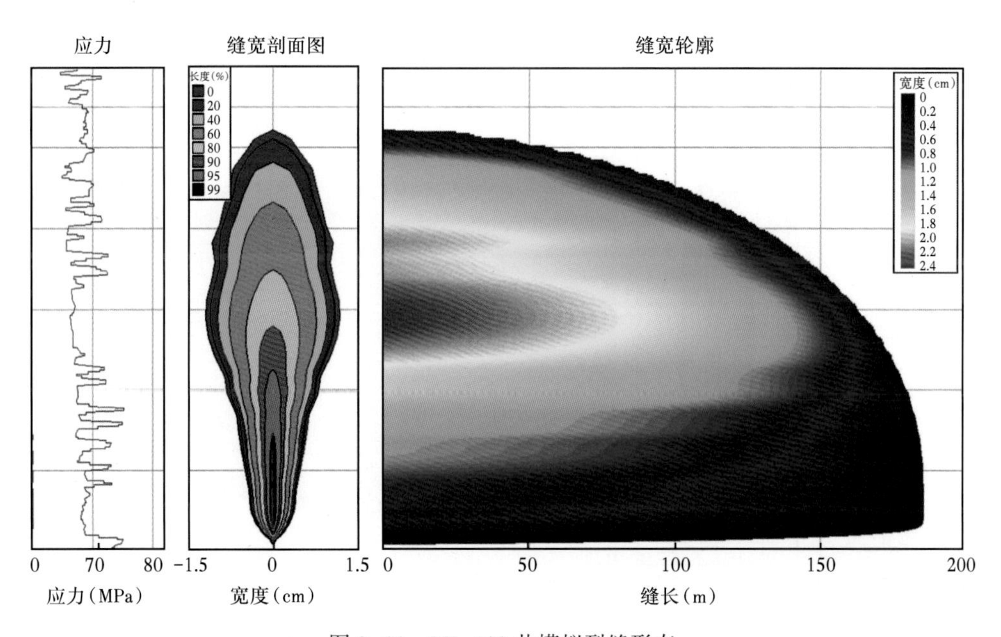

图 3-22　LX-103 井模拟裂缝形态

(4)LX-102-2D 井压裂分析。

LX-102-2D 井目的层渗透率 1.63mD，LX-102-2D 井太二段储层属低孔隙度低渗透率储层，采用较大规模改造可能获得较理想效果，考虑射孔段 S_1 与射孔段 S_2 相差较近，压裂第二层适当控制压裂改造规模。LX-102-2D 井射开层位为太二段，措施层①1824.0~1834.0/10.0m，措施层②(1809.5~1812.0、1814.4~1816.5m)/4.5m，措施层岩性为砂砾岩，措施层①和②相隔 6.0m 左右的泥岩隔层，为充分改造，采用分层压裂工艺。

LX-102-2D 井第一段压裂施工拟合曲线及拟合后裂缝形态如图 3-23 与图 3-24 所示。施工排量 $4m^3/min$，施工总液量 $343.8m^3$，共加砂 $44.1m^3$。根据施工曲线模拟得到裂缝支撑缝高 17m，延伸范围 1820~1840m，支撑半缝长 267.7m，支撑缝宽 5.3mm。因上下隔层都较厚，应力差较大，压裂规模比较适中，该级压裂缝高能得到有效控制，没有压窜。

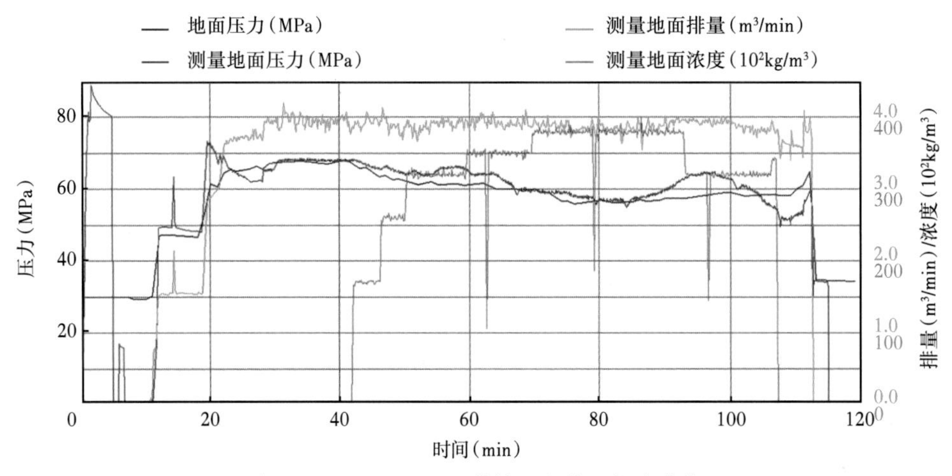

图 3-23　LX-102-2D 井第一段施工拟合曲线

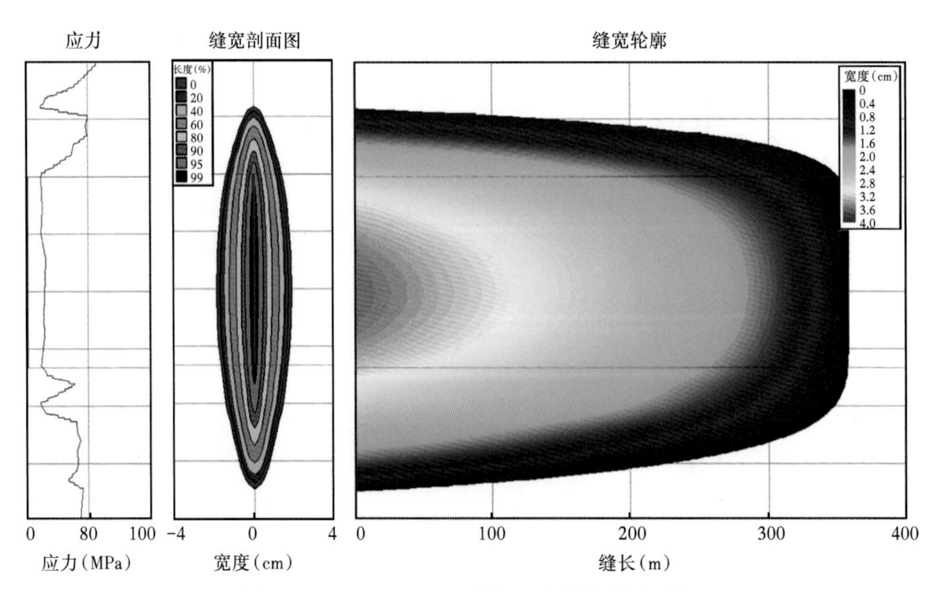

图 3-24　LX-102-2D 井第一段模拟裂缝形态

LX-102-2D 井第二段压裂施工拟合曲线及拟合后裂缝形态如图 3-25 与图 3-26 所示。施工排量 3.6m^3/min，施工总液量 164.8m^3，共加砂 16.5m^3。根据施工曲线模拟得到裂缝支撑缝高 14m，延伸范围 1804~1818m，支撑半缝长 230.2m，支撑缝宽 2.6mm。因上下隔层都较厚，应力差较大，压裂规模比较适中，该级压裂缝高能得到有效控制，没有压窜。

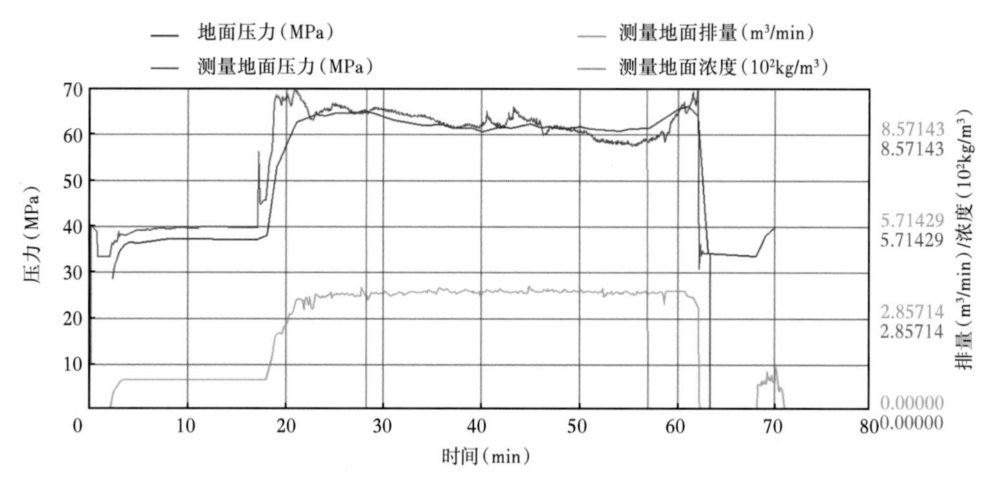

图 3-25 LX-102-2D 井第二段施工拟合曲线

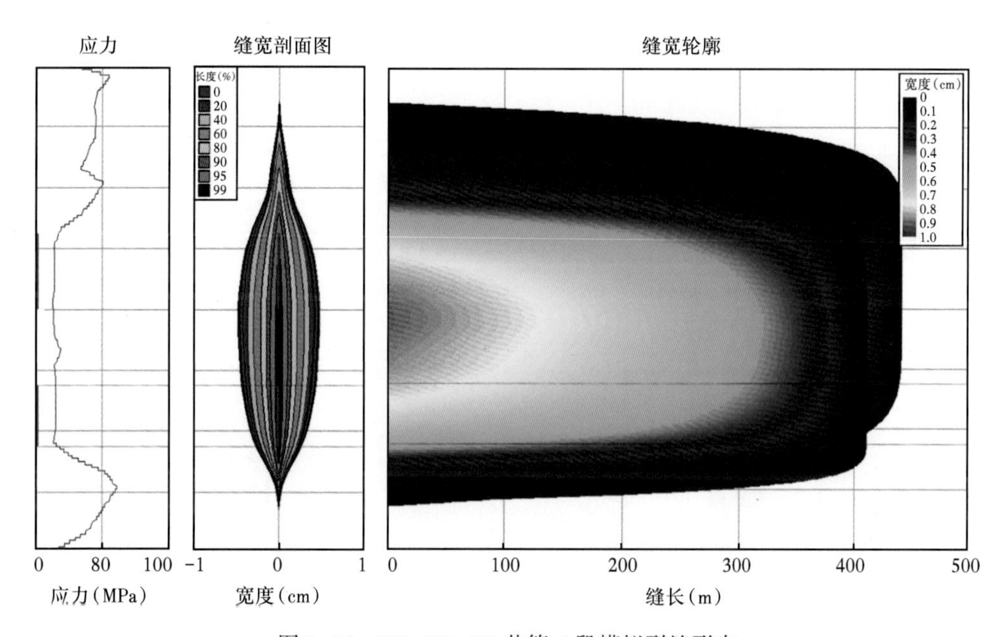

图 3-26 LX-102-2D 井第二段模拟裂缝形态

(5)LX-17 井压裂分析。

LX-17 井目的层段为太一段，射孔段 1843.0~1848.0m、1850.0~1855.5m，射孔厚度 10.5m，跨度 12.5m，砂体连续，根据测井解释目的层上下段各有一套泥岩，上隔层泥岩厚度为 11.4m，应力差为 14.5MPa；下隔层泥岩厚度为 6.7m，应力差为 15MPa；在施工过程中裂缝高度可以得到一定的控制。

LX-17 井压裂施工拟合曲线及拟合后裂缝形态如图 3-27 和图 3-28 所示。该级施工排量为 4.4m^3/min，施工总液量为 463.3m^3，共加砂 59.5m^3。根据该施工曲线进行模拟，得到裂缝支撑缝高为 21.6m，延伸范围为 1863～1938.5m，支撑半缝长为 245.5m，支撑缝宽为 1.4mm。因为上下隔层都比较厚，应力差较大，压裂规模也比较适中，该级压裂的缝高能得到有效控制，没有压窜。

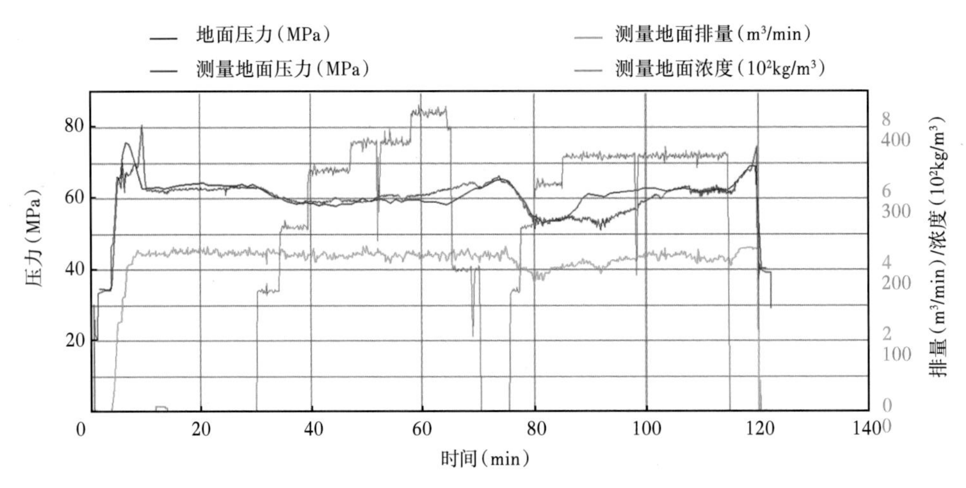

图 3-27 LX-17 井压裂施工拟合曲线

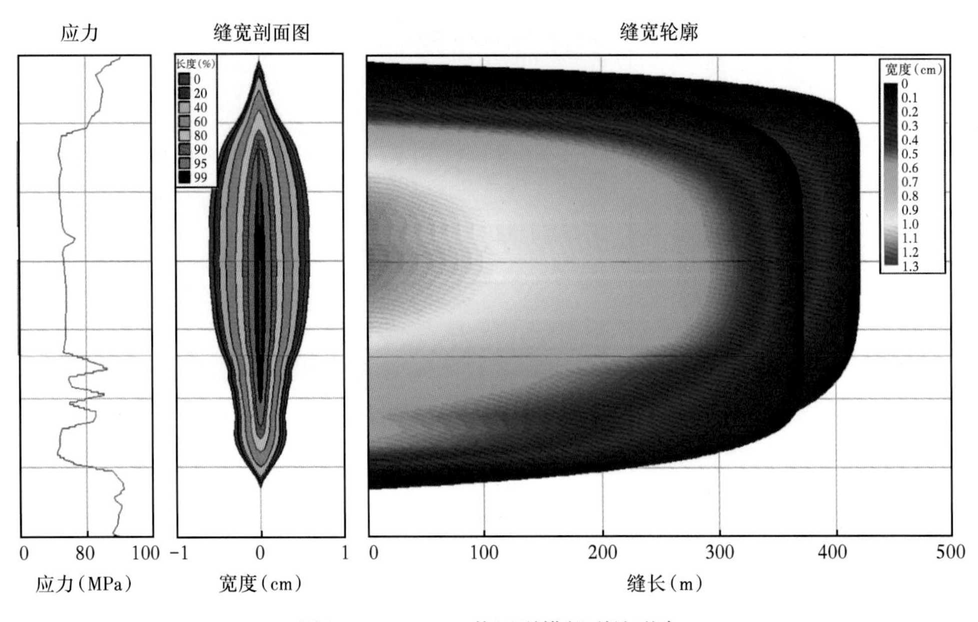

图 3-28 LX-17 井压裂模拟裂缝形态

综上，通过 5 口井压裂分析，LX-102-2D 井、LX-17 井这两口井隔层比较好，压裂规模也偏小，缝高控制比较好；其他 3 口井隔层比较薄，设计液量也偏大，每段压裂缝高控制得不好，存在压窜的现象，详见表 3-3。

表 3-3 10 口井压裂情况汇总

井名	压裂级数	储层厚度（m）	总液量（m^3）	裂缝缝高（m）	缝高延伸范围（m）	裂缝缝长（m）	压后分析
LX-1	一级	14.5	471.3	41.2	2023～2064.2	215	未窜
	二级	8.5	388	59.8	1993.2～2053	210	压窜
	三级	8	333.3	72.7	1941.5～2013	123.6	压窜
LX-101	合压	20	1163.67	108.2	1625～1680	104	压窜
LX-103	合压	26	667.56	102.7	1695.6～1798	82.6	压窜
LX-102-2D	一级	10	343.8	20	1820～1840	267.7	未窜
	二级	8	164.8	14	1804～1818	344.2	未窜
LX-17	合压	12.5	463.3	24.5	1863～1938.5	225.5	未窜

第三节 缝高影响因素与裂缝参数优化

水力压裂裂缝压开之后，裂缝在垂向上的延伸程度取决于很多因素，如储隔层应力差、目的层厚度、施工排量、压裂液黏度、杨氏模量、泊松比、断裂韧性及储层中天然裂缝的数量等。所有水力压裂模型都不能准确预测裂缝的延伸情况，而且在很多情况下模型完全失效，这主要是由于模型中使用了不正确的信息和假设条件。即便如此，模拟仍然是压裂工程中的一个必要手段。

对于薄互层储层，如果进行分层压裂，可能存在压窜的风险，压窜会使支撑缝长过短，导致该储层未能得到很好的支撑，甚至窜入其他层位，给其他层位后续的压裂带来问题。如果进行笼统压裂，则可能导致未能支撑所有小层，个别油层未能波及，从而影响产量。

对于储层厚度大的砂砾岩储层缝高很难得到有效控制，其实，影响压裂缝缝高因素较多，工程因素有压裂液黏度、排量、总液量、射孔长度，地质因素有应力差、隔层厚度、目的层厚度、滤失系数、杨氏模量、泊松比、断裂韧性。以玛 604 井为基础，定量分析了工程因素和地质因素对缝高的影响。设计不同的方案，筛选出影响缝高的敏感因素，为作施工界限图版做准备。

一、缝高影响因素

1. 工程因素对缝高的影响

（1）排量：排量越大，缝高呈增加趋势，其增加趋势越来越缓；缝长有微小减小，缝宽有微小增加，幅度均不明显。不同方案下提高排量，缝高变化斜率基本不变，缝高值整体上移（图 3-29）。

（2）液体黏度：液体黏度越大，缝高呈增加趋势，其增加趋势越来越缓；缝长呈减小趋势，减小趋势逐渐变缓；缝宽呈微小增加趋势，黏度引起的变化幅度相比排量更为明显。不同方案下提高黏度，缝高变化斜率基本不变，缝高值整体上移（图 3-30）。

（3）总液量：总液量越大，缝高、缝长呈增加趋势；缝宽有微小增加，因此薄层压裂

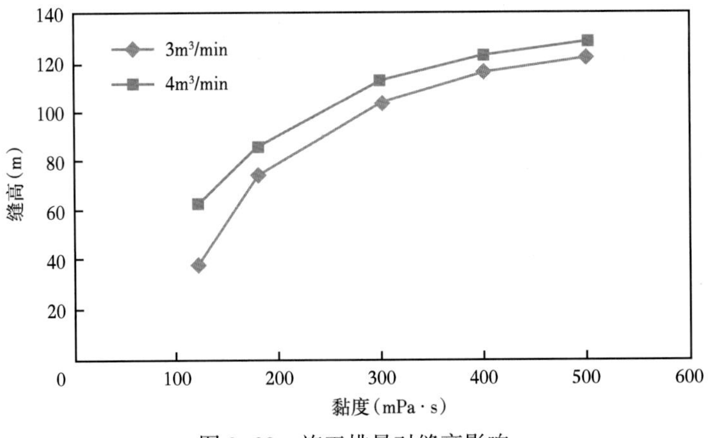

图 3-29　施工排量对缝高影响

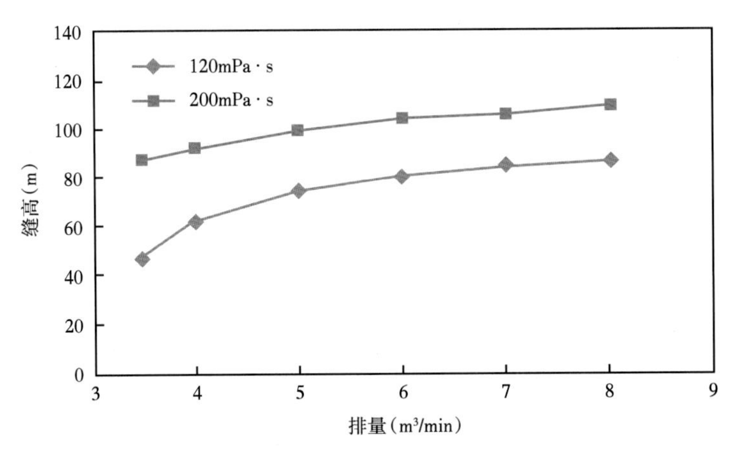

图 3-30　压裂液黏度对缝高影响

施工液量同样需要控制。随总液量增加，不同方案下缝高增长趋势相同，黏度越大、排量越大，斜率越大，所以在压裂施工的时候要综合考虑(图 3-31)。

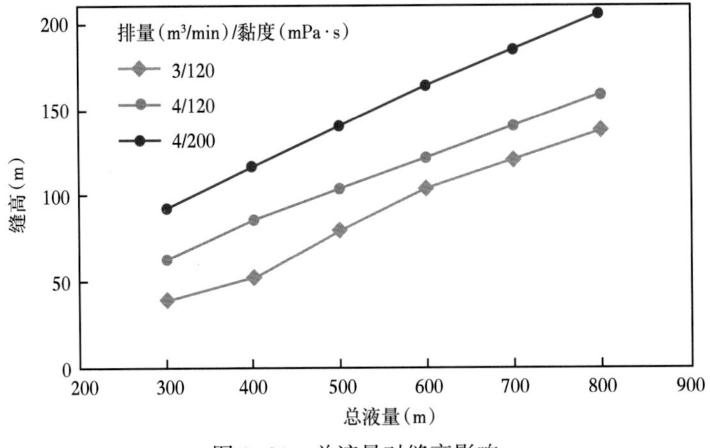

图 3-31　总液量对缝高影响

2. 地质因素对缝高的影响

考虑了 7 种地质因素，分别为应力差、隔层厚度、目的层厚度、滤失系数、泊松比、断裂韧性及杨氏模量，每种因素对缝高的影响如下。

(1)储隔层应力差：泥岩和砂岩之间的应力差，不同方案基本趋势大致相同，均为随着应力差的增加，缝高呈减小趋势，缝长、缝宽均有增加。应力差引起的变化幅度较大，因此应力差是控缝高的重要因素之一(图 3-32)。

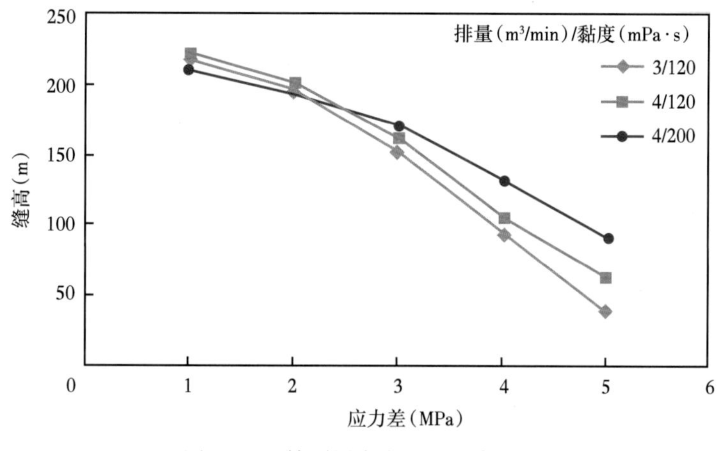

图 3-32　储隔层应力差对缝高影响

(2)隔层厚度：指具有遮挡能力的泥岩厚度，不同方案下隔层厚度越大，缝高更易于控制，呈减小的趋势；缝长、缝宽均有增加。该因素与应力差引起裂缝形态变化类似(图 3-33)。

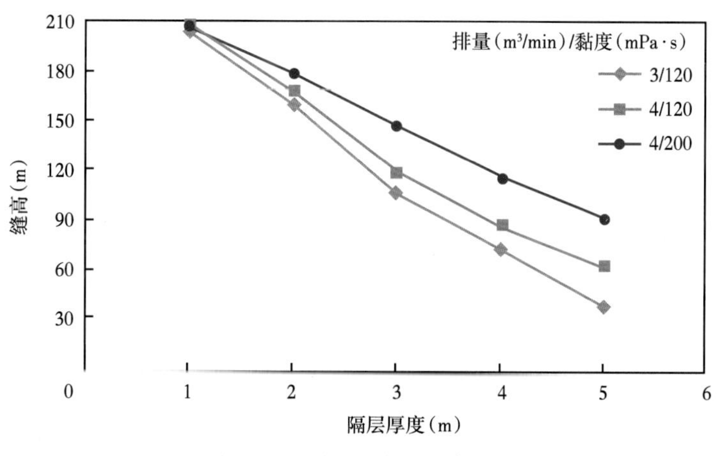

图 3-33　隔层厚度对缝高影响

(3)目的层厚度：目的层厚度增大，缝高呈减小趋势，缝长、缝宽均有增加。对于目的层厚度因素，相同黏度，不同排量下，其基本趋势一致。在目的层厚度为 15～25m 时，缝高急剧变化，10～15m 时缝高变化不明显，分析原因：当目的层厚度变小到一定程度后，液体突破隔层后，在上下应力小段堆积，缝高变化缓慢，而在缝长和缝宽上有所增长。相同排量下，高黏度所造成的缝高变化较小，分析原因：黏度在缝宽方面的贡献更加明显，导致缝高方面贡献较少，所以相对高黏度缝高变化较小（图 3-34）。

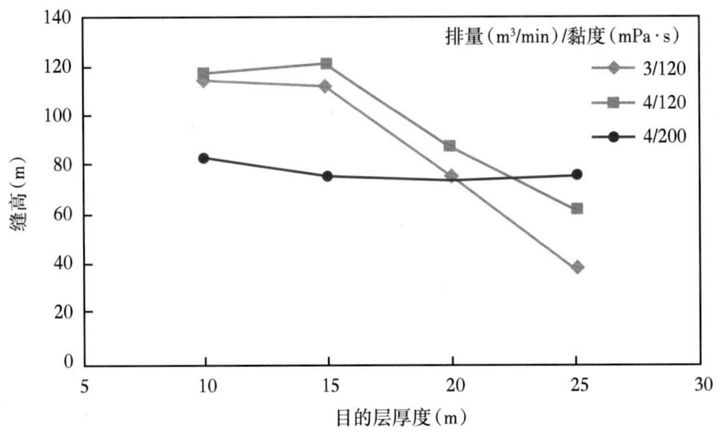

图 3-34　目的层厚度对缝高影响

（4）滤失系数：目的层滤失系数越大，缝高逐渐减小，两者基本呈线性关系；缝宽基本无变化（图 3-35）。

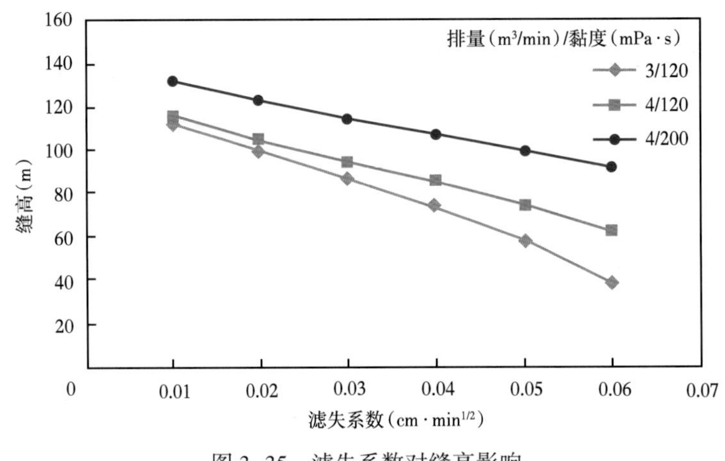

图 3-35　滤失系数对缝高影响

（5）泊松比：泊松比越大，缝高呈增加趋势；缝长、缝宽均有微小减小（图 3-36）。

（6）断裂韧性：断裂韧性越大，缝高呈增加趋势；缝长有微小减小；缝宽变化不明显。总体上，断裂韧性对裂缝形态的影响很小（图 3-37）。

（7）杨氏模量：杨氏模量越大，缝高呈增加趋势；缝长变化、缝宽呈减小趋势。总体上，杨氏模量对裂缝缝宽的影响很大（图 3-38）。

综上，与缝高呈正相关的因素为泊松比、断裂韧性和杨氏模量，与缝高呈逆相关的因素有应力差、隔层厚度、目的层厚度及滤失系数。

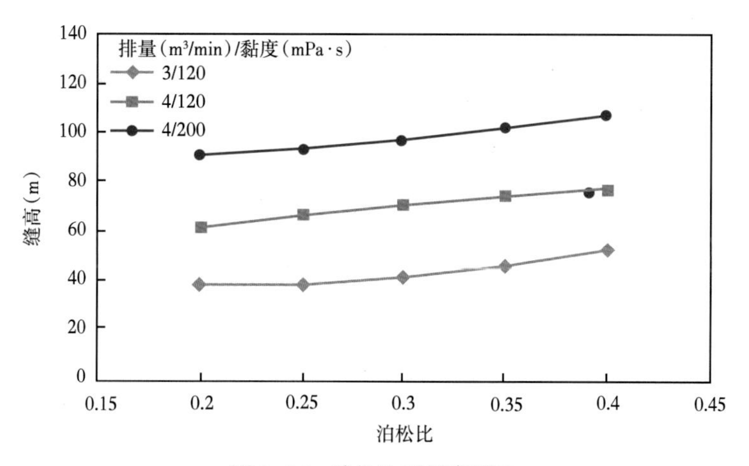

图 3-36　泊松比对缝高影响

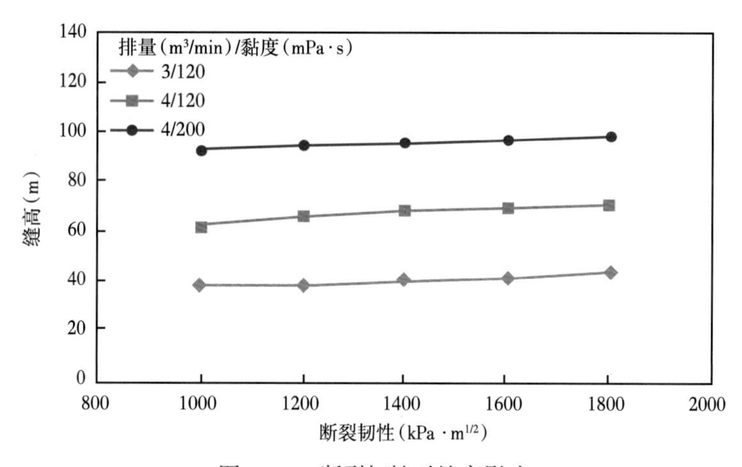

图 3-37　断裂韧性对缝高影响

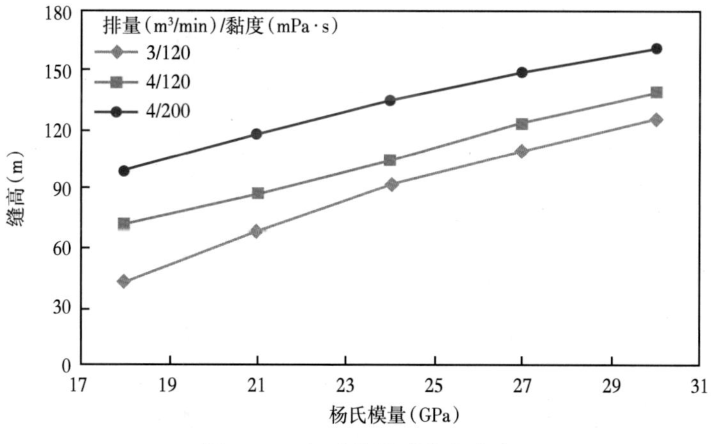

图 3-38　杨氏模量对缝高影响

3. 筛选影响缝高的敏感因素

设定了 3 种方案分别为：

方案 1：施工排量 $4m^3/min$，压裂液 120mPa·s；

方案 2：施工排量 $3m^3/min$，压裂液 120mPa·s；

方案 3：施工排量 $3m^3/min$，压裂液 200mPa·s。

利用工程因素和地质因素对缝高的影响关系式做线性回归，为得到影响缝高的主控因素，使用如下方法：分析其中一种因素时，其他因素值不变，将该因素值增加 10%，观察该因素影响下的缝高变化百分比，最后将缝高百分比进行对比，可大致划分出影响缝高的主次因素。

(1)不同方案下，提高排量或黏度，缝高变化斜率基本不变，缝高值整体上移，基数变大，导致缝高变化百分比会有所降低。

(2)不同方案下均显示大致相同的缝高变化百分比大小规律，因此将影响缝高因素分为 4 个级别，分别为高、偏高、中等、低，对应因素见表 3-4。

表 3-4　缝高影响因素级别分类统计

级别	影响因素
高	杨氏模量、总液量
偏高	应力差、隔层厚度、目的层厚度
中	排量、液体黏度
低	泊松比、断裂韧性、滤失、射孔长度

二、裂缝参数优化

1. 图版的建立

根据缝高影响因素的分析结果，发现有效隔层的识别若单独考虑地质因素会过于片面，需要地质因素和工程因素共同来确定，因此取地质参数的砂岩杨氏模量、储隔层应力差、隔层厚度、目的层厚度以及工程参数的总液量、排量和液体黏度 7 个参数作为压裂有效隔层界限图版的考虑参数(由于断裂韧性、泊松比、滤失系数、射孔长度 4 种因素影响的敏感程度比较低，因此这些参数暂不考虑)。各参数取值均参考现场井区实际地层及压裂情况，取值情况如下：杨氏模量分别取 17GPa、24.5GPa 和 32GPa，目的层厚度分别取 8m、10m、20m 和 30m，总液量参考不同目的层厚度下实际施工总液量，针对 10~30m 采用 $250m^3$、$450m^3$ 和 $650m^3$，针对 8m 采用 $150m^3$、$300m^3$ 和 $400m^3$，压裂液黏度均取定值 120mPa·s，排量取现场施工排量 $4m^3/min$ 和 $5m^3/min$，详细参数取值见表 3-5。

表 3-5　5 种参数取值列表

参数取值	①	②	③	④
杨氏模量(GPa)	17	24.5	32	—
目的层厚度(m)	30	20	10	8
排量(m^3/min)	4	5	—	—

续表

参数取值	①	②	③	④
总液量（m³）（针对 10~20m 目的层）	250	450	650	—
总液量（m³）（针对 8m 目的层）	150	300	450	—
压裂液黏度（mPa·s）	120			

图版的建立需考虑多种情况，即对表 3-5 中 5 个参数进行正交取值，针对每种取值情况先利用 Meyer 压裂软件进行模拟，模拟出该 5 个参数共同作用下的极限隔层厚度和储隔层应力差，最后将每种情况下模拟出的隔层界限结果综合起来，形成总图版。图版结果如图 3-39 所示，共计 72 条界限曲线，每一条线标注中的各值分别对应目的层厚度、排量、总液量和杨氏模量。从图 3-39 中发现在泥岩隔层厚度在小于 3m 时，对应的应力差变化较大，表明当隔层厚度小于 3m 后，需要很高的应力差才会形成有效隔挡；达到 4m 后，对应的应力差变化逐渐趋于平缓，表明当隔层厚度大于 4~6m 时，需要相对较小的应力差即可形成有效隔挡。

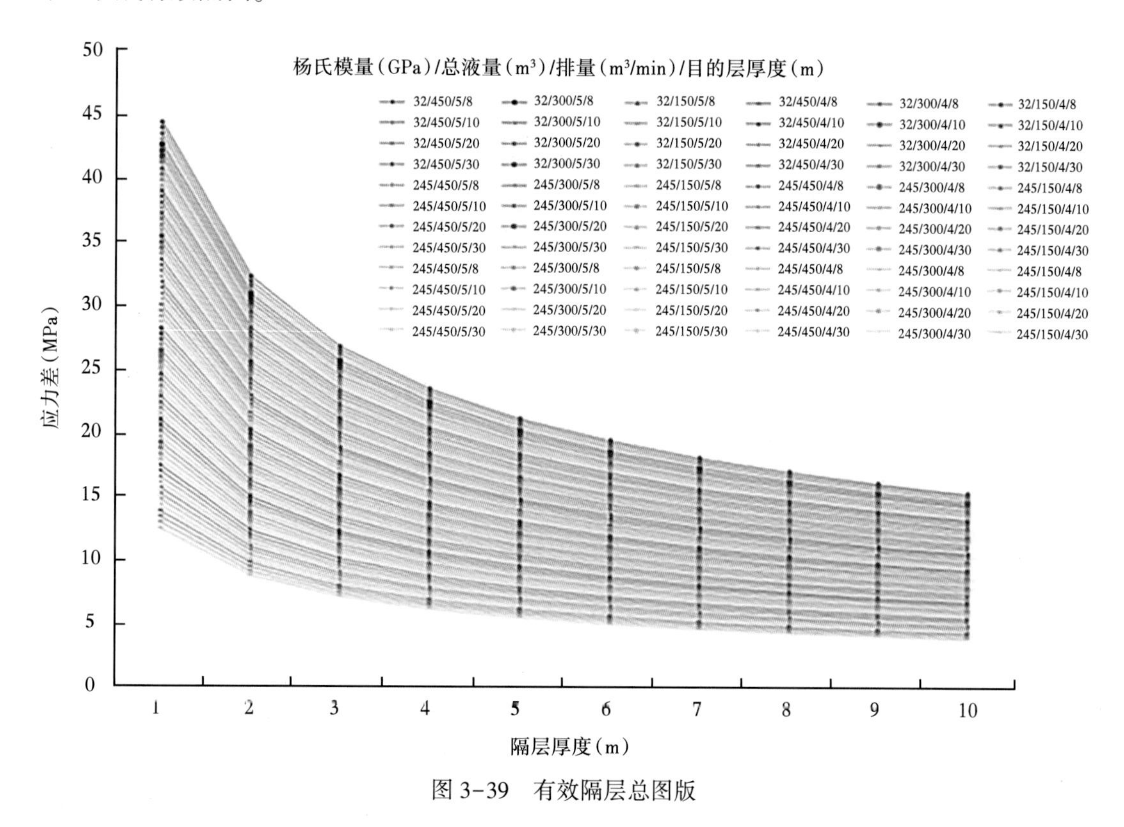

图 3-39　有效隔层总图版

该图版有效隔层识别方法为：一口压裂井的隔层厚度及储隔层应力差所形成的点若落于线以下，那么判断该隔层无效，最终会发生压窜现象；反之，若形成的点落于曲线或曲线之上，那么判断该隔层能形成有效遮挡，并未发生窜层。

2. 图版的验证

为验证所建立的该井区压裂有效界限图版的可行性及准确性，共抽取分析了 5 口井，将 5 口井的实际隔层情况分别在图版上进行投影，再对比 Meyer 所模拟的现场实际压裂的结果进行验证。5 口井的实际现场数据见表 3-6，其中 LX-101 井为二次加砂，总液量为 1163. 67m^3，由于二次加砂缝高不变，水力裂缝只在缝宽和缝长方向延伸，因此取该井第一次加砂的总液量 516m^3。

表 3-6　5 口井现场数据表

井名	压裂级数	杨氏模量（GPa）	排量（m^3/min）	总液量（m^3）	目的层厚度（m）
LX-1	一级	23	5	471. 3	14. 5
	二级	23	5	388	8. 5
	三级	25. 7	5	333. 3	8
LX-101	合压	28	5	516/1163. 67	20
LX-103	合压	24. 8	5	667. 56	26
LX-102-2D	一级	30. 1	4	343. 8	10
	二级	26. 1	3. 6	164. 8	8
LX-17	合压	31. 9	4. 4	463. 3	12. 5

下面分别对每口井进行投影验证。

（1）LX-1 井共分 3 级压裂，第一级射孔层段为 2040. 0～2036. 0m、2034. 0～2030. 0m，第二级射孔层段为 2024. 0～2022. 0m、2020. 0～2016. 0m，第三级射孔层段 2012. 0～2006. 0m。该井的地质参数和施工参数见表 3-7。

表 3-7　地质参数及施工参数统计

参数		第一级	第二级	第三级
储层厚度（m）		14. 5	8. 5	8
应力差（MPa）	上部	6. 6	14. 5	3. 8
	下部	6. 2	6. 6	14. 5
隔层厚度（m）	上部	4. 44	2. 58	3. 5
	下部	4. 6	4. 44	2. 58
杨氏模量（GPa）	砂岩	23	23	25. 7
	泥岩	6. 6		
施工排量（m^3/min）		5	5	5
总液量（m^3）		471. 3	388	333. 3

根据该井实际情况，第一级取图版中目的层 20m，排量 5m^3/min、总液量 450m^3、杨氏模量 24. 5GPa 的隔层界限曲线和目的层 10m、排量 5m^3/min、总液量 450m^3、杨氏模量 24. 5GPa 的隔层界限曲线，并将隔层厚度和储隔层应力差形成的点（4. 44，6. 6）（4. 6，6. 2）

投影在相应图版上，结果如图 3-40a 所示，两点投影均在曲线以下，因此分析结果为压窜。实际模拟结果水力裂缝下窜至 2064m 处，与图版分析结果一致。

第二级取图版中目的层 8m、排量 $5m^3/min$、总液量 $450m^3$、杨氏模量 24.5GPa 的隔层界限曲线和目的层 8m，排量 $5m^3/min$，总液量 $300m^3$，杨氏模量 24.5GPa 的隔层界限曲线，并将隔层厚度和应力差形成的点（4.44，6.6）（2.58，14.5）投影在相应的图版上，结果如图 3-40b 所示，两点投影也均在曲线以下，因此分析结果为压窜。实际模拟结果水力裂缝上窜至 1994m，下窜至 2053m 处，与图版分析一致。

第三级与第二级相同，同样取图版中目的层 8m、排量 $5m^3/min$、总液量 $450m^3$、杨氏模量 24.5GPa 隔层界限曲线和目的层 8m、排量 $5m^3/min$、总液量 $300m^3$、杨氏模量 24.5GPa 隔层界限曲线，并将隔层厚度和应力差形成点（3.5，3.8）（2.58，14.5）投影在相应图版上，投影结果如图 3-40c 所示，两点投影也均在曲线以下，因此分析结果为压窜。实际模拟结果水力裂缝上窜至 1940m，与图版分析结果一致。

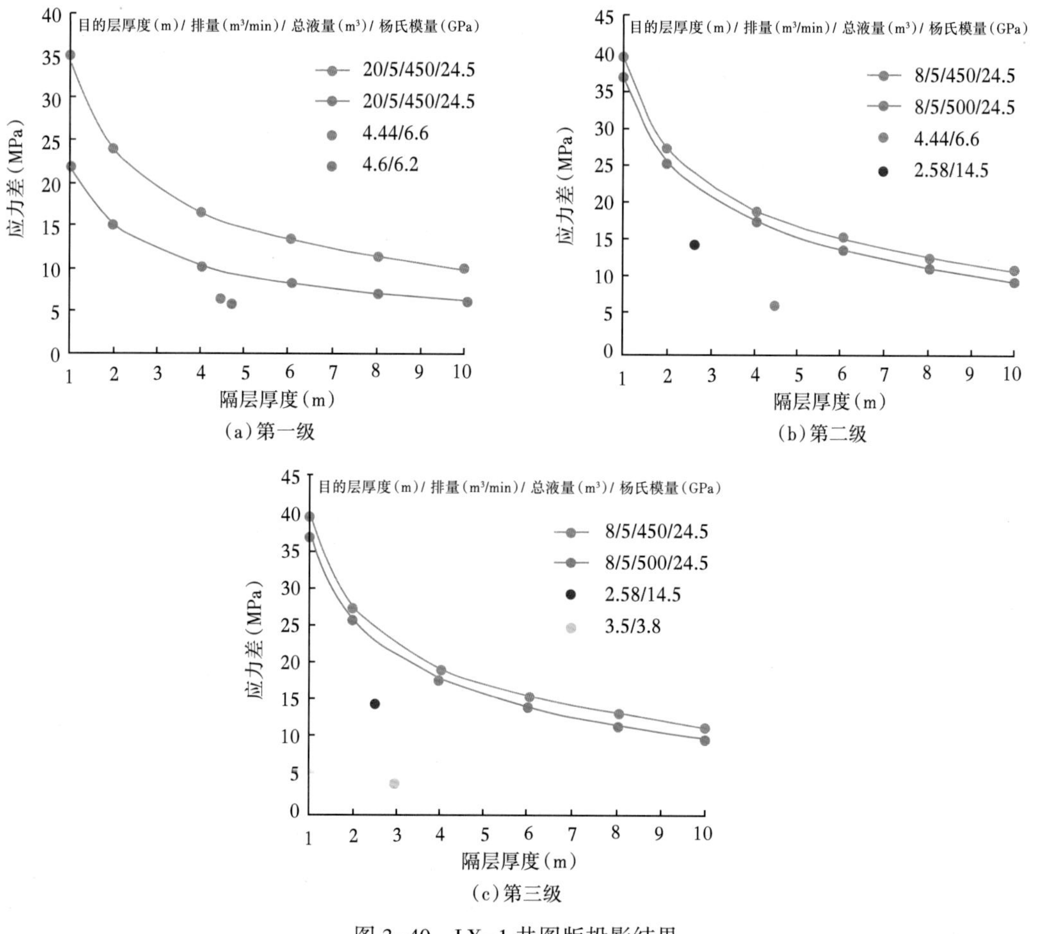

图 3-40 LX-1 井图版投影结果

（2）LX-101 井只压裂一级，射孔段为 1672.5～1665.0m、1663.0～1658.0m、1657.0～1653.0m。该井的地质参数和施工参数见表 3-8。

表 3-8　LX-101 井地质参数及施工参数统计

参数		数值
储层厚度（m）		20
应力差（MPa）	上部	5.9
	下部	7.2
隔层厚度（m）	上部	6
	下部	3
杨氏模量（GPa）	砂岩	28
	泥岩	9.3
施工排量（m^3/min）		5
总液量（m^3）		516

根据该井施工情况，取图版中目的层 20m。排量 5m^3/min、总液量 450m^3、杨氏模量 24.5GPa 的隔层界限曲线和目的层 20m、排量 5m^3/min、总液量 650m^3、杨氏模量 24.5GPa 的隔层界限曲线，并将隔层厚度和应力差形成的点（6，5.9）（3，7.2）投影在相应图版上，结果如图 3-41 所示，两点投影均在曲线以下，因此分析结果压窜。实际模拟结果水力裂缝上窜至 1625m 处，与图版分析一致。

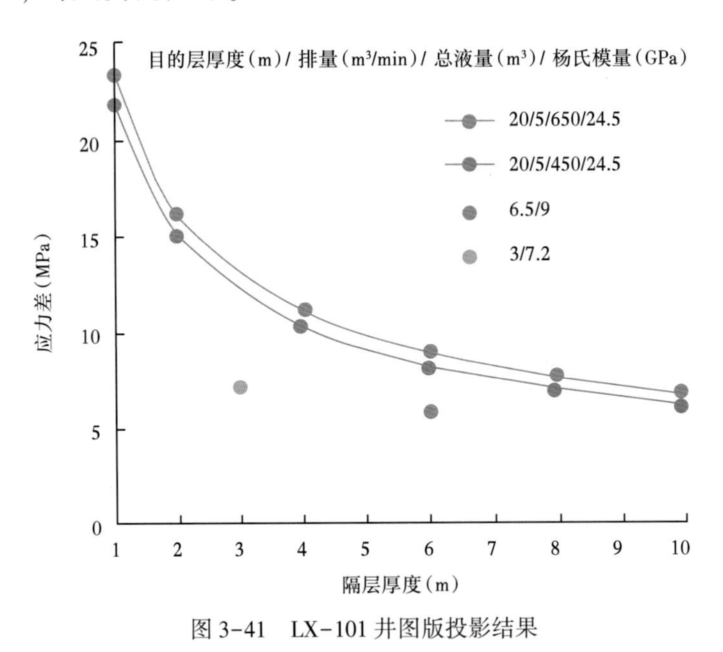

图 3-41　LX-101 井图版投影结果

（3）LX-103 井也只压裂一级，射孔段为 1771.0～1772.5m、1775.0～1778.5m、1783.0～1788.0m、1784.5～1794.5m。该井的地质参数和施工参数见表 3-9。

根据该井实际情况，取图版中目的层 20m、排量 5m^3/min、总液量 650m^3、杨氏模量 24.5GPa 的隔层界限曲线和目的层 30m、排量 5m^3/min、总液量 650m^3、杨氏模量 24.5GPa 的隔层界限曲线，并将隔层厚度和应力差形成的点（1.8，6.1）（9，4.3）投影在相应图版上，投影结果如图 3-42 所示，两点投影均在曲线以下，因此分析结果为压窜。实际模拟结果水力裂缝上窜至 1695.6m 处，与图版分析一致。

表 3-9　LX-103 井地质参数及施工参数统计

参数		数值
储层厚度(m)		26
应力差(MPa)	上部	6.1
	下部	4.3
隔层厚度(m)	上部	1.8
	下部	9
杨氏模量(GPa)	砂岩	24.8
	泥岩	7.5
施工排量(m^3/min)		5
总液量(m^3)		667.56

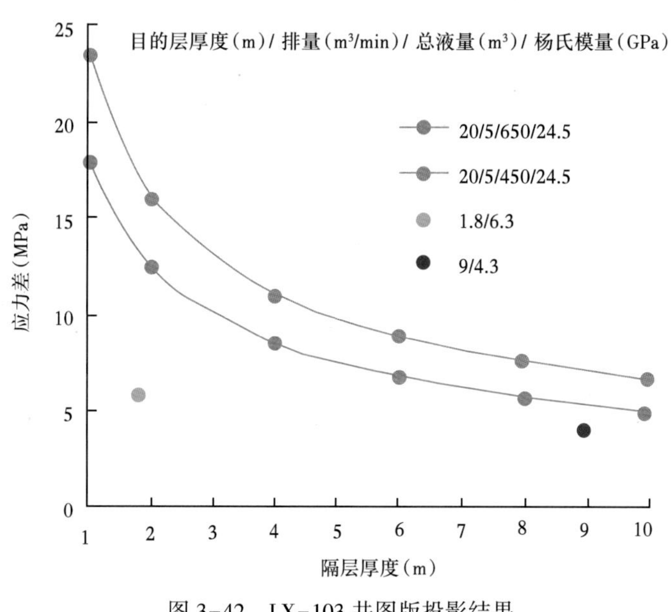

图 3-42　LX-103 井图版投影结果

(4)LX-102-2D 井共分 2 级压裂，第一级射孔层段 1824.0~1834.0m，第二级射孔层段 1809.5~1812.0m、1814.4~1816.5m。该井地质参数和施工参数见表 3-10。

表 3-10　LX-102-2D 井地质参数及施工参数统计

参数		第一级	第二级
储层厚度(m)		10	8
应力差(MPa)	上部	15	14.5
	下部	13	15

续表

参数		第一级	第二级
隔层厚度（m）	上部	6.6	5
	下部	8.9	6.6
杨氏模量（GPa）	砂岩	30.1	26.1
	泥岩	5	
施工排量（m^3/min）		4	3.6
总液量（m^3）		343.8	164.8

根据该井实际地质和施工情况，第一级取图版中目的层10m、排量4m^3/min、总液量450m^3、杨氏模量32GPa的隔层界限曲线和目的层10m、排量4m^3/min、总液量250m^3、杨氏模量32GPa的隔层界限曲线，并将隔层厚度和应力差形成的点（6.6，15）（8.9，13）投影在相应的图版上，投影结果如图3-43a所示，两点投影均在曲线以上，因此分析结果为未压窜。实际模拟结果水力裂缝上部延伸至1818.5m，下部延伸至1840.5m，并未压窜，与图版分析结果一致。

第二级取图版中目的层8m、排量4m^3/min、总液量150m^3、杨氏模量24.5GPa隔层界限曲线，并将隔层厚度和应力差形成的点（5，14.5）（6.6，15）投影在相应的图版上，投影结果如图3-43b所示，两点投影也均在曲线以上，因此分析结果为未压窜。实际模拟结果水力裂缝上部延伸至1804.3m，下部延伸至1818.3m，并未压窜，与图版分析结果一致。

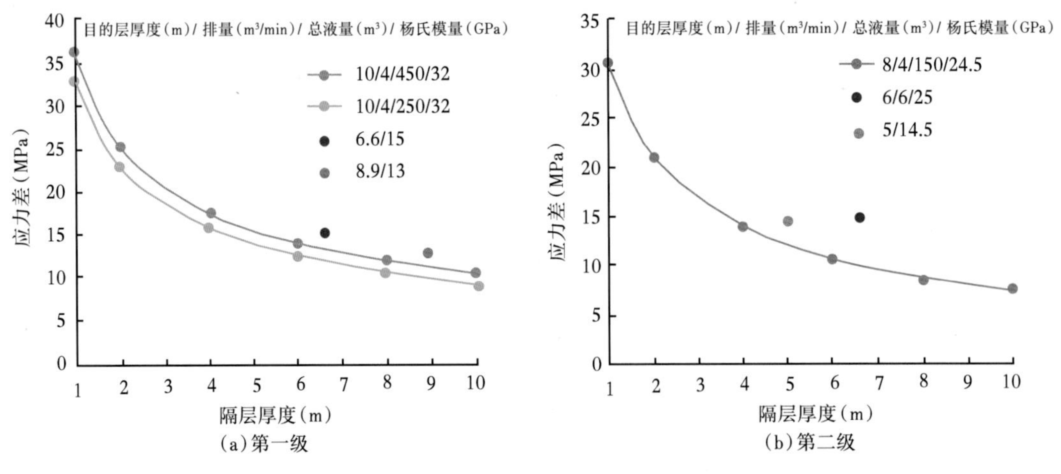

图3-43　LX-102-2D井图版投影结果

（5）LX-17井只压裂一级，射孔段为1843.0~1848.0m、1850.0~1855.5m。该井的地质参数和施工参数见表3-11。

表 3-11 LX-17 井地质参数及施工参数统计

参数		数值
储层厚度(m)		12.5
应力差(MPa)	上部	13
	下部	14.5
隔层厚度(m)	上部	11.4
	下部	6.7
杨氏模量(GPa)	砂岩	31.9
	泥岩	7.5
施工排量(m^3/min)		4.4
总液量(m^3)		463.3

根据该井实际地质和施工情况，取图版中目的层 10m、排量 5m^3/min、总液量 450m^3、杨氏模量 32GPa 的隔层界限曲线和目的层 10m、排量 4m^3/min、总液量 450m^3、杨氏模量 32GPa 的隔层界限曲线，并将隔层厚度和应力差形成的点(10，13)(6.7，14.5) 投影在相应的图版上，投影结果如图 3-44 所示，两点投影均在曲线以上，因此分析结果为未压窜。实际模拟结果水力裂缝上部延伸至 1438.5m，下部延伸至 1863m，并未压窜，与图版分析结果一致。

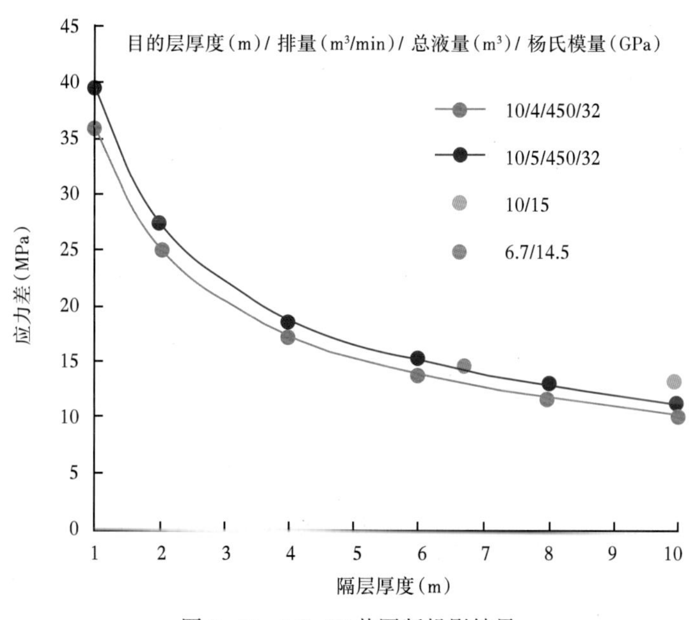

图 3-44 LX-17 井图版投影结果

3. 压裂优化设计

LX-1 井共分三级进行压裂，每一级厚度在 8~14.5m，厚度小，施工液量较大，每级均发生压窜现象。如果 LX-1 井是开发井，在隔层较差的情况下，如何进行压裂设计？根据实际情况对 LX-1 井提出 3 种压裂方案。

方案1：笼统压裂。如图3-45所示，如果该井采用笼统压裂，原第二级和原第一级由于应力原因进液不充分，而原第三级射孔处进液较多，第一级、第二级改造不充分，影响整体改造效果，该方案不推荐。

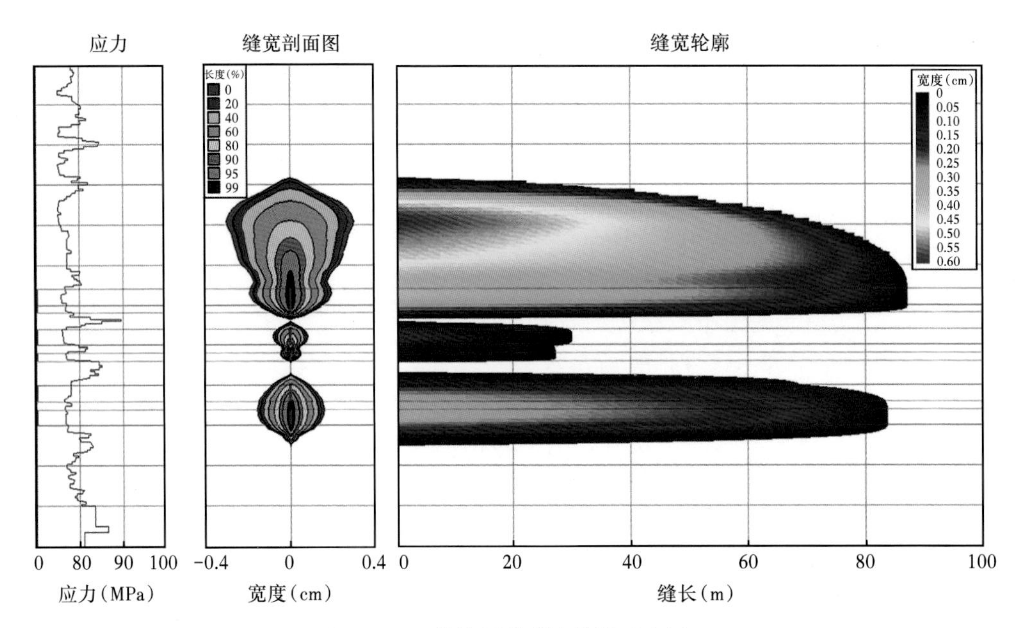

图3-45　笼统压裂裂缝模拟示意图

方案2：分两段压裂。如图3-46所示，如果把原第二级和原第一级合压，原第三级单独压裂，发现合压后，同样发生原第二级进液不充分，原第一级进液量较多，原设计的

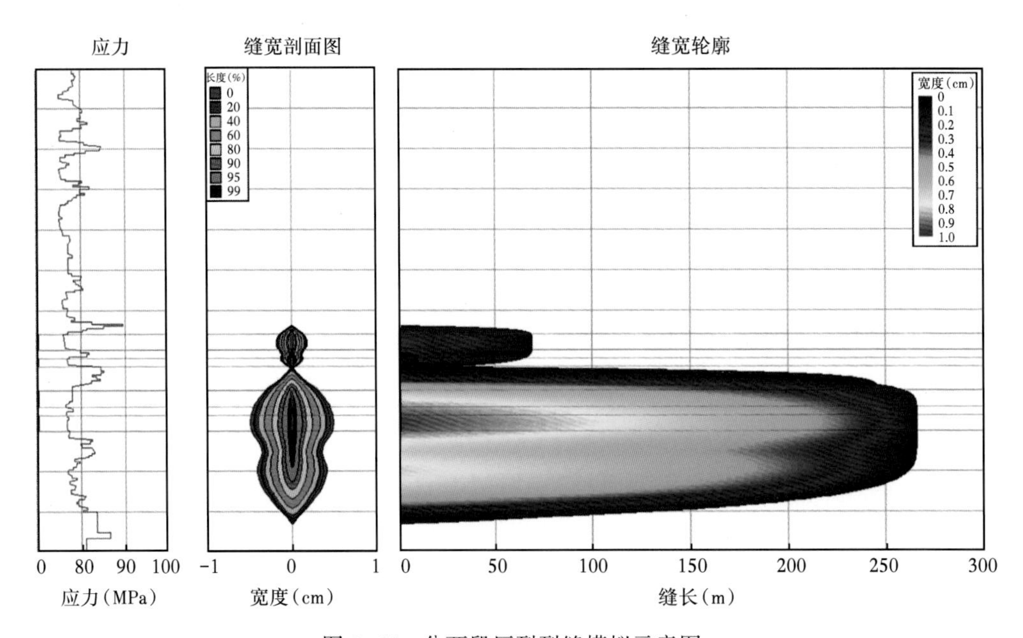

图3-46　分两段压裂裂缝模拟示意图

第二级改造不充分，可能会影响压裂效果，所以该方案也不推荐。

方案 3：第一段和第二段的分段位置和原设计相同，根据图版调整压裂规模，第三段和下伏地层合压。

(1)第一级优化：第一级目的层厚度 14.5m，通过图版分析，如图 3-40a 所示，当液量为 $250m^3$、排量为 $4m^3/min$ 时，因为下隔层较差，裂缝也会向下延伸。但是，当液量太小会导致缝长延伸较短，达不到压裂效果。因此考虑尽量加大液量，在不发生严重压窜情况下，保证缝长较好延伸，达到足够支撑缝宽，第一段优化前后对比见表 3-12。

表 3-12　第一段优化前后对比

	优化后	原设计
排量（m^3/min）	4	5
优化液量（m^3）	535	471
缝高(m)	40	41.2
动态缝长(m)	292.5	286.9
支撑缝长(m)	272	215
支撑缝宽(mm)	2	2.3

(2)第二级优化：第二级目的层厚度 8.5m，通过图版分析，如图 3-40b 所示，当液量为 $150m^3$、排量为 $4m^3/min$ 时，仍会发生压窜。因此考虑尽量加大液量，在不发生严重压窜情况下，保证缝长较好延伸，达到足够支撑缝宽，第二段优化前后对比见表 3-13。

表 3-13　第二段优化前后对比

	优化后	原设计
排量(m^3/min)	4	4
优化液量(m^3)	300	388
缝高(m)	47.5	59.8
动态缝长(m)	214	232
支撑缝长(m)	181.4	210.6
支撑缝宽(mm)	1.9	2

(3)第三级优化：第三级目的层厚度 8m，通过图版分析，如图 3-40c 所示得知，当液量为 $150m^3$、排量为 $4m^3/min$ 时，因为上隔层较差，裂缝任会向上窜。因此建议合压，调整射孔位置，射孔位置如图 3-47 所示，第三段优化前后对比见表 3-14。

表 3-14　第二段优化前后对比

	优化后	原设计
排量(m^3/min)	4	5
优化液量(m^3)	550	333.3
缝高(m)	64.84	58.4
动态缝长(m)	302.2	182m

续表

	优化后	原设计
支撑缝长(m)	283.1	123.6
支撑缝宽(mm)	2.2	2.6
射孔位置(m)	3854~3860	3874~3883

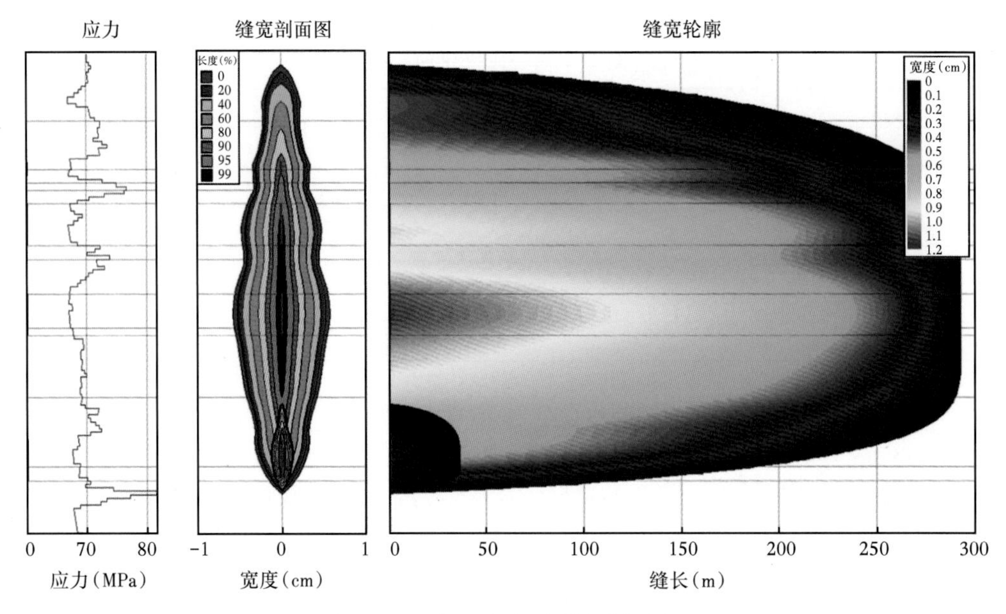

图 3-47　第三段合压裂缝模拟图

因为 LX-1 井的隔层较差，如果第三段合压，从压裂软件模拟情况来看，优化后用液量 550m^3 也能达到较好的压裂效果，节约了施工成本。

所有井的优化设计方案及压后的裂缝情况见表 3-15。

表 3-15　优化施工参数与裂缝参数

井号	分段	排量(m^3/min)	砂量(m^3)	加砂强度(m^3/m)	支撑缝长(m)	支撑缝高(m)	支撑缝宽(mm)
LX-1	第一段	5	65	6.3	154.9	41.6	7.12
	第二段	4.5	50		167	38.1	6.82
	第三段	4	45		154.9	56.9	6.54
LX-101		5	160	8.0	178.5	13	6.3
LX-103		5	110	4.76	169.5	45.3	6.7
LX-102-2D	第一段	4	50	5.35	114.8	33.9	4.3
	第二段	3.5	30		104.5	26.5	4.4
LX-17		4.5	65	6.2	111.1	27	6.9

第四节 储层改造与井网优化

低渗透气藏的开发主要通过水力压裂提高单井产能，压裂后气藏内的渗流机理和动态变化在很大程度上取决于水力裂缝的参数和方位。在不同的井网方位条件下，水力裂缝的方位将可能处于有利或不利方位，所产生的开发效果却是截然不同的。因此，在低渗透气田开发中，首先要根据裂缝的方位确定出合理的井网方位，在此基础上优化井网类型和井网密度，最终以经济效益为目标进行水平井整体方案优化设计，提出合理的井网开发方案，指导油气田生产。

一、砂体分布特征

储层三维定量地质模型是油藏描述和储层表征最终成果的具体体现，是将储层精细描述成果切实应用于油藏数值模拟进行产能预测和生产规模确定的必然要求，也是地质研究与油藏工程研究相结合的关键。本书采用地质建模方法建立精细岩相模型，弄清砂体分布规律，并用于井网分析。

1. 岩石物理特征分析

本次建模最终要表征出以下 11 类岩性的分布规律：碳质泥岩、煤、泥岩、粉砂质泥岩、砂砾岩、粗砂岩、中砂岩、细砂岩、粉砂岩、泥质粉砂岩和石灰岩。在常规建模的基础上若能加上相应的约束条件，则会有效提高模型的精度。在收集到的地球物理资料中，有地震反演的纵波速度，因此在开展约束建模之前，分析不同岩性的纵波速度特征是一项必要的工作。

石千峰组和石盒子组主要岩性为砂泥岩，可将砂岩厚度作为建模约束条件。山西组主要岩性为砂泥岩和煤，太原组、本溪组主要岩性为砂泥岩、碳质泥岩、煤和碳酸盐岩，通过直方图分析，纵波阻抗基本能将煤和碳质泥岩很好地区分开（图 3-48—图 3-50）。其

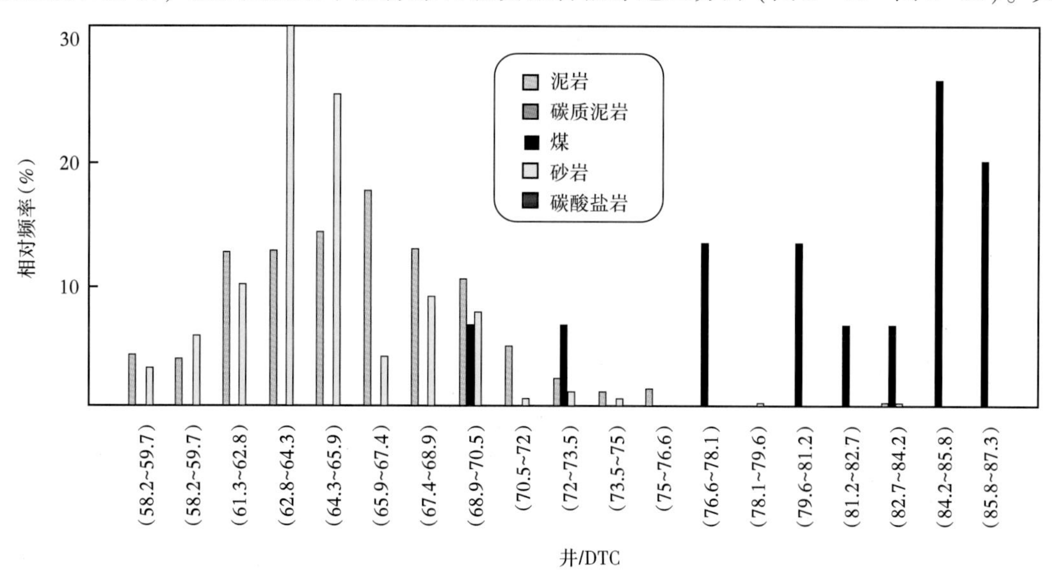

图 3-48 山西组岩性纵波速度特征

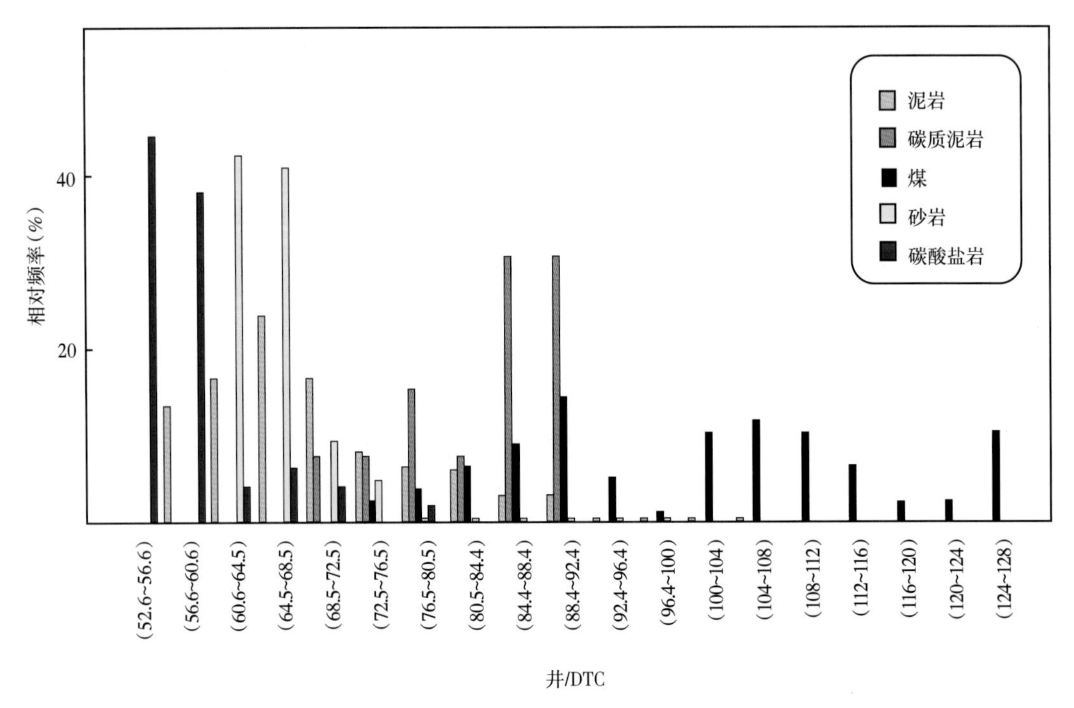

图 3-49　太原组岩性纵波速度特征

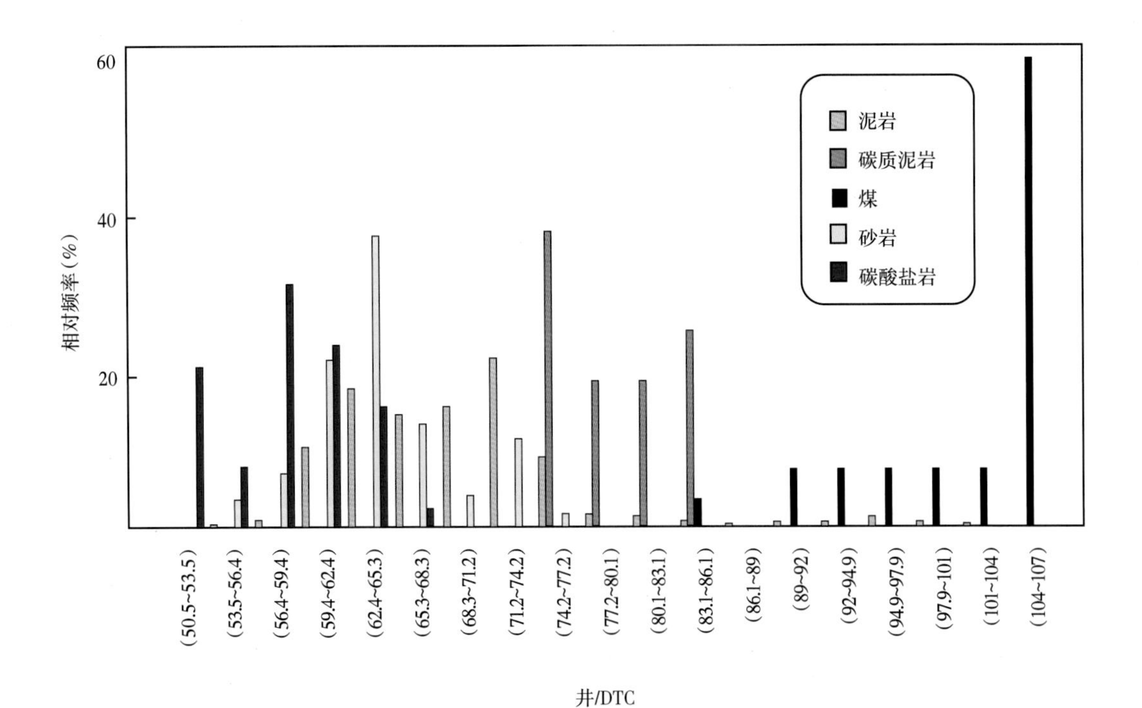

图 3-50　本溪组岩性纵波速度特征

中，山西组煤的声波时差大于72μs/ft，太原组碳质泥岩声波时差介于70～92μs/ft、煤的声波时差大于92μs/ft；本溪组碳质泥岩声波时差介于75～85μs/ft、煤的声波时差大于85μs/ft。根据上述统计，确定建模方法和约束条件（表3-16）：各组建模过程中均加入砂岩厚度作为岩相建模约束条件，山西组、太原组和本溪组煤、碳质泥岩则通过声波时差建立岩相概率体作为约束。

表3-16　不同地层组岩性纵波速度特征

<table>
<tr><th>地层</th><th>碳质泥岩</th><th>煤</th><th>碳酸盐岩</th><th>砂岩</th><th>泥岩</th></tr>
<tr><td>石千峰组</td><td rowspan="3">无</td><td colspan="2" rowspan="2">无</td><td colspan="2" rowspan="5">叠前反演成果
砂岩厚度约束</td></tr>
<tr><td>下石盒子组</td></tr>
<tr><td>山西组</td><td>>72</td><td></td></tr>
<tr><td>太原组</td><td>70~92</td><td>>92</td><td></td></tr>
<tr><td>本溪组</td><td>75~85</td><td>>85</td><td></td></tr>
</table>

2. 岩相模拟

储层三维建模的最终目的是建立能反映地下储层分布的模型。由于地下储层分布的非均质性与各向异性，常规方法用少数观测点进行插值的确定性建模，不能够反映物性的空间变化。这是因为，一方面，储层参数空间分布具有随机性；另一方面，储层参数的分布又受到沉积单元的控制，表现为具有区域化变量的特征。因此，应用地质统计学和随机建模过程序贯指示模拟算法，是定量描述储层岩相空间分布的最佳选择。

1）不同岩性变差函数分析

地质统计学随机模拟有两大类参数，其一是数据的分布特征，其二是数据的结构特征，通常用变差函数来表示。其中岩性的分布特征往往表示不同岩性在空间的比例，其不确定性较小，在工作中主观影响较小。而变差函数是来描述其空间分布的结构特征，通常需要足够多的样品点数以求取实验变差函数，选择合适的理论变差模型，拟合理论变差模型的各个参数。

2）地震岩性趋势约束下的岩相模拟

随机模拟对已有数据点的数量要求较高，当数据点较少时，虽然通过其他手段能确定变差函数，但在模拟的过程中，在无井区会存在较大的不确定性，造成模拟结果的随机性较大。为了提高这种情况下的模拟效果，通常会采用趋势约束的方法。本次建模研究主要采用前面得到的煤和碳质泥岩的概率图来对这两种岩性进行约束，砂泥岩用叠前反演得到的砂岩厚度图作为约束。

如图3-51所示为随机模拟得到的岩相模拟结果，不同沉积相内按照不同岩性的比例以及结构特征进行合理的分布，但是由于岩性众多，为了有效地验证模型的合理性，在此将粗、中、细、粉等粒度不同的砂岩进行合并，得到砂岩的厚度图，并与沉积相图进行对比。

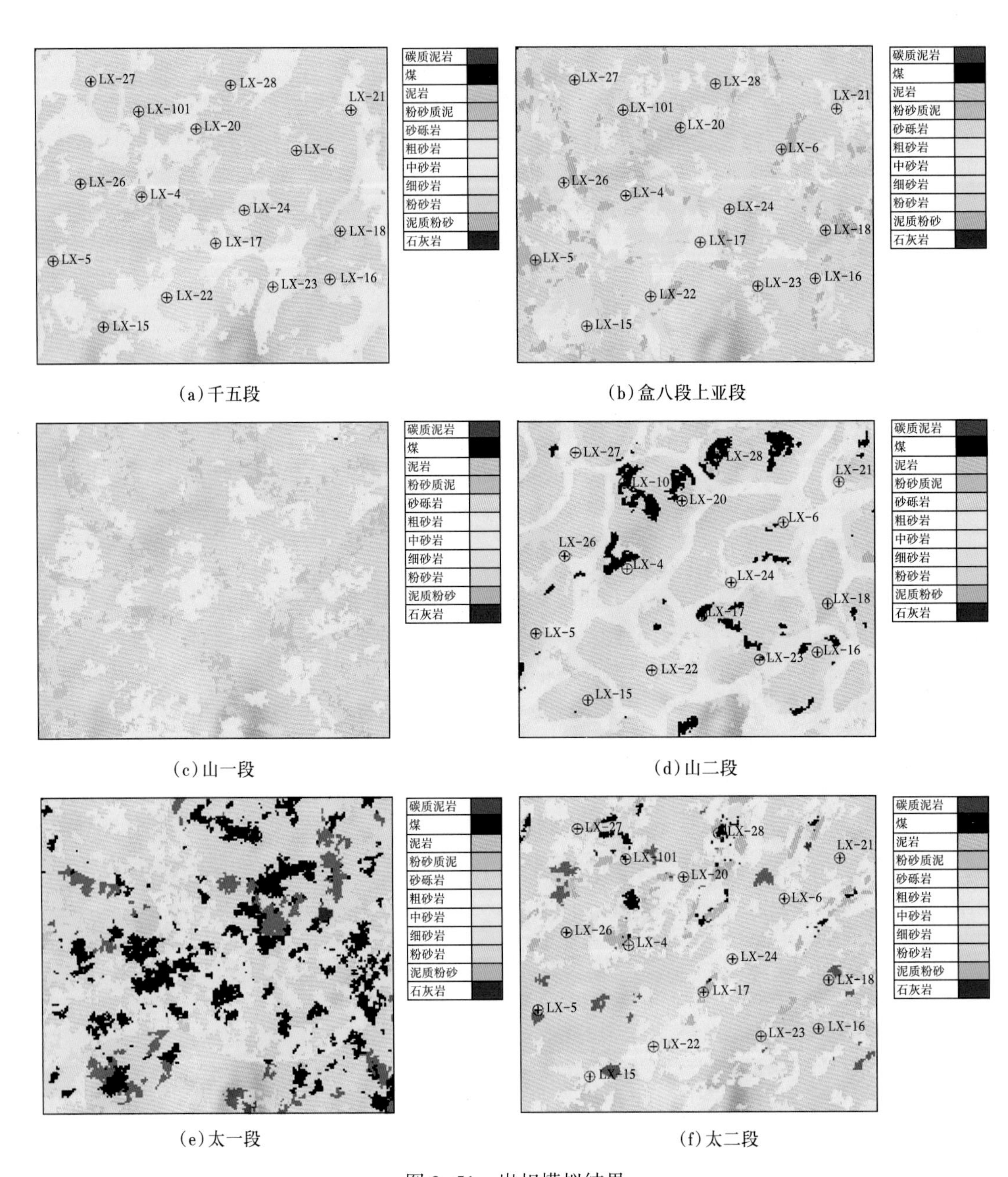

(a)千五段 (b)盒八段上亚段

(c)山一段 (d)山二段

(e)太一段 (f)太二段

图 3-51 岩相模拟结果

如图 3-52—图 3-55 所示为各层砂厚图与沉积相图对比，可以看到主河道与分支河道、洪积扇、潮沙坝、沙坪同时也为砂体发育区，这些相带处砂体厚度都较大，说明模拟方法及模拟结果可靠，岩相结果能体现沉积相所描述砂体分布规律。

3. 岩相展布规律

通过岩相模型计算出各类岩相厚度，展现岩相分布规律。其中碳质泥岩主要发育在太

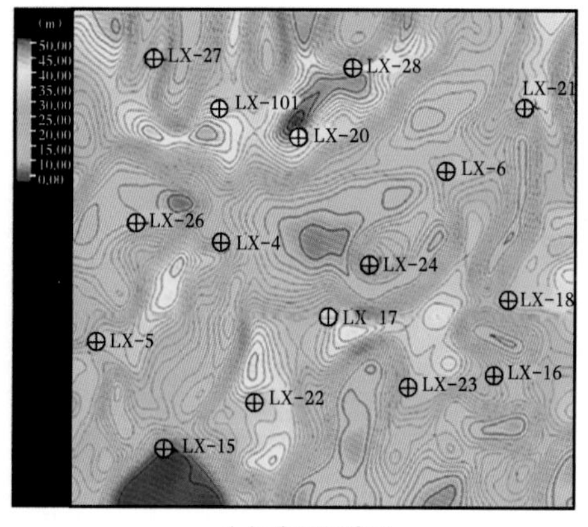

(a)千五段砂厚

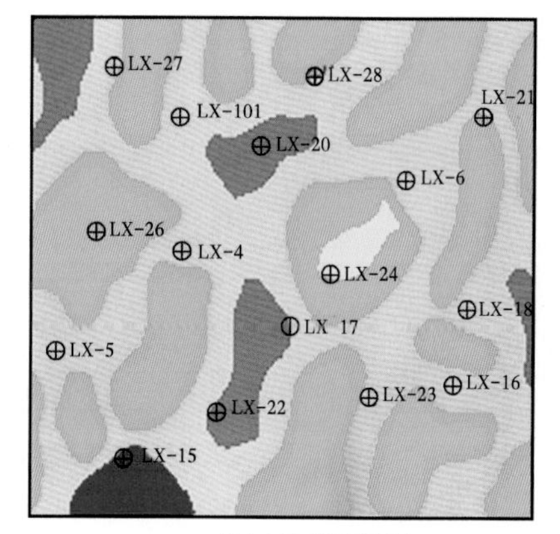

(b)千五段沉积相

图 3-52　千五段砂厚与沉积相对比图

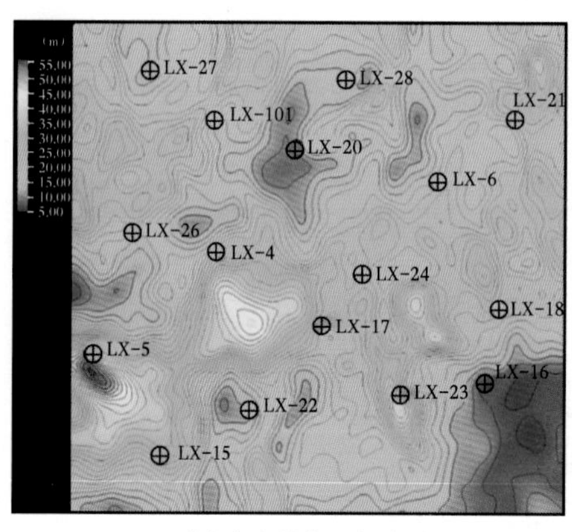

(a)盒八段上亚段砂厚

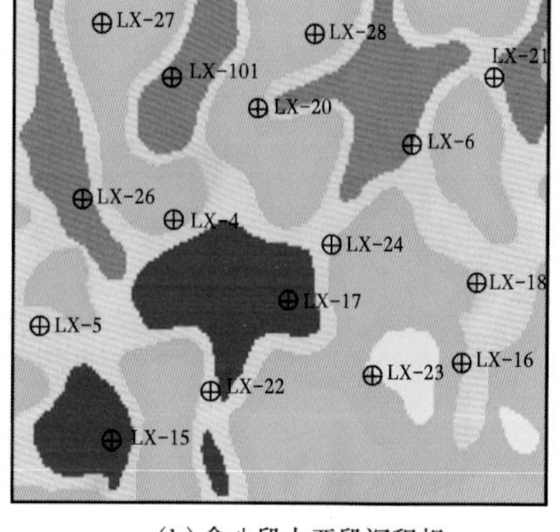

(b)盒八段上亚段沉积相

图 3-53　盒八段上亚段砂厚与沉积相对比图

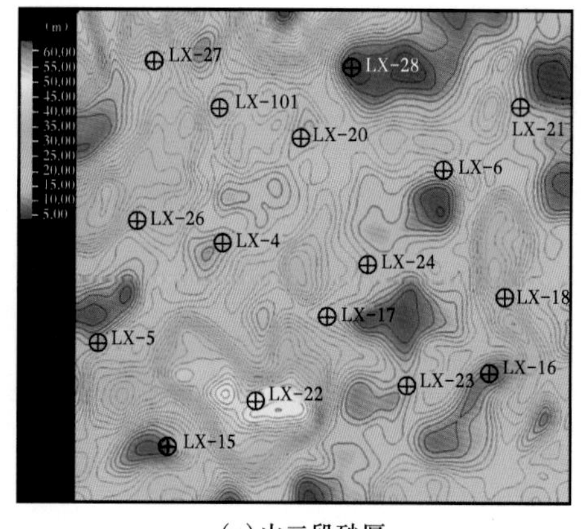

(a)山二段砂厚

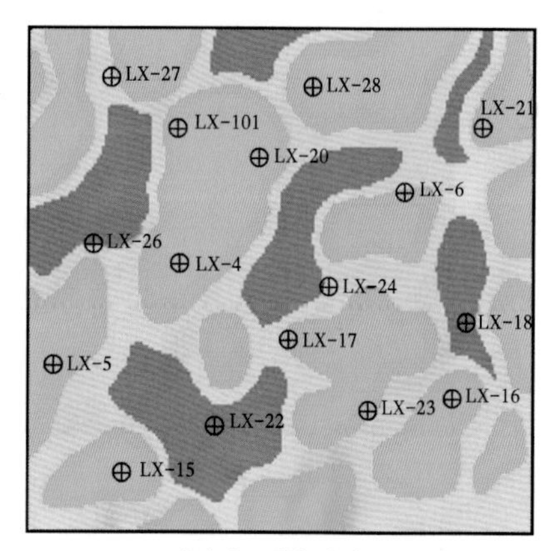

(b)山二段沉积相

图 3-54　山二段砂厚与沉积相对比图

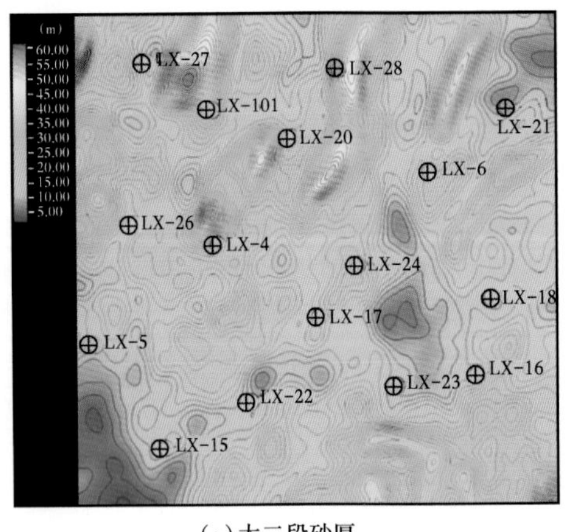

(a)太二段砂厚

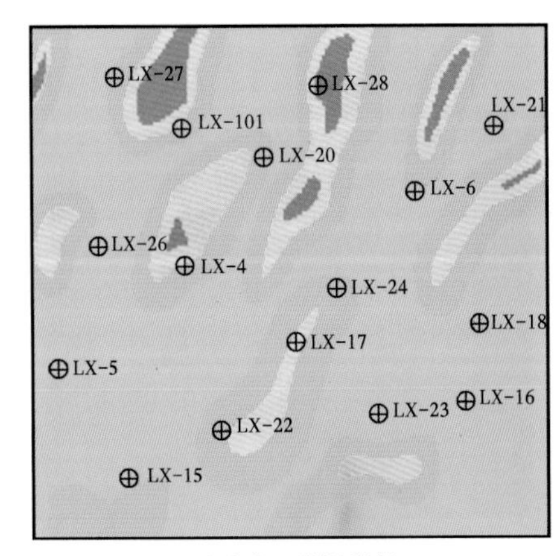

(b)太二段沉积相

图 3-55 太二段砂厚与沉积相对比图

原组和本溪组，太一段最为发育。太二段碳质泥岩主要发育在 LX-5 井、LX-6 井区；太二段碳质泥岩主要发育在 LX-5 井区，连片性相对较差(图 3-56—图 3-61)。

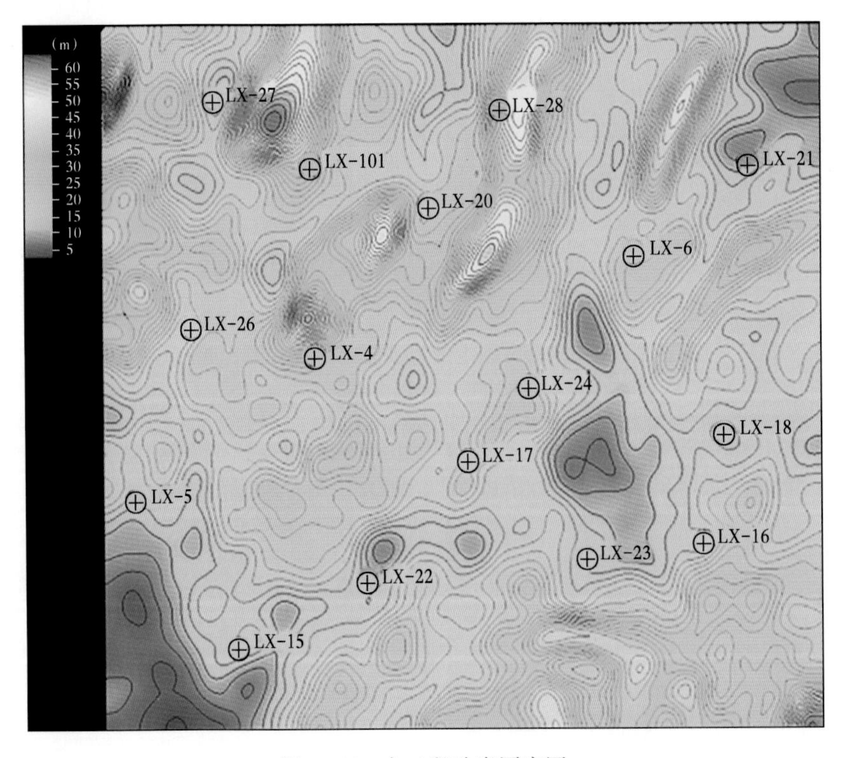

图 3-56 太二段砂岩厚度图

本一段、太一段、山二段煤层发育，分布范围广，厚度大；山一段煤层不发育。砂岩千五段、盒八段上亚段、盒八段下亚段、山二段、太二段均较发育。

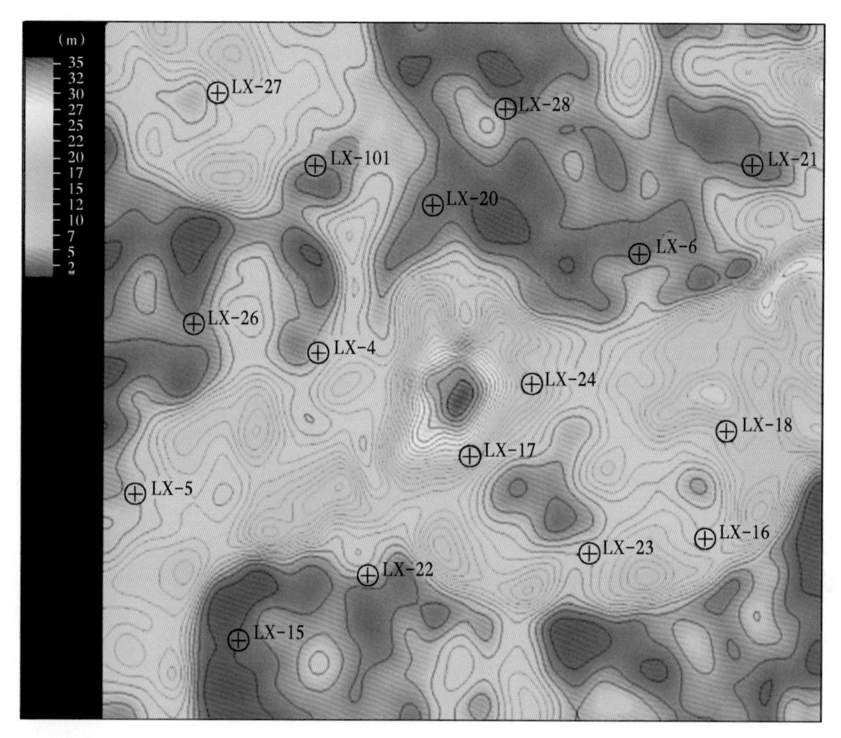

图 3-57　太一段砂岩厚度图

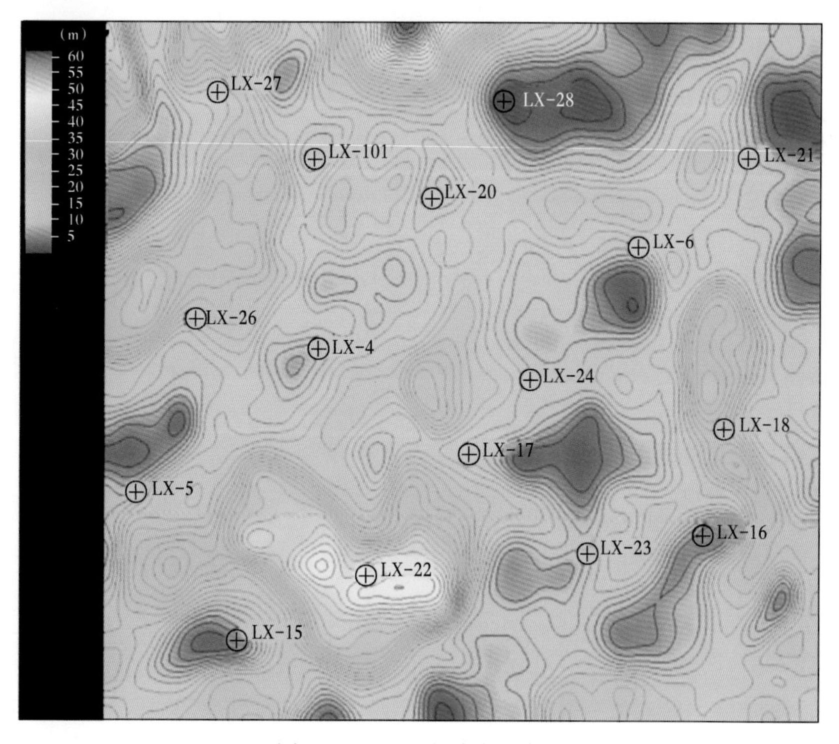

图 3-58　山二段砂岩厚度图

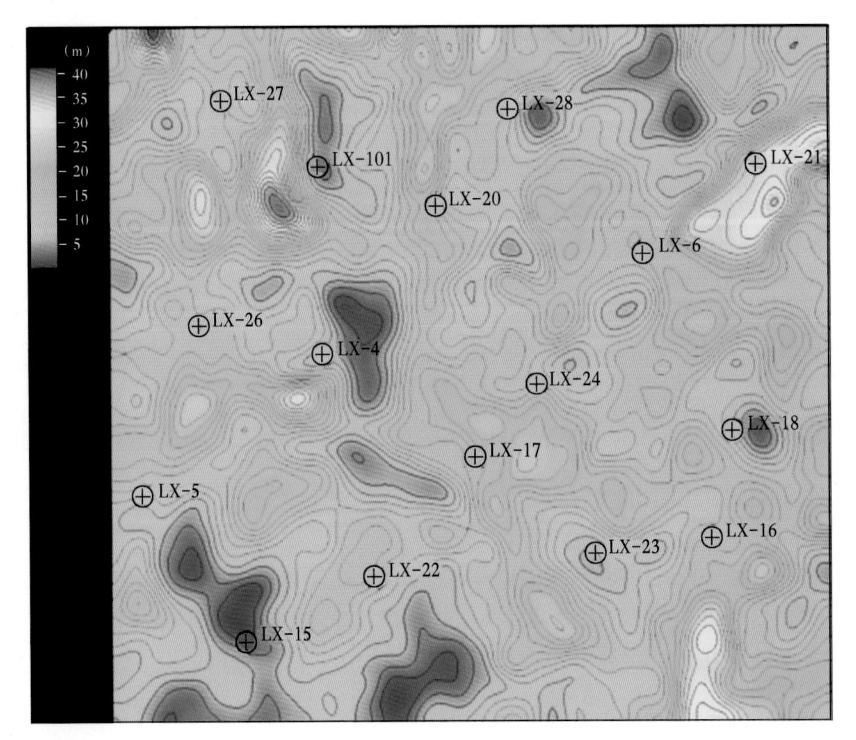

图 3-59　山一段砂岩厚度图

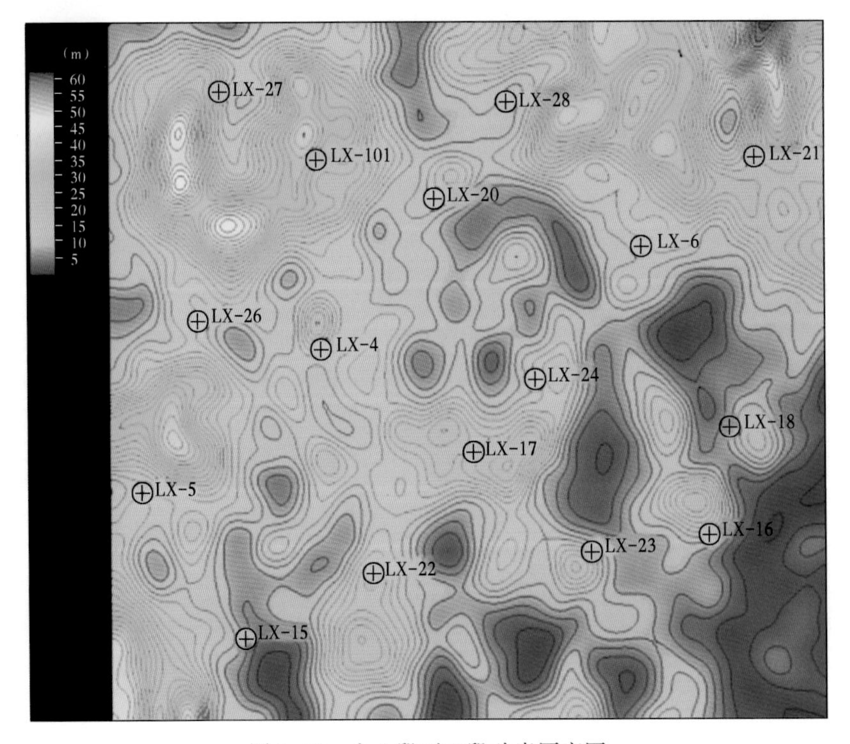

图 3-60　盒八段下亚段砂岩厚度图

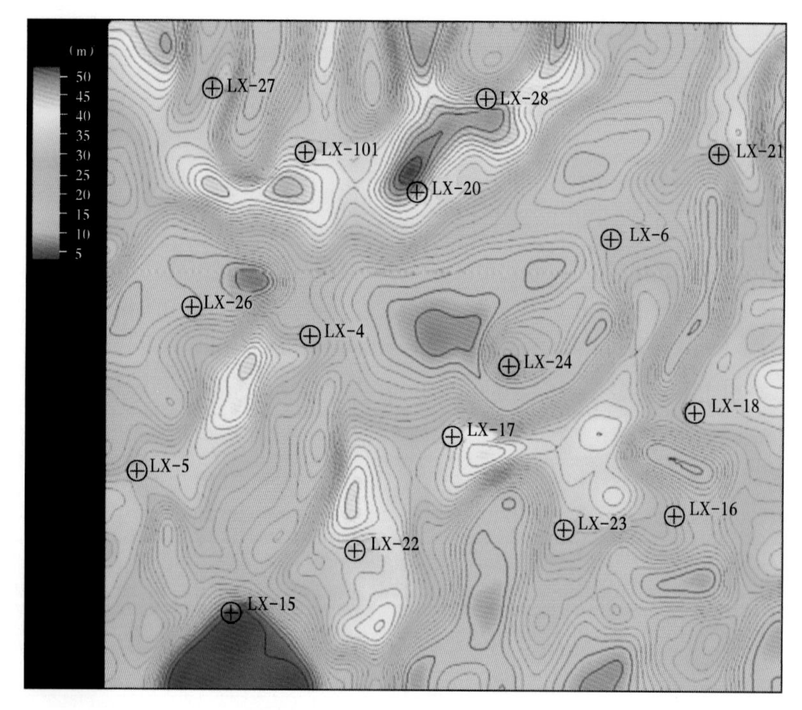

图 3-61 千五段砂岩厚度图

二、压裂裂缝有利区预测

1. 天然裂缝与压裂井产气情况分析

对 LX-4 井、LX-5 井、LX-6 井、LX-101 井、LX-10 井共 5 口成像井的压裂测试段天然裂缝发育情况进行统计（表 3-17），结果显示，压裂测试段无论产气好的还是产气不好的，天然裂缝几乎都不发育，可见，压裂时应该并未考虑天然裂缝。

表 3-17 压裂产气效果与天然裂缝关系

井号	试气层段	井段（m）	岩性	压裂状态	试气结果（m^3/d）	天然裂缝发育情况
LX-6	盒八段	1641. 8～1651. 9	砂泥互层	压裂	气 8880	发育 1 条高角度构造缝，层理缝平均 2 条/m
	盒四段+盒五段	1466. 4～1472. 1	粗砂岩	压裂	最高产气 33480	层理缝和构造缝均不发育
	千五段	1279. 2～1288. 5	中砂岩	压裂	气 8280	无成像
LX-4	太二段	1790. 7～1803. 7	砂岩	未压裂	最高产气 119520	近南北向开启构造缝以及层理缝十分发育
	山一段	1657. 1～1662. 6	粗砂岩	压裂	气量较小无法计算	构造缝不发育，层理缝平均 1 条/m
	盒七段+盒八段上亚段	1547. 8～1580. 3	砂泥互层	未压裂	最低 61920，最高 119520	无成像
	盒二段	1300. 1～1317. 2	砂岩	压裂	最高产气 8220	无成像

续表

井号	试气层段	井段(m)	岩性	压裂状态	试气结果(m^3/d)	天然裂缝发育情况
LX-5	山二段	1700.8~1718.3	砂泥煤	压裂	气 1134	构造缝不发育，层理缝平均 2 条/m
	山一段	1614.0~1616.7	砂岩	压裂	微量气	无成像
	盒七段	1514.8~1519.2	砂岩	压裂	最高 26880	层理缝和构造缝均不发育
	盒六段	1473.2~1480.1	粗砂岩	压裂	稳定产气约 20000	层理缝和构造缝均不发育
LX-101	太二段	1703.0~1721.0	砂煤	压裂	产气 2220~8220	层理缝和构造缝均不发育
	盒八段	1485.4~1491.4	砂泥	压裂	最高 1492	层理缝和构造缝均不发育
	盒七段	1437.1~1441.5	砂岩	压裂	4995~20102	层理缝和构造缝均不发育
LX-10	本溪组	1789~1800		压裂	基本不产液	无成像
	盒七段+盒八段	1477.4~1481.5、1496.7~1505.2	砂岩		三开测试产气 8329~26824	无成像

地应力研究成果显示：研究区目的层最大水平主应力方向为近东西向(图 3-62)，从三轴向应力关系看，$S_{Hmax}>S_v>S_{Hmin}$，本区为走滑断层应力机制，据此，压裂缝应为近东西

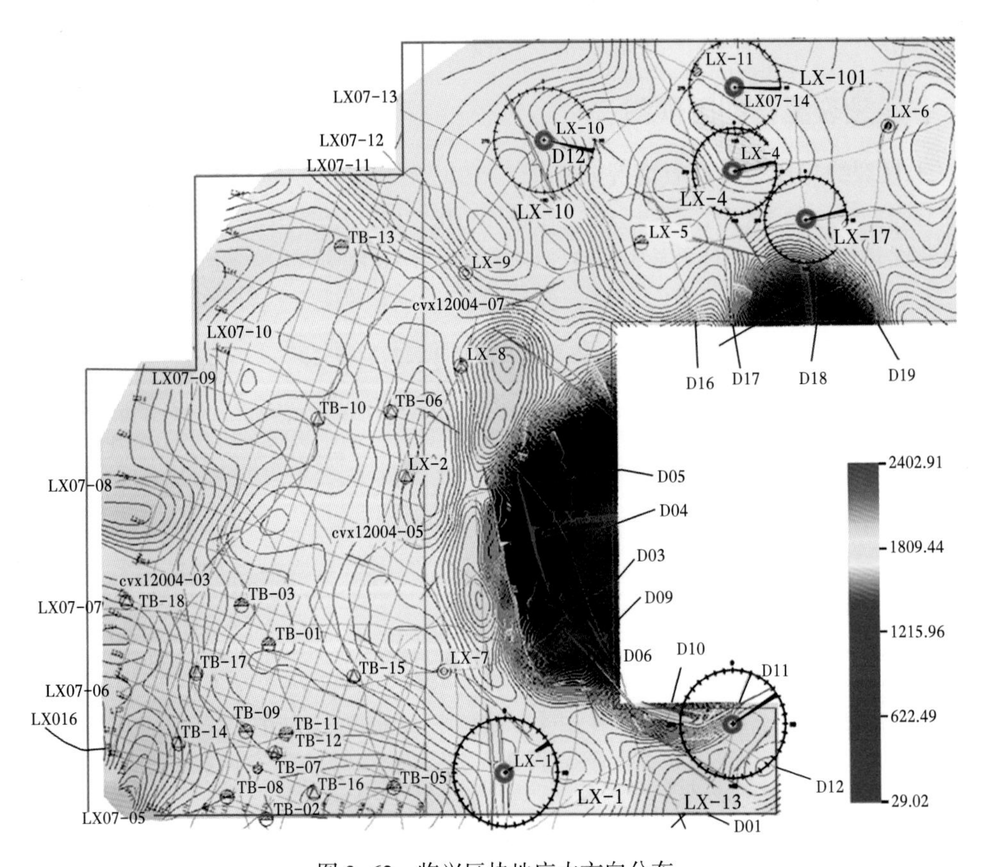

图 3-62　临兴区块地应力方向分布

向的垂直缝。压裂中最易开启的是与主压裂缝呈 30°以内夹角的天然裂缝，因此，近东西向构造裂缝发育、同时层理缝也发育的脆性区域在压裂改造过程中容易形成缝网压裂效果。分析认为：近东西向构造缝发育、层理缝发育、地层脆性好、含气性好的区域为储层改造有利区。

2. 压裂效果分析与储层改造有利区预测

1) 太二段

综合考虑近东西向构造缝发育、层理缝发育、地层脆性好、含气性好这 4 项参数，预测储层改造有利区(图 3-63)。将每一项参数归一化后，乘以各自的权重系数后叠加，所得的值越高代表储层改造越为有利(图 3-64)，本区南部紫金山构造附近、中西部 LX-103 井区、LX-28 井附近以及 LX-21 井东部为太二段储层改造有利区。将预测结果与压裂试气结果对比(表 3-18)，LX-103 井和 LX-102-2D 井压裂试气产能较好，这两口井正好位于本段储层改造有利区，LX-101 井产气不好，位于非有利区。

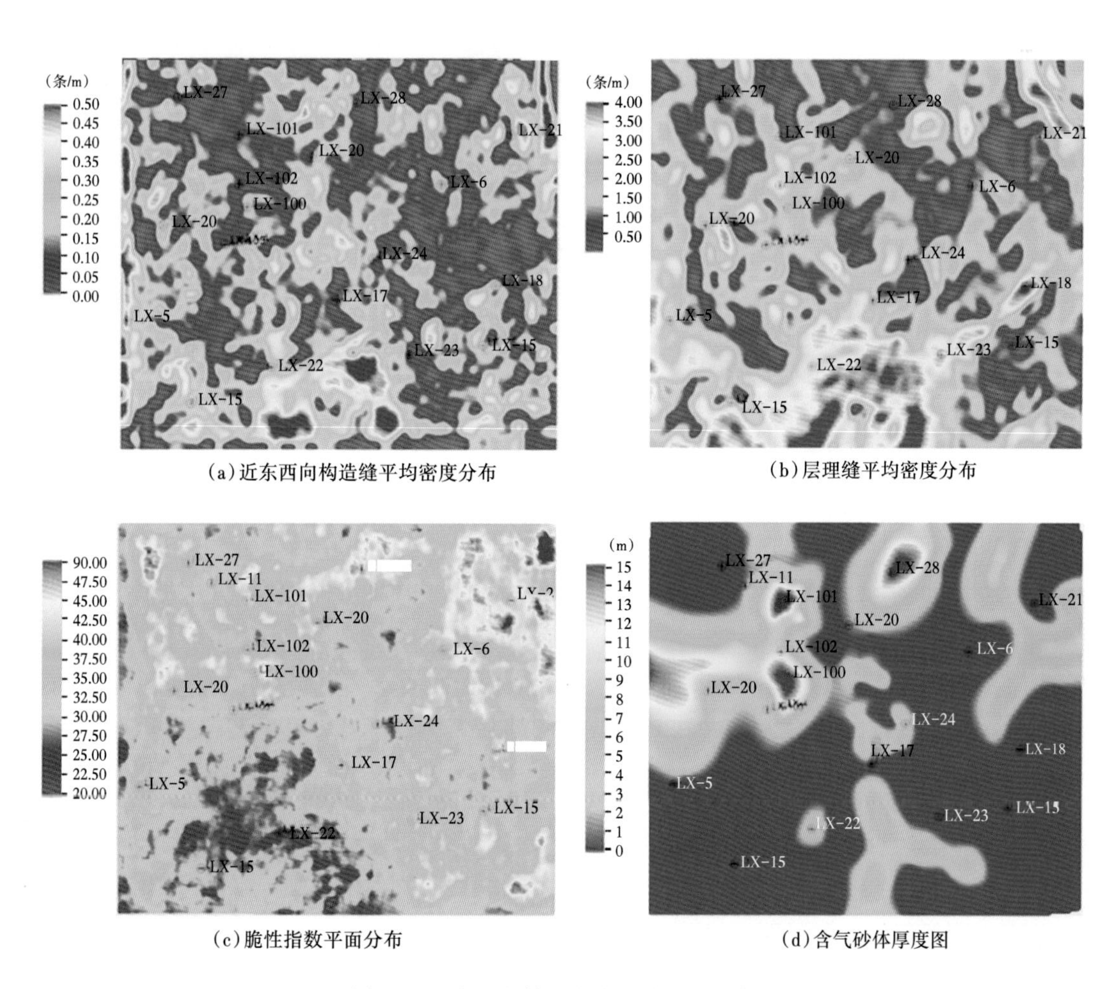

(a)近东西向构造缝平均密度分布

(b)层理缝平均密度分布

(c)脆性指数平面分布

(d)含气砂体厚度图

图 3-63 太二段储层改造有利区评价参数

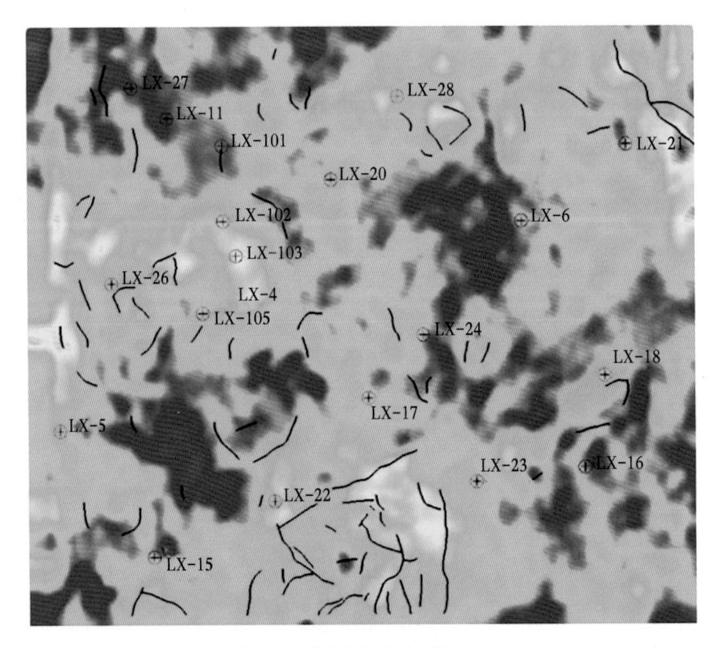

图 3-64 太二段储层改造有利区

表 3-18 太二段压裂试气情况统计

井号	试气层段	深度段（m）	含气层信息	压裂状态	试气结果	备注
			气层			
LX-101	太二段	1703.0~1721.0	15.5m/4 层	压裂	产气 2220~8220m^3/d	
LX-103	太二段	1726.4~1733.3m	8.3m/2 层	压裂	二开测试产气 83520 m^3/d→143520 m^3/d	LX-103 井太二段压裂后是目前所有测试层段产能最高者
LX-102-2D	太二段	1815.3~1831.9m	15.5m	压裂	产气 11072~13013m^3/d	

2）太一段

工区中部、南部、LX-18 井区、北部 LX-28 井东南部为太一段储层改造有利区（图 3-65 与图 3-66）。LX-17 井、LX-23 井和 LX-27 井在本段压裂试气效果都较差，这 3 口井都并非位于储层改造有利区（表 3-19）。

表 3-19 太一段压裂试气情况统计

井号	试气层段	深度段（m）	含气层信息		压裂状态	试气结果
			气层	差气层		
LX-17	太一段	1830.2~1856.6	1.9m/1 层	8.3m/2 层	压裂	最高产气 814~611m^3/d
LX-27	太一段	1635.1~1638.3		3.2m/1 层	压裂	产气一般 110~322m^3/d
LX-23	太一段	1908.4~1919.8	1.3m/1 层	3.7m/1 层	压裂	产气 269~1152m^3/d

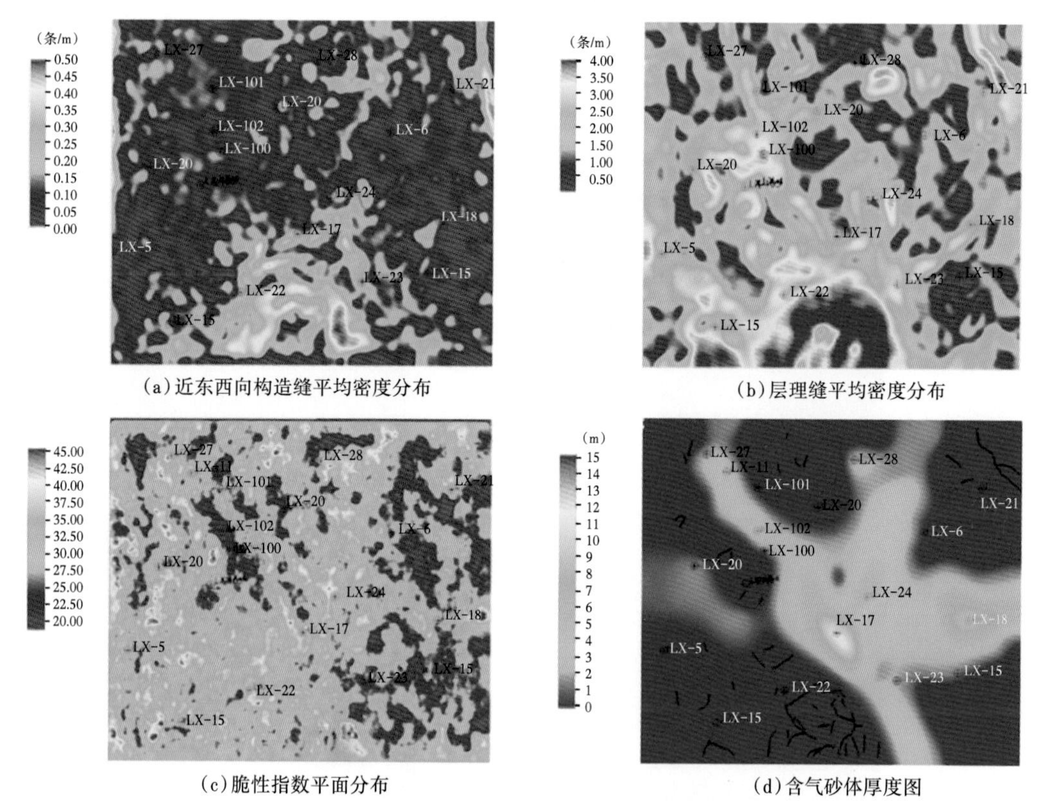

(a)近东西向构造缝平均密度分布　　(b)层理缝平均密度分布

(c)脆性指数平面分布　　(d)含气砂体厚度图

图 3-65　太一段储层改造有利区评价参数

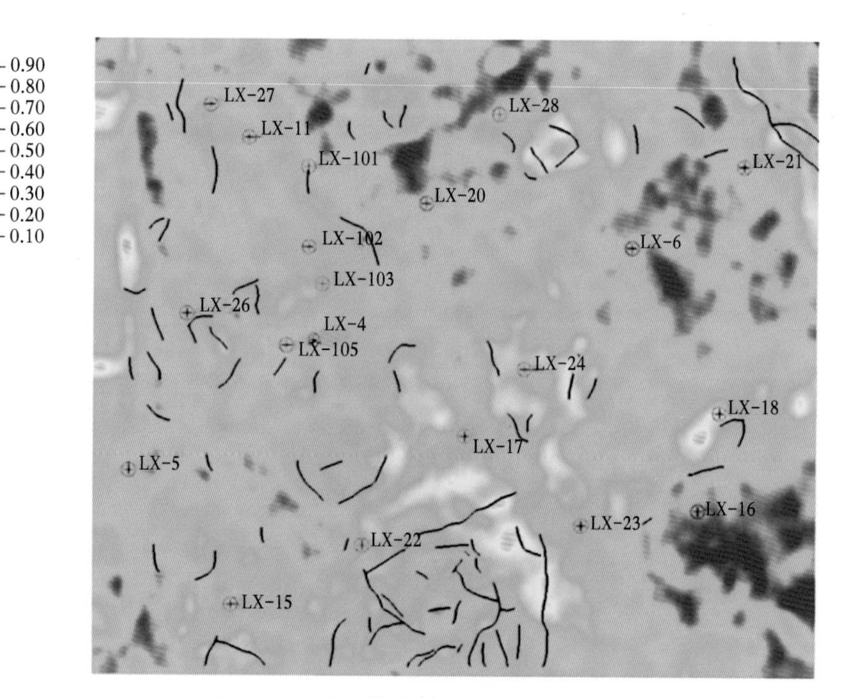

图 3-66　太一段储层改造有利区

3）山二段

工区中南部、LX-103 井区为山二段储层改造有利区。LX-5 井本段压裂试气结果并不理想，该井位于储层改造非有利区（图 3-67 与图 3-68，表 3-20）。

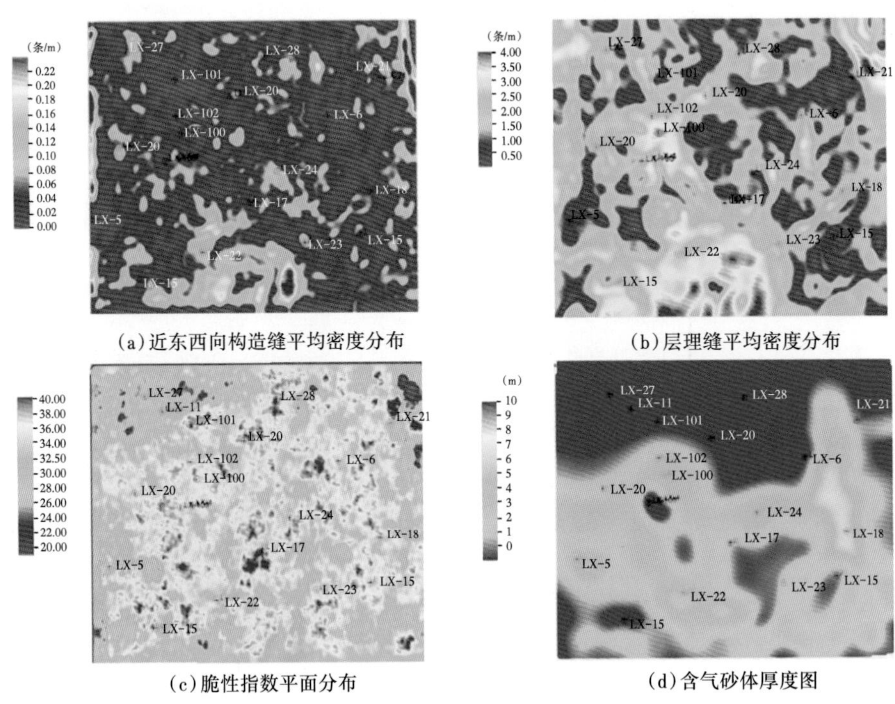

(a)近东西向构造缝平均密度分布　(b)层理缝平均密度分布

(c)脆性指数平面分布　(d)含气砂体厚度图

图 3-67　山二段储层改造有利区评价参数

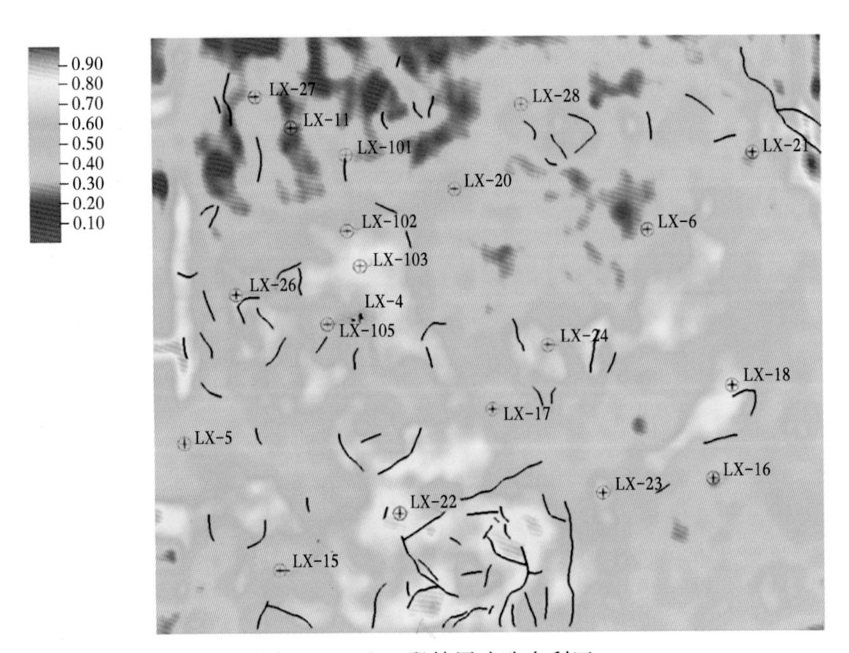

图 3-68　山二段储层改造有利区

表 3-20 山二段压裂试气情况统计

井号	试气层段	深度段(m)	压裂状态	试气结果
LX-5	山二段	1700.8~1718.3	压裂	产气 1134m^3/d

4)山一段

本段构造缝发育程度低，气砂厚度不大，储层改造有利区范围小，不建议在本段压裂改造。LX-4 井和 LX-5 井在本段压裂试气效果都不理想(图 3-69 与图 3-70，表 3-21)。另外从如图 3-71 所示的微地震压裂形态分析得知，压裂改造的封网形态基本与有利区数值分布一致。

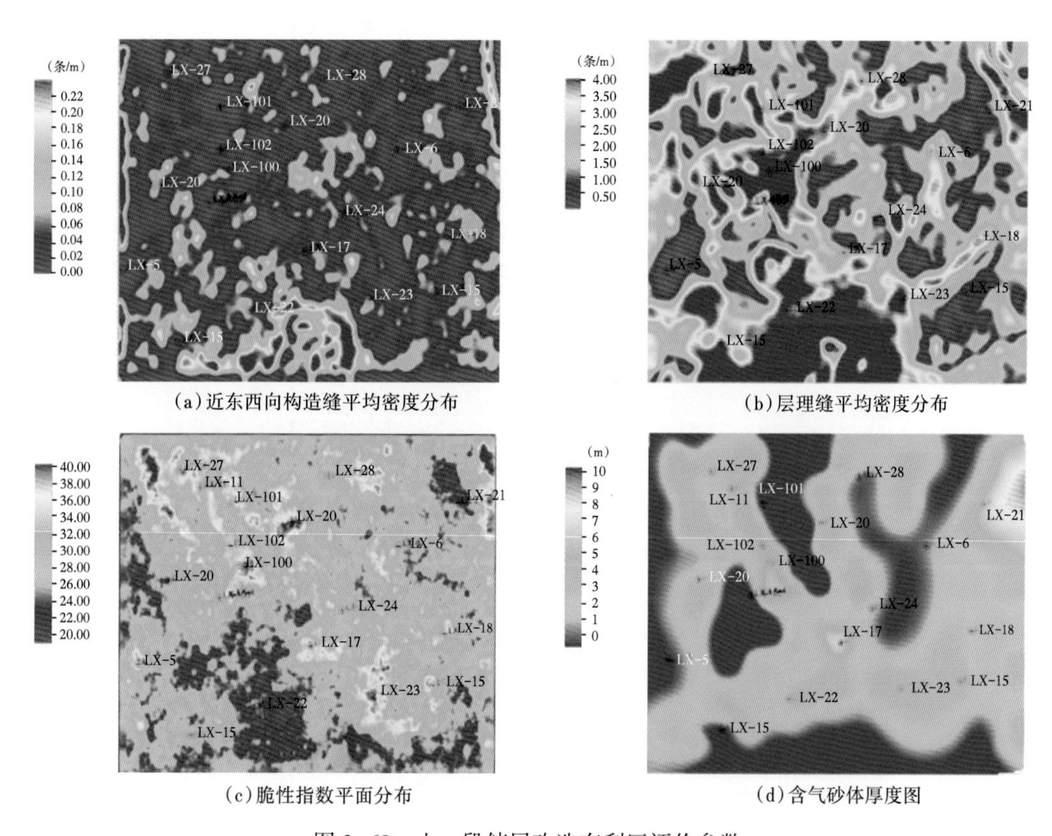

(a)近东西向构造缝平均密度分布

(b)层理缝平均密度分布

(c)脆性指数平面分布

(d)含气砂体厚度图

图 3-69 山一段储层改造有利区评价参数

表 3-21 山一段压裂试气情况统计

井号	试气层段	深度段(m)	含气层信息		压裂状态	试气结果
			气层	差气层		
LX-4	山一段	1657.1~1662.6	5.1m/2 层		压裂	气量较小，无法计算
LX-5	山一段	1614.0~1616.7		2.7m/1 层	压裂	微量气

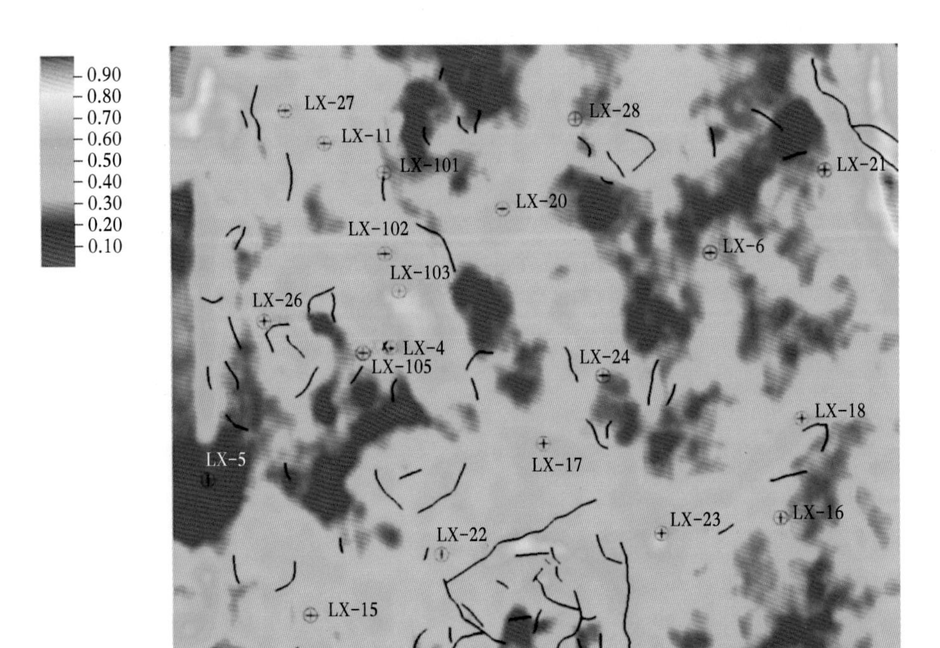

图 3-70　山一段储层改造有利区

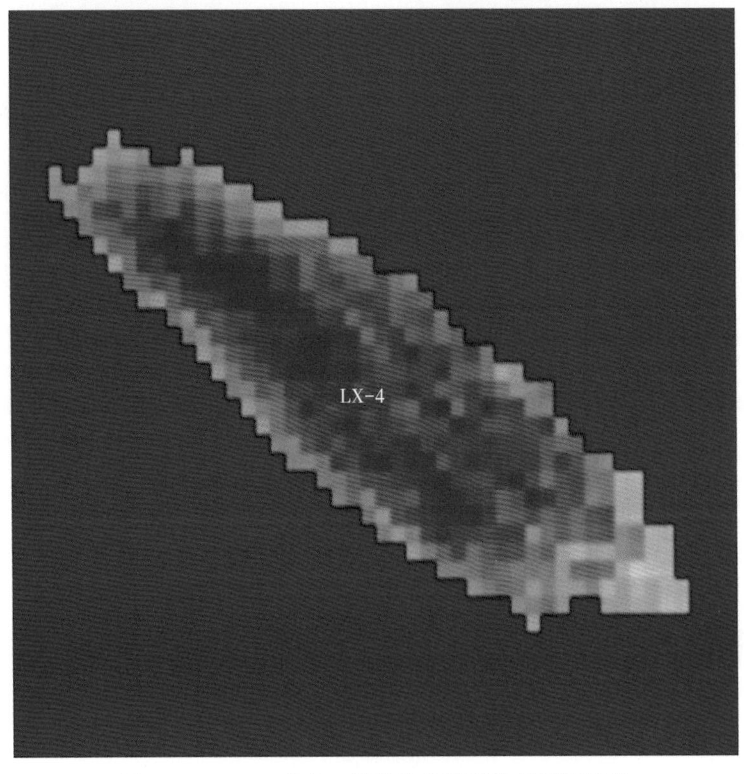

图 3-71　LX-4 井山一段微地震压裂监测裂缝形态

三、有利区井网、井距特征

1. 井网形式

井网布置取决于地质条件和开发规模，油气藏生产开发过程中，如何选择、部署和调整开发井网是开发计划的一个重要组成部分，很大程度上决定着油气田经济效益的提高。井网系统是否合理直接影响到油气藏开采速度及经济效益。

根据井网系统、井网密度影响因素以及气藏类型，衰竭式开发时的井网系统可以分为以下4类。

(1)正方形或三角形均匀布井系统：这种井网系统适用于气驱干气气藏或凝析气藏、并且其储集性质相对较均质。

(2)环状布井或线状布井及丛式井布井：这种井网系统主要取决于含气构造的形态。

(3)气藏顶部布井：无论对于砂岩储层还是碳酸盐岩储层，一般在其构造顶部储层性质较好，而向构造边缘储层性质逐渐变差。

(4)不均匀井网：对非均质储层往往采用非均匀的井网系统。

2. 井网参数

1)直井井网参数特征

在排距不变(800m)的情况下，井距的变化对平均单井累计产气量和采出程度有比较大的影响。由图3-72可以看出井距增大，采出程度不断下降，但下降到一定程度幅度逐步减小。而对单井累计产气量而言，当井距大于600m时，其值增大趋势明显减小；当井距小于某个特殊值时，平均单井累计产气量快速下降。由此可以得出，当排距为800m，井距大于600m时，平均单井累计产气量增加程度明显减缓，采出程度明显降低。

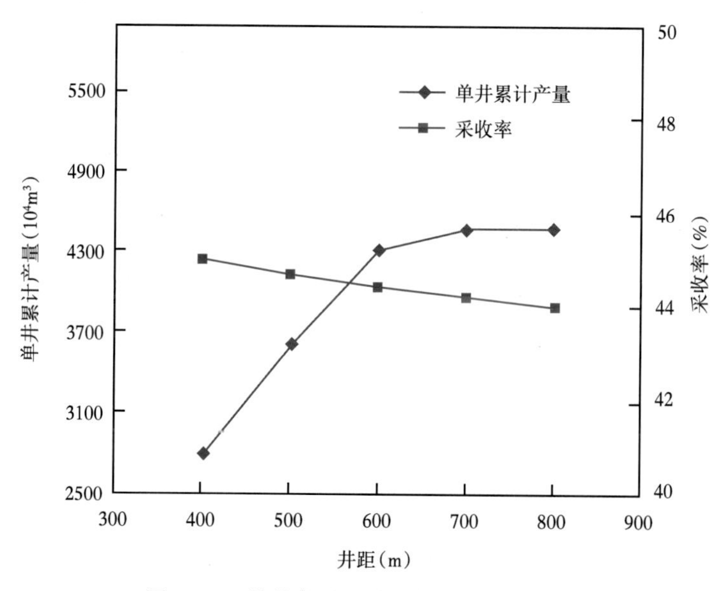

图3-72 单井产量和采收率随井距的变化

在相同井距(600m)下，排距的变化同样对平均单井累计产气量和采出程度有着较大的影响。随着排距的增加，采出程度缓慢下降当排距大于800m时，采出程度明显降低。

而对单井累计产量而言，当排距大于某个值时，单井累计产气变化不大；当排距小于某个值后，单井累计产气量下降很快。由此可以得出，当井距为600m，排距增大到800m时，平均单井累计产气量增幅变缓(图3-73)。

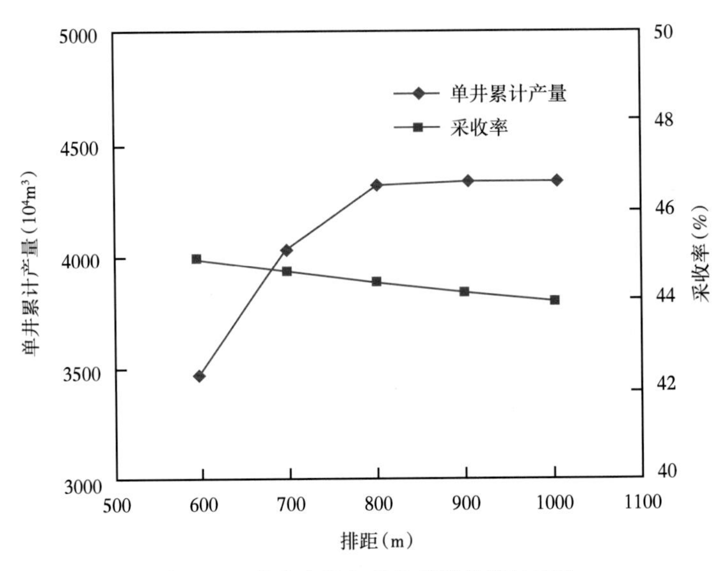

图3-73 单井产量和采收率随排距的变化

2)水平井井网参数特征

由于水平井井网的开发与传统直井井网的开发有较大程度的不同，因此在设计水平井井网优化设计方面与直井井网相比有许多独特的地方，此外还要考虑砂体分布、剩余气、裂缝方位、地应力等因素的影响。

如图3-74与图3-75所示，从数值模拟结果可以看出，随着井距的增加气井的累计产气量增加，这说明此时的供气半径小于气藏的含气面积，气藏储量没有得到有效的控制；

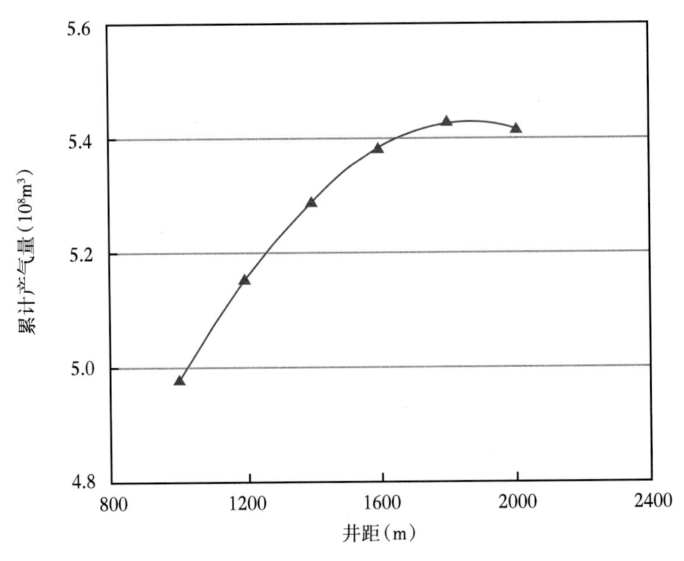

图3-74 致密气藏水平井井距优选

随着井距的进一步增加（排距大于 1600m，井距大于 1800m），累计产气量呈下降趋势，这说明气井的泄气半径发生了重合，井与井之间出现了干扰现象。因此，低渗透致密气藏的开发，排距选择 1600m 左右，井距选择 1800m 左右。天然气开发中，由于探井也转化为生产井，因此最好在详探阶段部署，将探井和开发井一次布完，分段实施，并且及时调整，否则会出现“布则密，不足则疏”的情况。

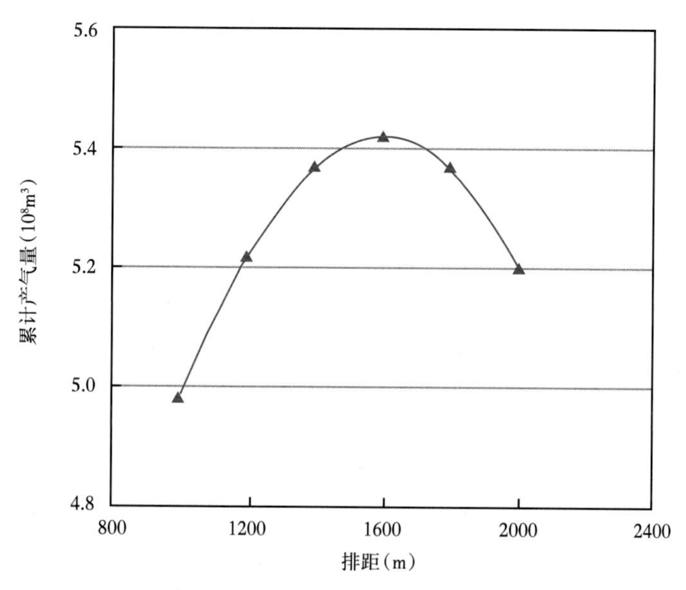

图 3-75　致密气藏水平井排距优选

3）混合井网参数特征

考虑单元井网内部不同布井方式条件中相应井距、排距及水平井段长度所对应的理论数值模型，通过对比稳产期采出程度、年后采出程度及单井控制储量，得出不同条件下对比结果。

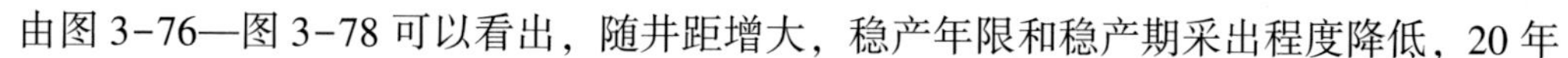
由图 3-76—图 3-78 可以看出，随井距增大，稳产年限和稳产期采出程度降低，20 年

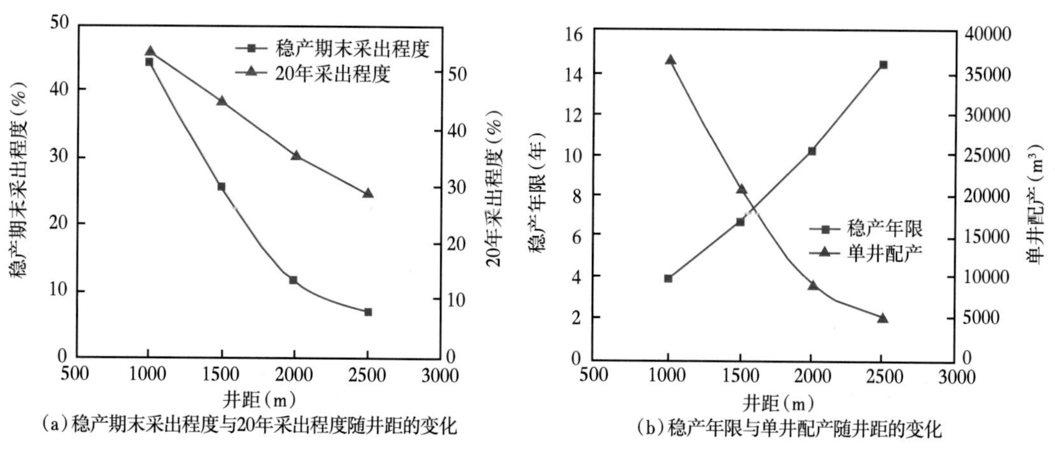

图 3-76　全部为水平井（理论数值模型）

采出程度与稳产期采出程度差值增大。通过不同井网形式（全部水平井、直井与水平井混合、全部直井）的对比，可以看出在相同的井距排距范围内，全布水平井时稳产期末的采出程度为6.49%~44.03%，高于直井与水平井混布时稳产期末的采出程度5.14%~38.55%。20年末全布水平井的采出程度为28.85%~53.4%，高于直井与水平井混布时的采出程度23.69%~46.85%。因此可以得出：水平井井网的开发效果要好于混合井网的开发效果。

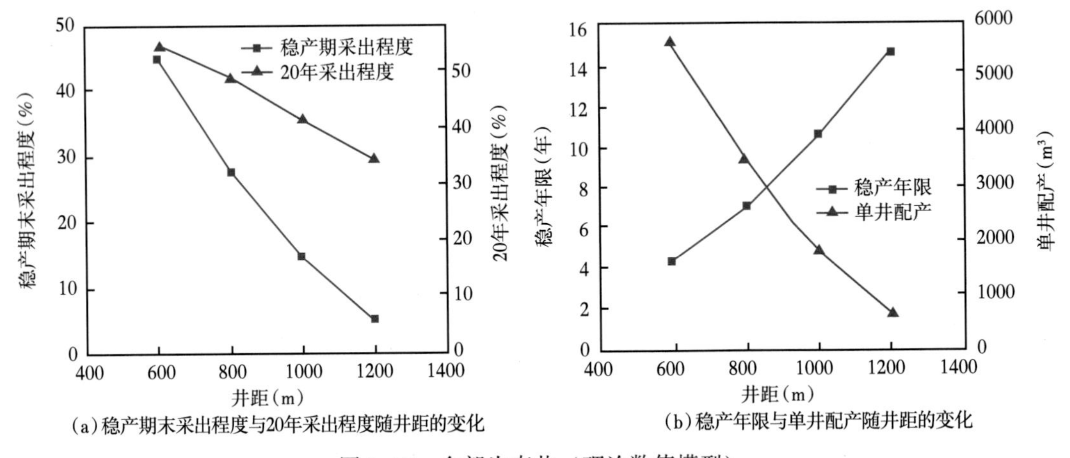

(a)稳产期末采出程度与20年采出程度随井距的变化　(b)稳产年限与单井配产随井距的变化

图3-77　全部为直井（理论数值模型）

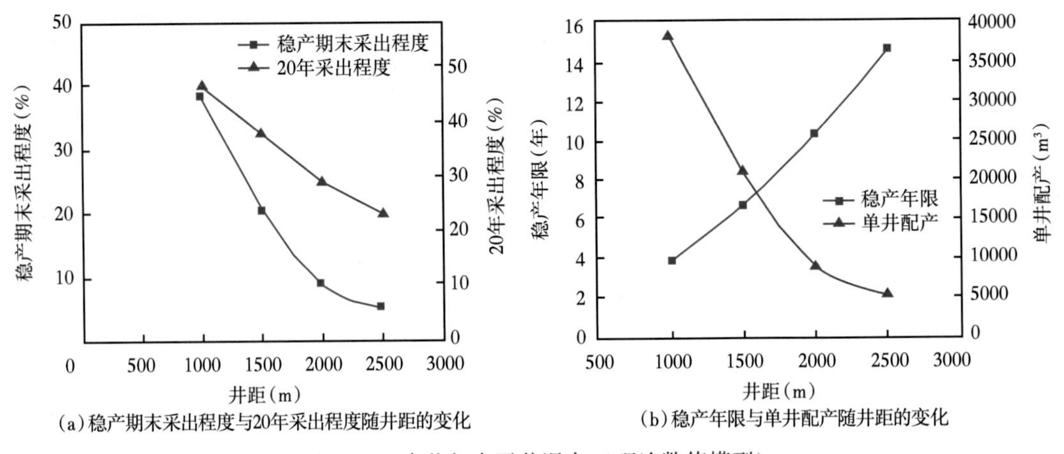

(a)稳产期末采出程度与20年采出程度随井距的变化　(b)稳产年限与单井配产随井距的变化

图3-78　直井与水平井混布（理论数值模型）

3. 研究区井网特征

1)太二段井网特征

太二段整体物性好，试井产能高，同时考虑储层综合展布规律，选择均匀井网布井。该层段油气砂厚度较厚，考虑水平井—直井联合井网，水平井为主。

以LX-4井区为例，排距大于1600m，井距大于1800m，累计产气量呈下降趋势，结合采出程度，排距定为1600m左右，井距为1500m左右（水平井段长1000m）。

2）太一段井网特征

太一段物性较好，试井产能一般，考虑储层综合展布规律，选择均匀井网布井，优选水平井开发；井距为1000~1500m时，采出程度急剧下降，下降了10%左右（水平井段长1000m），因此排距定为1600m左右，井距为1000m左右（水平井段长1000m）。以LX-17井区为例，排距为1600m，井距为1000m。

3）山二段井网特征

山二段物性相对差，试井产能一般，考虑储层综合展布规律，选择均匀井网布井；山二段气砂厚度较薄为3~4m，考虑开发成本，采用水平井—直井开发，以直井为主。排距800m，井距大于600m时，单井产量增大趋势明显减小。以LX-5井区为例，井排距为600m，井距为500m。

第四章　致密气开发井型井网技术

第一节　储渗单元结构、类型及分布模式

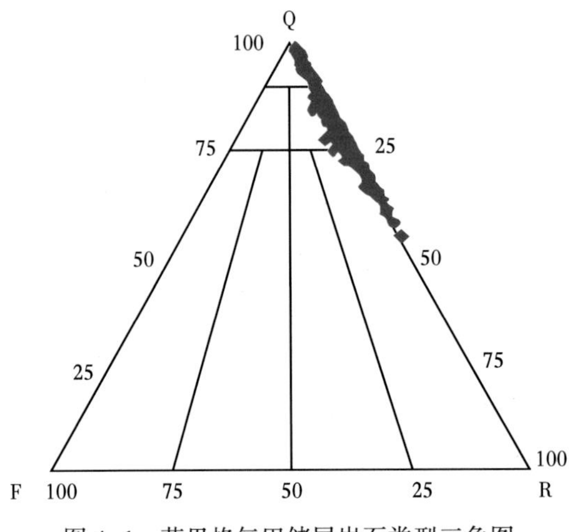

图 4-1　苏里格气田储层岩石类型三角图

一、储层基本特征

1. 储层岩石学特征

苏里格气田储层受物源控制，碎屑颗粒长石(F)、石英(R)、岩屑(Q)“三端元”组分(FQR)中长石含量较低，平均不到1%，石英、岩屑的平均含量分别为85%和14.2%，岩石类型主要为石英砂岩、岩屑石英砂岩及少部分岩屑砂岩(图4-1)。岩屑成分组成主要为变质岩岩屑，变质岩岩屑以石英岩和塑性较强的千枚岩为主，其次为变质砂岩(图4-2)。

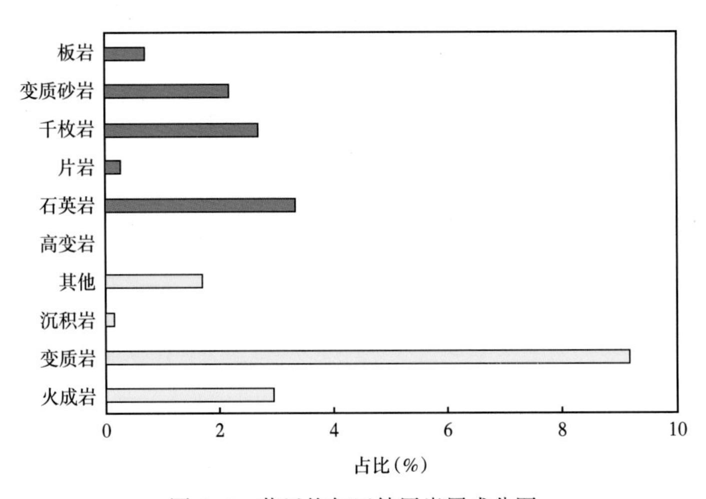

图 4-2　苏里格气田储层岩屑成分图

填隙物平均含量为14.76%，其中胶结物为6.12%，杂基为8.64%。胶结物以硅质胶结和碳酸盐胶结为主，后者以铁方解石胶结最为常见；杂基中水云母和高岭石含量较高，绿泥石含量较低。

苏里格气田储层为辫状水系沉积产物，近物源、沉积水动力强，砂岩粒度大，储层岩性主要为粗砂岩、中—粗砂岩及少量含砾粗砂岩和中、细砂岩，粒径主要分布在0.38～0.8mm，磨圆中等，主要为次棱角状，少量为次棱角状—次圆状及次圆状(图4-3)，分选中等(图4-4)。碎屑颗粒间接触方式以点接触、凹凸式接触为主，少见缝合线接触。石英次生加大普遍发育，胶结类型以孔隙式及加大—孔隙式胶结为主，少量薄膜—孔隙式胶结。

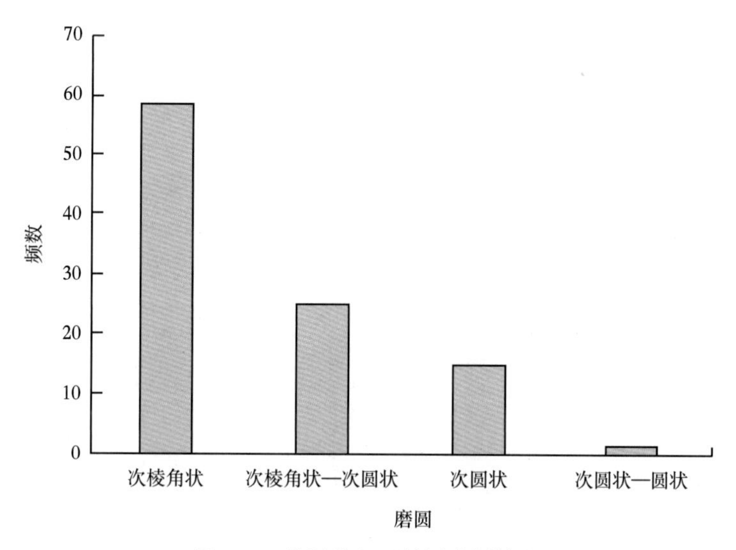

图4-3　苏里格气田储层磨圆情况

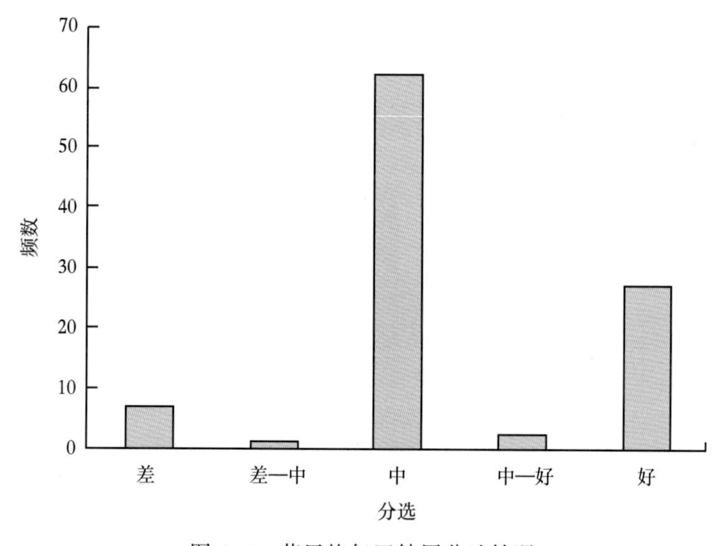

图4-4　苏里格气田储层分选情况

2. 储层物性特征

苏里格气田储层物性表现为典型低孔隙度、低渗透率特征，物性较差(表4-1)。孔隙度主要分布于2%～12%(图4-5)，渗透率主要分布于0.01～1mD(图4-6)，地面渗透率小于1mD的样品占样品总数94%，属典型致密气藏。从各层段来看，盒八段上亚段物性最好，盒八段下亚段其次，山一段储层物性最差。

表 4-1　苏里格气田盒八段、山一段储层物性统计表

层段	样品数	岩心分析	
		平均孔隙度（%）	平均渗透率（mD）
盒八段上亚段	1443	7.43	0.656
盒八段下亚段	1503	7.06	0.413
山一段	733	6.19	0.241

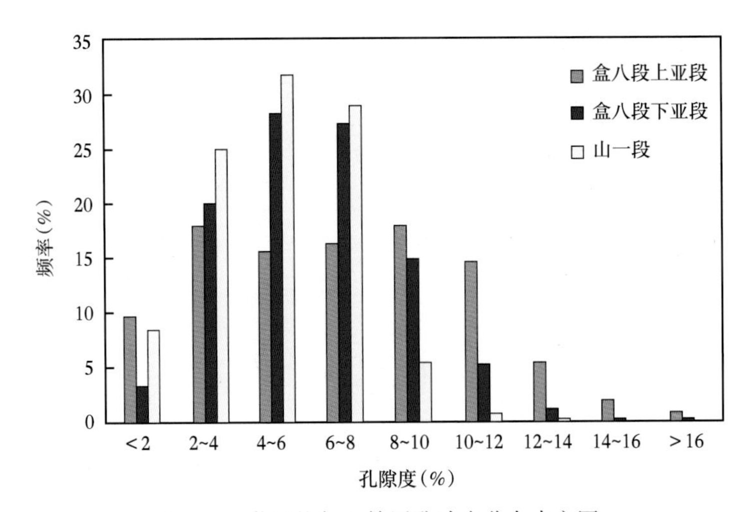

图 4-5　苏里格气田储层孔隙度分布直方图

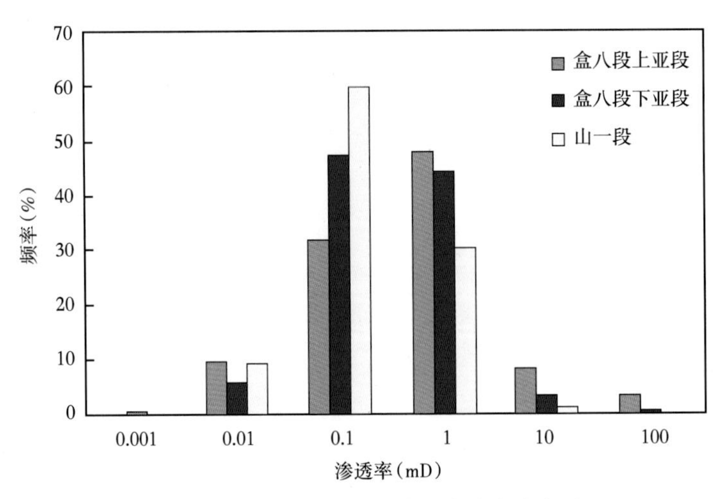

图 4-6　苏里格气田储层渗透率分布直方图

3. 储层孔隙结构特征

储层孔隙结构是指储层岩石的孔隙和喉道的几何形状、大小、分布及其相互连通关系。它表征储层岩石微观物理性质，是影响储层储集性能、生产能力和渗流特征的主要因素之一。本书主要通过显微电镜、铸体薄片、扫描电镜和压汞资料来分析苏里格气田的储

层孔隙结构。

苏里格气田储层埋深大，经历了剧烈的成岩作用，原生孔隙（原生粒间孔、残余粒间孔）所剩无几，次生孔隙相对发育。本区以岩屑溶孔（粒内溶蚀）和晶间孔为主（图4-7与图4-8），粒间溶孔较少。

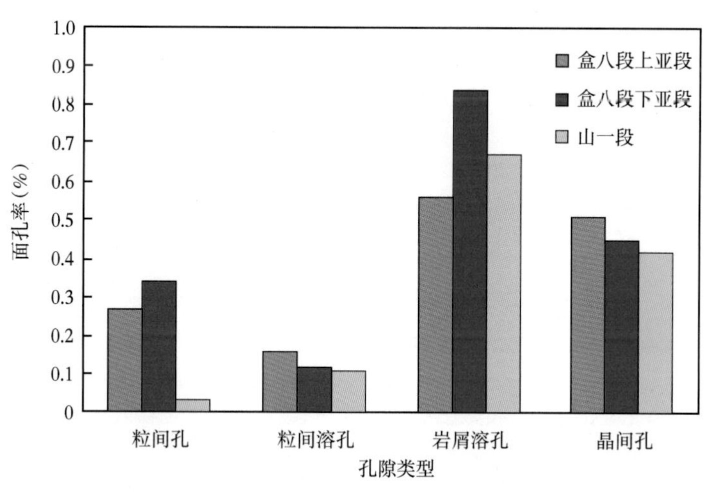

图4-7 苏里格气田孔隙类型分布直方图

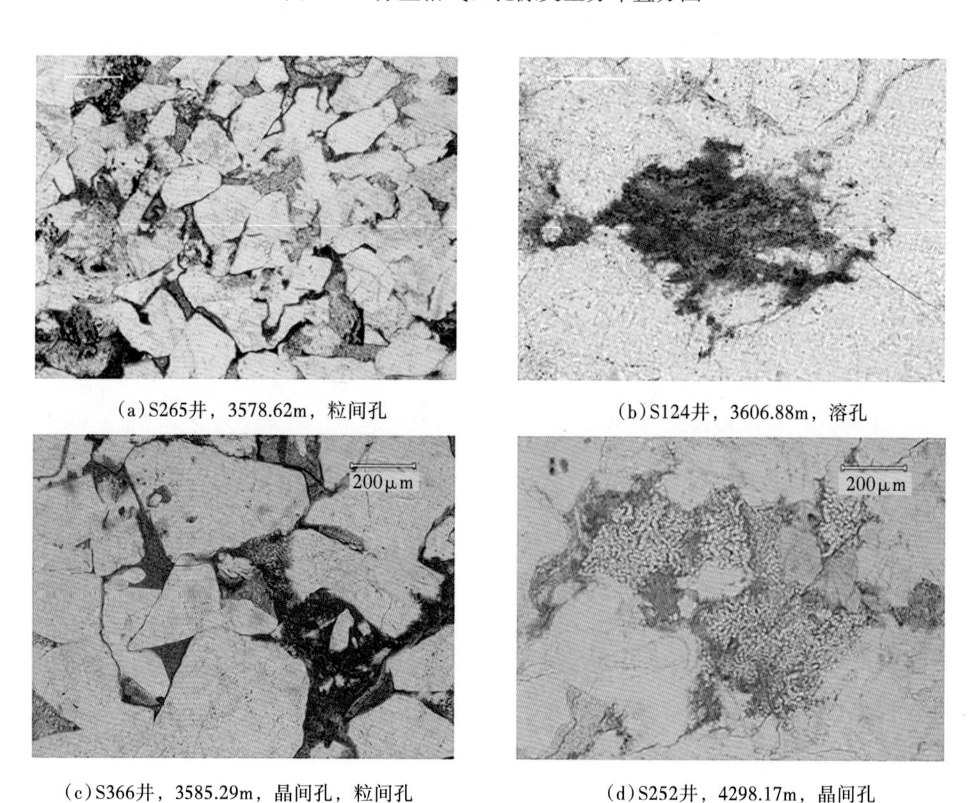

（a）S265井，3578.62m，粒间孔

（b）S124井，3606.88m，溶孔

（c）S366井，3585.29m，晶间孔，粒间孔

（d）S252井，4298.17m，晶间孔

图4-8 苏里格气田主要孔隙类型

扫描电镜分析表明，苏里格气田有效储层孔隙半径为1~100μm（图4-9），属于微米级孔隙。粒间孔等原生孔隙一般较大，孔隙半径大于50μm，溶孔及晶间孔等次生孔隙相对较小，孔隙半径一般小于20μm。

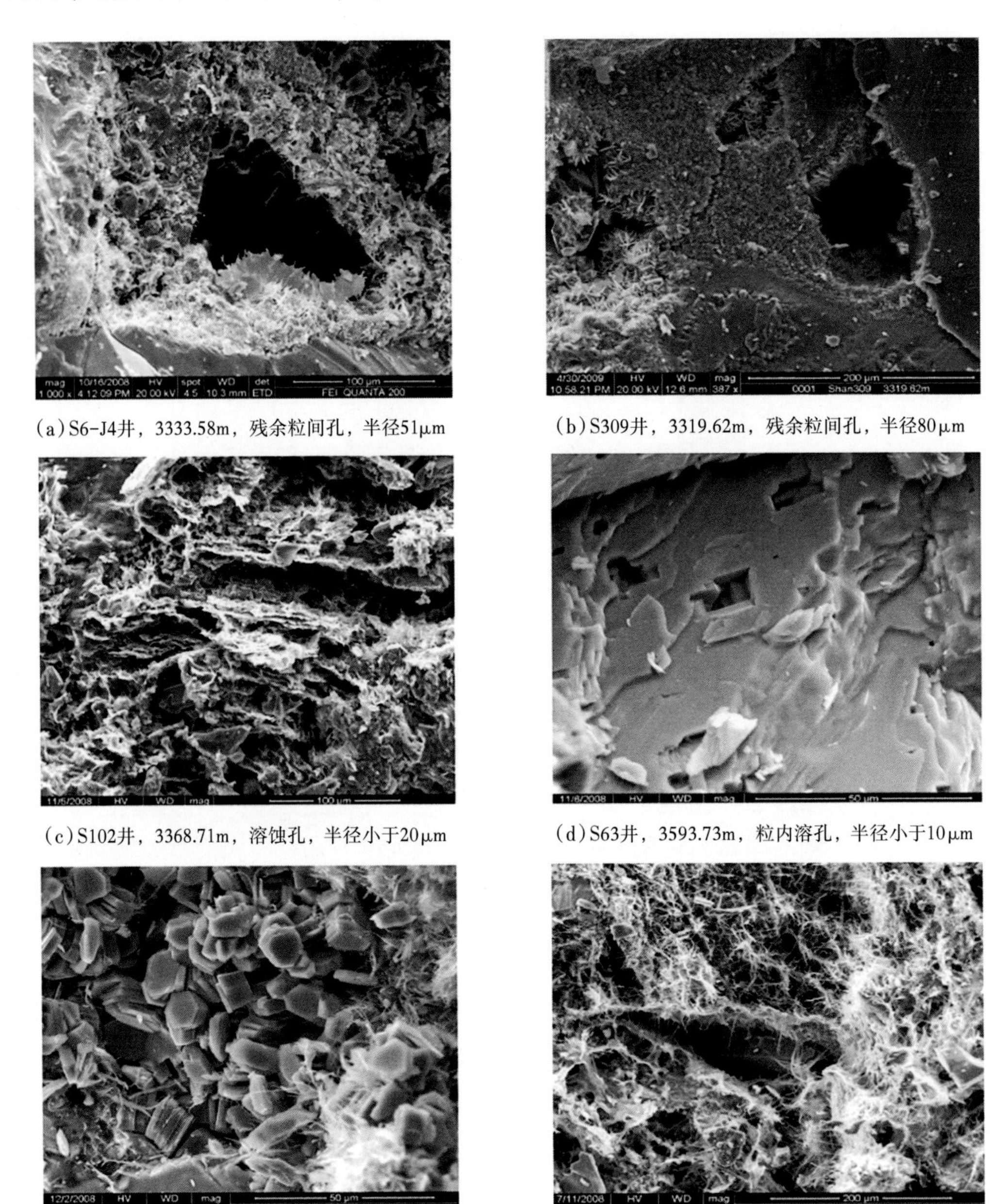

（a）S6-J4井，3333.58m，残余粒间孔，半径51μm

（b）S309井，3319.62m，残余粒间孔，半径80μm

（c）S102井，3368.71m，溶蚀孔，半径小于20μm

（d）S63井，3593.73m，粒内溶孔，半径小于10μm

（e）S166井，3652.07m，高岭石晶间孔，半径小于15μm

（f）S130井，3462.69m，伊利石晶间孔，半径小于15μm

图4-9　苏里格气田孔隙特征

根据27口井103块样品的压汞分析，苏里格气田储层孔喉具有粒径小、分选差、连通性差的特点。储层以发育小孔喉为主，驱替压力高，驱替压力平均1.19MPa；中值压力低，平均8.63MPa；中值半径小，平均0.22μm。孔喉分选较差，分选系数分布在0.9～2.64，平均1.52，细歪度，孔隙喉道分布不均匀，储层变异系数分布在0.07～0.26，平均0.14，偏态平均-0.23；储层孔喉连通性较差，进汞饱和度分布范围较大，从25.53%～99.99%均有分布，平均74.04%；退汞效率在14.7%～60.9%，平均42.99%。

根据孔隙度、渗透率、驱替压力、中值半径、退汞效率等参数的分布，可以将苏里格气田储层孔隙结构特征分为4类（表4-2），其中Ⅰ类、Ⅱ类储层孔隙结构指示优质储层（图4-10），Ⅲ类为差储层，Ⅳ类为非储层。

表4-2　不同类型储层孔隙结构压汞参数统计特征

类别	孔隙度（%）	渗透率（mD）	驱替压力（MPa）	中值半径（μm）	退汞效率（%）
Ⅰ类	≥8	≥0.6	≤0.4	≥0.5	≥46
Ⅱ类	6～8	0.4～0.6	0.4～0.8	0.5～0.1	46～40
Ⅲ类	5～6	0.3～0.4	0.8～1.2	0.05～0.1	38～40
Ⅳ类	<5	<0.3	>1.2	<0.05	<38

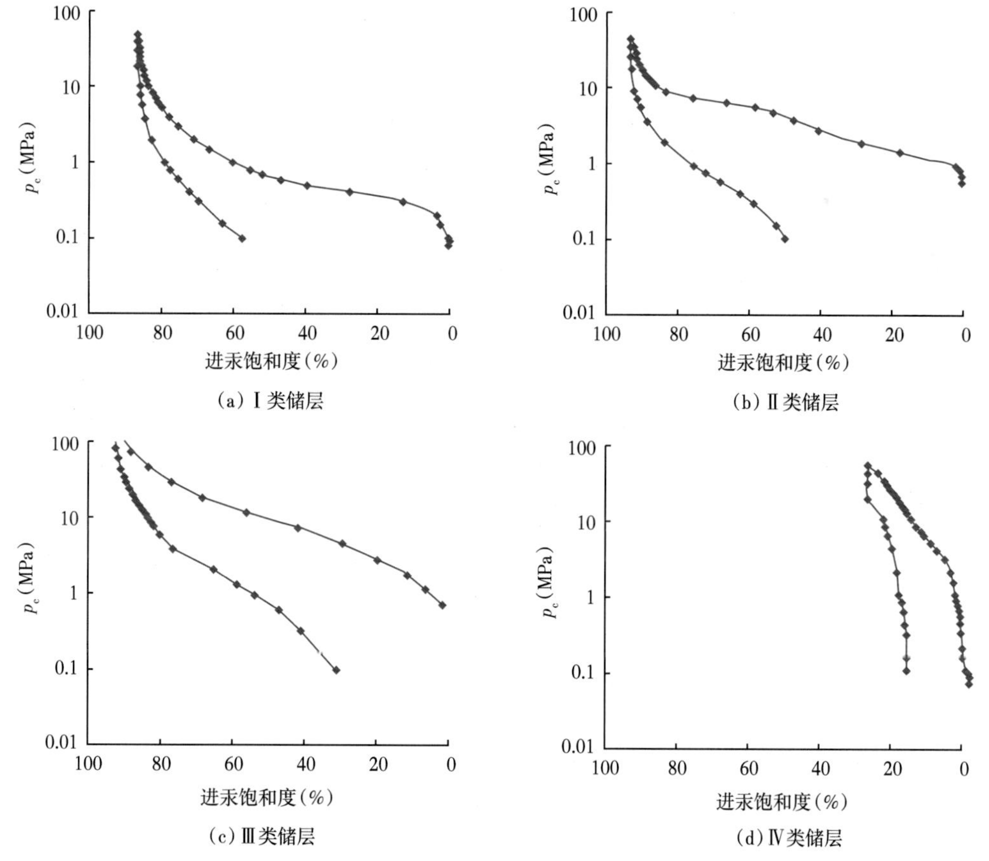

图4-10　苏里格气田储层孔隙结构特征

Ⅰ类储层压汞曲线为平台型，孔喉连通性好，粗歪度，驱替压力小，退汞效率高，孔隙组合类型为粒间孔—溶孔、晶间孔—粒间孔，储集物性好，是本区最好的孔隙结构类型。

Ⅱ类储层压汞曲线为具一定斜率的平台型，孔喉分选较好，孔隙组合类型为晶间孔—溶孔、溶孔型，物性较好，是本区主要的孔隙结构类型。

Ⅲ类储层压汞曲线平台斜率大，孔喉连通性较差，驱替压力一般大于0.8MPa，孔隙组合类型主要为微孔—晶间孔、溶孔—晶间孔，储层孔隙度5%~6%。

Ⅵ类储层压汞曲线平台斜率大，孔喉连通性较差，驱替压力一般大于1.2MPa，孔隙组合类型主要为微孔—晶间孔、溶孔—晶间孔，孔隙度小于5%，渗透率小于0.3mD。该类型储层较差。

二、辫状河沉积体系分级构型

苏里格气田为沼泽背景下发育的缓坡型辫状河沉积体系，砂体大面积广泛分布，总的来说，砂体钻遇率高，连续性好。由于河道频繁改道迁移，导致多期河道砂体、河道与心滩砂体互相切割、叠置，形成了垂向上厚度大，平面上复合连片的大型复合河道砂体，呈南北向展布（图4-11、图4-12）。

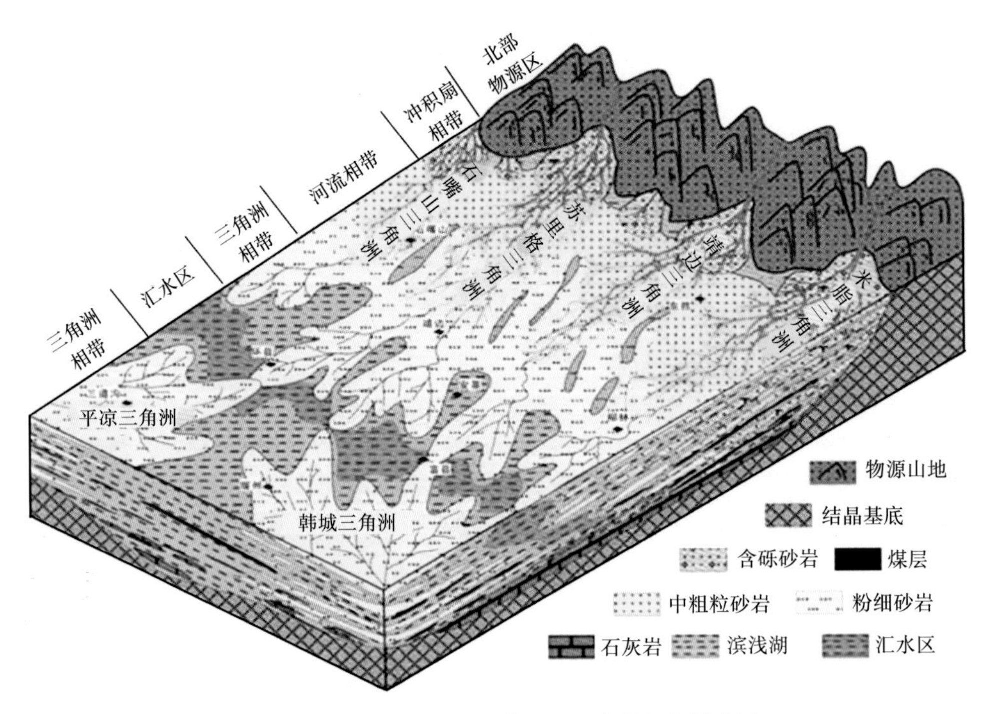

图4-11 鄂尔多斯盆地上古生界三角洲沉积模式图

苏里格砂质辫状河体系由大量的小透镜状砂体多期切割叠置而成，按照不同描述尺度可划分四级构型：一级构型，辫状河体系；二级构型，辫状河叠置带；三级构型，单河道；四级构型，河道沙坝（图4-13）。

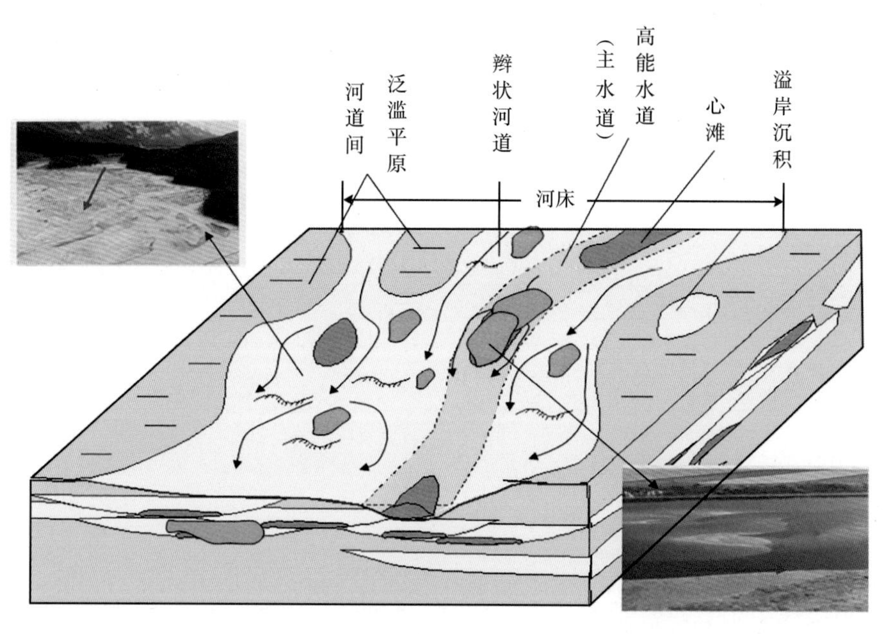

图 4-12　苏里格砂质辫状河盒八段沉积模式图

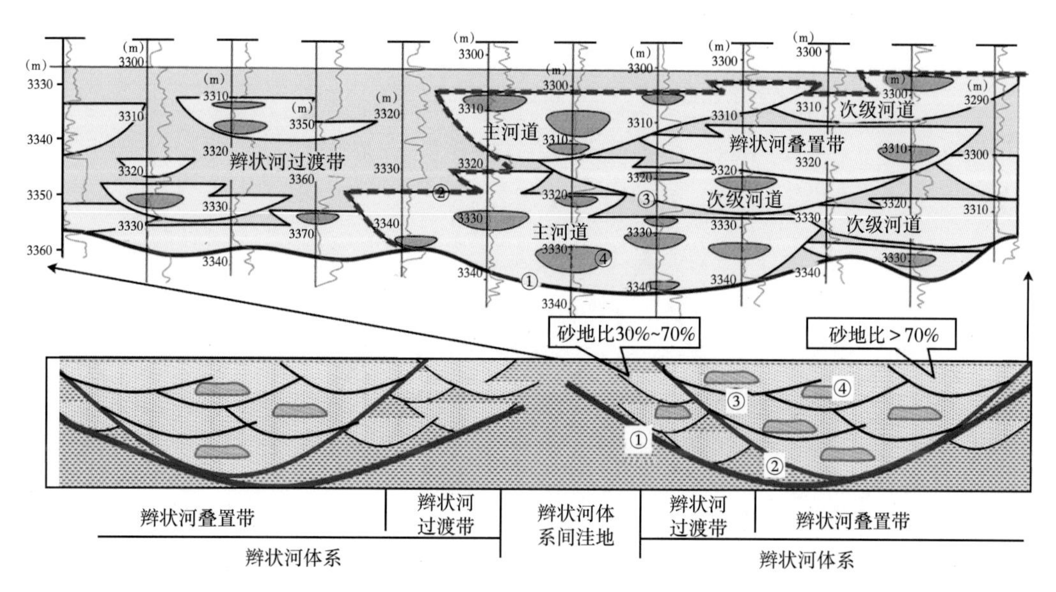

图 4-13　苏里格气田辫状河沉积体系分级构型

苏里格盒八段、山一段沉积时距离物源近，坡降缓，水动力强，河道迁移、改道频繁，形成规模较大的辫状河体系（辫状河复合体），在平面上呈片状分布。苏里格辫状河沉积体系的形成是地质历史时期物源、水动力、古地形、可容纳空间、沉积物供给等多地质因素共同作用的结果，是一定地层规模的沉积环境和沉积物的总和。按照其空间演化所表现出的区域性的差异，可分为辫状河体系叠置带、辫状河体系过渡带和辫状河体系间三个相带（图 4-14）。不同沉积相带具有不同的储层发育特征，其中叠置带砂地比大多大于 70%，过渡带砂地比范围 30%~70%，体系间砂地比多小于 30%（图 4-15）。

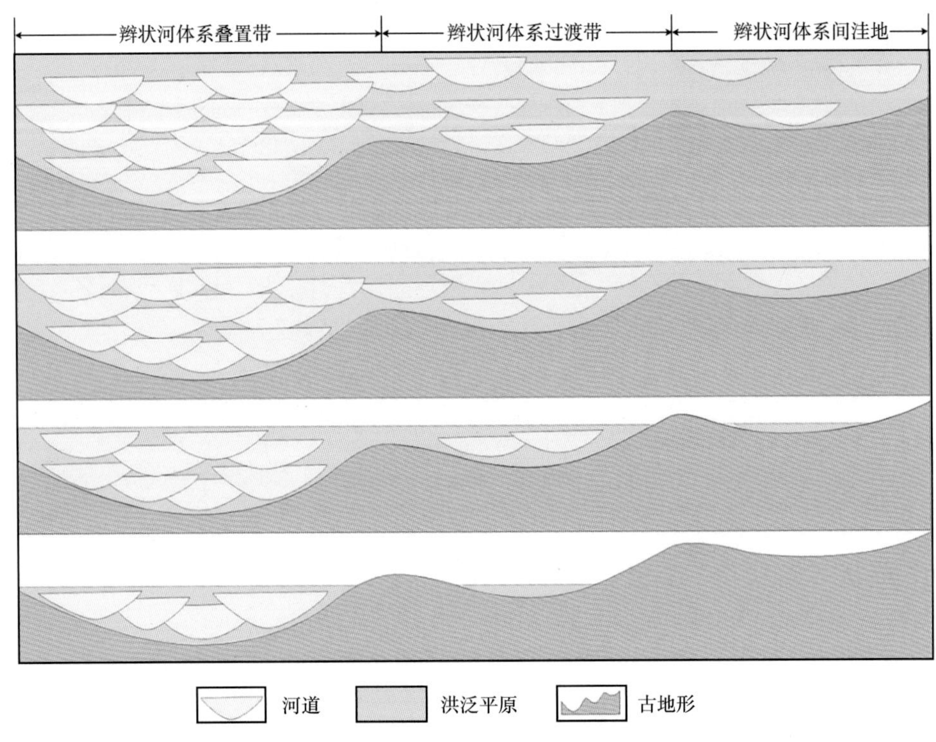

图 4-14　苏里格气田辫状河体系带形成过程

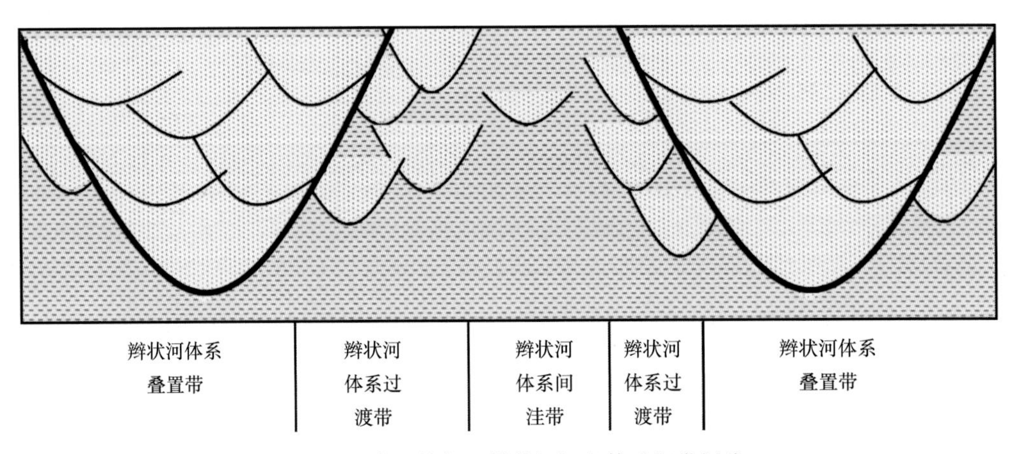

图 4-15　苏里格气田辫状河沉积体系相带划分

不同辫状河体系带成因和储层特征差异很大，从辫状河体系叠置带、过渡带再到辫状河体系间，沉积水动力由强到弱，可容纳空间由大到小，沉积物岩性由粗到细，砂体叠置期次由多到少（图 4-16），砂体连通性和连续性由好到差。

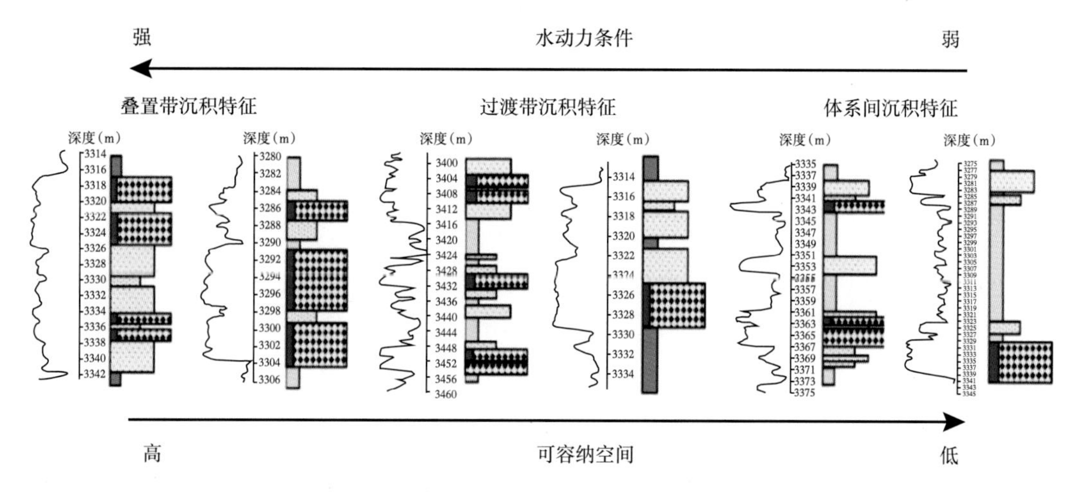

图 4-16　辫状河体系带单井模型

1. 辫状河体系叠置带

叠置带处于剖面上古地形最低洼处，坡降相对最大，水动力较强，古河道持续发育，A/S 值(沉积物可容纳空间/沉积物供给量)低，纵向上多期河道反复切割叠置形成厚层砂、泥岩沉积(图 4-17)，砂地比值较高，泥岩夹层不发育，横向上砂岩连续性和连通性较好。叠置带以心滩沉积的厚层粗砂岩和河道充填沉积的薄层中、粗砂岩呈互层状出现，岩相总体较粗，以含砾粗砂岩、粗砂岩为主，常发育槽状交错层理、板状交错层理等指示强水动力的沉积构造，测井曲线表现为光滑或微齿状箱型。有效储层多呈薄厚不等的多层特征，分布集中、累计厚度大，夹层多为细粒致密层(图 4-18—图 4-20)。

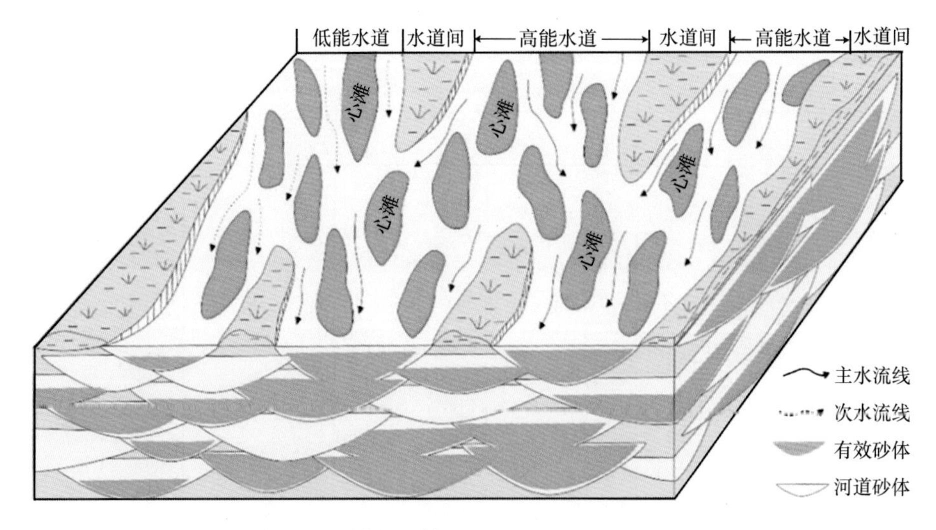

图 4-17　辫状河体系叠置带储层沉积模式图

2. 辫状河体系过渡带

过渡带处于剖面上古地貌中等低洼处，类似于河流地貌一级阶地，只有洪水到达中等或中等以上水位时候才会发育河道砂岩沉积，低水位期暴露不沉积，剖面岩性呈现砂泥岩

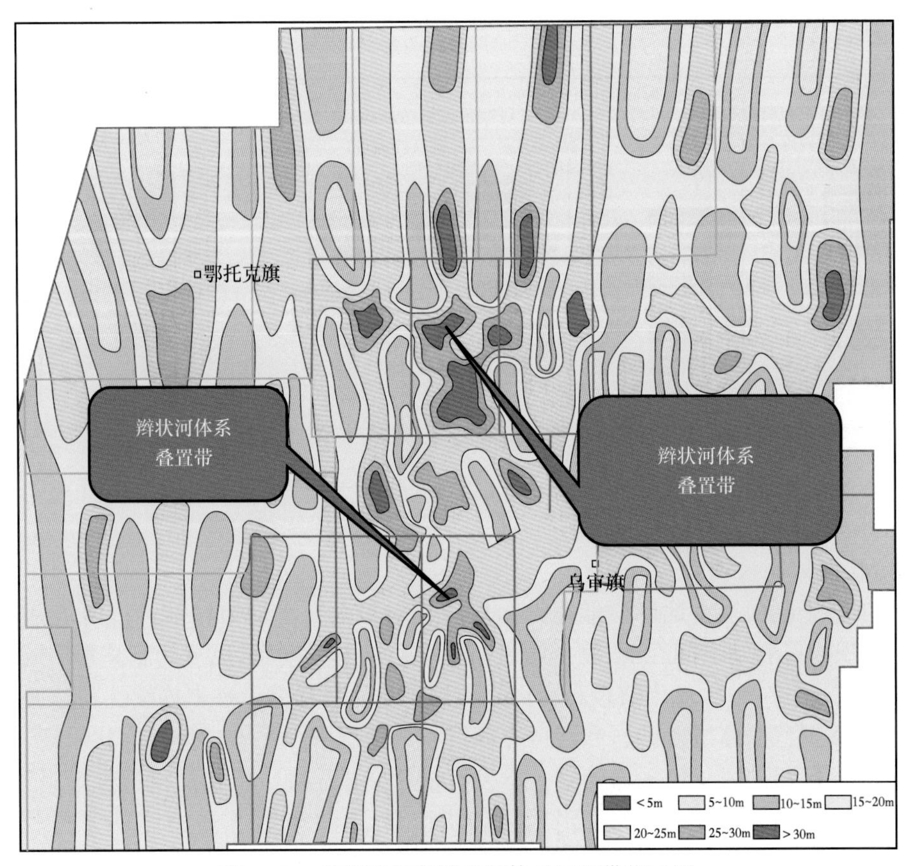

图 4-18 苏里格气田辫状河体系叠置带指示图

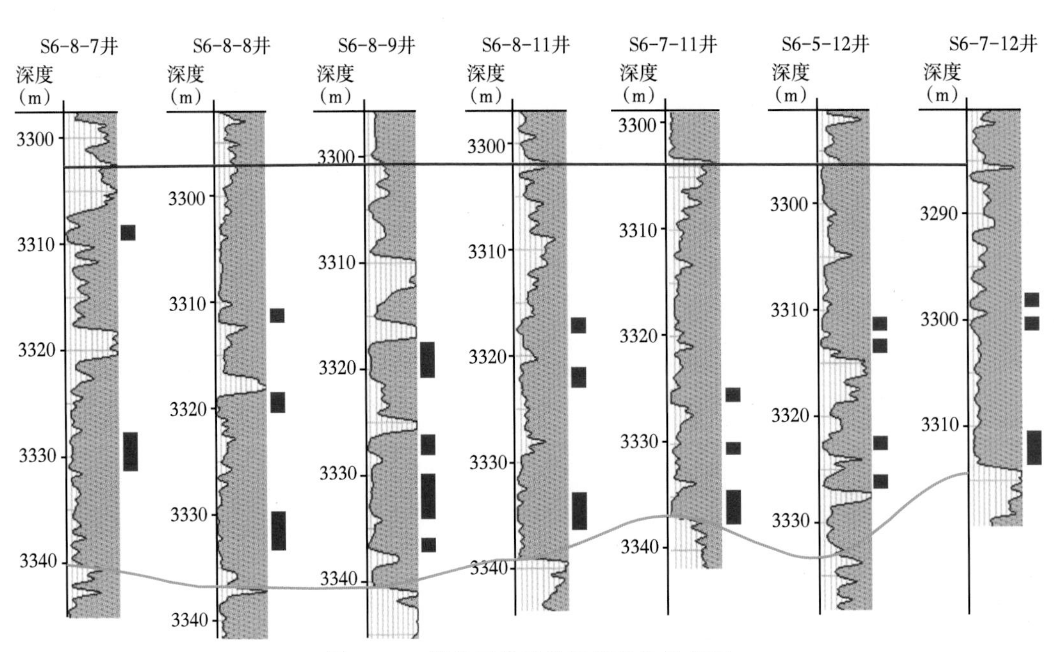

图 4-19 辫状河体系叠置带砂体分布图

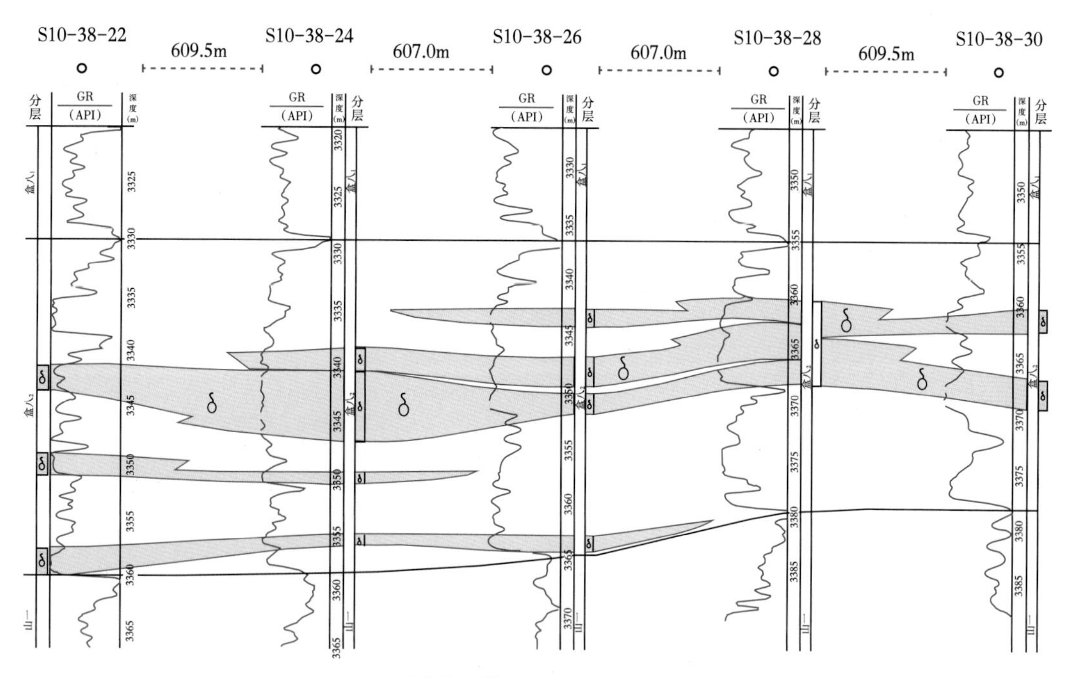

图 4-20 辫状河体系叠置带有效储层分布图

互层沉积(图 4-21)。相比于叠置带，过渡带发育的砂体规模小、连续性差、侧向迁移快，岩性粒度粗到中等，可形成频繁单层出现的粗砂岩，测井曲线表现为齿化箱型或中高幅钟型。有效砂体单体发育，沉积厚度较大(图 4-22—图 4-24)。

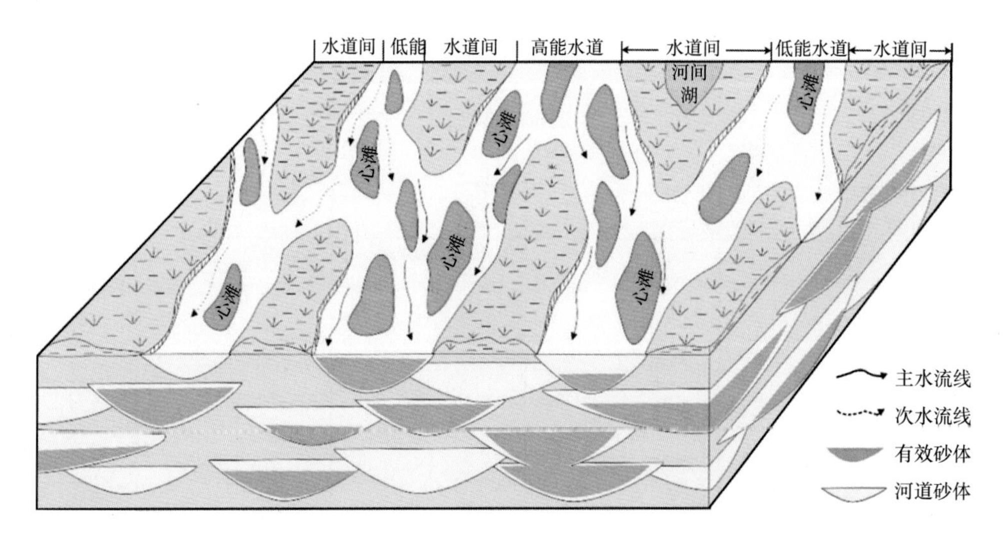

图 4-21 辫状河体系过渡带储层沉积模式图

3. 辫状河体系间

辫状河体系间处于剖面上古地貌最高处，类似于河流地貌二级阶地，洪水到达高水位或特高水位时偶尔发育河道砂岩沉积，沉积物可容纳空间与沉积物补给量比值持续较高，

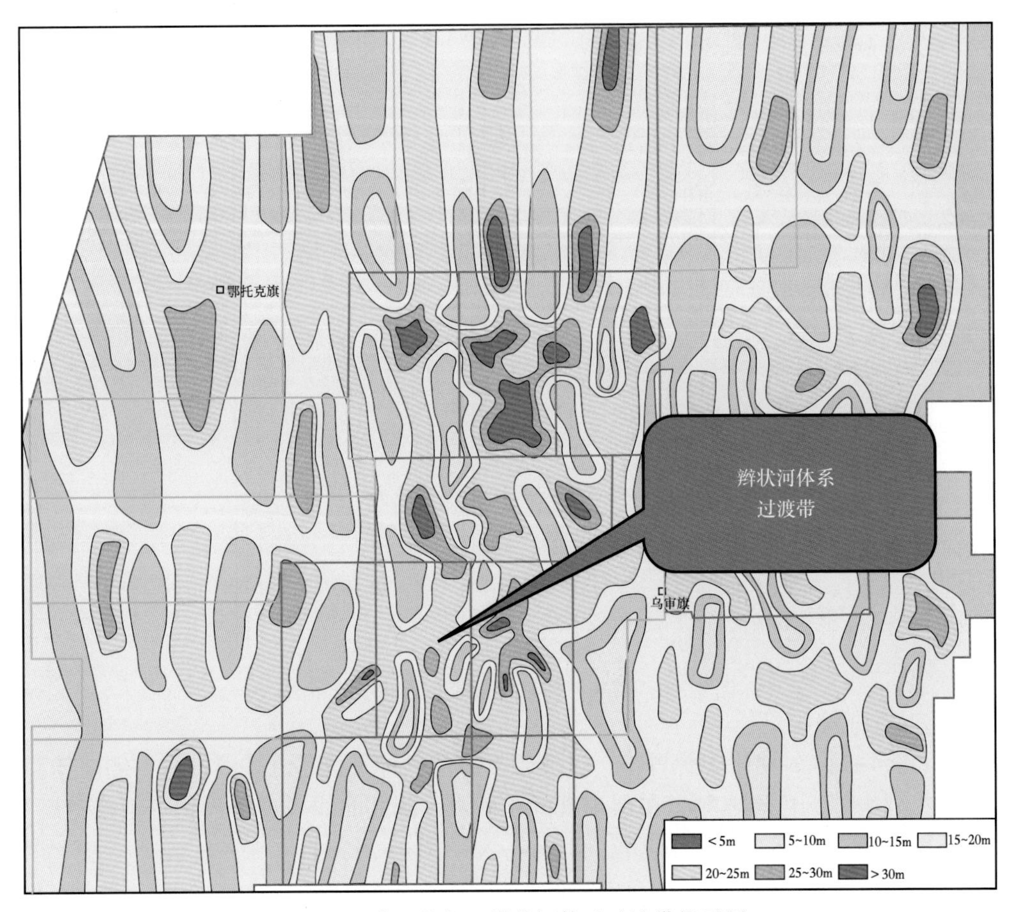

图 4-22　苏里格气田辫状河体系过渡带指示图

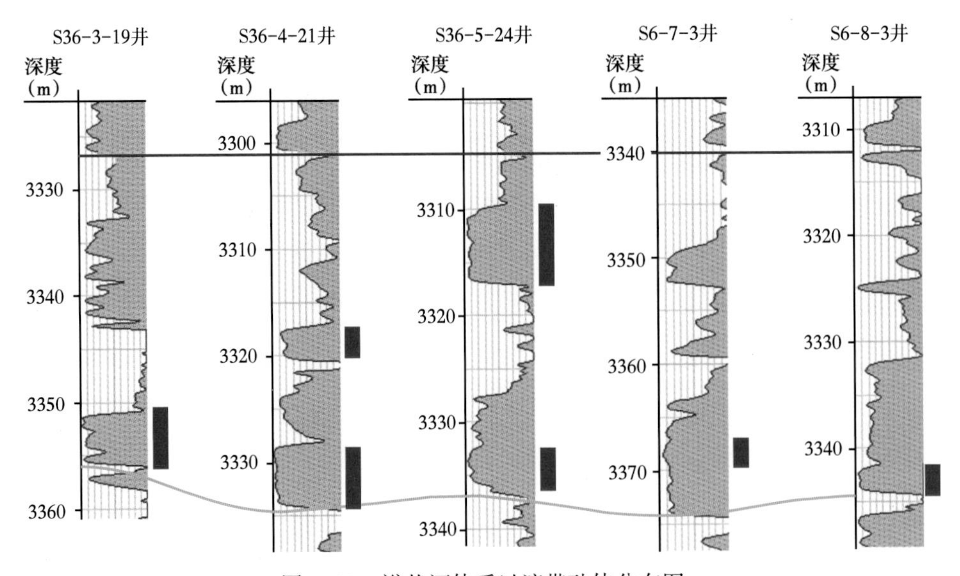

图 4-23　辫状河体系过渡带砂体分布图

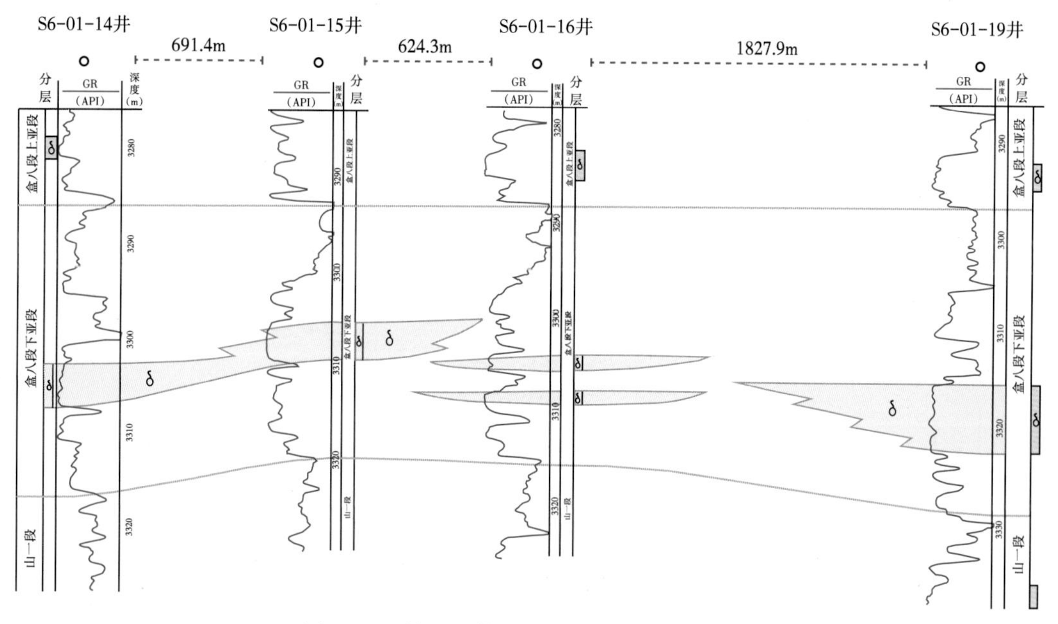

图 4-24 辫状河体系过渡带有效储层分布图

以发育泥岩为主(图 4-25)，砂体零星分布。辫状河体系间发育岩性以泥岩、粉砂质泥岩为主，岩性细，所含沉积微相类型主要为泛滥平原，夹有薄层溢岸沉积，偶尔可见小型河道粗砂岩相发育，测井曲线表现为低幅钟型，储层不甚发育，有效储层多为孤立小薄层(图 4-26—图 4-28)。

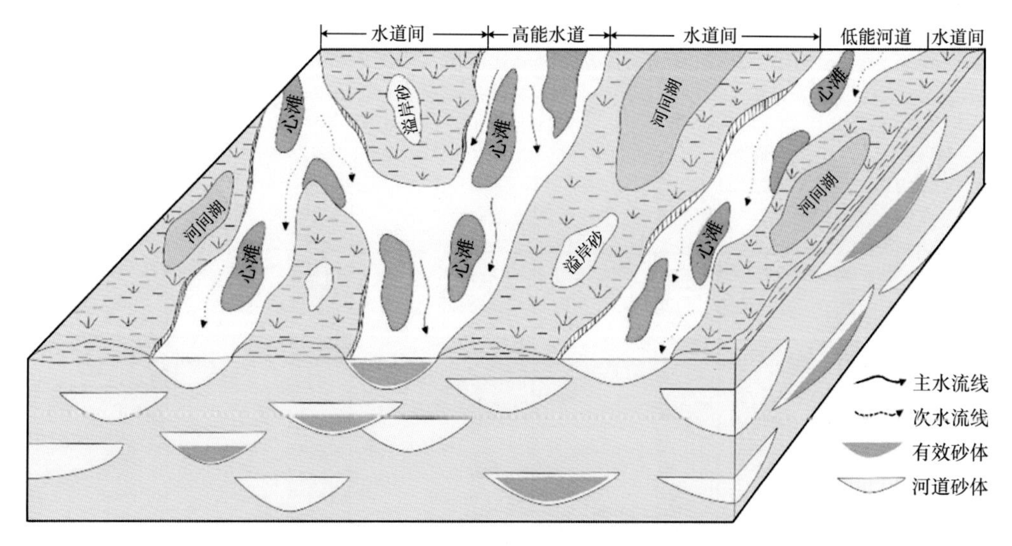

图 4-25 辫状河体系间储层沉积模式图

辫状河体系带概念的提出，填补了相关研究领域的空白，为利用“分级构型”的原理建立地质模型、筛选有利区、布水平井提供了基础。从区域沉积体系、辫状河体系复合带

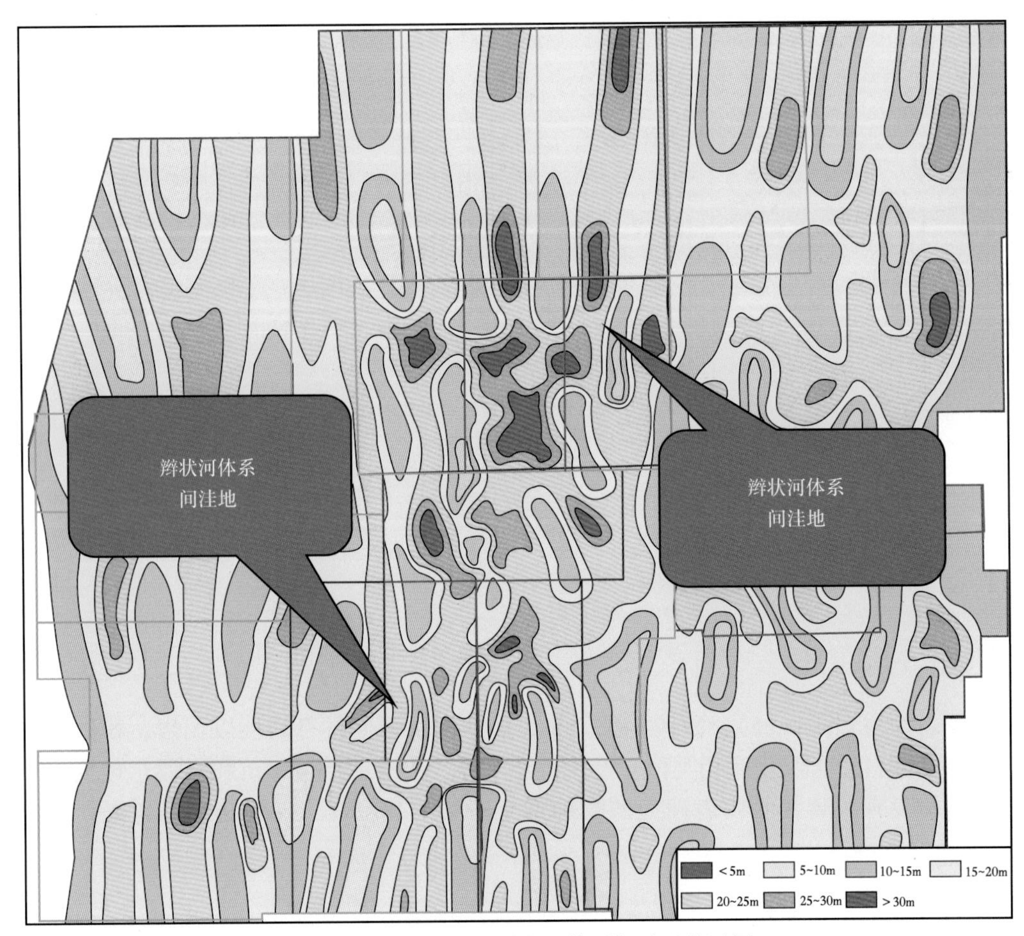

图 4-26 苏里格气田辫状河体系间洼地指示图

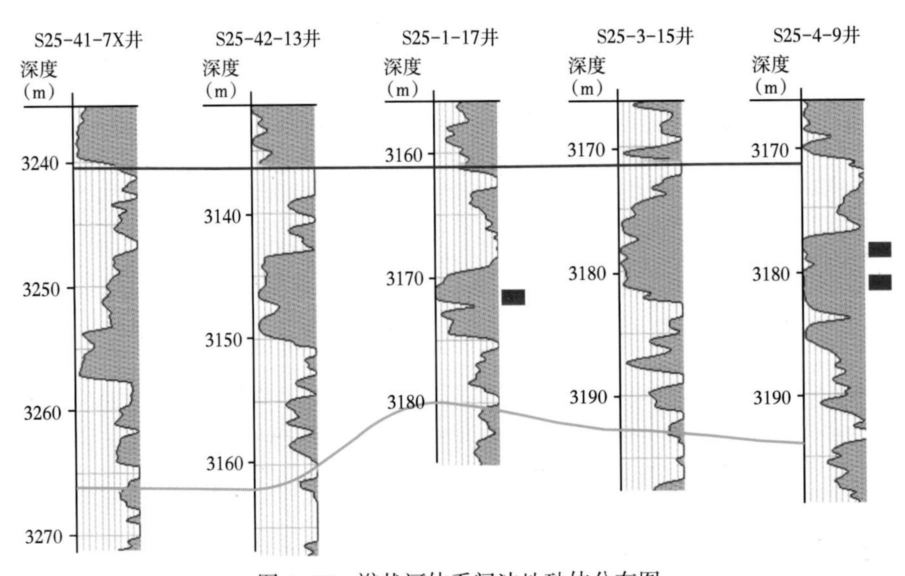

图 4-27 辫状河体系间洼地砂体分布图

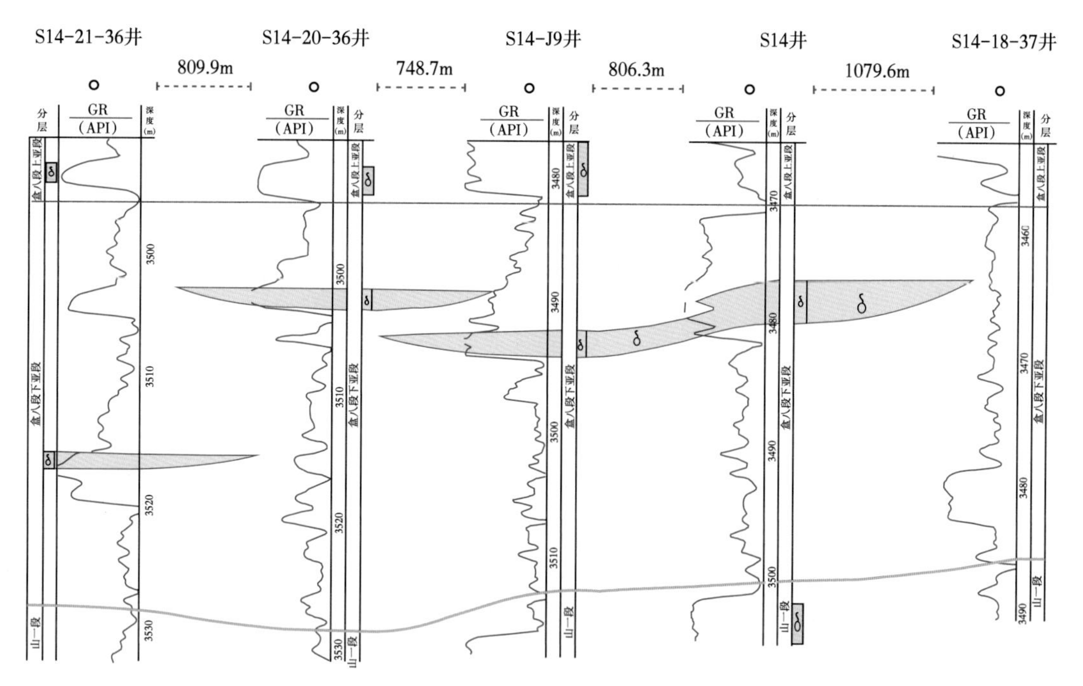

图 4-28　辫状河体系间洼地有效储层分布图

(多期辫状河体系在平面和剖面的叠加)到辫状河体系带、沉积微相，沉积级别依次降低(图 4-29)，对应规模尺度不断减小，可利用的资料逐渐丰富，研究精度不断提高。具体来说，在平面尺度上，辫状河体系复合带对应十千米或几十千米级地层，辫状河体系带对应千米级地层，而沉积微相对应十米至百米级地层；在垂向尺度上，辫状河体系复合带对应多个砂层组地层，辫状河体系带对应一个砂层组，而沉积微相对应小层或单砂体(表 4-3)。

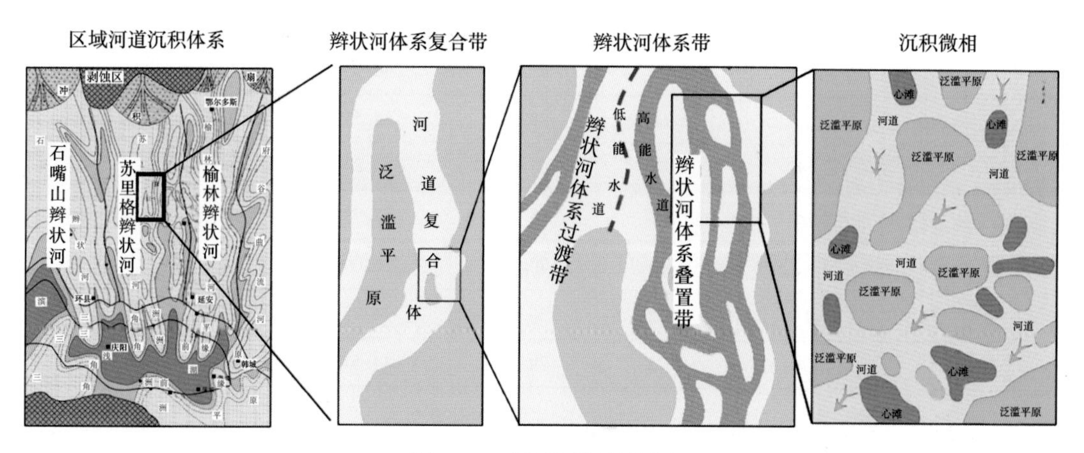

图 4-29　沉积层级结构图

从沉积相(区域沉积体系)到沉积微相的研究，再从沉积微相到辫状河体系带的总结，地层尺度由粗到细，再由细到粗。由粗到细，展现了沉积学的学科理论发展；由细到粗，体现了油气开发地质的实践诉求。理论和实践两者相互促进、补充和完善，推动了地下地质条件认识程度的不断加深。

表 4-3　不同的沉积层级对比

沉积层级	辫状河体系复合带	辫状河体系带	沉积微相
识别方法	砂岩、泥岩分布，地震相	砂体规模、砂体厚度比例、垂向叠置率、横向连通率等	岩心、测井相
平面尺度	十千米级	千米级	十米—百米级
垂向尺度	多个砂层组	砂层组	小层
有利储层分布	富集区	叠置带	心滩

三、储层空间分布规律

1. 砂体及有效砂体呈“砂包砂”二元结构

苏里格气田砂体厚度大，连续性强，平面上呈片状，而有效砂体（主要为气层和少部分含气层）厚度较薄，分布范围较窄，在空间呈孤立状，砂体及有效砂体在空间分布呈“砂包砂”二元结构。

苏里格气田各小层砂体钻遇率普遍可达 60% 以上，盒八段各小层砂体厚度较厚，为 6.9~8.0m；山一段各小层砂体厚度较薄，为 2.7~4.4m（表 4-4）。砂体厚度的变化反映了沉积环境的变化，从山一段到盒八段，水动力增强。

表 4-4　各小层有效砂体厚度及钻遇率统计

段	小层	砂体厚度（m）	有效砂体厚度（m）	砂体钻遇率（%）	有效砂体钻遇率（%）	砂地比	净毛比
盒八段上亚段	1	6.89	1.00	87.50	29.17	0.38	0.15
	2	7.07	2.53	93.75	56.25	0.46	0.36
盒八段下亚段	1	7.21	2.60	89.58	64.58	0.46	0.36
	2	7.98	2.76	97.92	70.83	0.51	0.35
山一段	1	3.65	0.98	58.33	22.92	0.23	0.27
	2	4.42	1.53	70.83	50.00	0.30	0.35
	3	2.68	0.62	56.25	18.75	0.17	0.23
平均		5.70	1.72	79.46	44.64	0.36	0.27

苏里格气田各个小层有效砂体钻遇率从 20%~70% 不等，各小层有效砂体厚度总体较低，平均 0.6~2.8m，仅盒八段上亚段 2 小层、盒八段下亚段 1 小层、盒八段下亚段 2 小层、山一段 2 小层等 4 个小层平均有效厚度大于 1m（表 4-4）。平面上，有效砂体分布不均，仅在局部地区厚度大于 6m。

剖面上，有效厚度占砂体总厚度比例低，仅为 1/4~1/3（表 4-4，图 4-30），有效砂体发育层数占砂体发育总层数的2/5~1/2(图4-31)，这两者的差距反映单层的砂体厚度要普遍大于有效单砂体厚度，单层砂体厚度与单层有效砂体厚度的比值为2~3。

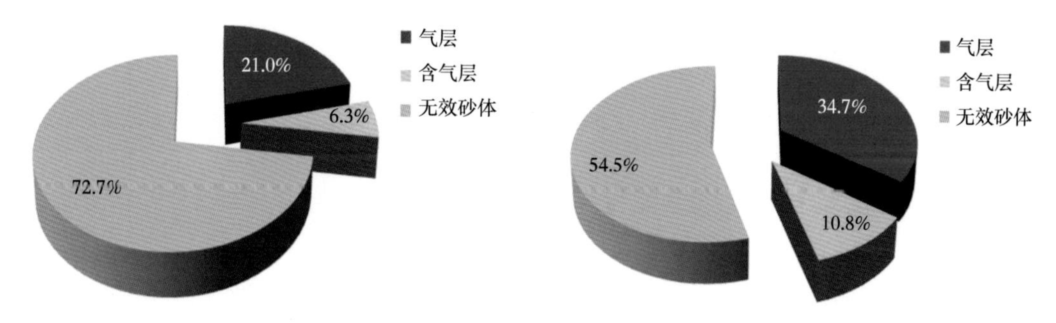

图4-30　砂体发育厚度比例饼状图　　　图4-31　砂体发育层数比例饼状图

总之，苏里格气田砂体并不等同于有效储层，有效储层为普遍低渗透率的背景下相对高渗透的“甜点”，砂体及有效砂体在空间呈“砂包砂”二元结构(图4-32)。

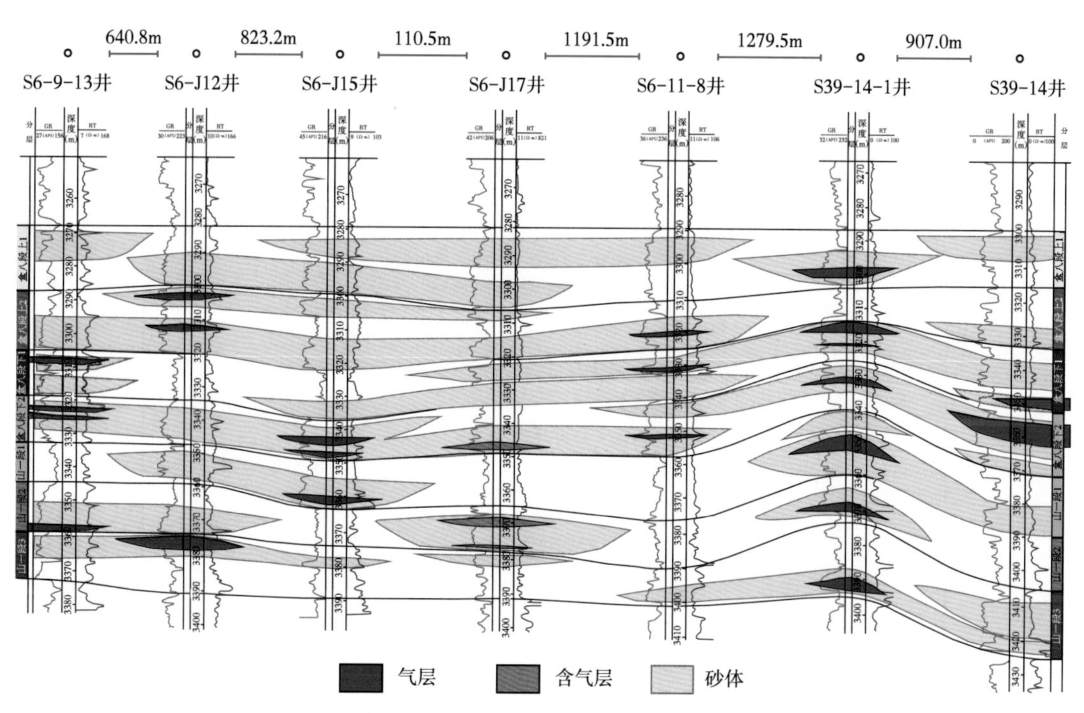

图4-32　苏里格气田中区S6-9-13—S39-14砂体连通图

2. 有效砂体分散，多层叠置含气面积大

盒八段上亚段、盒八段下亚段、山一段单层段有效砂体薄而分散，30~45m砂层组范围内有效砂体厚度仅为3~6m，局部可达6m以上，盒八段有效砂体富集程度明显优于山一段(图4-33—图4-35)。有效厚度多层叠置后在平面上投影，形成大规模的相对富集区(图4-36)，合层有效厚度普遍大于9m。平面上叠合有利区(有效厚度大于6m)占研究区面积的80%以上。

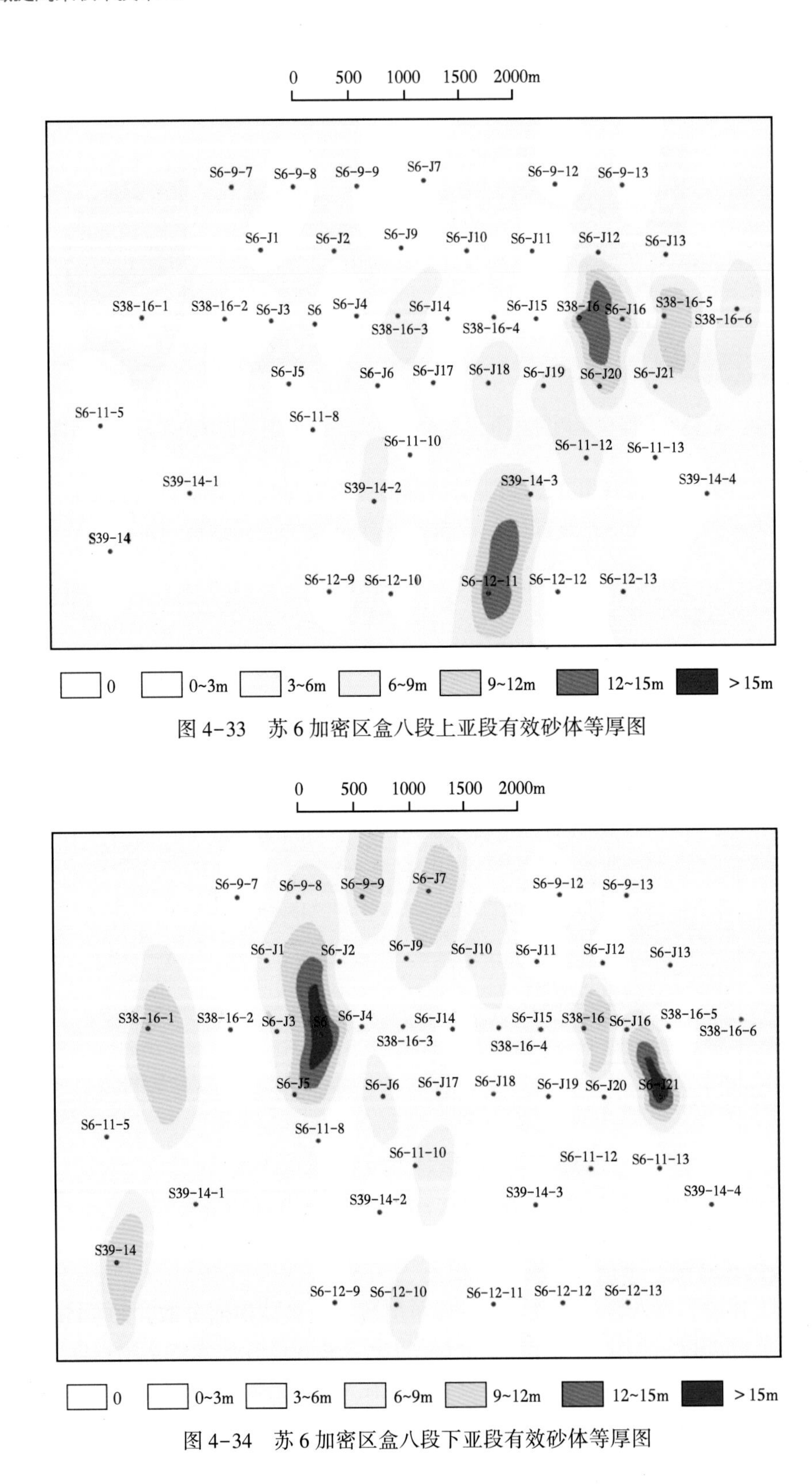

图 4-33 苏 6 加密区盒八段上亚段有效砂体等厚图

图 4-34 苏 6 加密区盒八段下亚段有效砂体等厚图

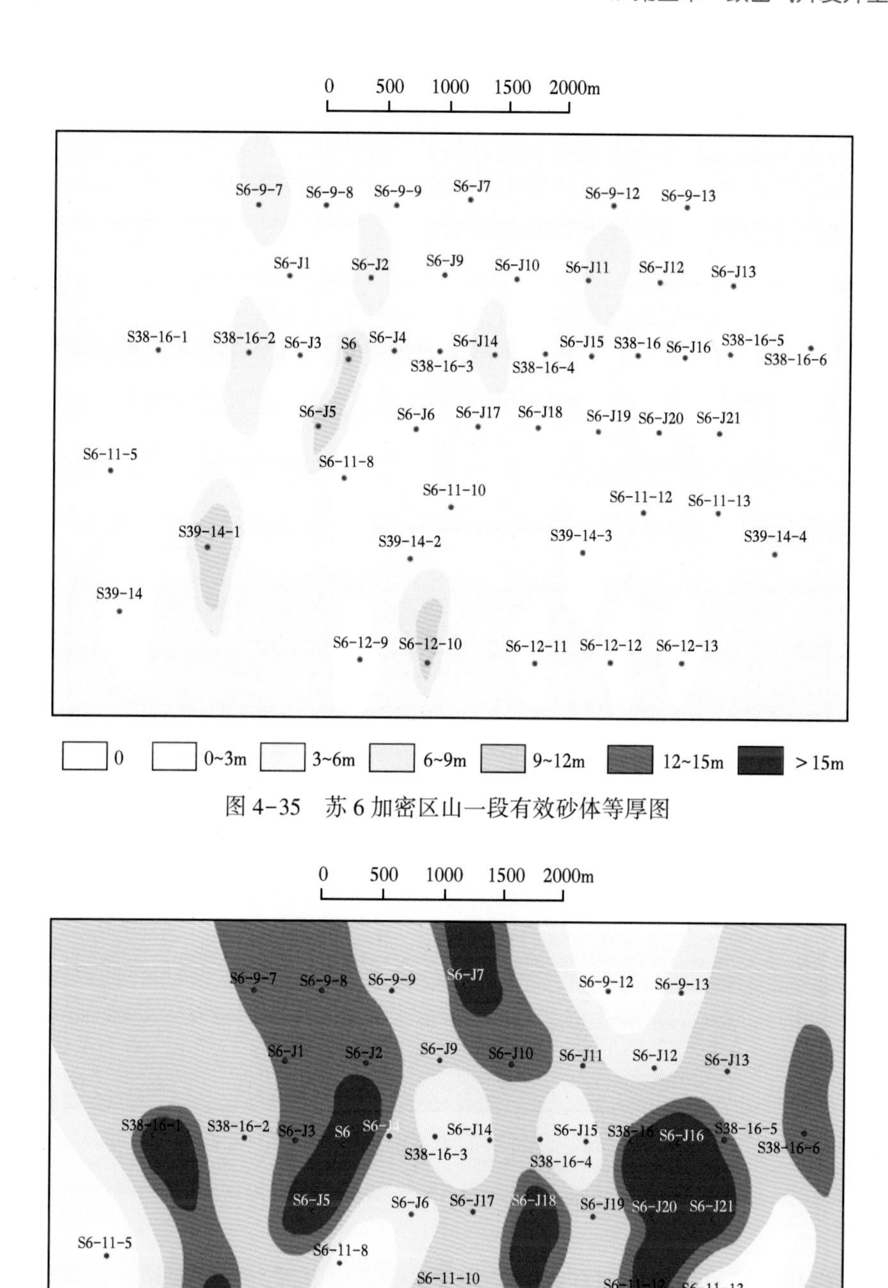

图 4-35　苏 6 加密区山一段有效砂体等厚图

图 4-36　苏 6 加密区盒八段、山一段合层有效体等厚图

3. 粗砂岩相是形成有效储层的主要相带

苏里格气田并不是所有的砂岩都能成为有效储层，有效储层受到沉积作用和成岩作用的双重控制，基本分布在心滩中下部、河道充填底部等粗岩相。强水动力条件下的辫状河沉积控制了储层的分布格局，是有效储层形成的基础。而成藏前的压实、胶结、溶蚀等成岩作用深刻改造了储层，塑造了有效砂体的形态。

1）沉积作用

沉积相展布控制着储层在空间的分布，决定储层的分布格局（图4-37、图4-38），为成岩作用改造储层提供物质基础。单个小层内河道充填微相发育的外边界，基本对应砂体的分布范围，砂体厚度一般大于6m；心滩处砂体厚度一般较大，在8m以上；泛滥平原微相，砂体零星发育，砂体厚度薄，一般小于3m。

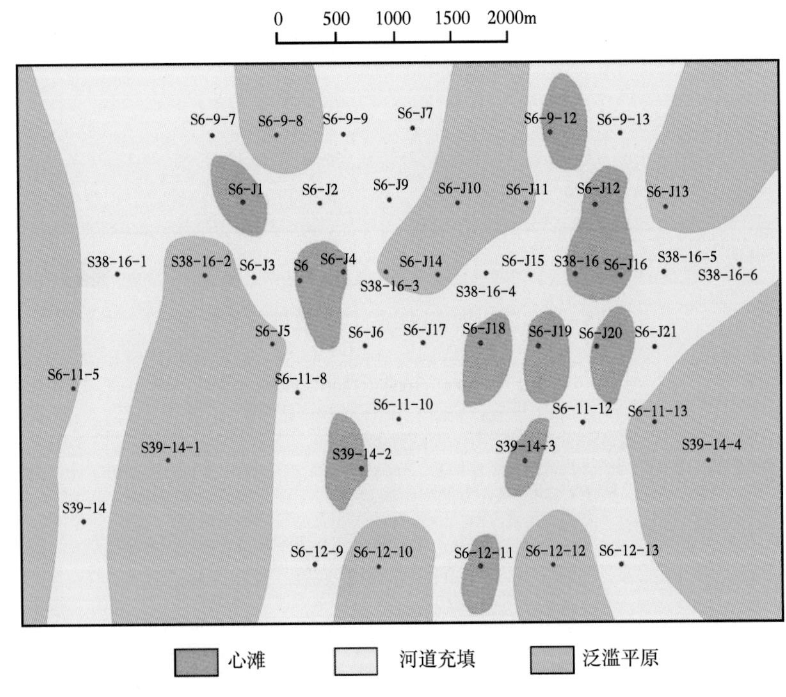

图4-37　苏6加密区盒八段上亚段2小层沉积微相平面图

有利沉积相带空间分布控制有效储层分布。心滩中下部、河道充填底部等粗砂岩相物性好，有效砂体相对富集（图4-39）。经统计，苏里格气田苏6加密区86%有效储层分布在心滩中部、河道充填下部等粗砂岩相。辫状河水动力强，侧向迁移快，心滩等沉积微相在空间分布难以识别和把握，亟需从更大的地层尺度和更高的地层级别提炼控制沉积微相展布和有效砂体分布的地质因素。

2）成岩作用

各层段有效厚度与砂体厚度呈正相关关系，但相关系数不高，仅为0.6345（图4-40），表明除了沉积作用对该地区有效储层有控制作用之外，后期成岩改造效应叠加是另外一种主要控制因素。

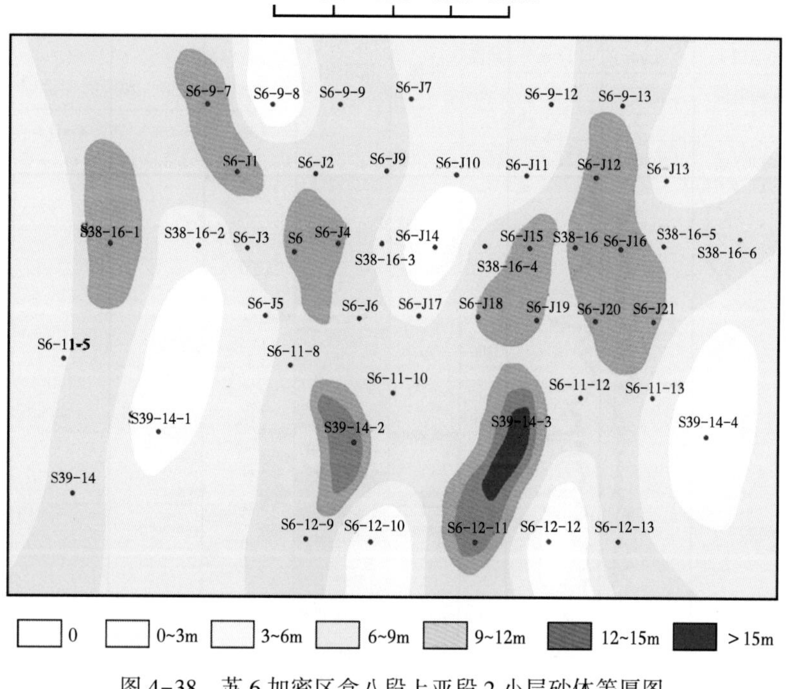

图 4-38　苏 6 加密区盒八段上亚段 2 小层砂体等厚图

苏里格气田气源主要来自石炭系本溪组和二叠系太原组、山西组，气源岩于三叠纪开始成熟，晚侏罗世—早白垩世达到生烃高峰。大量排烃时，气田盒八段、山一段中部埋深 3400~3600m，地层温度 140~160℃，根据碎屑岩成岩阶段划分标准《碎屑岩成岩阶段划分》(SY/T 5477—2003)，气田彼时处于中成岩阶段 B 期。烃类大规模运移之前，压实作用、胶结作用已使储层变得较致密，储层原生孔隙度基本消失殆尽，储层孔隙以次生孔隙为主，溶蚀作用是形成次生孔隙的主要原因。苏里格气田储层经历的成岩作用可分为建设性成岩作用和破坏性成岩作用，其中破坏性成岩作用包括压实作用、胶结作用等，建设性成岩主要为溶蚀作用。

(1)破坏性成岩作用。

①压实作用。

压实作用是沉积物在其上覆水层或沉积层的重荷作用下，发生水分排出、孔隙度降低、体积缩小的成岩作用。压实作用在沉积物埋藏的早期阶段比较明显，是导致本区砂岩孔隙丧失的主要原因。

苏里格气田盒八段上亚段、盒八段下亚段、山一段储层压实作用的主要表现为云母、岩屑颗粒的压实弯曲杂基化，长石、石英颗粒的受应力作用破裂(图 4-41a)，以及石英颗粒边缘的港湾状溶蚀现象，最终使岩石致密化，岩石孔隙度和渗透率也随深度发生变化。压实作用导致塑性碎屑挤压、变形、充填孔隙，严重影响了储层的储集和渗流能力。

②胶结作用。

胶结作用是指从孔隙溶液中沉淀出矿物质(胶结物)，将松散的沉积物固结起来。胶

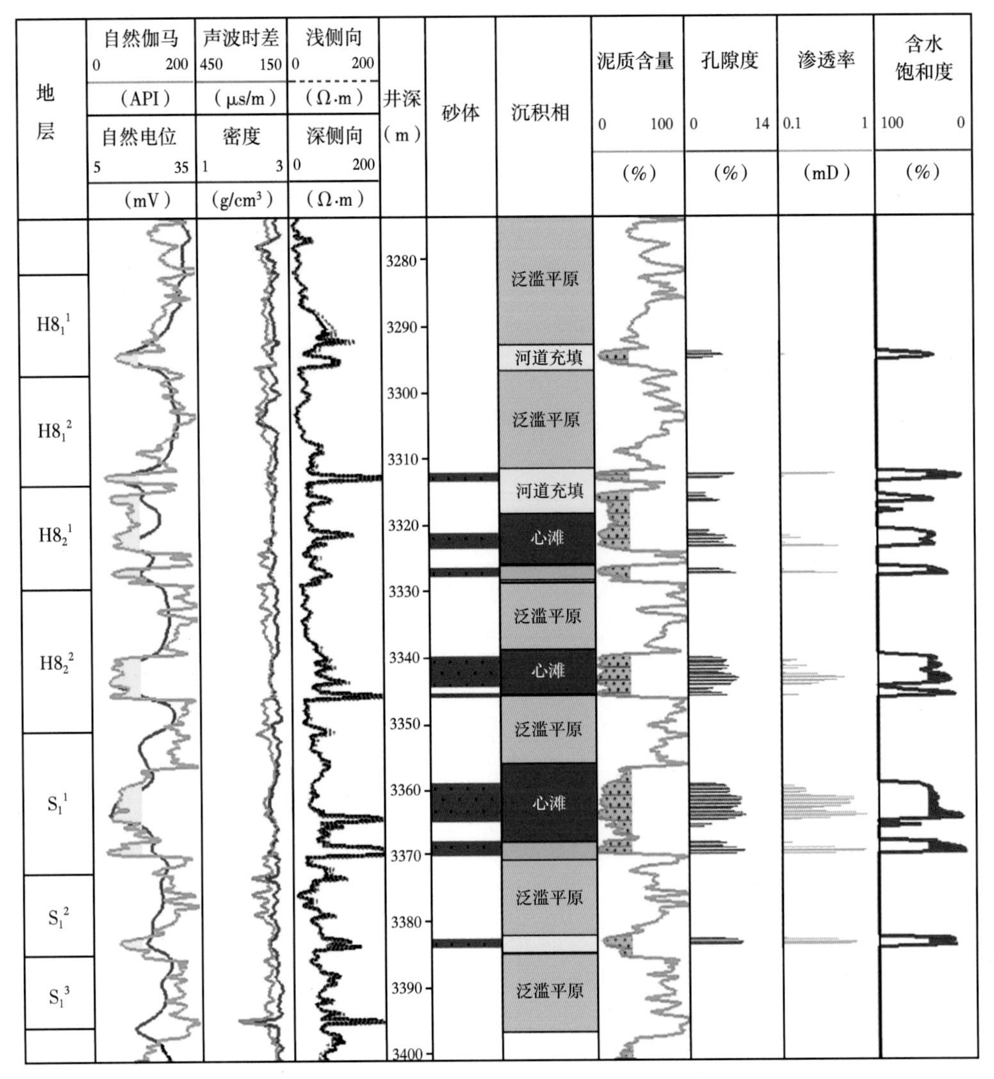

图 4-39　沉积环境和有效砂体的对应关系

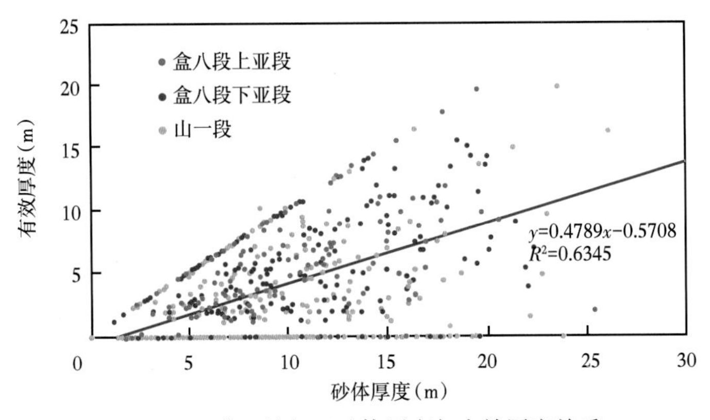

图 4-40　苏里格气田砂体厚度与有效厚度关系

结作用是导致储层致密化的主要原因。区内含气层为煤成气型气藏，煤系酸性水介质条件缺乏早期碳酸盐胶结物，利于晚期 SiO_2 的沉淀，故煤系地层致密砂岩中胶结作用以硅质胶结为主，主要包括石英次生加大（图 4-41b）和自生石英孔隙充填，以钙质胶结为辅（图 4-41c）。石英次生加大现象明显的颗粒成缝合线形式接触，孔隙空间几乎被占据，仅发育少量粒内溶孔；碳酸盐胶结物主要以充填粒间空隙、交代矿物、衬状边及连晶形式出现。

（a）S350井，3746.32m，压实作用　（b）S355井，3551.95m，石英次生加大

（c）S357井，3545.83m，钙质胶结　（d）S364井，3806.49m，溶蚀作用

图 4-41　苏里格气田成岩作用

（2）建设性成岩作用。

苏里格气田建设性成岩作用主要为溶蚀作用（图 4-41d）。溶蚀作用与埋藏环境中地层水介质的酸碱度、离子含量及流通性密切相关。地层水介质的酸碱性随着埋藏深度及地层温度的增加表现为波动性。当温度达到 100~140℃时，地层水 pH 值明显降低，一些酸性不稳定矿物将发生溶蚀而形成次生孔隙。

虽然溶蚀作用在局部范围内可以改善砂岩的储集性能，但溶蚀产物发生质量传递和异地胶结作用，增强了储层的非均质性，封闭了局部孔隙喉道，又在一定程度上伤害了储层整体的连通性，这也是苏里格气田储层非均质性强和渗透能力低的主要原因之一。

有效储层之所以分布在心滩中下部及河道充填底部等粗岩相，是受沉积和成岩等多重因素控制的：粗岩相储层在沉积环境的控制下，物性好，有较好的储层连通性和连续性；粗粒石英砂岩抗压能力强，在压实作用中原生孔隙得以最大程度保存；粗砂岩中的粗粒刚性颗粒为后期溶蚀作用提供了有利的流体通道，在溶蚀作用下，储层条件得以改善，形成局部高渗透砂体。

四、储层成因体规模解剖

通过野外露头观察、密井网精细地质解剖、干扰试井分析、沉积物理模拟等，研究了苏里格低渗透—致密砂岩气田储层规模，获得了储层厚度、长度、宽度、长宽比、宽厚比等参数，为三维储层建模提供了可靠的地质依据(表4-5，图4-42)。

表4-5 苏里格加密区各小层单砂体平均厚度、发育层数统计表

段	小层	砂体厚度(m)	砂体钻遇率(%)	单砂体厚度(m)	单砂体个数(个)
盒八段上亚段	$H8_1^{\ 1}$	6.89	91.67	4.66	1.61
	$H8_1^{\ 2}$	7.07	93.75	4.42	1.78
盒八段下亚段	$H8_2^{\ 1}$	7.21	89.58	4.99	1.65
	$H8_2^{\ 2}$	7.98	97.92	4.53	1.89
山一段	$S_1^{\ 1}$	3.65	58.33	3.72	1.57
	$S_1^{\ 2}$	4.42	70.83	4.21	1.55
	$S_1^{\ 3}$	2.68	56.25	3.63	1.25

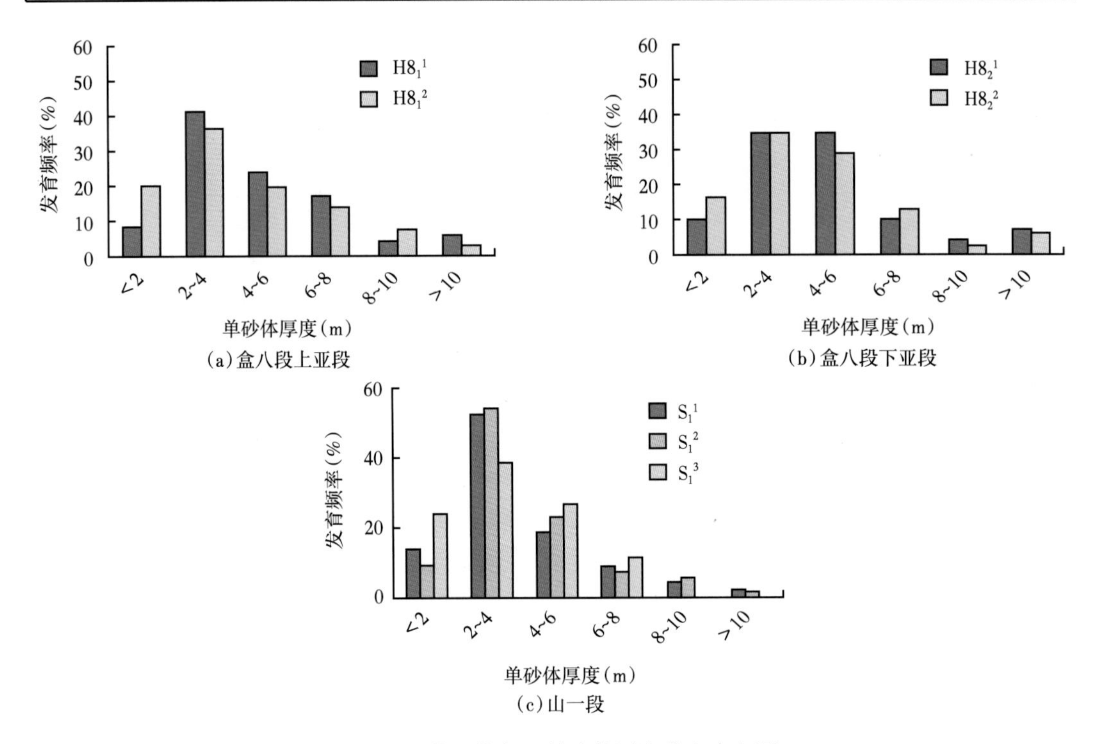

图4-42 苏里格气田单砂体厚度分布直方图

1. 单砂体厚度

苏里格气田有效单砂体厚度分布在1~5m，其中在1.5~2.5m区间分布频率最高(图4-43、图4-44)，各小层有效单砂体厚度差别不大，平均2.2~3.4m(表4-6)。美国绿河盆地致密砂岩气藏有效单砂体厚度2~5m，两者具有对比性。

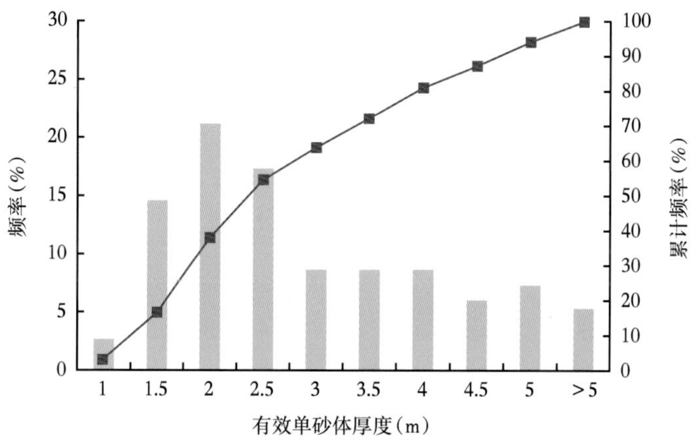

图 4-43　盒八段有效单砂体厚度分布

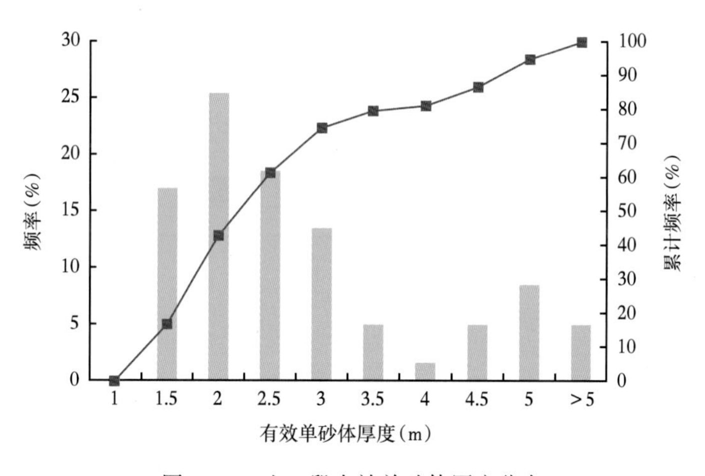

图 4-44　山一段有效单砂体厚度分布

表 4-6　苏里格加密区各小层有效单砂体平均厚度、发育层数统计表

段	小层	有效砂体厚度(m)	有效砂体钻遇率(%)	有效单砂体厚度(m)	有效单砂体个数(个)
盒八段上亚段	$H8_1^{\ 1}$	1.00	29.17	2.68	1.21
	$H8_1^{\ 2}$	2.53	56.25	2.92	1.48
盒八段下亚段	$H8_2^{\ 2}$	2.60	64.58	2.83	1.42
	$H8_2^{\ 2}$	2.76	70.83	2.60	1.43
山一段	$S_1^{\ 1}$	0.98	22.92	3.37	1.27
	$S_1^{\ 2}$	1.53	50.00	2.18	1.46
	$S_1^{\ 3}$	0.62	18.75	2.93	1.11

2. 砂体发育层数

就砂体发育程度而言，盒八段下亚段好于盒八段上亚段，盒八段上亚段好于山一段。盒八段下亚段各小层发育 2 个砂体的比例较高，而盒八段上亚段、山一段各小层一般发育 1~2 个单砂体，其中以发育 1 个单砂体为主(图 4-45)。

就有效砂体发育程度而言，盒八段下亚段各小层发育1~2个有效砂体，而盒八段上亚段、山一段各小层一般仅发育1个有效砂体（图4-46）。小层平均有效砂体厚度与小层

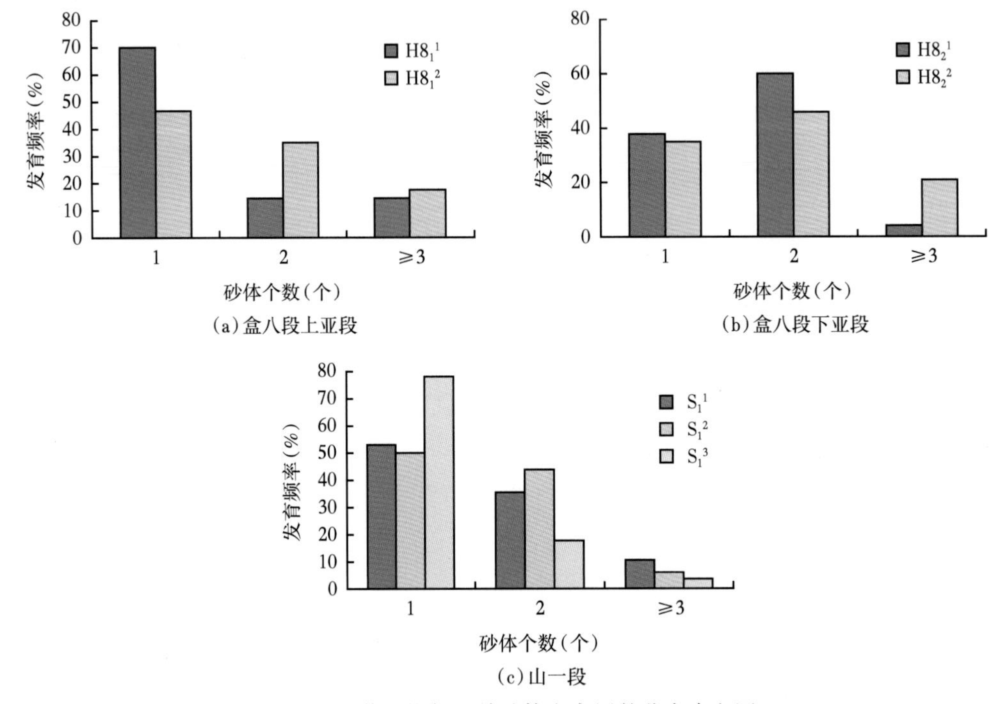

图4-45　苏里格气田单砂体发育层数分布直方图

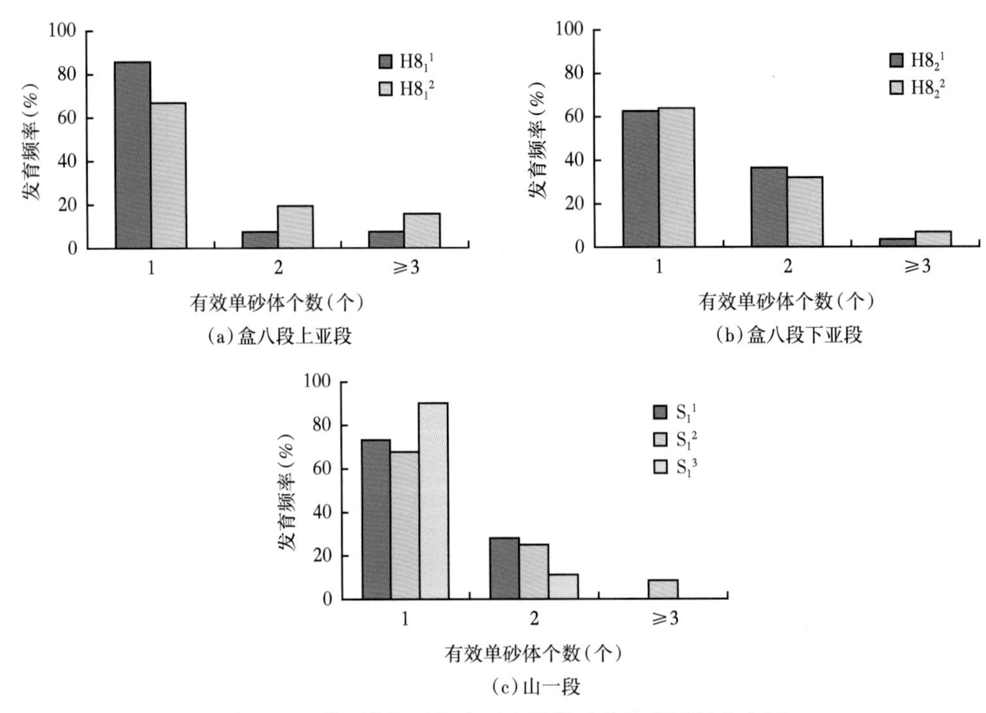

图4-46　苏里格气田加密区有效单砂体发育层数分布图

内有效单砂体厚度、有效单砂体发育个数、有效砂体钻遇率成正相关，某小层内有效单砂体厚度越大、发育层数越多、有效砂体钻遇率越高，则小层平均有效砂体厚度越大(表4-6)。

3. 储层长宽比及宽厚比

根据野外露头观察、沉积物理模拟，参考前人研究成果，认为心滩砂体宽厚比20~110，长宽比2~6；河道充填宽厚比50~120，长宽比2~5。

1)野外露头解剖

对辫状河心滩、河道充填露头进行解剖(图4-47与图4-48)，心滩砂体剖面上大多呈顶凸底平状，宽厚比最小为20，最大为110，将其范围定为20~110(表4-7)。

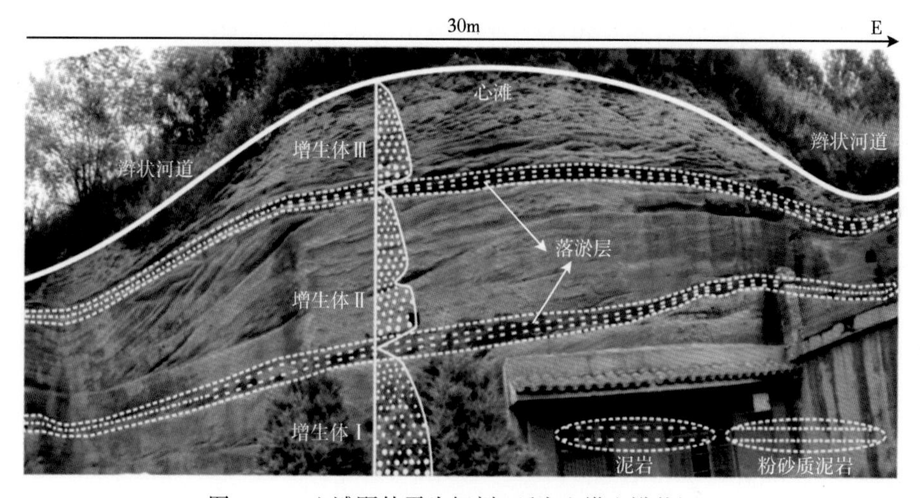

图4-47　心滩野外露头解剖(延安宝塔山辫状河)

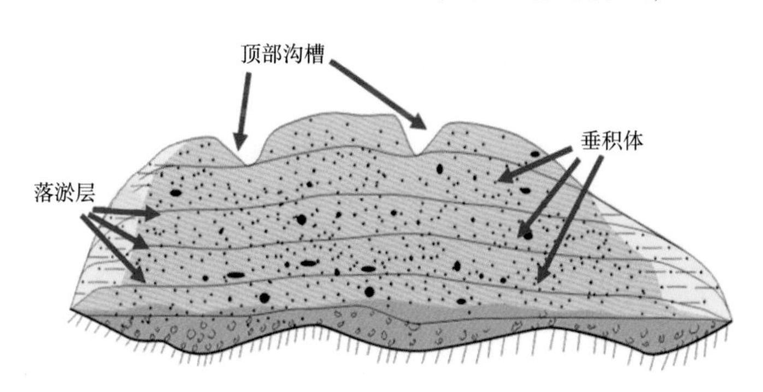

图4-48　心滩沉积示意图

表4-7　大同辫状河露头心滩规模统计表

成因单元	最大厚度(m)	平均厚度(m)	测量宽度(m)	目估宽度(m)	宽厚比	断面	成因单元
1	1.85	1.5	110	160	110	顶凸底平透镜状	纵向沙坝
2	3.40	3.2	68	68	21		
3	2.26	1.6	55	55	34		
4	4.20	3.1	105	105	25	楔状	斜向沙坝

辫状河道露头观察表明河道呈条带状(图 4-49),剖面上顶平底凸,宽度可达 800~1000m,厚度为 10~20m,宽厚比 40~100(表 4-8)。前人对河道充填宽厚比进行了一定的研究,其中 Leeder 模型中宽厚比为 50~110,Campbell 模型为 46,李思田模型为 50,裘怿楠模型为 40~70,孤岛油田河道宽厚比为 60~120。综合野外露头解剖和前人研究成果,对苏里格气田河道充填宽厚比取值 50~120。该宽厚比范围相比于前人研究成果略宽,反映了苏里格气田较强的河道迁移性。

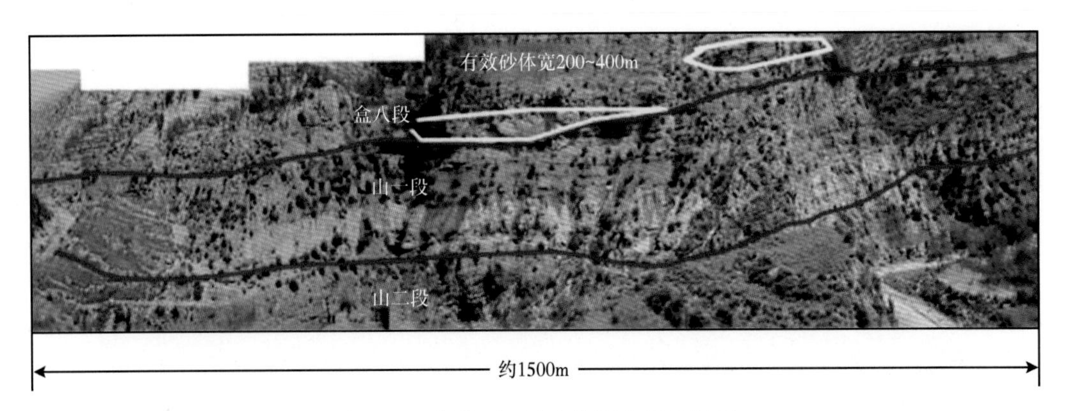

图 4-49　辫状河河道充填野外露头解剖

表 4-8　大同辫状河露头河道规模统计表

成因单元	最大厚度(m)	平均厚度(m)	测量宽度(m)	目估宽度(m)	宽厚比	断面	成因单元
1	3.8	3.1	130	180	58	顶平底凸透镜状	河道充填砂体
2	3.4	3	235	235	78		
3	5.07	4.2	65	190	43		
4	1.3	1.15	68	68	59		
5	1.9	1.45	85	147	101		
6	4.8	4.2	235	260	56		

2)沉积物理模拟

沉积物理模拟是沉积学理论研究中的一种重要的实验手段和技术方法,通过模拟当时的沉积条件,在实验室还原自然界沉积物的沉积过程。

长江大学沉积模拟重点实验室对苏里格气田盒八段的沉积特征进行过模拟。实验在水槽中进行,该水槽长 16m,宽 6m,深 0.8m,另有 4 块面积约为 2.5m×2.5m 的活动底板,用来模拟原始底形对沉积体系的控制。实验以山西组沉积后的古地形为依据(图 4-50),固定河道(y=0~3m)坡降约 0.6°,非固定河道(y=3~6m)坡降约 1.2°,活动底板区(y=6~15m)坡降约 0.3°。

分平水期、洪水期、枯水期进行沉积物理模拟,研究辫状河沉积体规模。沉积物理模拟实验结果(图 4-51)表明:强水动力条件下水流分布范围广,携砂能力强,形成砂体规模大,延伸距离远;中等水动力条件下水流沿主河道分布;弱水动力条件下,水流沿原有

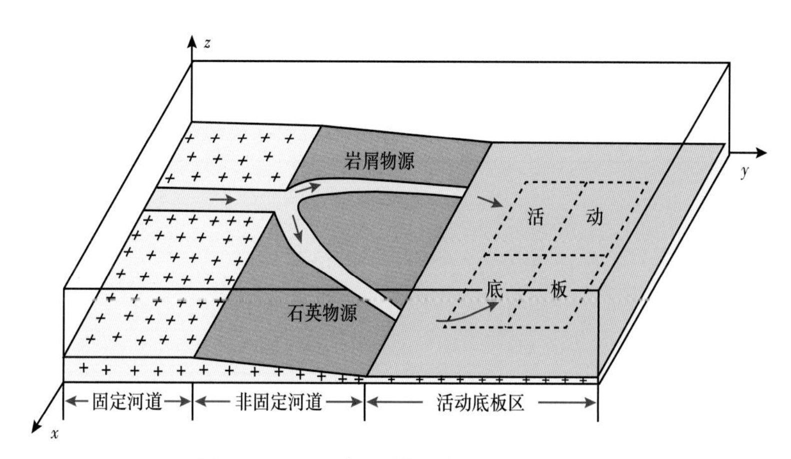

图 4-50　沉积物理模拟底型设计示意图

(a)强水动力

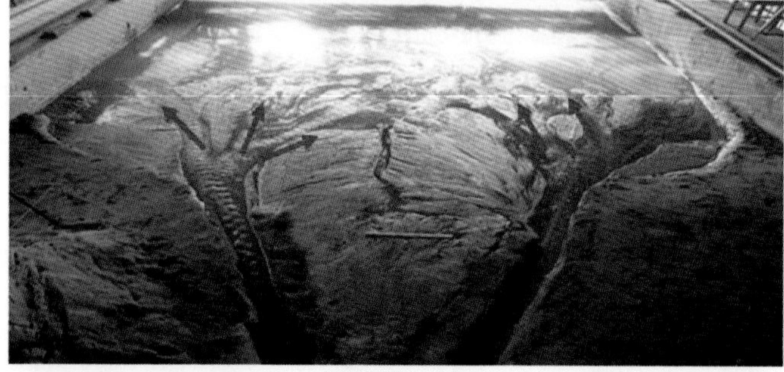

(b)中等水动力

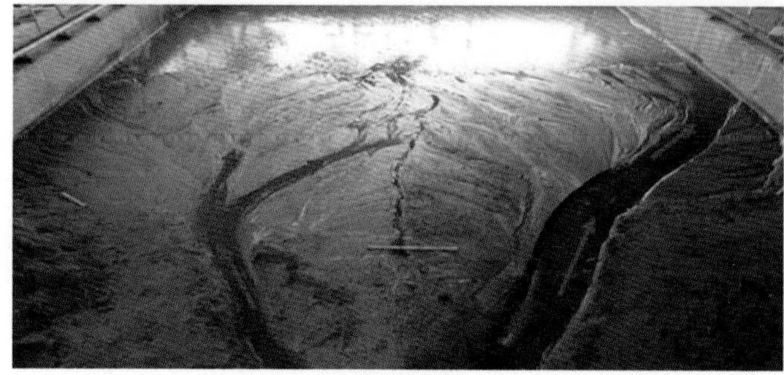

(c)弱水动力

图 4-51　沉积物理模拟实验

河道发育细粒沉积，砂体分布范围局限。苏里格气田河道沉积环境主要对应洪水期和平水期，结合模拟结果认为心滩砂体长宽比为2~6(表4-9)，河道充填长宽比为2~5。

表4-9 辫状河沉积模拟砂体几何形状特征

微相	平均长宽比		
	洪水期	平水期	枯水期
心滩	2.62~5.65	2.6~4.78	2.16~5.21
河道充填	2.4~4.6	2.1~3.67	2.57~5.99
水道间	1.9~3.6	1.8~4.1	1.3~2.6

4. 有效砂体长、宽

综合干扰试井分析和砂体精细解剖，认为苏里格气田有效砂体长400~700m，宽200~500m。

1)干扰试验

井间干扰试验是分析两口井间的压力干扰来求取井间的地层参数、研究井间储层连通性的方法。在被选定的井组中，一口定为“激动井”，在试验中改变它的工作制度，例如关井、开井等，造成井底附近地层压力的变化，在邻近的“观察井”中，下入微差压力计，连续记录传播过来的干扰压力。

苏里格气田在2008—2013年分别针对3个加密区(苏6、苏14、苏14三维区)共开展42个井组干扰试验，其中排距试验22个井组(顺物源方向，南北向)，井距试验(垂直物源方向，东西向)20个井组。

苏6加密区作为三个开展干扰试验的加密区之一，井网为400m×600m，共开展干扰试验9组，其中排距试验3组，井距试验6组(图4-52)。排距小于700m干扰明显，井距小于500m干扰明显。

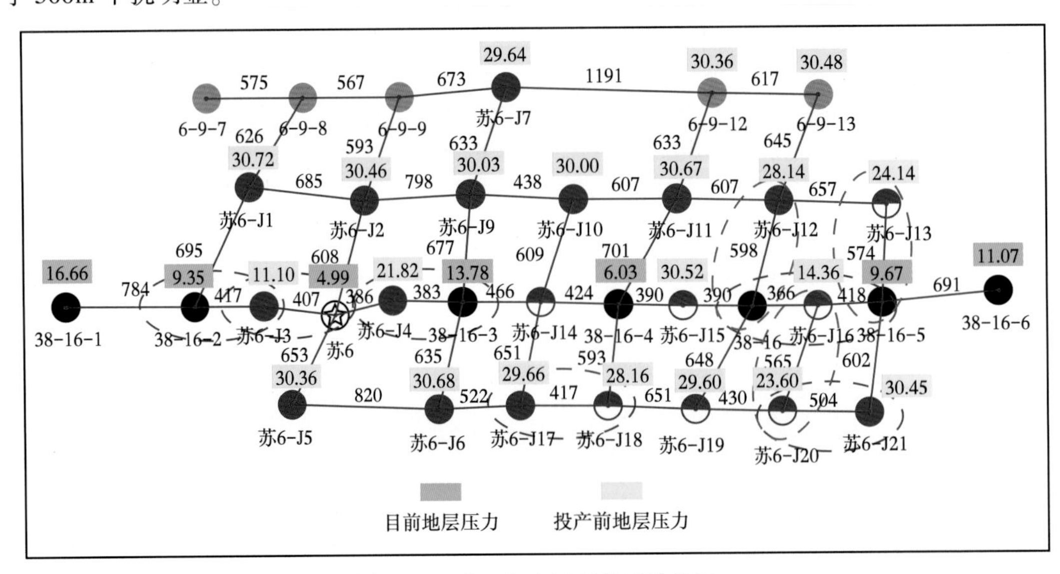

图4-52 苏6加密区干扰试验井组

S6-J12 井、S38-16 井为一个排距试验井组（图 4-53），两井井口距离相距 611m，目的层段顶面相距 598m。S6-J12 井为激动井，S38-16 为观测井。S6-J12 井投产前地层压力为 28.14MPa，生产一段时间后，S38-16 井处观测地层压力为 12.35MPa。较大的压力差表明两井间存在干扰，考虑两井共同的射孔层位在盒八段上亚段 2 小层，反映出两井间盒八段上亚段 2 小层有效砂体是连通的。

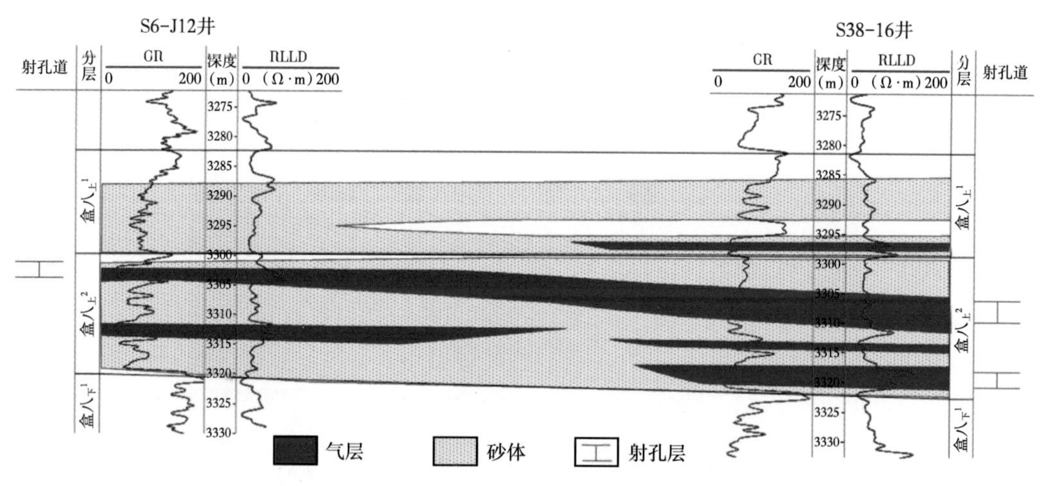

图 4-53　S6-J12 井—S38-16 井排距试验井组

S6-J4 井、S38-16-3 井为苏 6 加密区一个垂直物源方向上的试验井组（图 4-54），两井井口距离相距 382.2m，S6-J4 井为激动井，S38-16-3 井为观测井。S6-J4 井投产前地层压力为 24.82MPa，测试一段时间后，S38-16-3 井处地层压力压降到 13.78MPa。试验结果表明两井间存在干扰，两井共同射孔层段在盒八段下亚段 1 小层，反映出其盒八段下亚段 1 小层有效砂体是连通的。

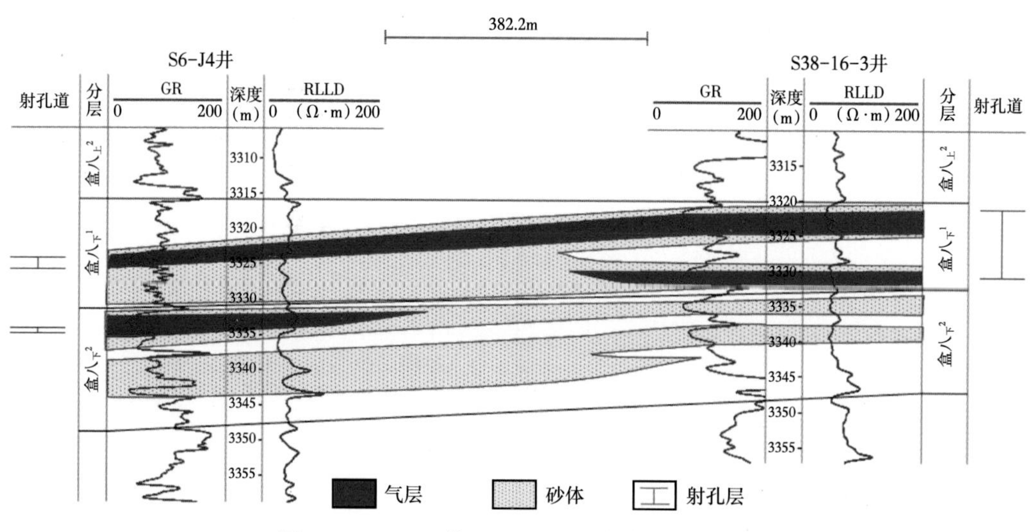

图 4-54　S6-J4 井—S38-16-3 井井距试验井组

苏14加密井区干扰试井分析表明，J6井与J4井、18-36井、J10井无井间干扰，剖面揭示其砂体没有可对比性；J6井与苏14井盒八段下亚段有效砂体连通，发生井间干扰；J3井与17-36井、J4井间不同层位存在连通体，产生井间干扰(图4-55)。统计结果表明，苏14加密井区70%以上有效砂体规模小于500m（表4-10），在400~600m井距条件下，有效砂体井间连通率约20%。

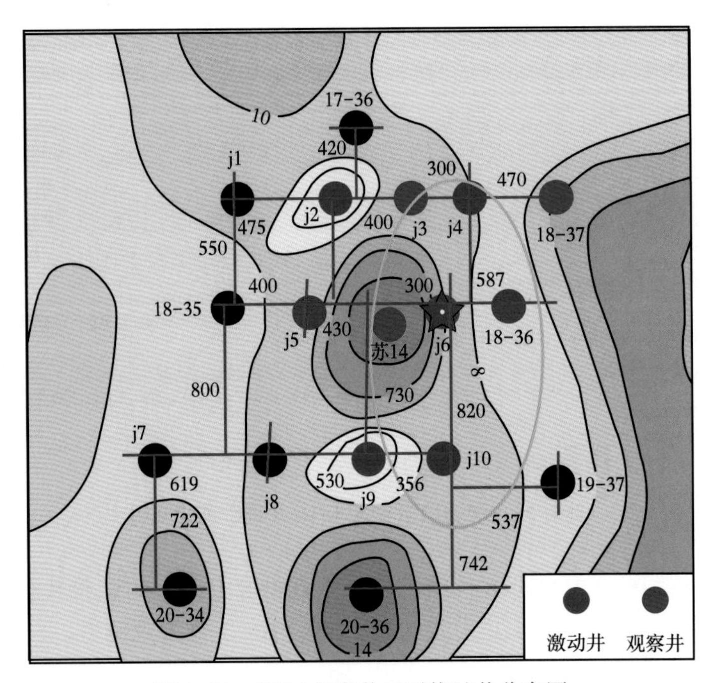

图4-55 苏14加密井区干扰试井分布图

根据苏里格气田苏6、苏14、苏14三维区等井区42个井组的干扰试验结果(表4-10、图4-56与图4-57)，排距试验22个井组中见干扰的有6组，井距试验20个井组中见干扰的有10组。具体来看，顺物源方向井距大于600m时，见干扰的井组仅有2组，而该井

表4-10 干扰试验统计结果表

排距(m)	井组(组)	见干扰井组(组)	井距(m)	井组(组)	见干扰井组(组)
<400	2	0	<400	6	5
400~500	1	1	400~500	9	4
500~600	6	3	500~600	4	1
600~700	4	1	>600	1	0
700~800	5	1	合计	20	11
>800	3	0			
合计	22	6			

距下试验井组总数为 12 组，干扰的概率为 1/6；垂直物源方向大于 500m 时，见干扰的井组也为 1 组，该试验井距下井组总数为 5 组，干扰的概率为 1/5。因此基本可以确定苏里格气田有效砂体长度最大一般不超过 600m，宽度一般最大不超过 500m。

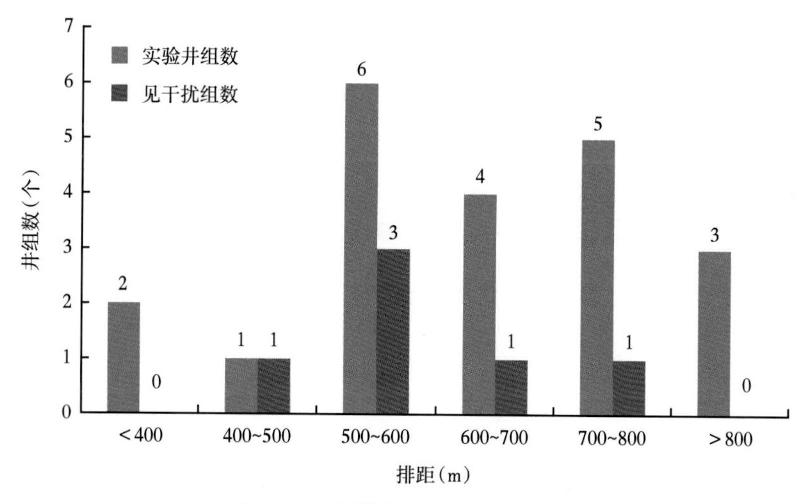

图 4-56　顺物源方向见干扰统计

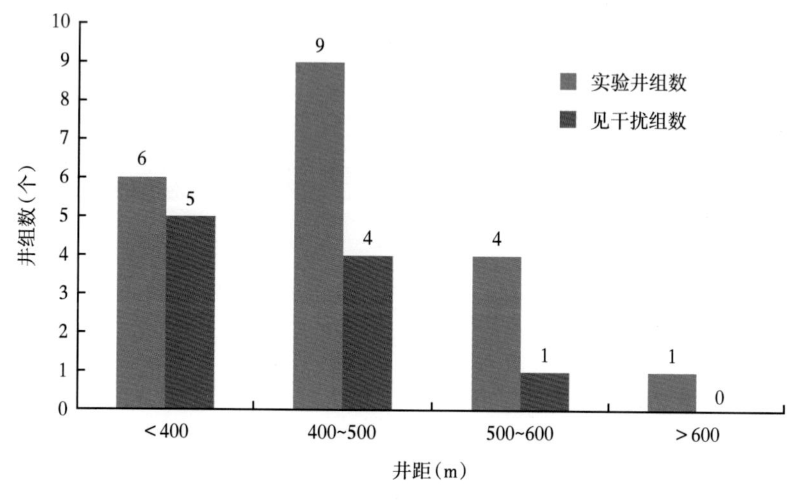

图 4-57　垂直物源方向见干扰统计

2）密井网解剖

随着井网的不断加密，对井间连通性的认识不断深化，S6 井、S38-16-4 井在 1600m 的大井距下，有效砂体看似连通，在 800m、400m 小井距下对比实为不连通的，有效储层宽度仅为 200~500m（图 4-58）。

在干扰试验分析的基础上，针对密井网区精细解剖多个有效砂体，并与邻区进行对比。分析结果表明，苏里格气田有效砂体长度主要分布在 400~700m，宽度主要分布在 200~500m（图 4-59—图 4-62）。

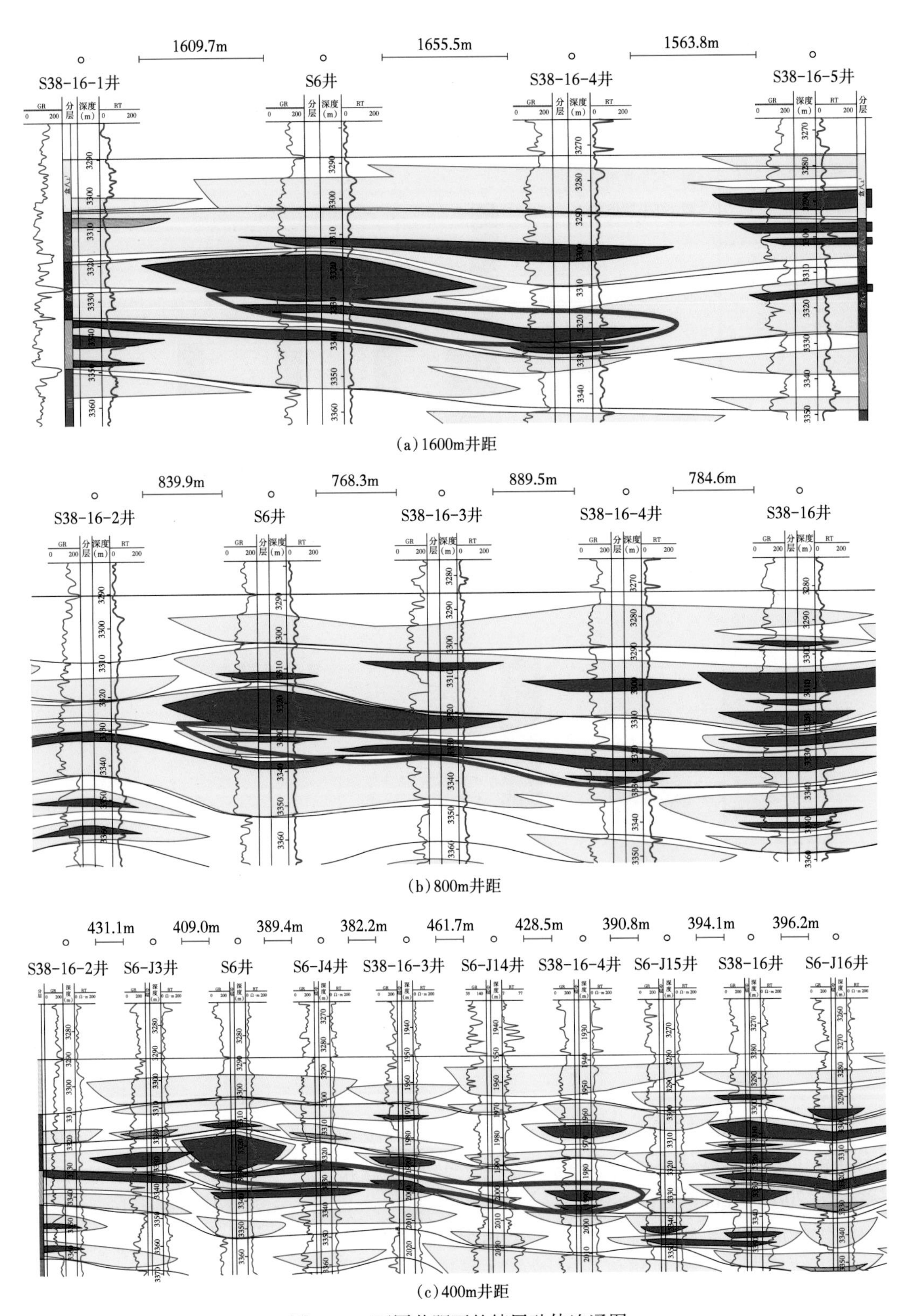

(a)1600m井距

(b)800m井距

(c)400m井距

图 4-58　不同井距下的储层砂体连通图

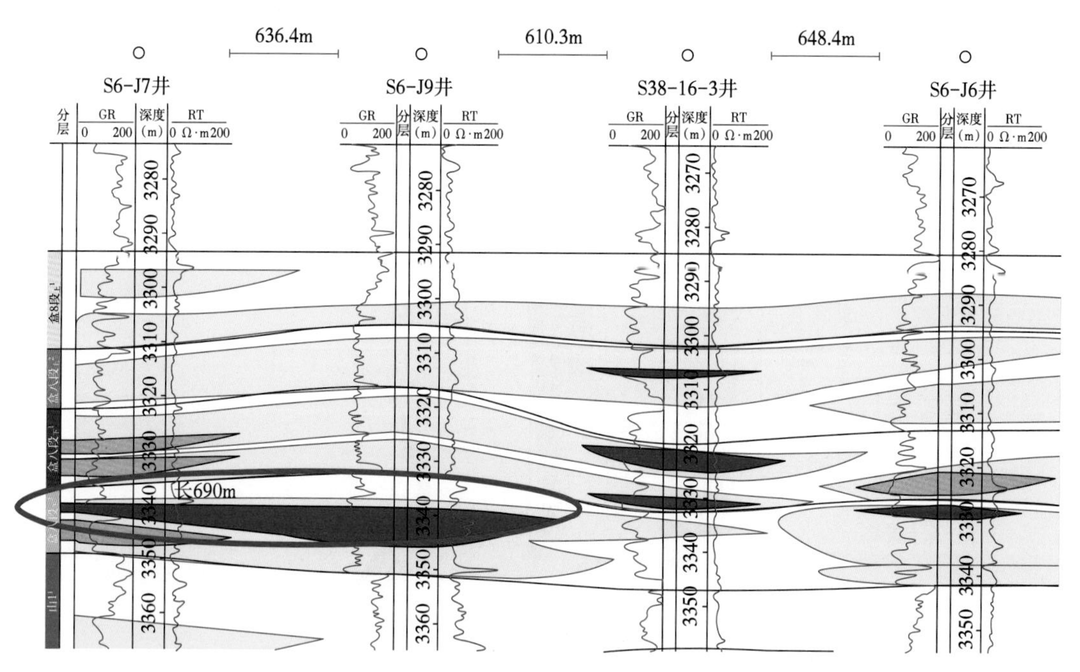

图 4-59　苏 6 加密区顺物源方向砂体解剖图

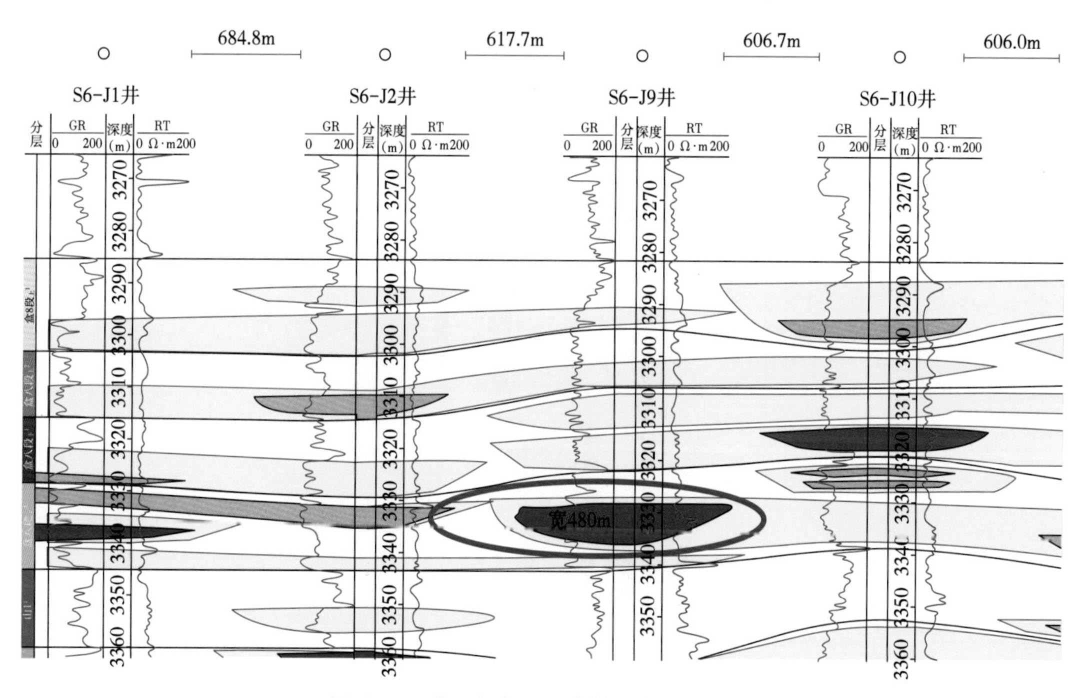

图 4-60　苏 6 加密区垂直物源方向解剖图

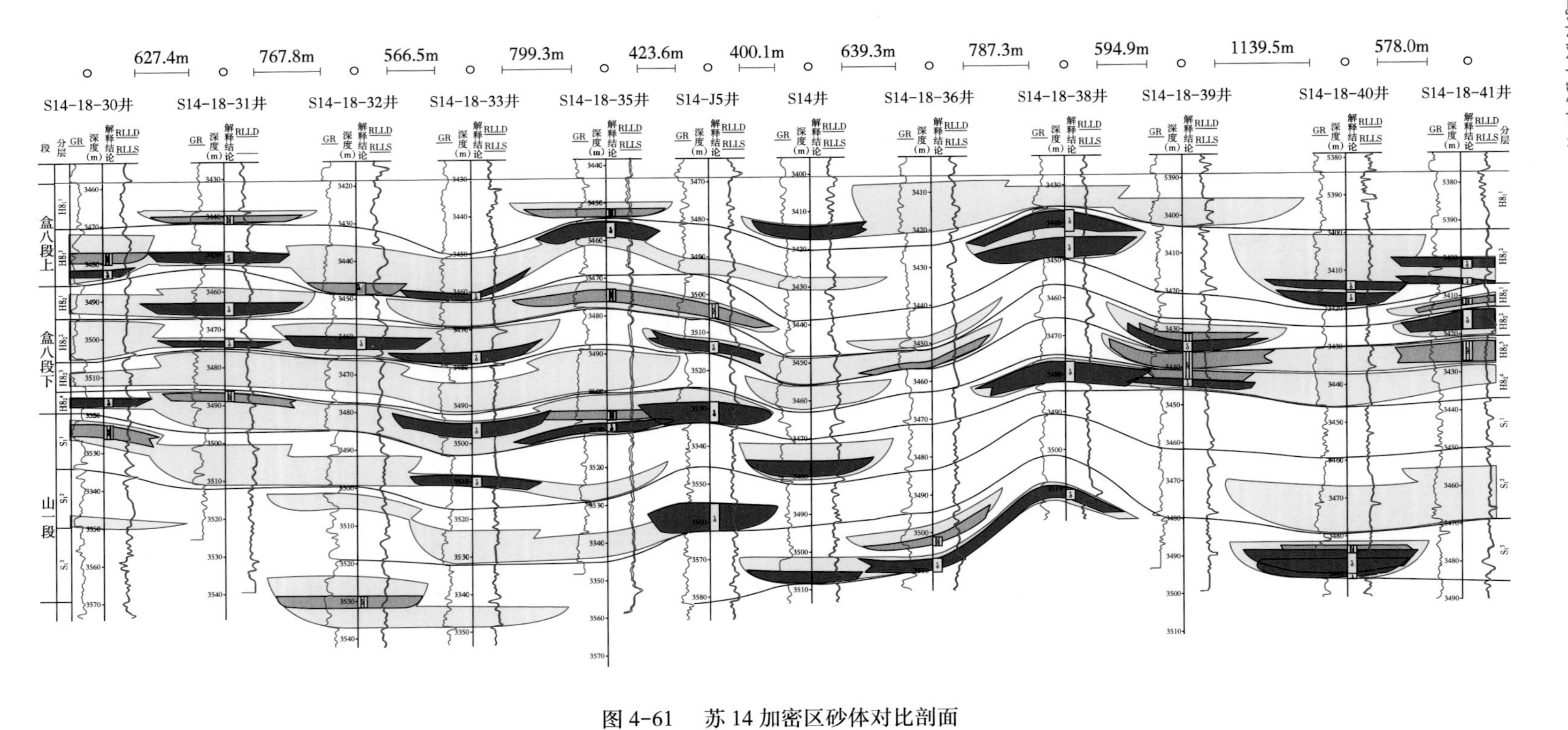

图 4-61　苏 14 加密区砂体对比剖面

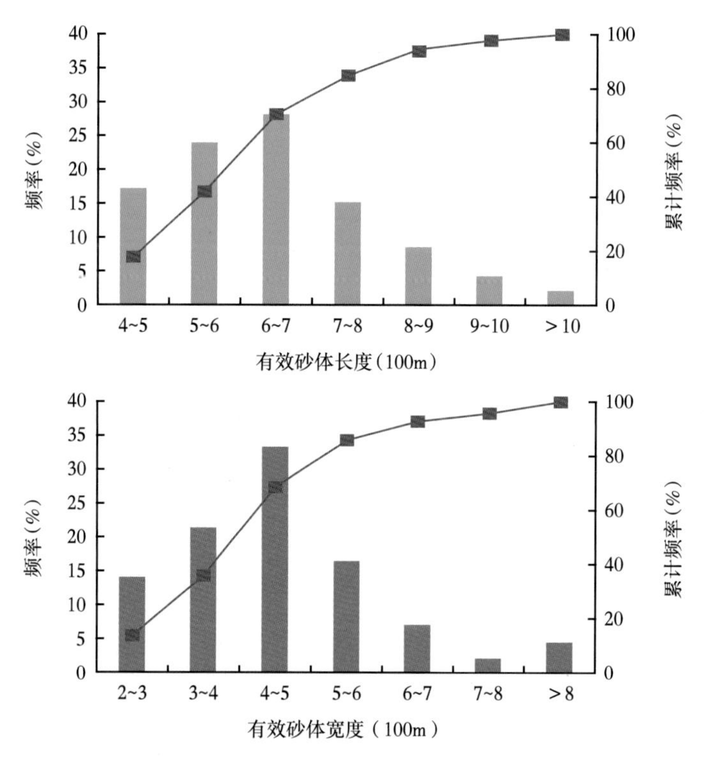

图 4-62　苏 6 加密区盒八段下亚段有效砂体长度与宽度统计分布图

五、砂组组合模式研究

1. 砂组组合模式分类及其地质特征

基于密井网区地质解剖，根据有效储层垂向剖面的集中程度，划分为 3 种砂层组分布模型，建立了 3 种砂层组组合模式，按形成时水动力条件由强到弱分别为单期厚层块状型、多期垂向叠置泛连通型、多期分散局部连通型（图 4-63）。

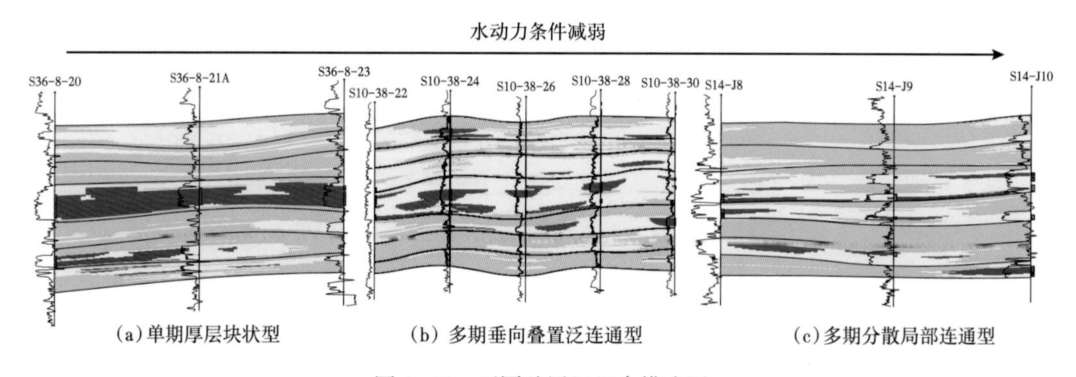

图 4-63　不同砂层组组合模式图

1) 单期厚层块状型

该型储量剖面集中度大于 75%，主力层系有效砂岩主要集中在某一个砂层组内（图 4-64），有效砂岩纵向切割叠置，累计厚度一般超过 8m，中间无或少有物性和泥质夹层，有效砂岩横向可对比性较好。有效砂岩纵向主要集中在盒八段下亚段2小层内，盒八段上亚段砂层组不含气，仅在山西组2小层内可见较薄气层存在，为典型的单期厚层孤立型。推测形成原因为持续强水动力条件仅在盒八段下亚段2小层砂体沉积时出现，其他时期水动力条件都相对较弱不足以形成粗粒岩相。

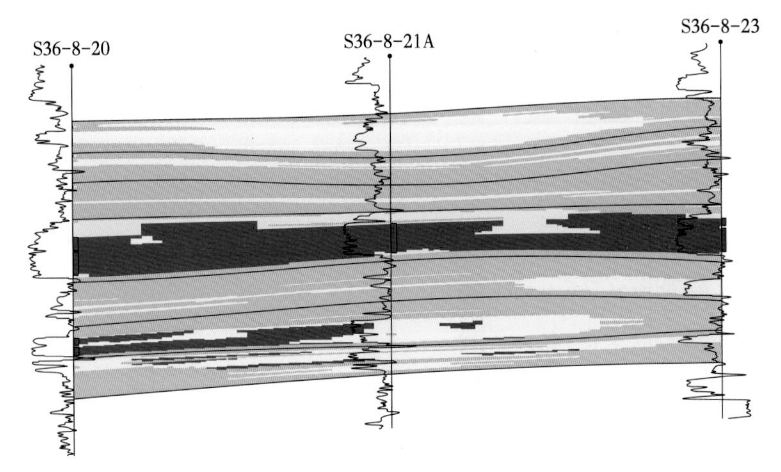

图4-64　S36-8-20井—S36-8-23井砂体及有效砂体连井剖面

2) 多期垂向叠置泛连通型

该型储量剖面集中度集中在60%~75%，主力层系有效砂岩集中在两个或多个砂层组内(图4-65)，主力层系砂层组间砂岩纵横向相互切割叠置形成叠置泛连通体砂岩。有效砂岩在泛连通体内呈多层分布，叠置方式多呈堆积叠置和切割叠置出现，单层或累计厚度在5~8m，中间多存在物性夹层，有效砂岩横向可对比性表差。有效砂岩主要发育在盒八段下亚段砂层组内，其中2小层更为发育，有效砂岩累计厚度平均可达8m，但在盒八段上亚段砂层组1小层和山一段砂层组1小层内也发育有效砂体，二者累计厚度可达6m。

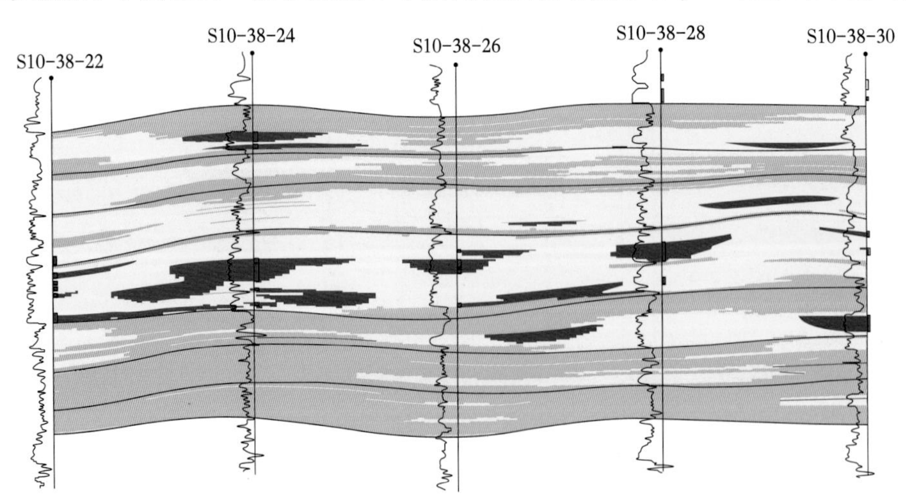

图4-65　S10-38-22井—S10-38-30井砂体及有效砂体连井剖面

推测除在盒八段下沉积时期该部位持续处在强水动力条件环境下外，在盒八段上沉积晚期和山一段沉积晚期也出现过短暂的强水动力条件。

3）多期分散局部连通型

该型储量剖面集中度小于60%，即纵向不发育主力层系，砂岩及有效砂岩纵向多层分布，砂岩横向局部连通，有效砂岩多为孤立状，单层厚度在3～5m（图4-66），中间多存在泥质夹层，夹层厚度多大于3m。有效砂岩在盒八段下亚段砂层组内1，2小层和山一段砂层组2、3小层都有发育，且厚度较为平均，无主力层。推测该部位水动力条件变化频繁，时强时弱，无持续强水动力条件出现。该型砂层组合建议采用直井、从式井或大斜度井进行开发。因为在利用水平井开发提高某一小层层内储量动用程度的同时，损失了相当多的纵向储量。

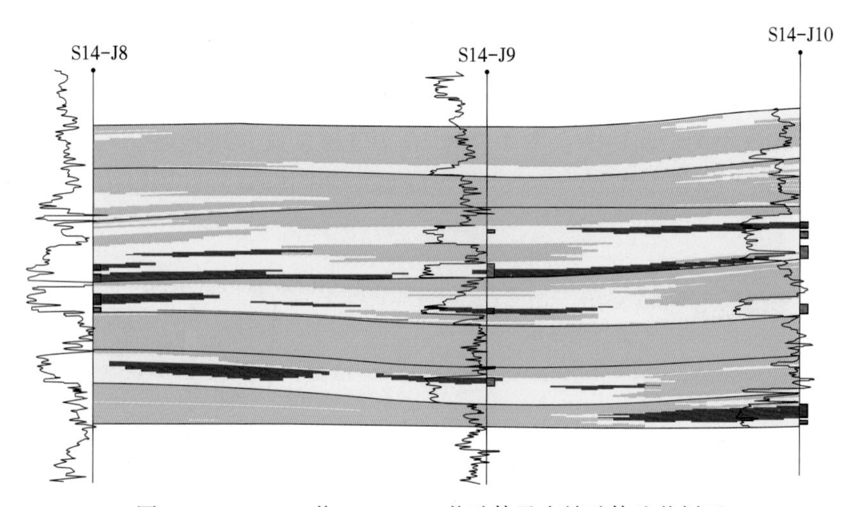

图4-66　S14-J8井—S14-J10井砂体及有效砂体连井剖面

2. 不同砂组组合模式的地质储量分布特点

1）单期厚层块状型

该类型有效砂体单层厚度大，地质储量分布较集中，主力层绝对突出，主要分布在盒八段下，储量占比一般在75%以上。以S36-8-21井组为例（图4-67与图4-68，表4-11），该井组地质储量分布高度集中，主要分布在$H8_2^2$小层，储量占比80.09%。

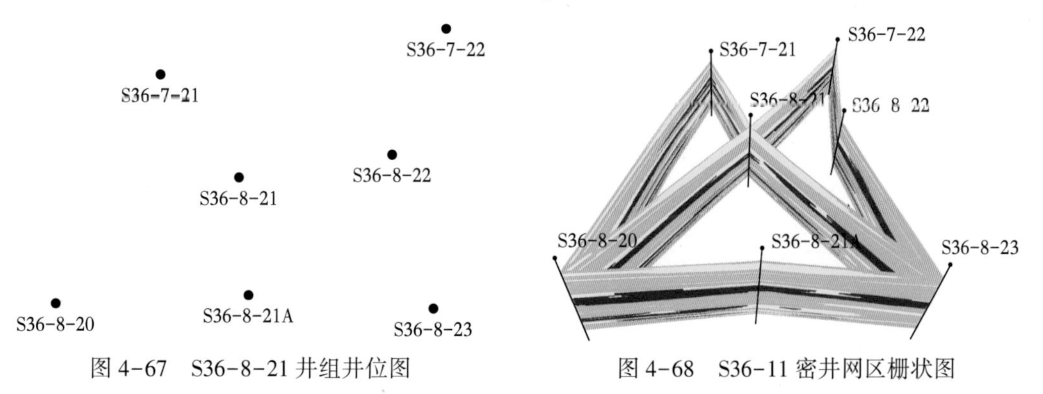

图4-67　S36-8-21井组井位图

图4-68　S36-11密井网区栅状图

表 4-11　S36-8-21 井组剖面储量占比表

小层号	储量占比(%)
$H8_1{}^1$	0.08
$H8_1{}^2$	—
$H8_2{}^1$	—
$H8_2{}^2$	80.09
$S_1{}^1$	3.04
$S_1{}^2$	13.22
$S_1{}^3$	3.65
合计	100

2)多期垂向叠置泛连通型

该类型地质储量分布集中，主要分布在盒八段下亚段，剖面储量集中度在60%~75%。以 S10-38-24 井组为例(图 4-69、图 4-70，表 4-12)，该井组地质储量主要分布在盒八段下亚段两个小层，储量占比 61.63%，两个砂层组切割叠置，砂层组内有效砂体呈多层分布特征。

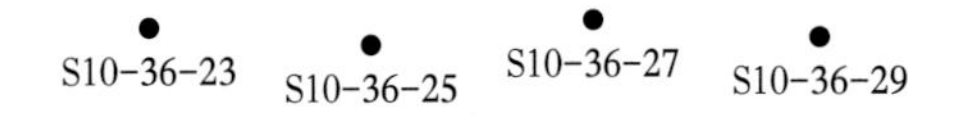

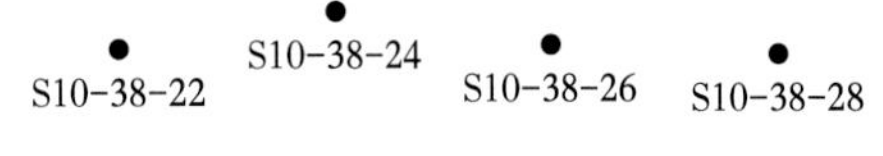

图 4-69　S10-38-24 井组井位图

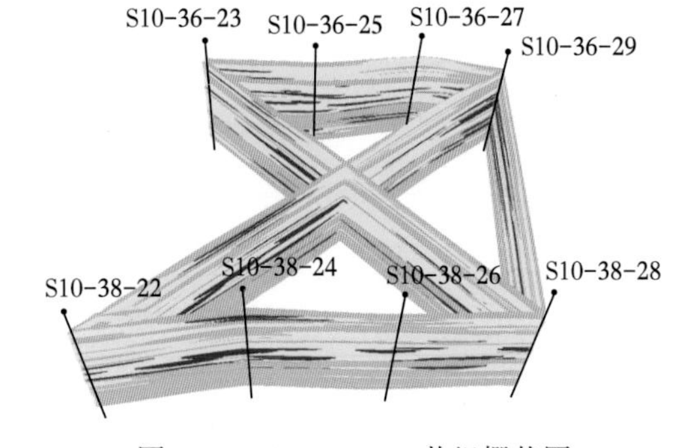

图 4-70　S10-38-24 井组栅状图

表 4-12　S10-38-24 井组剖面储量占比表

小层号	储量占比(%)
$H8_1{}^1$	5.98
$H8_1{}^2$	0.02
$H8_2{}^1$	14.21
$H8_2{}^2$	61.63
$S_1{}^1$	13.67
$S_1{}^2$	3.12
$S_1{}^3$	1.38
合计	100

3）多期分散局部连通型

该类型地质储量分布比较分散，单个砂层组连通体内剖面储量集中度一般小于 50%。以 S14 井组为例（图 4-71、图 4-72，表 4-13），该井组剖面上分布 3 套砂层组，地质储量分布比较分散，最大砂层组连通体剖面储量集中度为 37.77%。

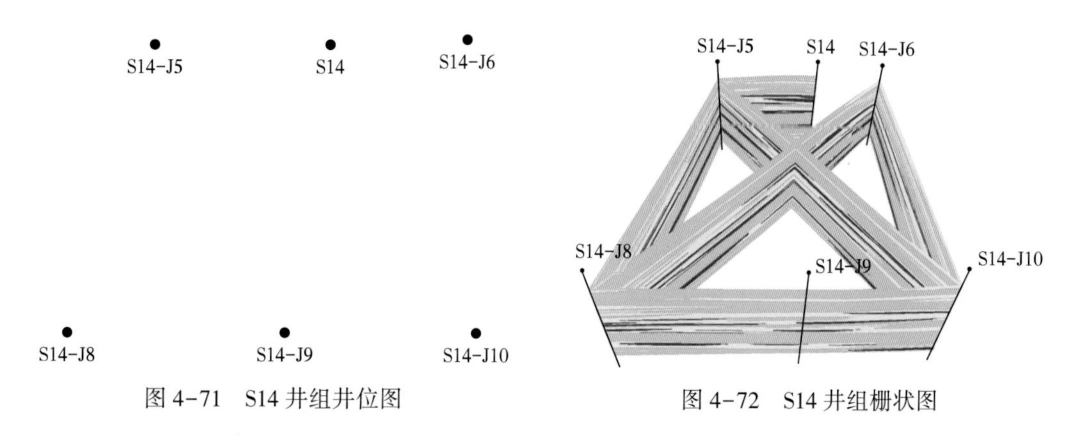

图 4-71　S14 井组井位图　　图 4-72　S14 井组栅状图

表 4-13　S14 井组剖面储量占比表

小层号	储量占比（%）
$H8_1^1$	0.01
$H8_1^2$	2.79
$H8_2^1$	37.77
$H8_2^2$	25.18
S_1^1	1.04
S_1^2	23.75
S_1^3	9.46
合计	100

S6-J16 井组：该井组地质储量主要分布在 $H8_1^2$、$H8_2^1$、$H8_2^2$ 三个小层，分布分散，剖面储量集中度最大为 36.71%，砂层组内有效砂体呈多层分布特征（图 4-73、图 4-74，表 4-14）。

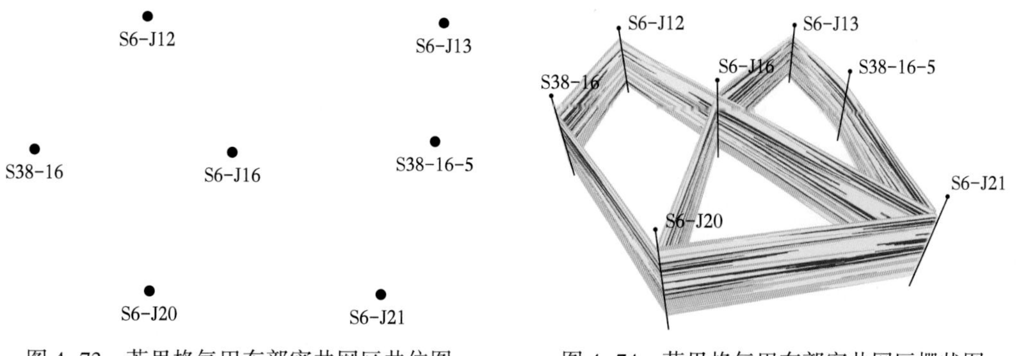

图 4-73　苏里格气田东部密井网区井位图　　图 4-74　苏里格气田东部密井网区栅状图

表 4-14 S6-J16 井组剖面储量占比表

小层号	储量占比(%)
$H8_1^{\ 1}$	3.24
$H8_1^{\ 2}$	36.71
$H8_2^{\ 1}$	30.46
$H8_2^{\ 2}$	16.63
$S_1^{\ 1}$	7.57
$S_1^{\ 2}$	2.52
$S_1^{\ 3}$	2.86
合计	100

六、砂组内阻流带研究

已完钻的水平井井轨迹剖面显示，复合有效砂体内部不仅是非均质的，而且是不连通的，存在泥质隔夹层——"阻流带"（图 4-75），它是由于水动力条件的减弱，沉积在河道或心滩砂体边缘的泥质等细粒沉积物，岩性以泥质砂岩、泥岩等泥质沉积为主，厚度为几米至几十米级，测井曲线表现为高自然伽马和高声波时差。"阻流带"是造成直井储量动用不完善的主要原因之一，水平井通过多段压裂可克服阻流带的影响。

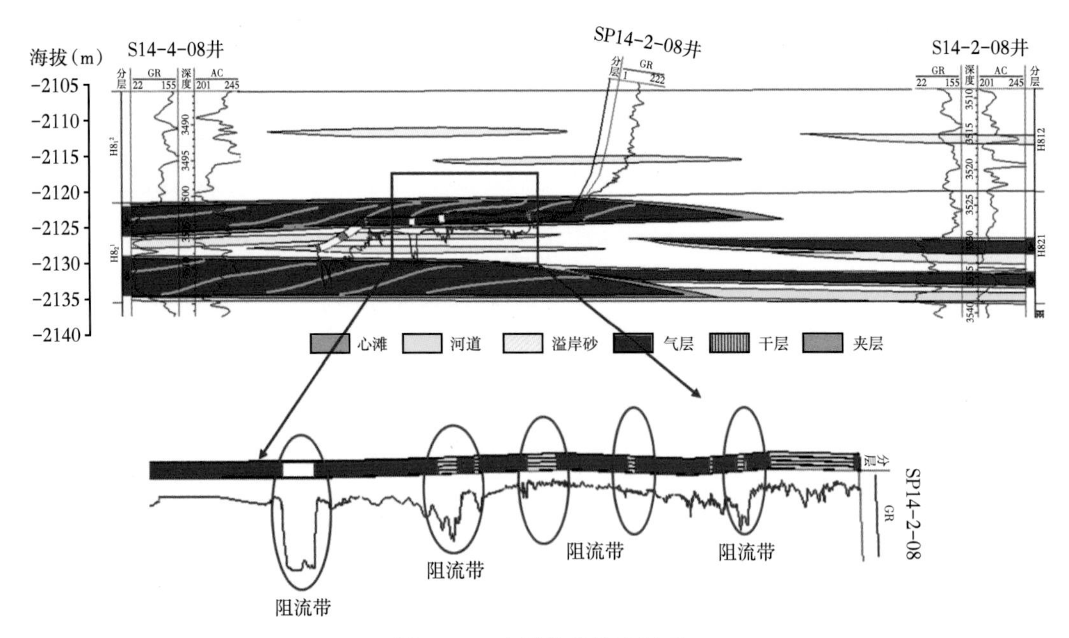

图 4-75 水平井井轨迹剖面

阻流带主要有两种：一种是心滩增生过程中形成的阻流带，在心滩增生过程中，弱水动力条件下周围形成残留的落淤层，通常称为泥质夹层，规模比较小；一种是次级河道迁移过程中填平补齐作用形成的阻流带，在河道迁移摆动过程中，多期高能河道心滩切割叠置形成的较大复合心滩内部残留低能河道砂体，表现为规模较大的细粒致密隔层。

对阻流带规模进行地质解剖，主要包括宽度和横向间距等地质参数。阻流带宽度和横向间距分别是指阻流带在水平段上的长度和两期阻流带之间加积体的水平段长度(图4-76)。

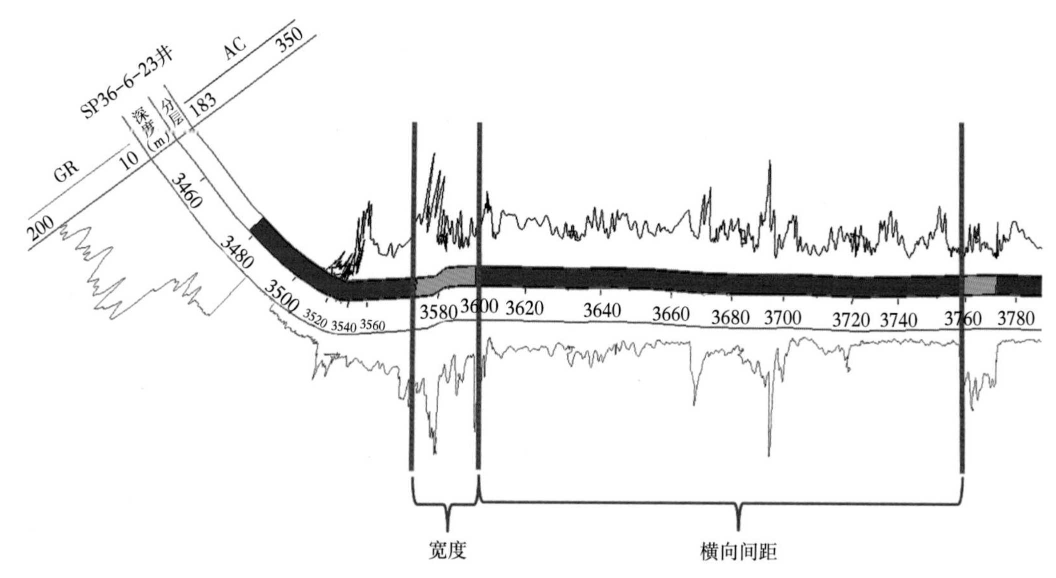

图4-76　水平井阻流带宽度、横向间距示意图

分析结果表明，1000m左右水平段内的复合有效砂体一般发育3~6个阻流带，其宽度分布在10~50m，集中在20~30m（图4-77）；横向间距为25~350m，主要分布在100~150m（图4-78）。水平井通过多段压裂工艺，可以克服阻流带的影响，横向上贯穿复合有效砂体内部多个阻流带，提高层内储量动用程度。根据“阻流带”地质分析，水平井压裂间隔应为100~150m。

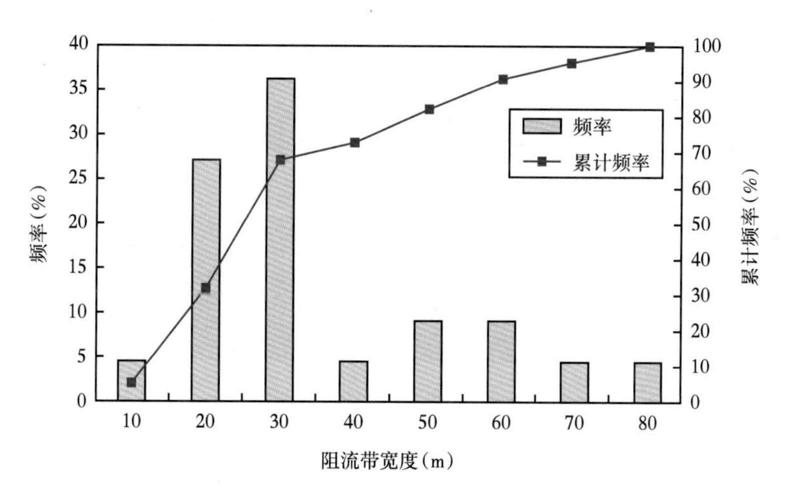

图4-77　水平井阻流带宽度统计直方图

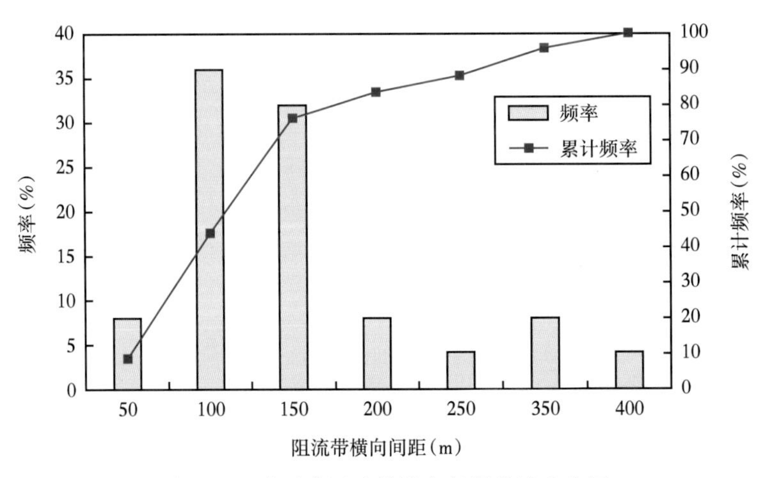

图 4-78　水平井阻流带横向间距统计直方图

第二节　地质—地震—动态一体化模型

一、建模思路

1. 储渗体规模研究

根据野外露头观测及实测，单期心滩砂体厚度 1～8m，宽度 200～500m，长度 350～1200m，主要分布在 400～700m（图 4-79）。

图 4-79　野外露头观测及测量

苏里格气田中区先后部署了共 8 个密井网试验区，开展不同井距条件下的开发试验（表 4-15）。通过对加密试验区储层精细解剖，发现有效单砂体厚度为 1～5m，平均 2.5m（表 4-16）。有效单砂体长度 400～700m，宽度 200～500m。

表 4-15　苏里格气田加密试验区基本情况表

试验区块		面积（km^2）	储量丰度（$10^8m^3/km^2$）	试验井数（口）	试验井距（m）	干扰井组（组）
苏 6 试验区		9.9	1.46	31	400～600	12
苏 36-11 试验区		1.68	2.55	13	300～500	5
苏 14 试验区		4.8	2.16	18	300～700	8
苏14三维区	试验区 A	3.3	1.25	11	500×600	0
	试验区 B	2.8	1.56	8	500×700	3
	试验区 C	2.9	1.56	7	600×700	5
	试验区 D	2.8	1.80	7	500×800	4
	试验区 E	2.5	2.62	7	600×600	5

表 4-16　单井解剖有效砂体参数表

段	小层	有效砂体平均厚度（m）
盒八段上亚段	$H8_1{}^1$	1.00
	$H8_1{}^2$	2.53
盒八段下亚段	$H8_2{}^1$	2.60
	$H8_2{}^2$	2.76
山一段	$S_1{}^1$	0.98
	$S_1{}^2$	1.53
	$S_1{}^3$	0.62

2. 单井泄流范围

对苏里格气田苏 6 区块、苏 36-11 区块等密井网区多个干扰试验井组分析研究，气井控制范围较小，排距小于 600m，井距小于 500m；开发井动态评价单井平均控制面积较小，长轴小于 700m，短轴小于 500m，预测气井动态控制储量平均为 $2632×10^4m^3$（表 4-17），如果按照气田 $1.2×10^4m^3/km^2$ 的平均储量丰度折算，气井实际控制面积约为 $0.22km^2$。

表 4-17　苏里格气田气井动态储量预测成果表

气井类型	井数（口）	比例（%）	单井累计产量（10^4m^3）	单井动态储量（10^4m^3）
Ⅰ类井	149	25.81	4240	4609
Ⅱ类井	252	43.78	2255	2505
Ⅲ类井	175	30.41	1002	1138
合计/平均	576	100	2382	2632

3. 建模思路流程

地下储层为一个多级次的复杂系统，在三维空间较准确地表现出苏里格砂体及有效砂体的“砂包砂”二元结构，是气田高效开发的前提和保障，也是地质建模的重点和难点。因此，建立精确岩相模型和有效砂体模型是本次建模关键。

对于苏里格气田低渗透—致密辫状河相砂岩储层而言，常规地质建模方法表现出较大的局限性：(1)采用“一步建模”方法(无相控的储层属性建模)或“两步建模”方法(岩相或沉积微相控制下的储层属性建模)，先验地质知识对模型约束不足；(2)测井、地震等资料结合效果并不理想，尤其在储层埋深较大，地震资料品质不好的情况下，常规波阻抗反演分辨率低适用性差，无法满足开发需求；(3)辫状河沉积相建模中，心滩在河道内按照固定比例、近同等规模发育，很难在模型中呈现出复杂的沉积相相变的情况，与沉积特征不符；(4)井间有效储层难以识别和预测，常规的建模方法无法表征有效砂体的高度分散性。

针对现有的地质建模方法的不足，结合苏里格气田地质特征，提出了“多期约束，分级相控，多步建模”的建模方法(图4-80)，旨在不断提高地质模型的精度。“多期约束”指分期次在模型中加入约束条件，不断降低资料的多解性，明确其地质含义；“分级相控”指分级次建立相模型，不仅建立“相控”下的属性模型，还建立“相控”下的相模型，使得沉积微相模型同时受到岩相和辫状河体系模型的控制；“多步建模”指将地质模型分成多个步骤，通过岩相约束沉积相，沉积相控制储层属性，储层属性大小判断有效砂体。

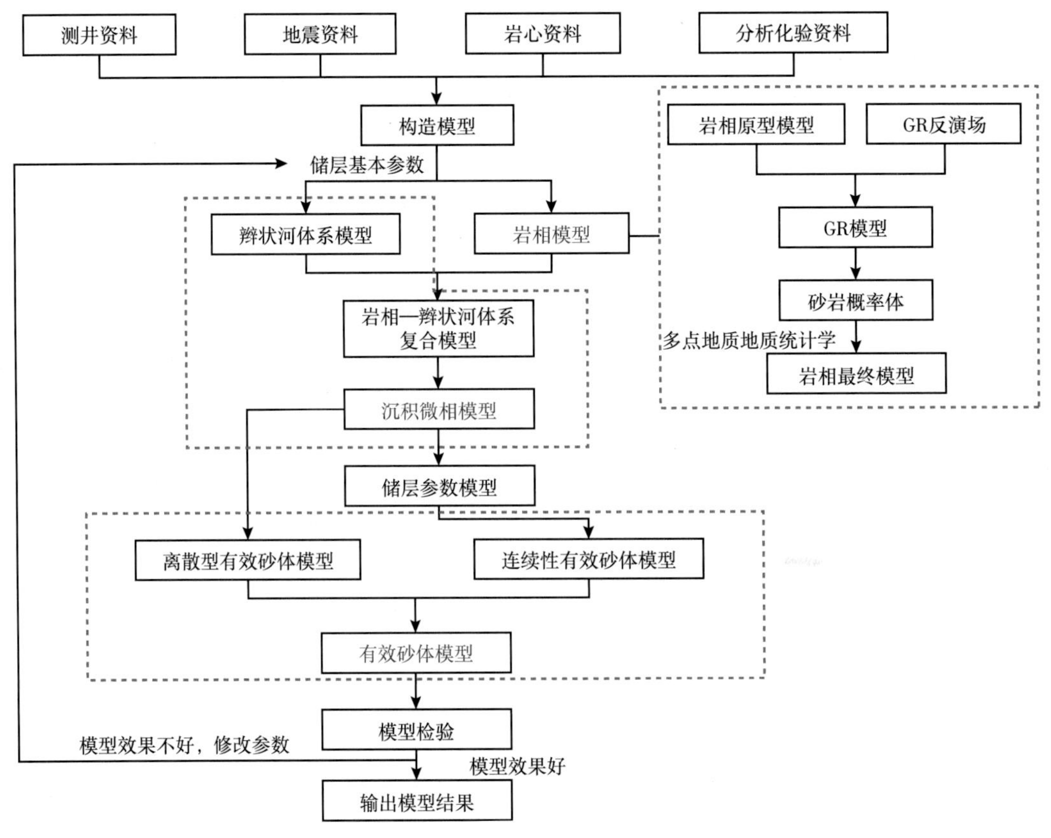

图4-80　本区地质建模流程

选取苏6加密区作为建模研究的模拟区。苏6加密区位于苏里格气田中部，沉积、储层特征具有代表性；该区是苏里格气田最早开发的区块之一，动态、静态资料较全，为地质模型的建立和检验提供了较完备的数据基础；研究区面积约32km^2，钻井48口，井控程度高，井网密度大，井网为400m×600m，大于或等于储层参数变差函数的变程，使得通过地质统计学的变差函数分析可基本得到储层参数的数据结构。

数据集成是多学科综合一体化储层建模的基础，本次地质建模用到的数据包括井点坐标、井轨迹、测井曲线、试井数据、测井分层、地震成果数据、地震构造面、测井解释砂体及有效砂体、砂体及沉积微相的规模、各层段发育的频率等地质或统计数据及辫状河体系带等平面分布图。为了提高储层建模的精度，必须尽量保证用于建模的原始数据特别是井点硬数据的真实性、准确性和可靠性，需要对各类数据进行全面严格的质量检查和质量控制，如井位坐标及井深轨迹是否合理，测井解释的储层孔隙度、渗透率、饱和度参数是否准确，地层的划分方案是否可靠，岩心—测井—地震—试井解释是否对应和吻合等。参考井距、地震道间距、资料分辨率等信息，寻求建模精度与数据运算消耗机时的平衡点，设计建模网格大小为25m×25m×1m（图4-81、图4-82），网格数总计532.98万个。

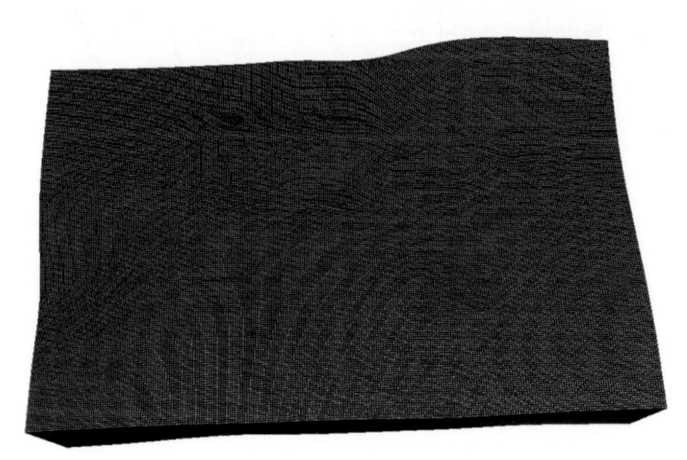

图4-81　地质模型网格划分平面图

图4-82　地质模型网格划分剖面图

二、构造模型

构造建模结合测井、地震资料（图 4-83、图 4-84），采用“由点生面，由面成体”的建模策略，以井点分层数据为控制点，以地震层位为控制趋势面，通过层面插值和层间叠加，利用确定性建模方法建立精确的构造模型。

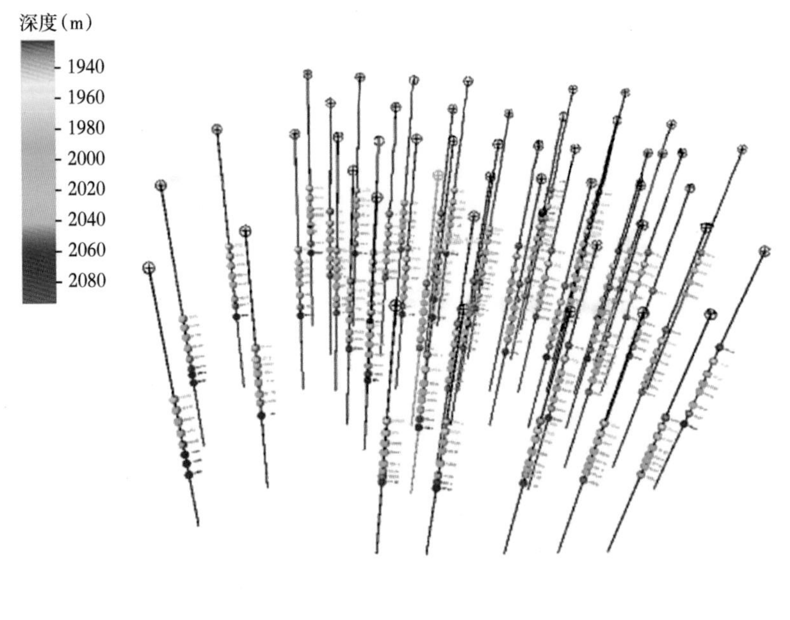

图 4-83　井点分层数据图

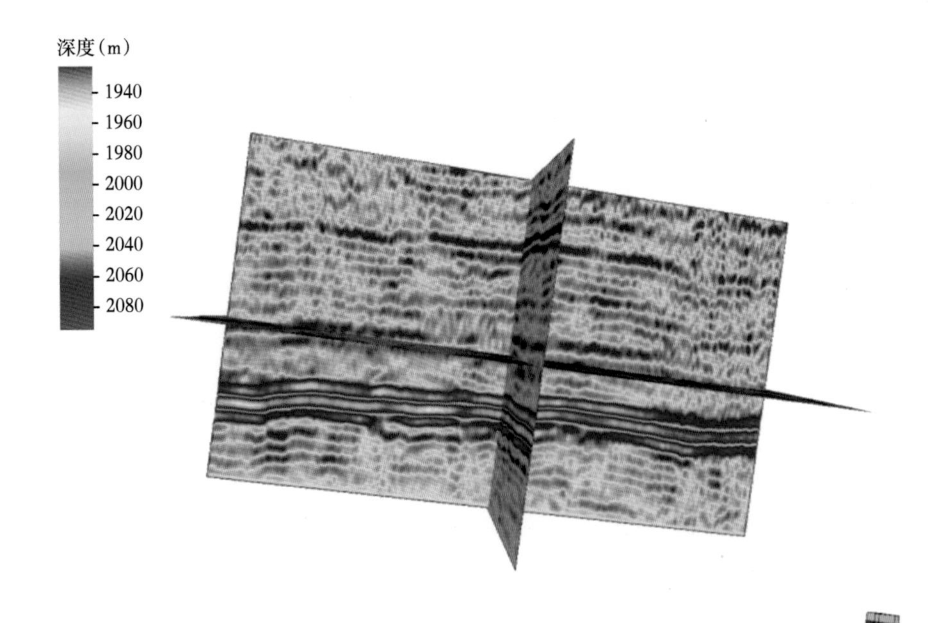

图 4-84　地震解释成果

地震解释的层位位于时间域(图4-85)，需要将其转化为深度域，才能在构造建模中发挥趋势面约束的作用。对声波、密度等测井曲线进行处理，计算反射系数，选择合适的地震子波频率，提取零相位子波，通过式(4-1)的褶积运算合成地震记录，与井旁地震道匹配调整，标定地震解释层位和测井分层，建立时间和深度的对应关系，计算速度模型，将地震层位由时间域转化为深度域。

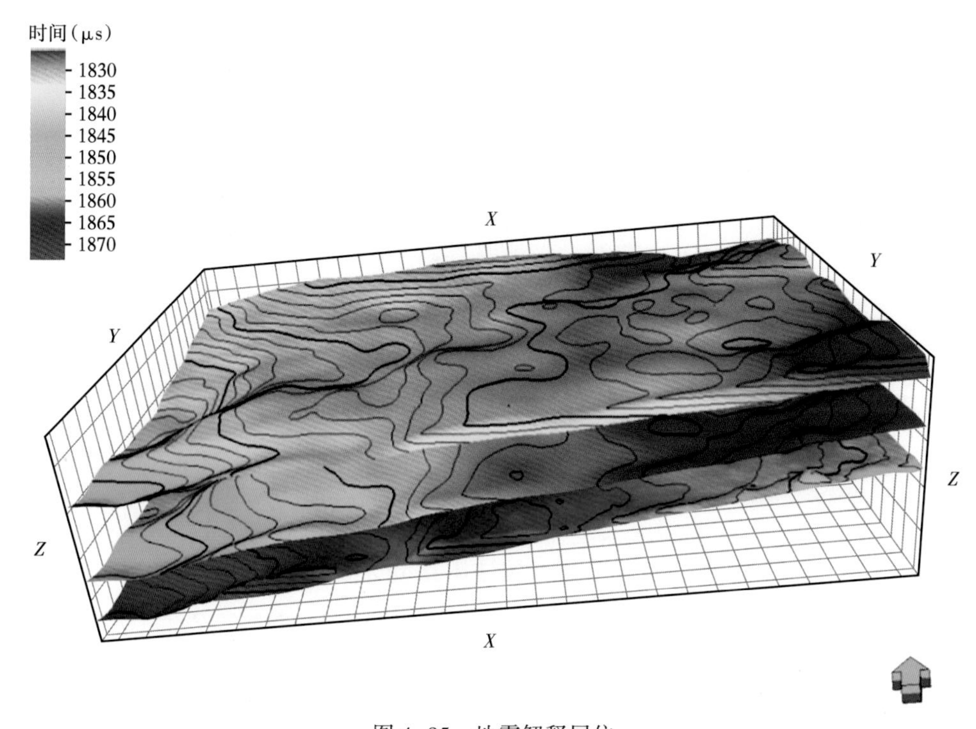

图4-85 地震解释层位

$$F(t)=S(t)\times R(t) \tag{4-1}$$

式中 $F(t)$——合成记录；

$S(t)$——地震子波；

$R(t)$——反射系数。

构造模型通常包括层面模型和断层模型，由于本区构造相对简单，断层基本不发育，本次构造建模仅建立层面模型(图4-86)。地震资料具有横向采样密集的特点，用地震约束得到的构造图，相比于无地震约束的构造图，在刻画局部高点、精细描述储层构造等方面具有优势。

三、岩相模型

以建立的构造模型为基础，在三维空间表征岩相的分布。这里的岩相指的是砂岩或泥岩，而不具体划分其砂岩岩性。苏里格气田盒八段、山一段等目的层段埋深较大，地表呈荒漠化或半荒漠化，地震反射条件弱，地震品质不好，信噪比及分辨率较低，需要测井标

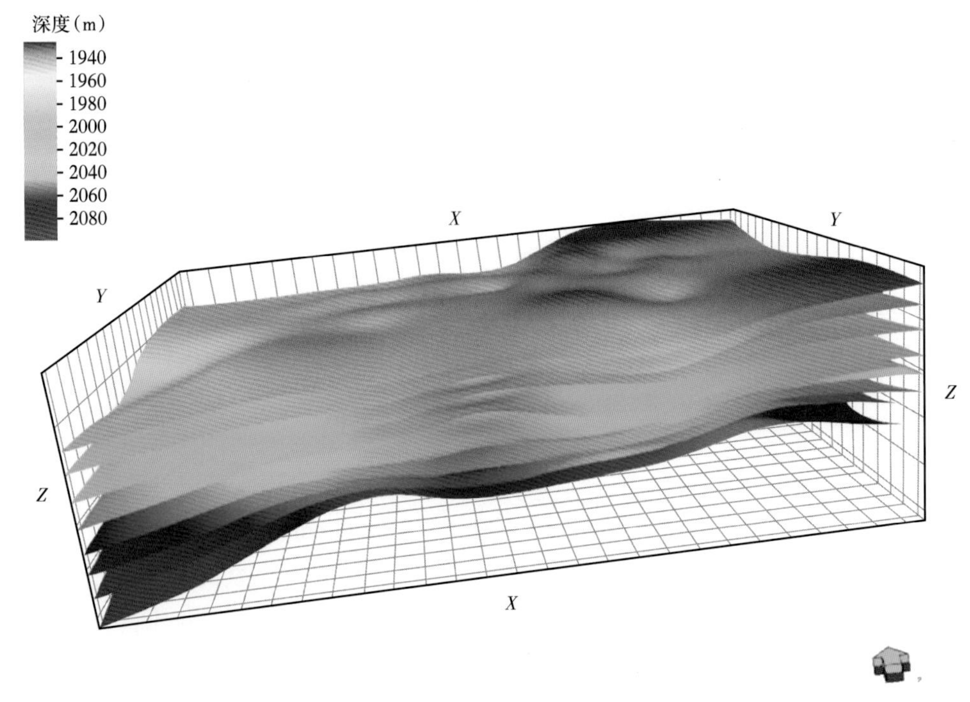

图 4-86　井、震结合建立的构造层面

定地震，提高其垂向分辨率。而常规的纵波波阻抗受岩性、物性和流体特征等多因素影响，砂岩含气后地震波反射速度降低，与泥岩速度接近，使得波阻抗反演只能区分大段的砂岩段、泥岩段，而无法准确划分单个砂岩层、泥岩层(图 4-87)。

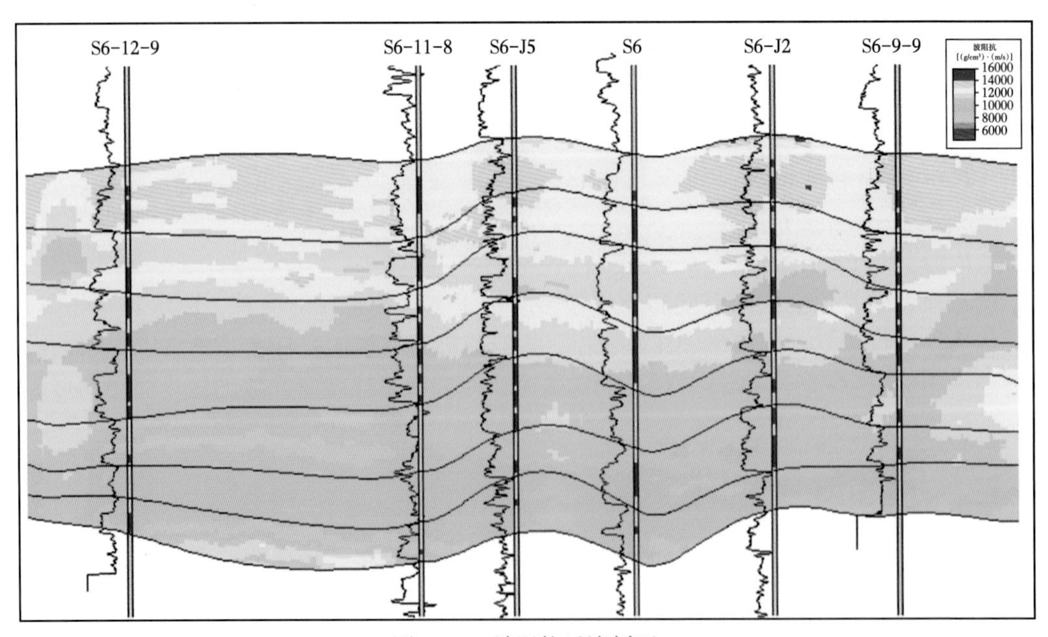

图 4-87　波阻抗反演剖面

考虑到某些测井曲线能较好地表现岩性变化，与地震数据在表现岩性界面等方面存在内在联系，本研究利用多期约束的思想，优选测井曲线，通过神经网络识别技术分析测井、地震资料的函数关系，测井标定地震反演地球物理特征曲线随机场，以其为约束条件建立地球物理特征曲线三维模型，生成砂岩概率体，在此基础上通过多点地质统计学方法建立岩相模型。

1. GR 场

苏里格气田受控于河流相沉积环境，垂向上砂泥岩互层频繁出现，通过对 AC、SP、GR、CNL、RT 等测井曲线分析，认为本区 GR 曲线与岩相的对应关系最好，对岩相的变化最敏感。地震反射波也与地层岩性有一定的相关性，这正是传统的波阻抗反演的理论基础。通过神经网络模式识别技术，输入 GR 曲线与地震成果数据，匹配训练对(图 4-88)，形成学习样本集，建立一系列与实际测井 GR 相近的地震特征，以此为标准，测井约束地震反演 GR 场。

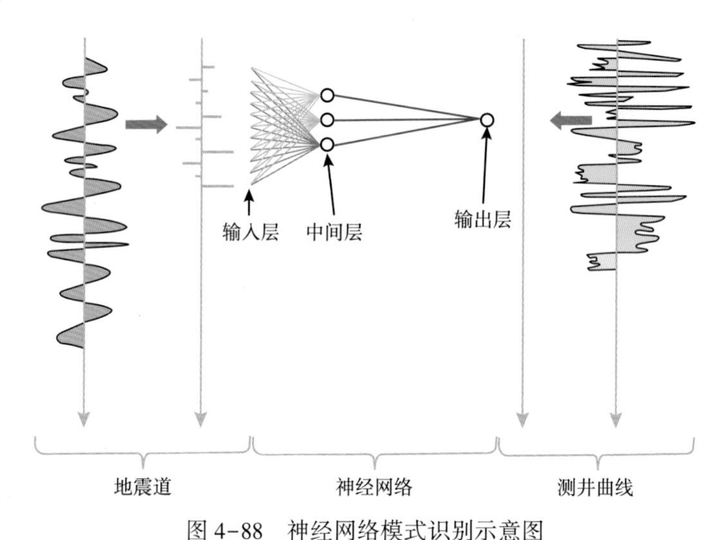

图 4-88　神经网络模式识别示意图

测井约束地震反演 GR 场将地震资料和测井资料有机地结合起来，保证了分析数据的质量和多源性，突破了传统意义上的地震分辨率，理论上可得到与测井资料相同的分辨率，既能表现出整体的可靠性，又刻画了局部细节。但反演的 GR 场存在一个缺点，在井间缺少地质含义，具有多解性。多解性取决于模型中的约束条件与实际地质情况的差异大小。在目前较难提高地震分辨率的条件下，获得更准确的地质认识并将其加入地质模型中是减少多解性关键。

对比波阻抗反演和 GR 场反演效果(图 4-89)，可看出砂岩、泥岩对应的波阻抗值接近，范围皆在 10000~12800[(g/cm^3)·(m/s)]，故波阻抗在区内划分砂、泥岩效果较差。另一方面，反演 GR 场能较好地区分砂、泥岩，砂岩的反演 GR 值总体较低，泥岩的反演 GR 值相对较高，同时反演的 GR 场与测井 GR 值对应关系好，相关系数可达 0.76，因此可通过先验地质知识去约束井间的反演 GR 场，从而降低地震资料的多解性。

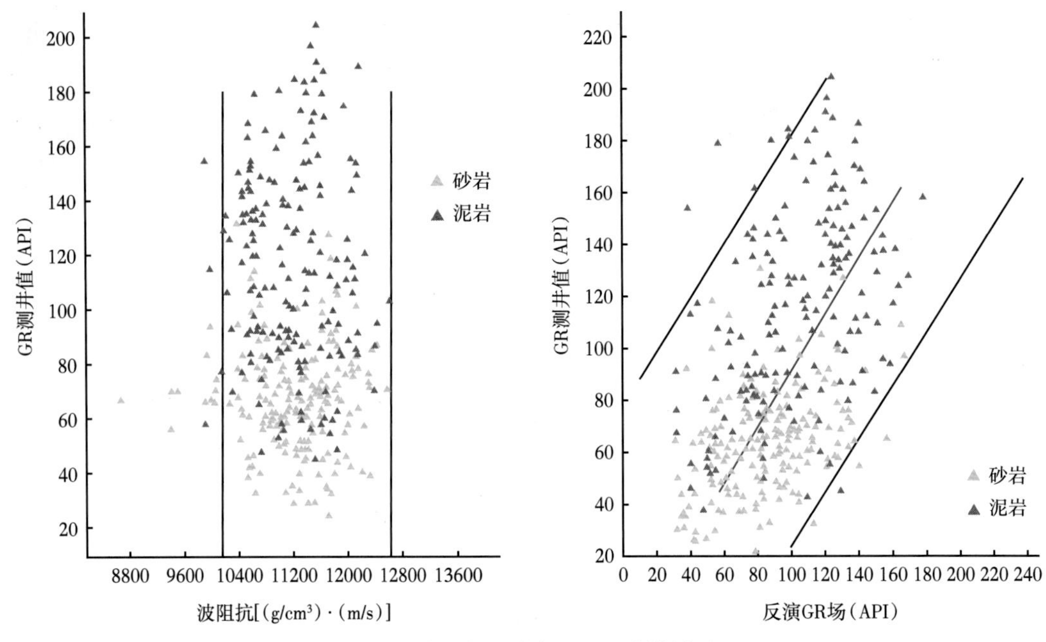

图 4-89　波阻抗反演与 GR 反演效果对比

2. GR 模型

建立 GR 模型的目的是综合井点的 GR 值和地震反演的 GR 场，将地质认识引入 GR 模型，降低井间地震资料的多解性，赋予井间反演 GR 场更明确的地质含义。分两步建立 GR 模型：首先，统计砂体规模，求取砂体变差函数；其次，结合井点处的测井 GR 值与井间地震反演的 GR 场，利用同位协同模拟算法，建立地质认识约束下的 GR 模型。其计算公式为

$$Z(u)=\sum_{i=1}^{n}\lambda_i(u)Z(u_i)+\lambda_j(u)Y(u) \tag{4-2}$$

式中　$Z(u)$——随机变量估计值；

$Z(u_i)$——主变量（硬数据）的第 i 个采样点；

$Y(u)$——次级变量（地震数据）；

λ_i，λ_j——需要确定的协克里金加权系数。

GR 模型由于较好地结合了井、震数据和地质认识，降低了井间储层预测的多解性，明确了地震反演场的地质意义，规避了井点与井间 GR 值异常突变等问题的出现，能更好地反映砂体规模和砂体展布方向。砂体主变程、次变程、方位角等变差函数对 GR 模型中的 GR 变差函数起参考和约束作用。

3. 砂岩概率体

砂岩的概率与 GR 值的分布有一定的统计关系，总体上随着 GR 值的增加而降低，但不是说 GR 值小，就一定是砂岩，GR 值大，就一定是泥岩。回归了 GR 模型中的 GR 值与砂岩概率的函数关系（图 4-90、图 4-91）为

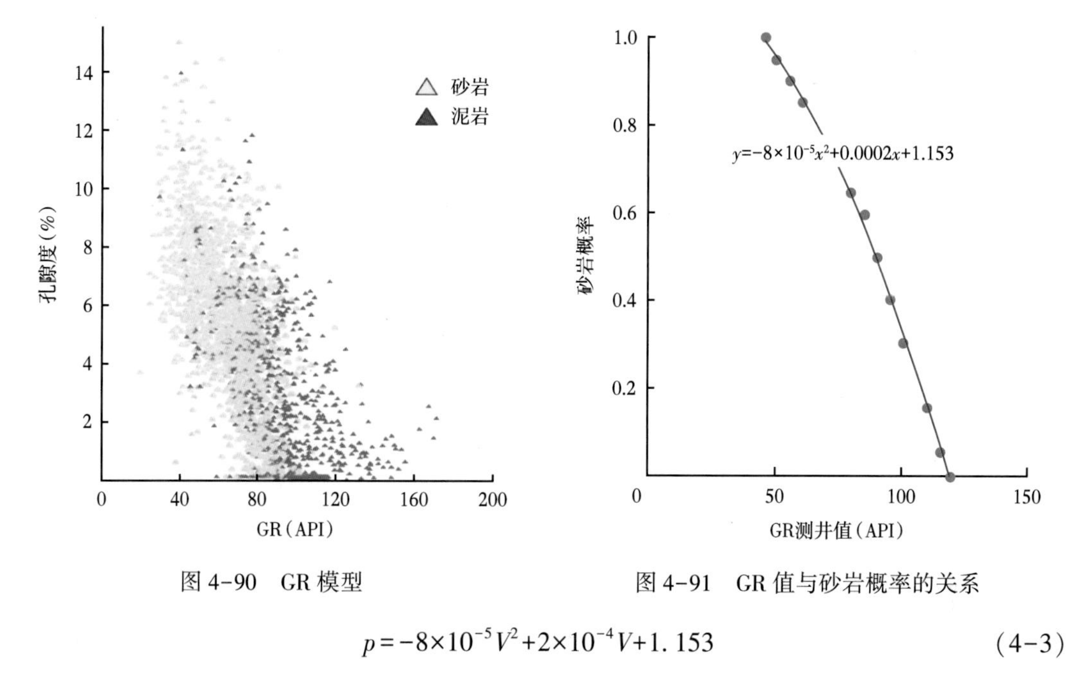

图 4-90　GR 模型　　　　图 4-91　GR 值与砂岩概率的关系

$$p=-8\times10^{-5}V^2+2\times10^{-4}V+1.153 \quad (4-3)$$

式中　p——砂岩概率，无量纲；

V——GR 值，API。

通过式(4-3)，将 GR 模型转化为砂岩概率体模型(图 4-92、图 4-93)。砂岩概率体模型中每一个网格对应着一个砂岩概率值，数值分布范围为 0~1。砂岩概率体意义在建模

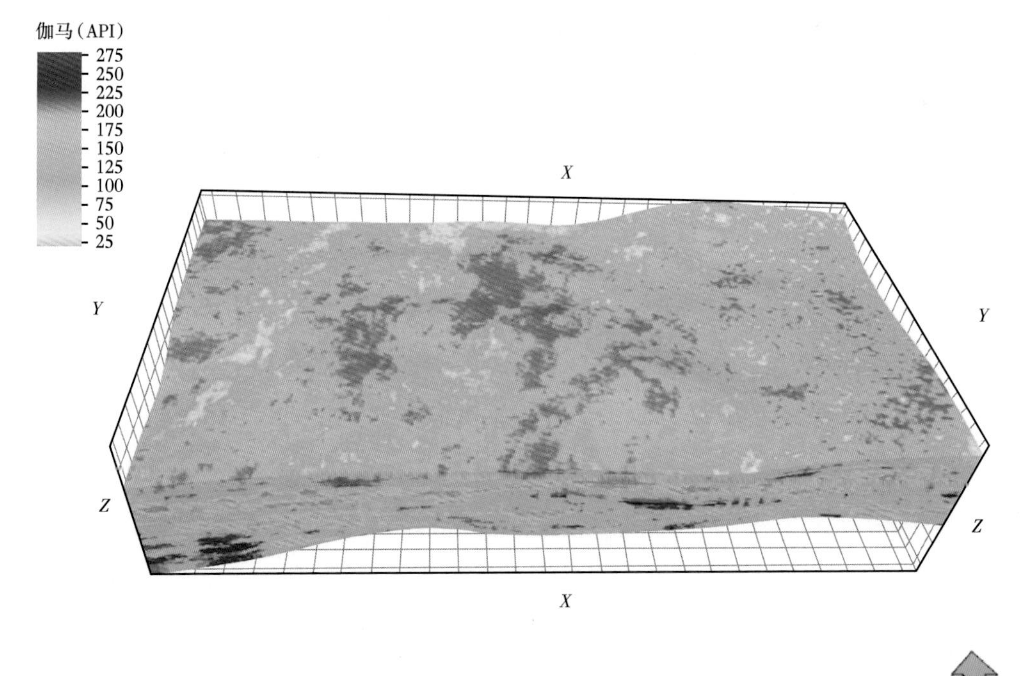

图 4-92　GR 模型

软件根据 GR 值自动判识岩相时，可根据每个网格计算出砂岩概率，随机生成可供挑选的多个岩相模，减少了给出唯一 GR 阈值所带来的误差。

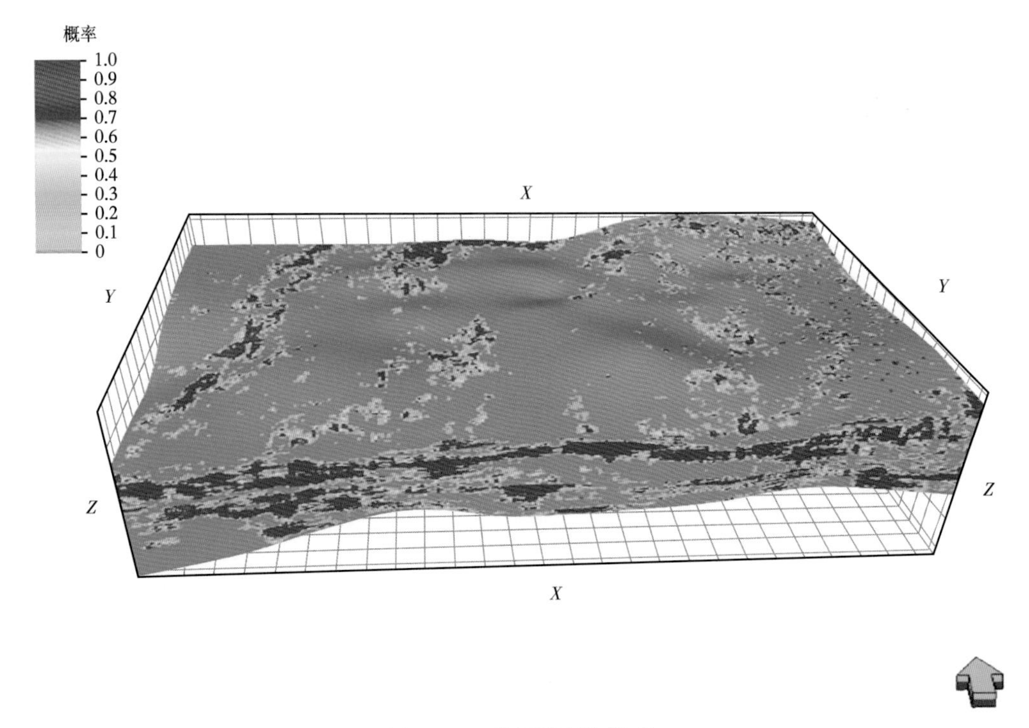

图 4-93 砂岩概率体模型

4. 岩相建模方法

目前最常用的两种相建模方法为序贯指示模拟和基于目标的模拟(图 4-94—图 4-97)。序贯指示模拟是一种基于象元的方法，通过变差函数研究空间上任两点地质变量的相关性，能较好地忠实于井点硬数据(图 4-94)；而基于目标的模拟在井较多的情况下，常出

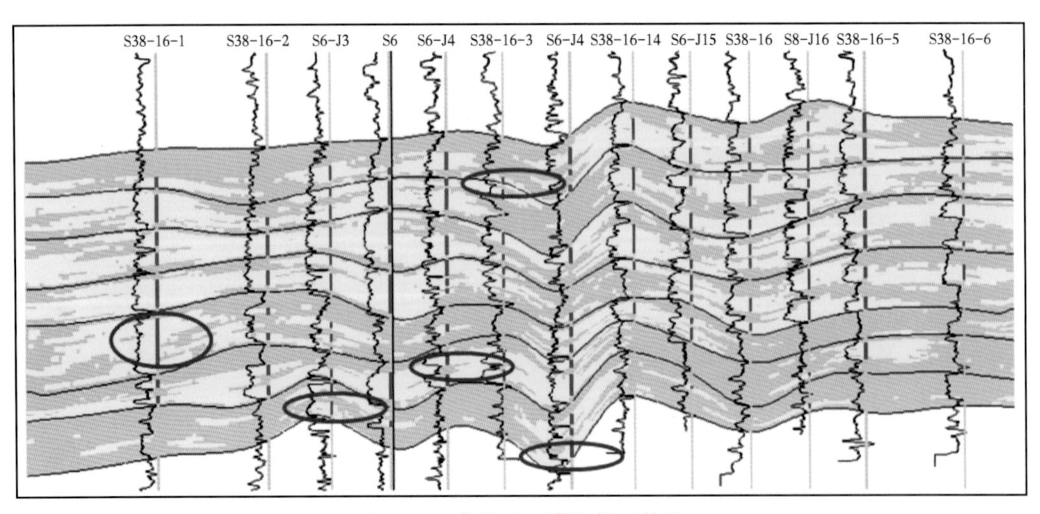

图 4-94 序贯指示模拟剖面特征

现无法忠实于井点数据的问题，如图 4-95 所示，蓝色圈内岩相模拟结果与井点数据不符。变差函数的数学原理是满足二阶平稳或本征假设的前提条件，这就决定了序贯指示模拟不能模拟多变量的复杂的空间结构和分布，平面上常造成河道错断，砂体呈团状，边缘呈锯齿状(图 4-96)，不符合辫状河的沉积特征；基于目标的模拟以离散性的目标物体为模拟单元，能表现出河道的形态(图 4-97)。

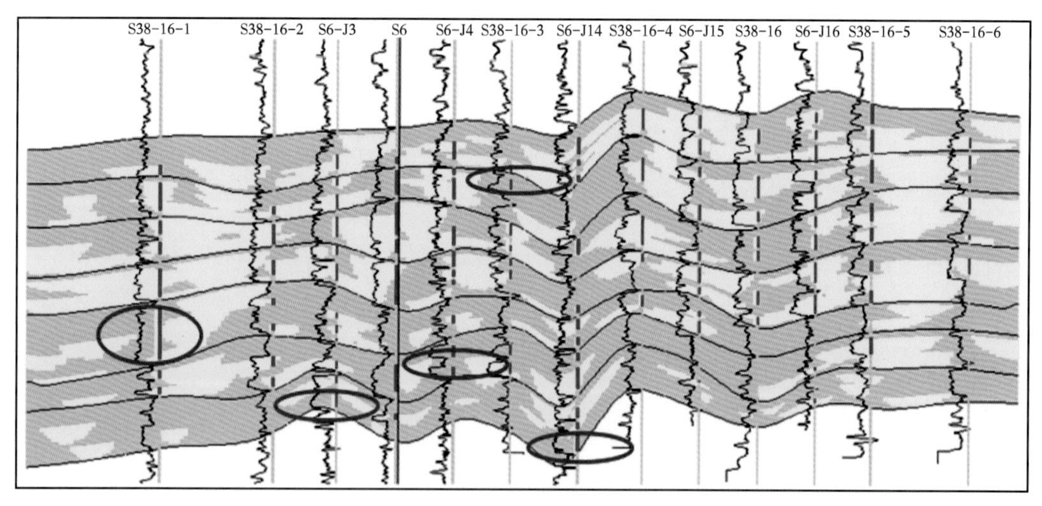

图 4-95　基于目标的模拟剖面特征

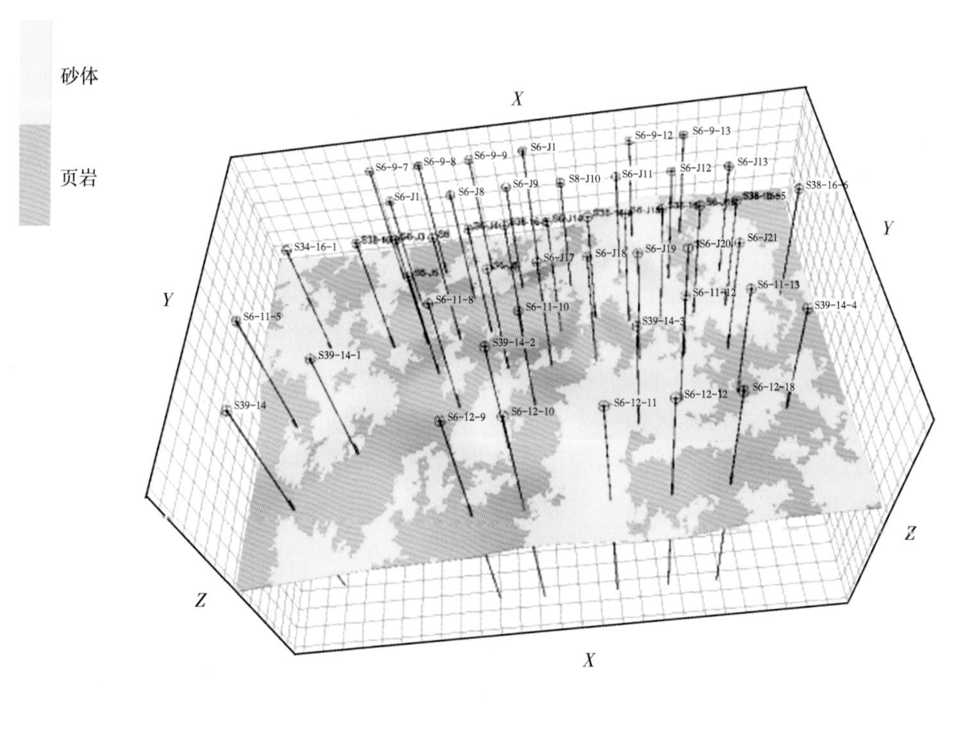

图 4-96　序贯指示模拟平面特征

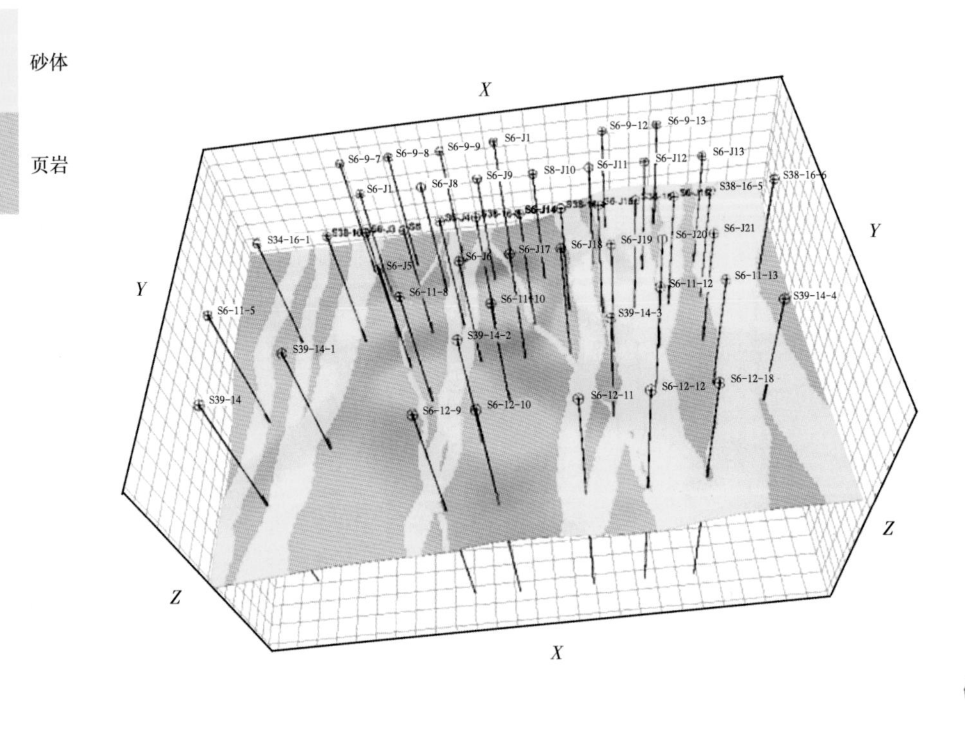

图 4-97　基于目标的模拟平面特征

鉴于传统基于变差函数的随机模拟方法和基于目标的随机建模方法的不足，多点地质统计学应运而生，并迅速成为随机建模前沿研究热点。多点地质统计学引进了一些新概念，如数据事件、训练图像、搜索树等。该方法利用训练图像代替变差函数揭示地质变量的空间结构性，克服了不能再现目标几何形态的缺点，同时采用了序贯算法，忠实于硬数据，克服了基于目标的随机模拟算法的局限性。

多点地质统计学的理论于 2000 年左右提出，到 2010 年左右才应用到商业化建模软件中。研究中采用修改后的 Snesim 算法，搜索一定距离的数据样板内所有的训练图像样式，建立“搜索树”，提取每个数据事件的条件概率，概率最大的图像样式即为该点的模拟结果。如图 4-98b 所示为模拟目标区内一个由未取样点及其邻近的 4 个井数据（u_2 和 u_4 为砂，u_1 和 u_3 为泥）组成的数据事件，当应用该数据事件对如图 4-98a 所示的训练图像进行扫描时，可得到 4 个重复，中心点为砂岩的重复为 3 个，而中心点为泥岩的重复为 1 个。因此，该未取样点为砂岩的概率为 3/4，而为泥岩的概率为 1/4。

5. 岩相模型

多点地质统计学的关键基础是训练图像的获得。训练图像为能够表述实际储层结构、几何形态及其分布模式等地质信息的数字化图像。大尺度的训练图像包含的地质信息多，模拟精度高，但更耗费机时。训练图像不必忠实于实际储层内的井信息，而只是反映一种先验的地质概念与统计特征，其主要来源：露头、现代沉积原型模型、基于目标的非条件模拟、沉积模拟、地质人员勾绘的数字化草图。考虑到各个小层储层特征不同，本研究通

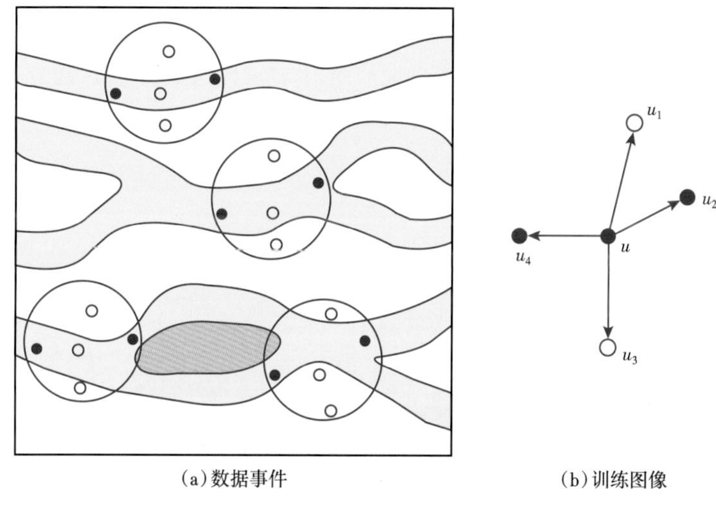

（a）数据事件　　（b）训练图像

图 4-98　数据事件与训练图像示意图

过基于目标的非条件模拟，优化训练图像模拟尺度（表 4-18），分地层单元分别建立 7 个开发小层的三维训练图像，盒八段砂体发育程度总体好于山一段（图 4-99）。

表 4-18　岩相建模砂体规模参数表

砂组	小层	砂体厚度（m）			砂体宽度（m）		
		最小	平均	最大	最小	平均	最大
盒八段上亚段	1	0.81	4.65	11.31	32	469	905
	2	1.27	4.42	13.51	51	566	1081
盒八段下亚段	1	1.82	4.99	15.62	73	661	1250
	2	1.69	4.53	13.9	68	590	1112
山一段	1	0.99	3.72	9.8	40	412	784
	2	1.29	4.21	10.98	52	465	878
	3	1.21	3.63	9.5	48	404	760

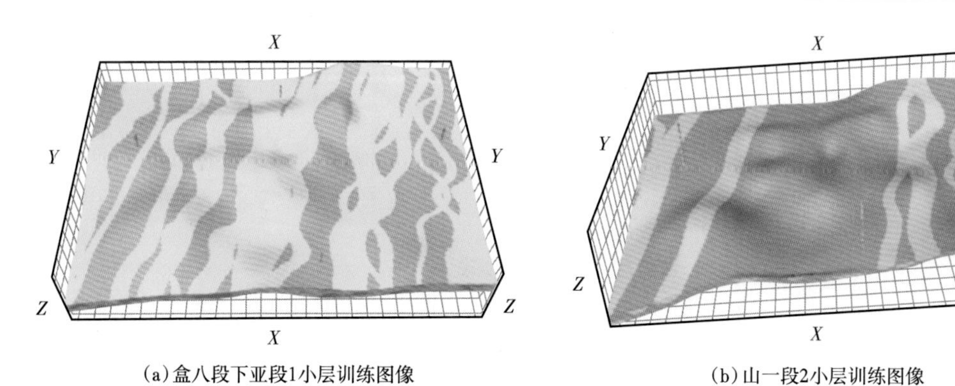

（a）盒八段下亚段1小层训练图像　　（b）山一段2小层训练图像

图 4-99　分小层建立三维训练图像

以井点岩相数据为硬数据，以井间砂岩概率体为软数据，以建立训练图像为基础，通过多点地质统计学的方法建立三维岩相模型(图 4-100、图 4-101)。得益于密井网区精细的地质解剖、较准确的砂岩概率体、多点地质统计学较先进的算法，建立三维岩相模型在井点处忠实于硬数据，在井间能较好地表现河道形态。

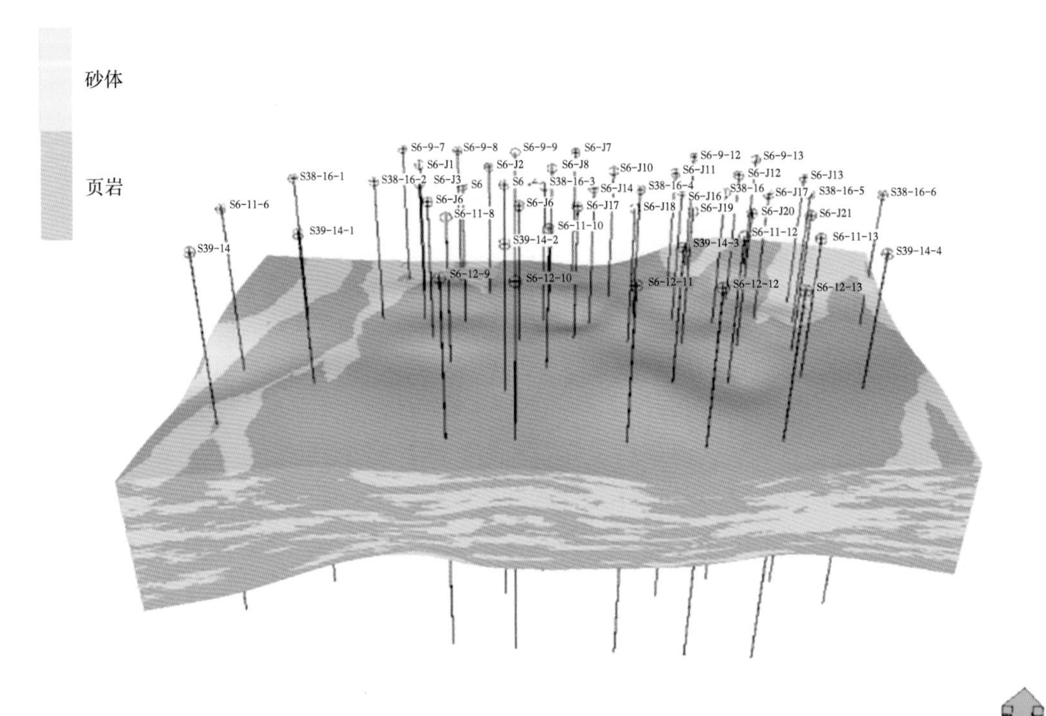

图 4-100　多点地质统计学建立岩相模型

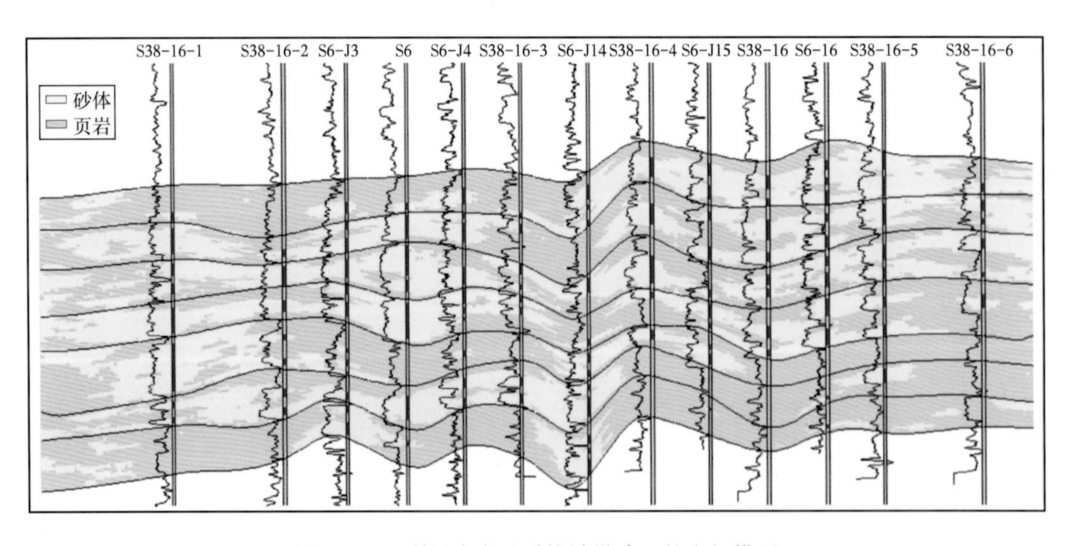

图 4-101　利用多点地质统计学建立的岩相模型

利用地震波形储层预测方法在平面上验证、修正和完善建立的岩相模型。地震波形系地震波振幅、频率、相位的综合变化，可在平面上较好表现一定厚度的砂体的分布，在井间具有一定的预测性。

四、沉积相模型

受水动力等控制，心滩等沉积微相在空间分布形态不同、规模不等、发育频率也有较大的差异，即沉积微相的分布具有较强的不均一性，而以往的地质建模方法往往没有很好地描述和刻画这一现象。本次利用分级相控的思想，建立岩相和辫状河体系带共同控制下的沉积微相模型，为储层属性建模提供较准确的地质控制条件和依据。

1. 辫状河体系带模型

1）辫状河体系带对沉积微相的控制作用

研究表明，辫状河体系对沉积微相展布和有效砂体分布具有较强的控制作用（图 4-102）。辫状河体系带中的叠置带处于古地形最低洼处，为古河道持续发育部位，导致心滩发育频率高、规模大，有效砂体相对富集。经统计，叠置带的心滩相比于过渡带，其发育频率为后者的近两倍（表 4-19），厚度前者能比后者厚 0.3～0.5m，宽度前者能比后者宽 70～80m，长度前者能比后者长 100～200m。

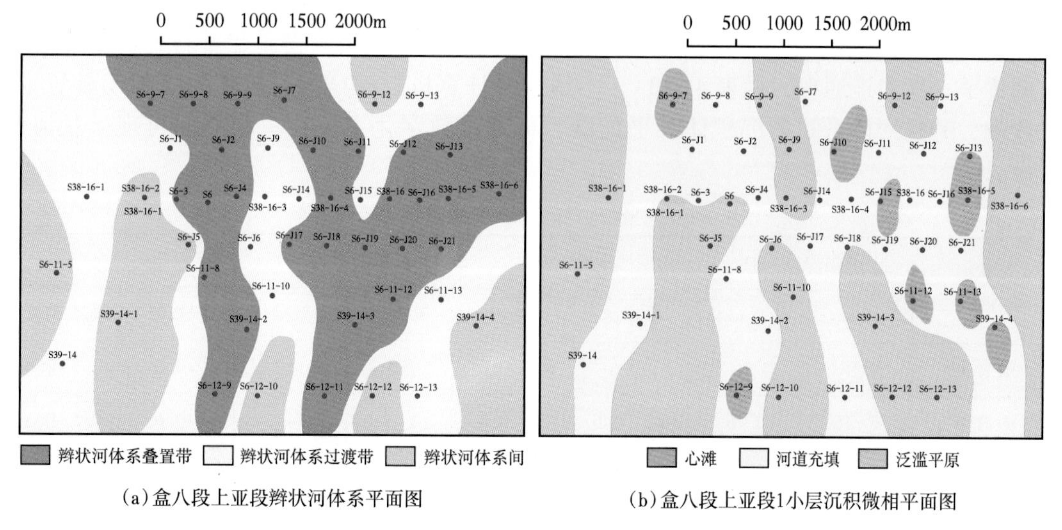

（a）盒八段上亚段辫状河体系平面图　（b）盒八段上亚段1小层沉积微相平面图

图 4-102　辫状河体系与沉积微相

表 4-19　叠置带与过渡带心滩、河道充填发育比例

层位	辫状河体系叠置带		辫状河体系过渡带	
	心滩	河道充填	心滩	河道充填
$H8_1{}^1$	59.04	40.96	21.77	78.23
$H8_1{}^2$	59.56	40.44	36.02	63.98
$H8_2{}^1$	63.52	36.48	33.15	66.85
$H8_2{}^2$	72.10	27.90	28.12	71.88

续表

层位	辫状河体系叠置带		辫状河体系过渡带	
	心滩	河道充填	心滩	河道充填
S_1^1	43.62	56.38	23.65	76.35
S_1^2	62.73	37.27	34.59	65.41
S_1^3	45.00	55.00	19.99	80.01
平均	57.94	42.06	28.18	71.82

苏里格气田有效砂体受沉积和成岩双重控制，在空间分布以孤立型为主，若从单个有效砂体去研究砂体分布规律，难以突破和把握；另一方面，区内有70%的有效砂体分布在叠置带，叠置带相比于过渡带，垂向叠置型有效砂体分布比例较高，有效砂体通过多期叠置形成规模较大的复合体，为富集区优选提供了有利的地质条件，是开发的主力相带单元。

2) 辫状河体系带模型

辫状河体系带是控制苏里格气田沉积和储层的关键地质因素，从辫状河体系叠置带、过渡带入手去研究沉积微相展布和有效砂体分布是较为科学的。因此在建立沉积微相和有效砂体模型之前，首先建立辫状河体系带模型。在建立辫状河体系带模型时，因其划分标准涉及的参数较多(砂体和有效砂体厚度、砂地比和净毛比、顺物源和垂直物源方向的垂向叠置率、横向连通率，见表4-20)，不易通过计算机自动辨识，故先手工勾绘叠置带、过渡带、辫状河体系间的沉积体系平面图，再通过数字化手段在三维空间再现辫状河体系带。

表4-20 辫状河体系划分标准

辫状河体系	储层厚度(m)		厚度比例		叠置层数(个)		侧向连通率	
	砂体	有效砂体	砂地比	净毛比	砂体	有效砂体	顺物源	垂直物源
叠置带	>16	>6	>0.6	0.3~0.6	≥3	≥2	>0.8	0.7~0.8
过渡带	6~16	1~6	0.2~0.6	0.1~0.3	2~3	1~2	>0.6	0.5~0.6
体系间	<6	<1	<0.2	<0.1	<2	≤1	<0.5	<0.5

2. 沉积微相模型

传统相控建模中的“相”指的是“岩相”或“沉积相”，然而仅靠岩相或者沉积相都无法表征苏里格气田低渗透—致密砂岩储层的强非均质性。在建立可靠性较高的岩相模型的前提下，本书首先结合岩相与沉积相，通过岩相控制沉积微相建立相模型，分为两步：(1)先将河道充填与心滩合并成河道相，作为模拟相，对应岩相模型中砂岩，泛滥平原作为背景相，对应岩相模型中泥岩；(2)模拟心滩，只侵蚀第一步模拟产生的河道相，其他网格还保持第一步的实现结果。这样带来的问题是：模型中心滩会按照统计出的固定的比例、近同等规律大小发育在河道中，从而将河道相粗略地当成均质的整体，与已有沉积认识不符。

鉴于辫状河体系带对沉积微相较强的控制作用，考虑通过辫状河体系模型与岩相模型共同约束沉积微相模型。需要解决两个问题。

（1）辫状河体系模型与岩相模型地层尺度不同，辫状河体系模型是沉积环境对应砂组级别地层的综合反映，而三维岩相模型类似于等时地层切片的叠合。举例来说，辫状河体系的叠置带甚至不一定能准确对应岩相模型中的砂岩。

（2）建立相模型时，建模软件只允许最多输入一个三维模型作为约束条件，因此需要将辫状河体系模型与岩相模型合并。

具体做法是：将同一位置的网格既属于砂岩，又位于叠置带的定为叠置带；同一网格既属于砂岩，又位于过渡带或辫状河体系间的，定为过渡带；网格处属于泥岩的，定为辫状河体系间（表 4-21），形成岩相—辫状河体系复合模型。根据不同辫状河体系带内心滩、河道充填等沉积微相分布频率和发育规模的统计特征，建立岩相—辫状河体系复合模型约束下的沉积微相模型。

表 4-21　岩相、辫状河体系、复合模型对应关系

岩相	辫状河体系模型	岩相—辫状河体系复合模型
砂岩	叠置带	叠置带
	过渡带、体系间	过渡带
泥岩	叠置带、过渡带、体系间	体系间

如图 4-103 所示为两种方法建立的沉积微相模型的对比。受辫状河体系和岩相共同约束的沉积微相模型（图 4-103a）与沉积微相平面图对应效果较好，心滩在局部区带分布集中，规模较大；而只受岩相控制的沉积微相模型（图 4-103b）心滩在河道内以均一的概率、几乎均等的规模分布，不可避免地淡化了沉积相在空间展布的固有的不均一性，效果不好。至于常规的不受岩相控制的沉积微相模型，其效果更差，这里不再赘述。

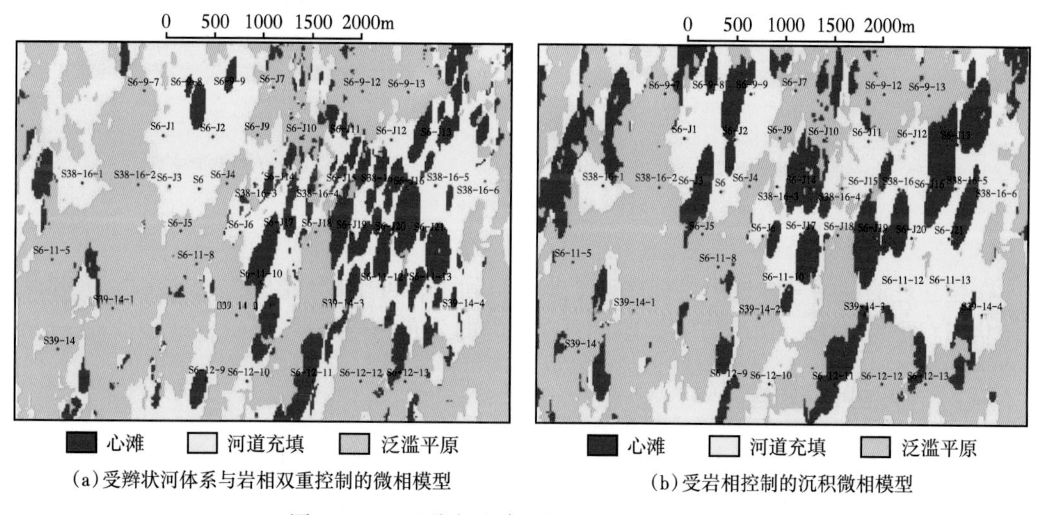

（a）受辫状河体系与岩相双重控制的微相模型　　（b）受岩相控制的沉积微相模型

图 4-103　两种方法建立的沉积微相模型对比

五、储层参数模型

储层参数模型主要包括孔隙度模型、渗透率模型、含气饱和度模型等，模型的精确与否关系到有效砂体模型的可靠性和合理性。沉积微相对储层参数有较强的控制作用，心滩中下部和河道底部孔隙度、渗透率、饱和度值相对较大，是天然气聚集的主要场所。

利用序贯高斯的球状模型，建立沉积微相控制下的储层参数模型(图 4-104)。首先建立孔隙度模型，在建立渗透率、含气饱和度模型时，采用协同模拟，孔隙度作为第二变量参与约束。序贯高斯模拟要求物性参数服从正态分布，因此建立储层参数模型之前，需要将物性参数进行统一的正态变换(渗透率非均质性较强，首先进行对数变换，再进行正态变换)，建立好模型后再进行反变换。

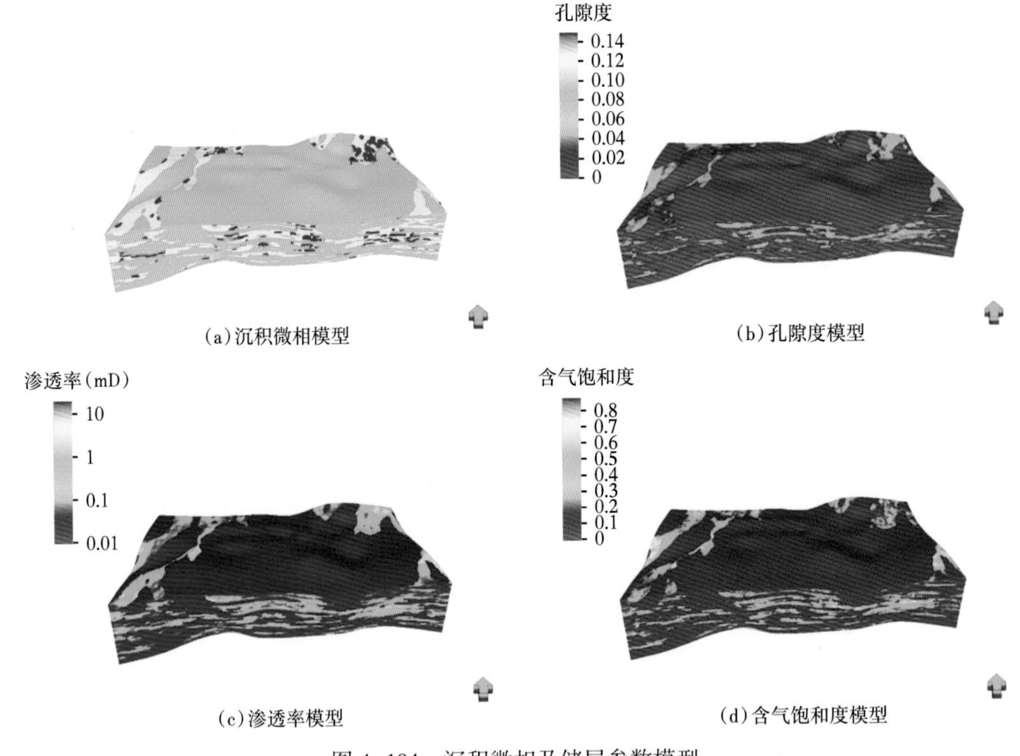

图 4-104　沉积微相及储层参数模型

在建立好的储层三维地质模型内调节步长、间隔，可生成孔隙度、渗透率、饱和度三维栅状图(图 4-105)，便于研究储层参数在空间的分布和连续性。

六、有效砂体模型

有效砂体在空间分布遵从一定的地质、统计规律，同时也受到沉积微相、储层参数的影响和控制。有效砂体相对于非有效砂体储层参数较大，在沉积和成岩双重控制下，气田有效砂体与心滩等沉积微相对应关系较好，经统计，本区有 80%以上的有效砂体分布在心滩中。分别以两种方法建立有效砂体模型：(1)离散型建模方法，以井点处测井或试井证

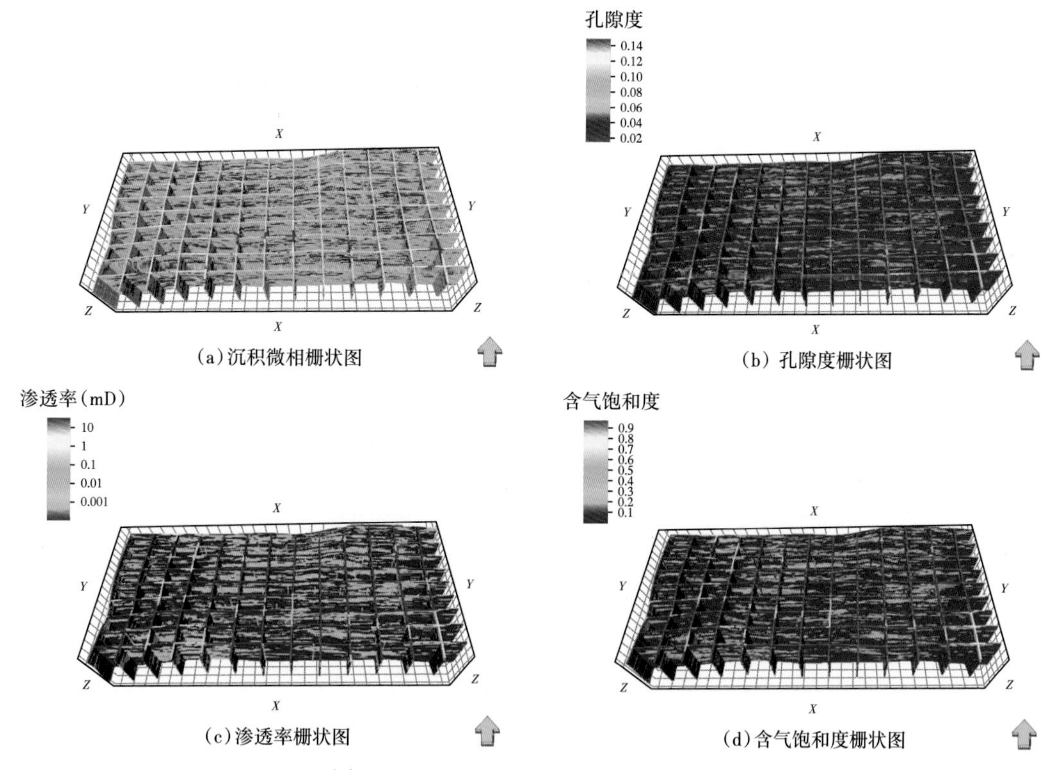

(a)沉积微相栅状图 (b)孔隙度栅状图
(c)渗透率栅状图 (d)含气饱和度栅状图

图 4-105 沉积微相及储层参数栅状图

实的有效砂体为硬数据，根据有效砂体在空间的分布规律及统计特征(表 4-22)，将有效砂体(气层、含气层)作为相属性进行模拟，非有效砂体作为背景相；(2)连续性建模方法，以试井、试采数据为依据，给出有效砂体的储层参数下限值(孔隙度≥5%，含气饱和度≥45%)，针对孔隙度、渗透率、饱和度储层参数模型进行数据筛选，将满足要求的网格判断为有效砂体。

表 4-22 有效砂体建模参数

小层	厚度(m)			宽度(m)			长度(m)		
	最小	平均	最大	最小	平均	最大	最小	平均	最大
$H8_1^{\ 1}$	1.1	2.6	5.2	158	210	368	316	547	921
$H8_1^{\ 2}$	1.1	3.0	7.2	177	236	413	354	614	1033
$H8_2^{\ 1}$	0.9	2.8	6.7	170	227	398	341	591	994
$H8_2^{\ 2}$	1.3	3.0	7.5	182	243	426	365	632	1064
$S_1^{\ 1}$	0.8	2.4	4.3	142	190	332	284	493	830
$S_1^{\ 2}$	0.9	2.5	5.2	151	201	351	301	522	879
$S_1^{\ 3}$	0.7	2.2	4.1	130	173	302	259	449	756

对比两种方法建立的有效砂体模型，反复调试建模参数、修改两组模型，直至两者的符合率最高。选取在两种建模方法下同属于有效砂体的模型网格，建立最终的有效砂体模

型，再通过叠合之前建立的岩相模型，在三维空间内再现苏里格低渗透—致密砂岩气藏“砂包砂”二元结构(图 4-106)。经统计，模拟的有效砂体占砂体的比例为 28.42%，与地质特征吻合。通过软件的过滤功能，滤掉非有效的砂体和泥岩，在三维空间只显示有效砂体的分布(图 4-107)，可以看出苏里格气田有效砂体在空间高度分散，多层段叠合后形成一定规模的富集区。

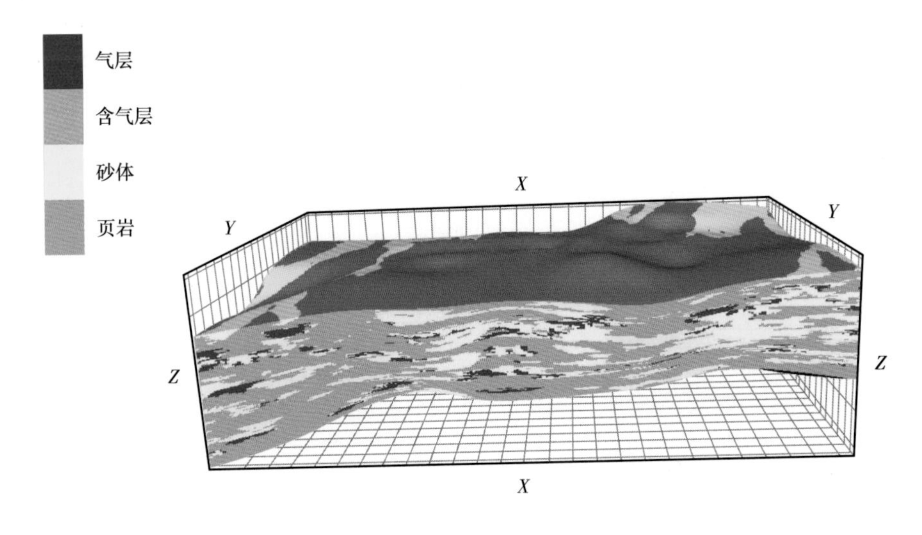

图 4-106　有效砂体模型

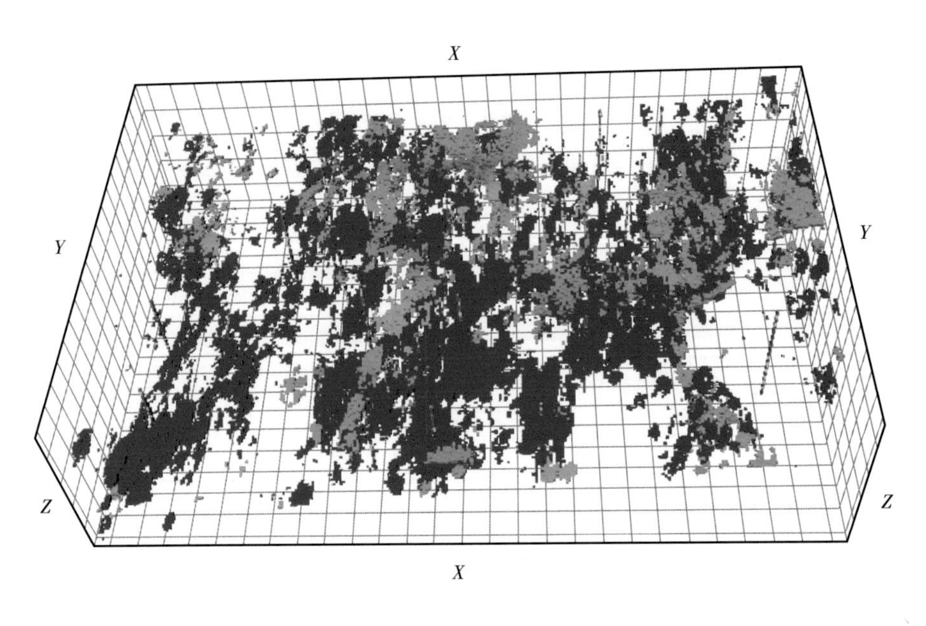

图 4-107　有效砂体在空间的分布

七、模型的检验

地下地质特征的认知程度、建模基础资料的应用效果、建模方法和算法选择的合理与否在很大程度上决定了地质建模的精度和准确性。从地质认识验证、井网抽稀检验、储层参数对比、储量计算、动态验证等方面检验建模效果。若模型效果好，精度高，则输出模型；若模型效果不好，则反复调试建模参数，重新建立模型，直至效果理想。值得一提的是，本书的建模方法已在苏里格气田具体的开发区块得到了应用，在砂体预测及含气检测等方面取得了不错的效果。

1. 地质认识验证

盒八段下亚段 2 小层 S6 井区、S6-J16 井区砂体厚度大，储层质量好。通过对比，认为建立的岩相模型与砂体等厚图相似度较高，模型符合地质认识。在井点处，岩相模型(图 4-108a)与砂体等厚图(图 4-108b)有较好对应关系；在井间，三维岩相模型通过地震资料、砂体概率体和建模算法对砂体分布进行合理预测。

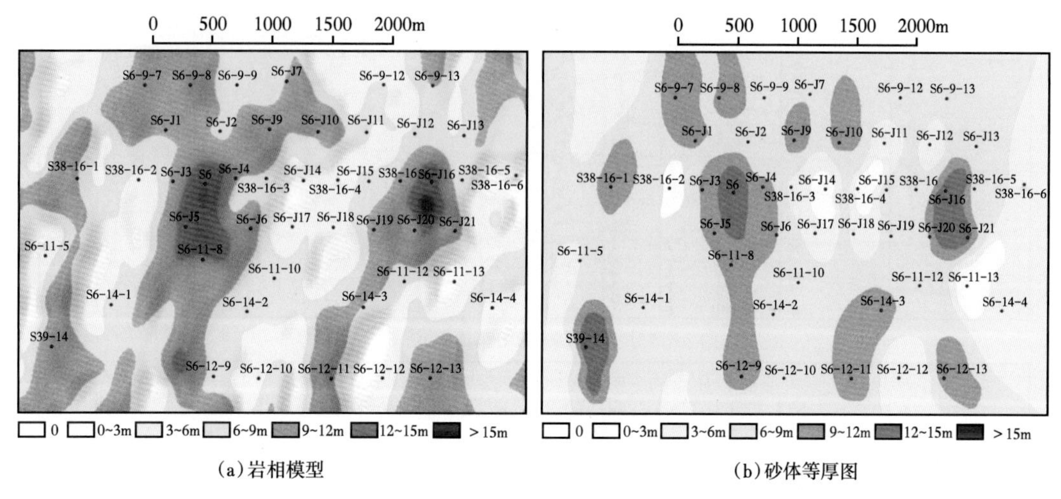

(a)岩相模型　　(b)砂体等厚图

图 4-108　岩相模型与砂体等厚图对比

2. 井网抽稀检验

苏里格气田建模模拟区的井距为 400m×600m，将建模井网逐级抽稀，被抽掉的井作为检验井，不参与模拟，用剩余的井资料重新建立模型，分析井间砂体的正判率，检验模型的可靠程度。井间砂体的正判率，是对比模型中被抽掉井处的砂、泥岩分布与钻井实钻的砂、泥岩剖面的符合情况而得的。

如图 4-109 所示，灰色区域代表地质模型中模拟泥岩，黄色区域代表模拟砂岩，井位处红色段为钻井证实砂岩，红色井名被抽稀，建模时未用该井资料，蓝色井名在模拟时用到了该井资料。统计表明，随着井网井距增大，井间砂体的正判率依次下降，抽稀到 1600m×2400m 时，多段砂岩出现判断错误，井间砂体正判率迅速下降，仅为 50%多一点，对于砂、泥岩判断已然意义不大。经统计，800m×1200m、1200m×1800m、1600m×2400m 井网下井间砂体正判率分别为 85.7%、72.7%、55.2%。模型对厚层砂体的预测性要明显好于薄层砂体。

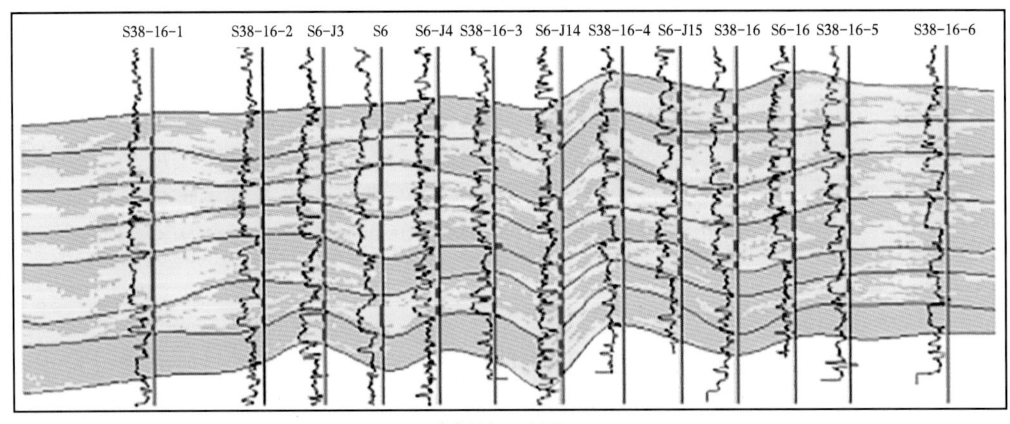

(a) 800m × 1200m

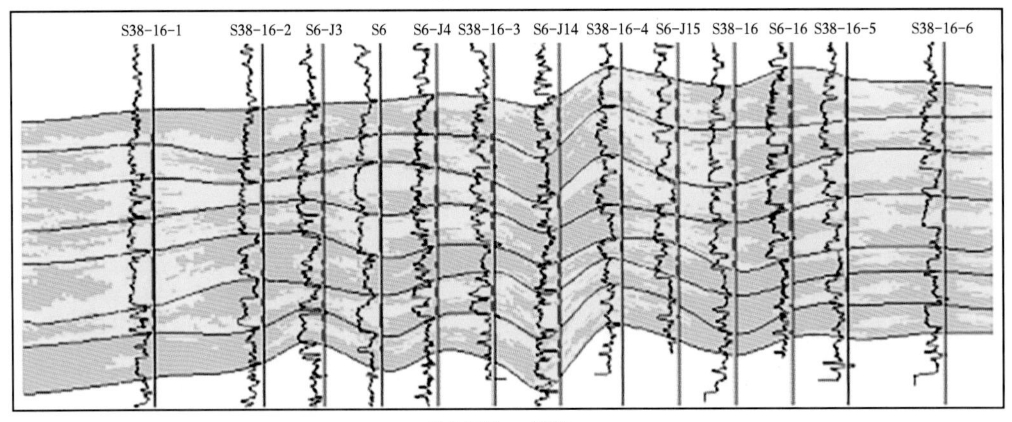

(b) 1200m × 1800m

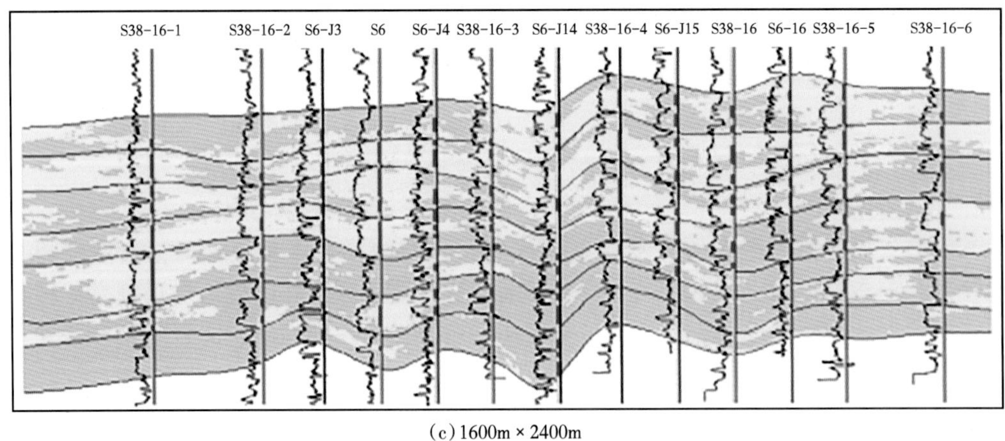

(c) 1600m × 2400m

图 4-109　模型抽稀检验

一般模型精度在 70% 以上是基本可靠的。经对比，认为本次岩相建模方法适用于 1200m×1800m 井网，而常规岩相建模方法仅适用于 800m×1200m（图 4-110），两者相比，本次建立的岩相模型精度得以较大程度地提高。

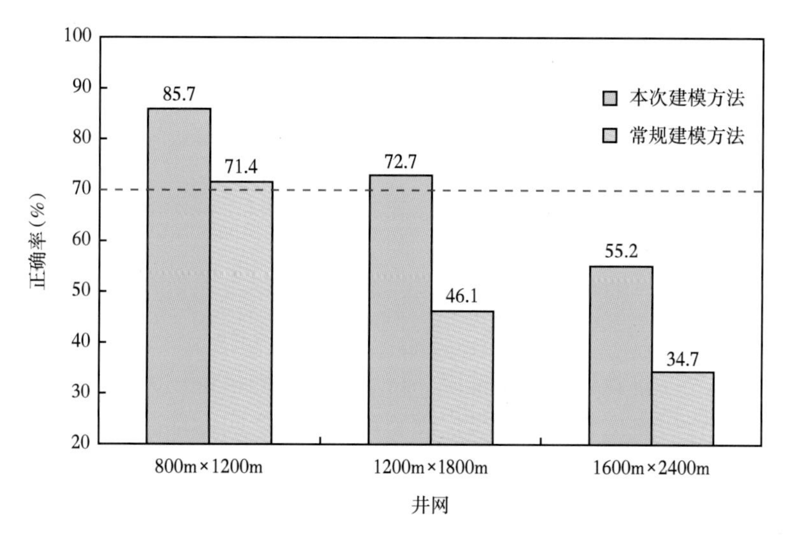

图 4-110　地质模型抽稀检验结果

3. 储层参数对比

通过对比储层参数的模拟结果、离散化数据与测井解释数据，认为三者分布范围接近，在同一区间的分布比例相差较小。孔隙度、渗透率、饱和度模型的参数分布符合研究区地质特征，说明本次建立的相控下属性模型准确度高、可靠性强。

4. 储量计算

储量的集中程度和规模大小是孔隙度、含气饱和度、净毛比等参数的综合表现，储量计算的准确与否可作为储层参数和有效砂体的检验标准。研究区密井网区是苏里格气田最有利的开发区块之一，探井资料表明储层丰度为$(1.3\sim1.5)\times10^8m^3/km^2$。经式(4-4)计算，本次建立的地质模型储量为$44.53\times10^8m^3$(表 4-23)，其中盒八段下亚段的第 2 小层储量最高，盒八段上亚段的第 2 小层其次，盒八段储量富集程度好于山一段，区内平均储量丰度$1.362\times10^8m^3/km^2$，建立的地质模型与地质认识吻合，同时经动态资料证实，说明建立的地质模型可信度高。

表 4-23　苏里格气田密井网建模区储量计算表

层位	网格体积(10^6m^3)	有效网格体积(10^6m^3)	有效孔隙体积(10^6m^3)	储量(10^8m^3)
$H8_1{}^1$	547	52	4	5.47
$H8_1{}^2$	498	86	7	9.86
$H8_2{}^1$	489	70	6	7.87
$H8_2{}^2$	500	92	8	10.34
$S_1{}^1$	493	30	2	3.56
$S_1{}^2$	454	40	3	4.38
$S_1{}^3$	513	28	2	3.05
总计	3494	398	31	44.53

$$G=V\times N\times\varphi\times S_g/B_g \tag{4-4}$$

式中 G——地质储量，10^8m^3；

V——网格总体积，10^6m^3；

N——净毛比；

φ——有效孔隙度，小数；

S_g——含气饱和度，小数；

B_g——气体体积压缩系数。

5. 动态验证

通过数值模拟手段检验地质模型精度，将地质模型网格粗化为100m×100m×3m，对产量、井口压力等进行历史拟合，对比模拟预测动态与生产实际动态之间的差异，将模型进行相应的调整并分析拟合效果。经统计，研究区拟合误差小于5%的井占总井数的83.3%，说明地质模型的精度较高，可靠性较强（图4-111—图4-114）。

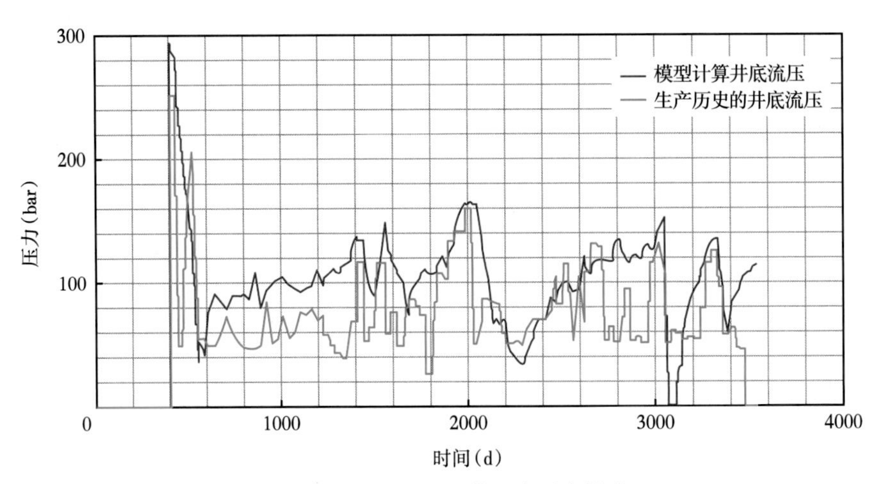

图4-111　S38-16-1井生产历史拟合

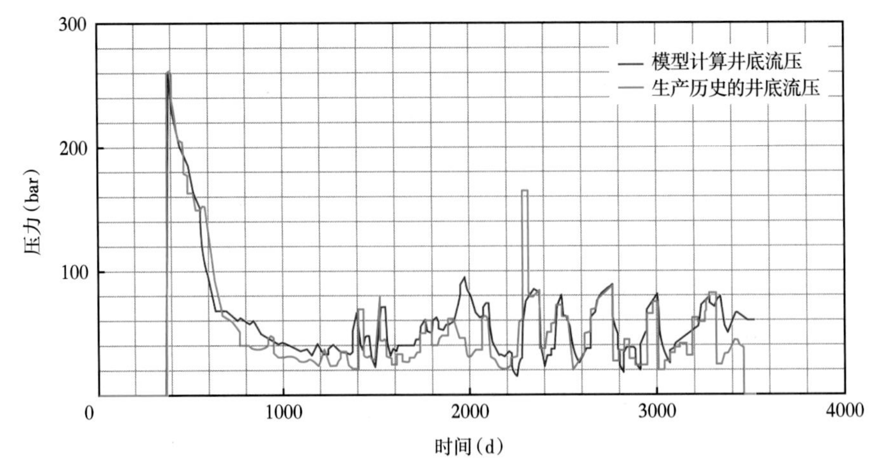

图4-112　S38-16-2井生产历史拟合

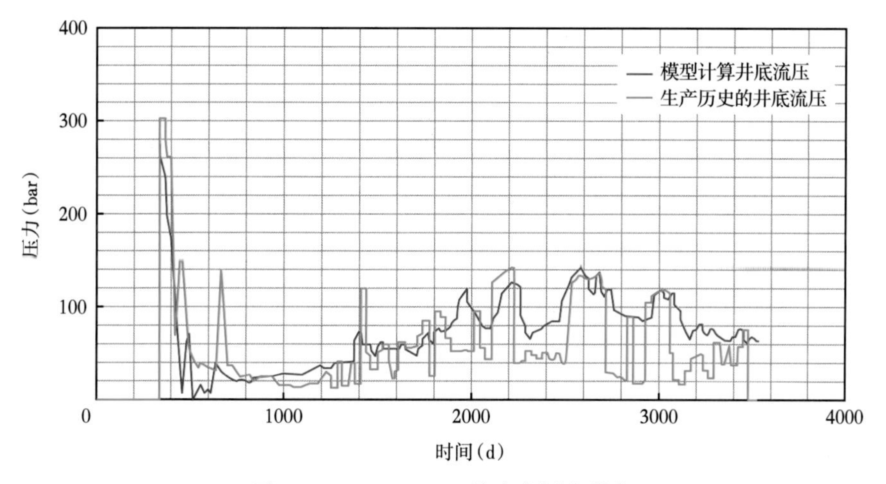

图 4-113　S38-16-3 井生产历史拟合

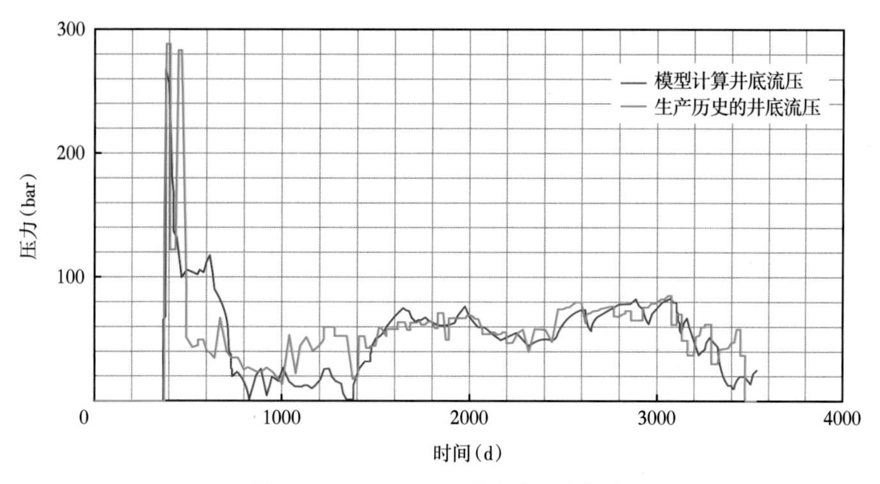

图 4-114　S38-16-4 井生产历史拟合

第三节　井网优化方法体系

井间未钻遇砂体和复合砂体内阻流带约束区是剩余储量分布的主体，优化井网井型提高储量动用程度，是提高采收率的主体技术。根据成因可以将剩余储量划分为井网不完善型、阻流带约束型和未射孔型三种，其中未射孔型剩余储量占比约为 20%，阻流带约束型剩余储量占比约为 35%，井网不完善型剩余储量占比约为 45%，井网不完善型是剩余储量挖潜的重点和主体。针对三种剩余储量类型，共设计 3 种井网加密提高采收率方式，分别为直井加密、水平井加密和混合井网加密（图 4-115—图 4-120）。

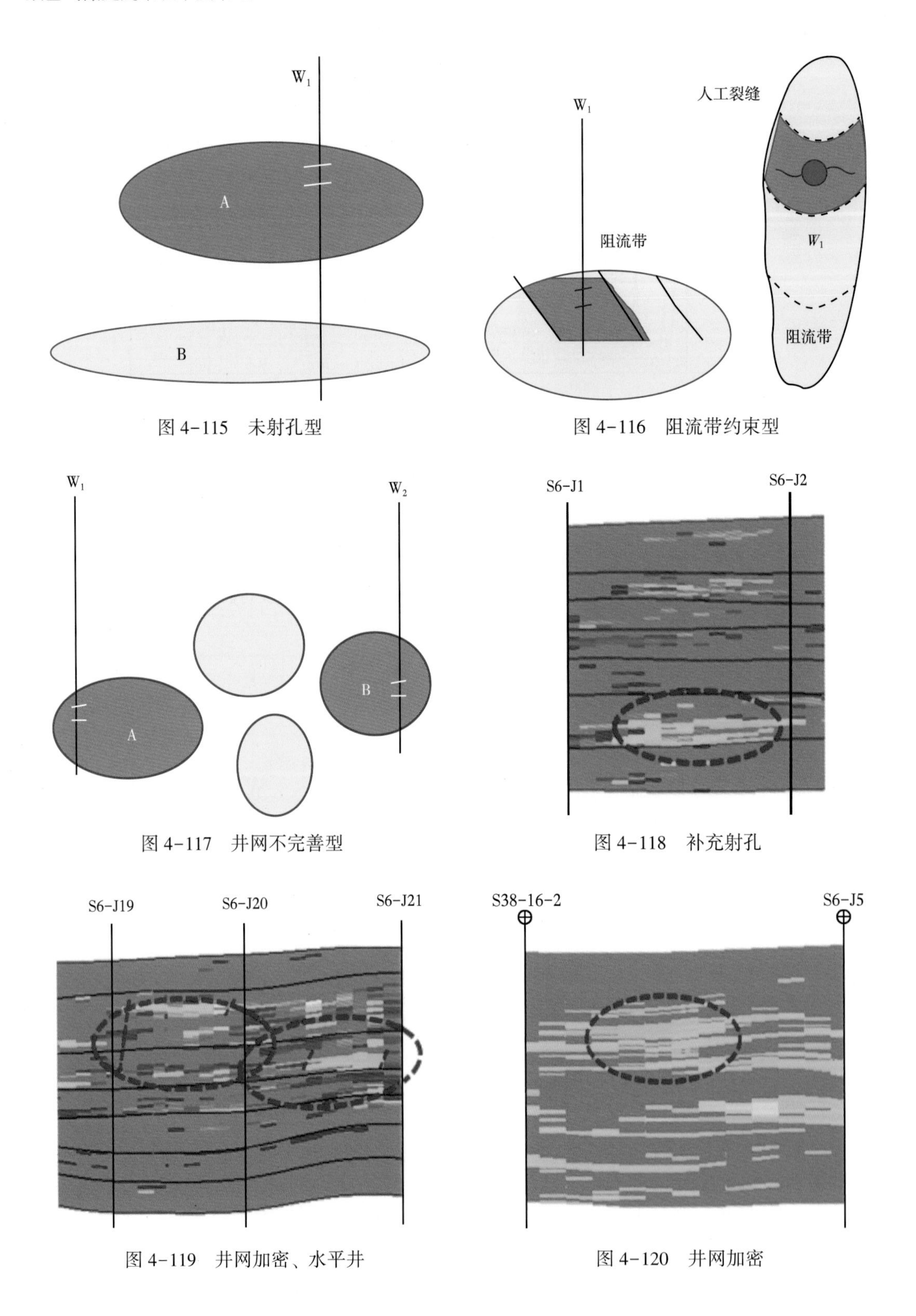

图 4-115　未射孔型

图 4-116　阻流带约束型

图 4-117　井网不完善型

图 4-118　补充射孔

图 4-119　井网加密、水平井

图 4-120　井网加密

一、直井加密调整

储层纵向多层分散发育是苏里格气田致密气藏典型地质特征之一，针对此特征，直井井网开发是最为适应的开发方式，其核心和关键是在明确气藏有效砂体规模尺度基础上，确定经济有效的井网密度。综合静态地质、动态分析及经济效益评价多个角度，分别建立了4种合理井网密度的论证方法：定量地质模型法、动态泄气范围法、产量干扰率法与经济技术指标评价法。

1. 定量地质模型法

定量地质模型法的要义在于确定单砂体规模和分布频率，在砂体大小及分布频率基础上，分析不同井距所能控制的砂体级别和储量动用程度。苏里格气田在辫状河沉积体系下，河道频繁改道，有效砂体呈现出孤立型和多种叠置型并存的特征，可划分为孤立型、切割叠置型、堆积叠置型、横向局部连通型4种。重点要研究孤立单砂体规模尺度。通过岩心与测井相划分确定单砂体厚度，进而根据井间对比、密井网解剖及露头观测等方法，确定河道发育的宽厚比、长宽比等规律，最终确定单砂体厚度、宽度、长度数据。例如，对于苏里格气田，基于充足的井样本数据统计分析，单砂体厚度在2~5m，宽度范围200~500m，长度范围400~700m，宽度和长度的分布频率占比分别为65%、69%，即为气田有效砂体的主体尺寸类型，3种叠置型砂体厚度范围5~10m，宽度范围500~1000m，长度范围800~1500m（图4-121—图4-123）。

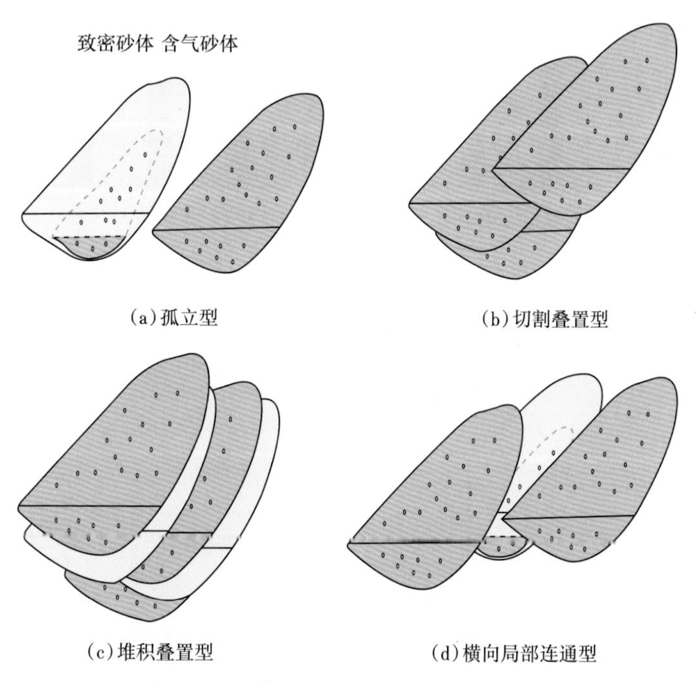

图4-121　苏里格气田有效砂体定量模型

通过开展小井距试验井组精细井间对比，评价不同井距对砂体的控制程度。评价显示，600m井距可以动用58%的有效砂体，500m井距可以动用64%的有效砂体，而400m

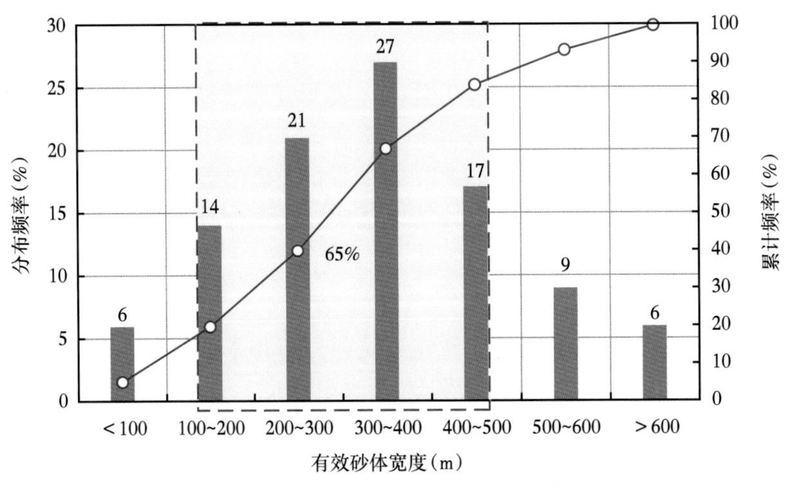

图 4-122 有效砂体宽度分布频率

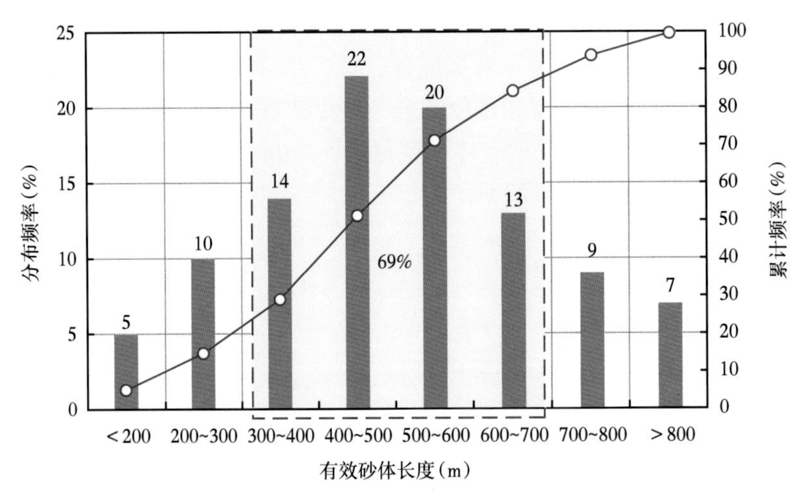

图 4-123 有效砂体长度分布频率

井距可以动用超过 90% 的有效砂体，可见，400m 井距可以大幅提高储量的动用程度（图 4-124—图 4-126）。

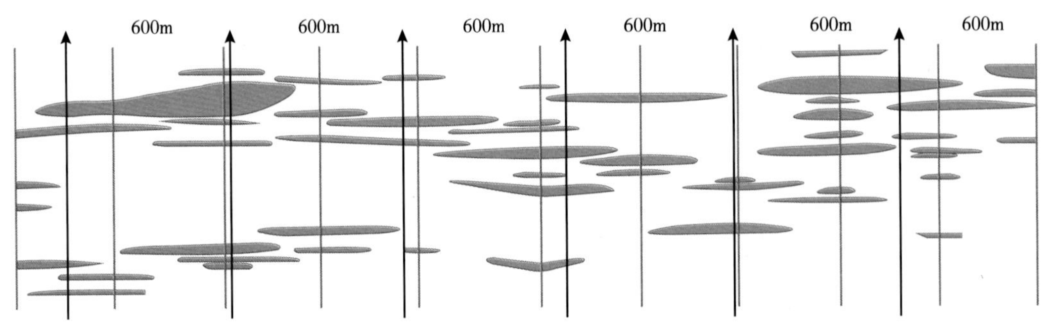

图 4-124 600m 井距动用 58% 有效砂体

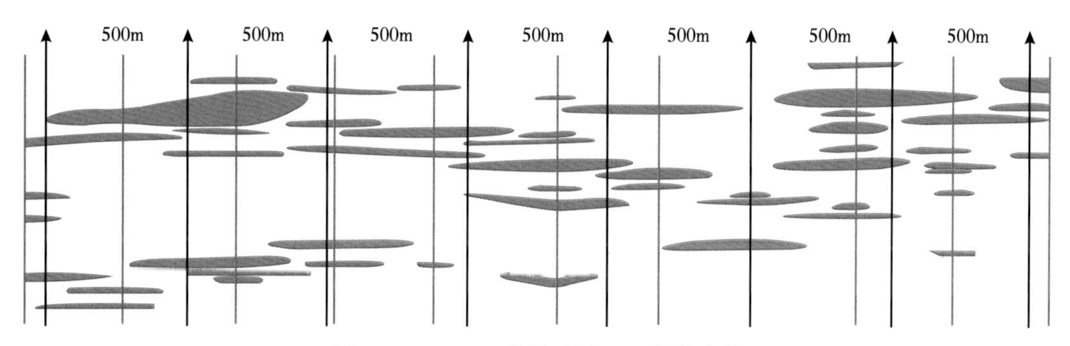

图 4-125 500m 井距动用 64% 有效砂体

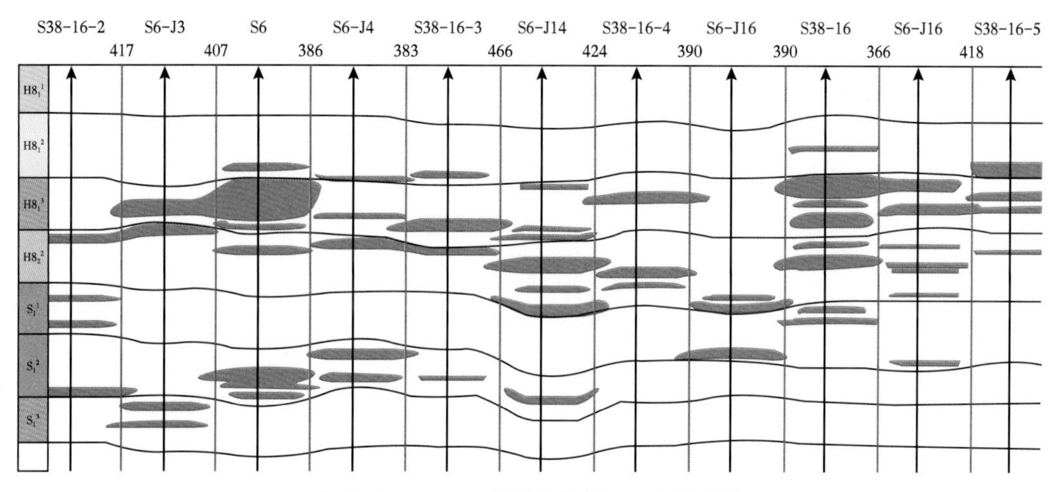

图 4-126 400m 井距动用超 90% 有效砂体

2. 动态泄气范围法

动态泄气范围法，主要基于气井实际生产的产量和压力数据，结合气井钻遇的有效储层厚度、孔隙度、含气饱和度等静态数据，求取气井生产动态控制的范围和在此范围内控制的地质储量，是气井生产对钻遇有效储层的一个动态响应，能够更加真实地反映气井生产压力波及范围大小，进而支撑井网优化部署。本次主要采用产量不稳定分析方法来评价气井动态储量和泄气范围。

产量不稳定分析法是近期新出现的一种生产动态分析方法。流体从储层流向井筒经历两个阶段，即开井初期的不稳定流动段和后期的边界流动段。在不稳定流动段，压降未波及边界，边界对流动不产生影响，也就是通常用不稳定试井进行描述的流动阶段。当压降传播到边界并对流动产生影响后，储层中的流动就进入了边界流动段（包括定产量生产情况下的拟稳定流动段和变产量生产情况的边界流动段）。传统的 Arps 产量递减曲线描述的就是边界流动情况下产量递减趋势。“现代生产动态分析方法”包括了从不稳定流动阶段到边界流动段的整个流动过程，在不稳定流动段，通过引入新的产量（拟压力规整化产量）、压力（产量规整化拟压力）和时间（物质平衡拟时间）函数，与不稳定试井解释中的无因次参数建立了函数关系，从而建立了气井不稳定流动阶段的特征图版。在边界流动段，对传统的 Arps 产量递减曲线进行了无因次化，新的产量、压力与时间函数的引入，使后期的 Arps 递减曲线会聚成一条指数递减或调和递减曲线。由此建立了气井生产曲线特征图版。图版的前半部分为一组代表不同的无因次井控半径（r_e/r_{wa}）的不稳定流动段特征曲线，这组曲线到边界流阶段汇成一条指数递减曲线（或调和递减曲线），为了提高曲线分析精度，除了压力规整化产量之外，还用到了产量规整化压力的积分形式和求导形式，用于辅助分析。利用图版的不稳定流动段的拟合可以计算气井的表皮系数、储层渗透率、裂缝长度等，利用图版的边界流动段拟合可以计算气井井控储量（动态储量）。

传统的 Arps 递减曲线法是一种经验方法，优点是不需要储层参数，仅利用产量的变化趋势就能进行产量预测、计算可采储量。该方法的适用条件是：(1)气井定井底流压生产；(2)从严格的流动阶段来讲，递减曲线代表的是边界流阶段，不能用于分析生产早期的不稳定流阶段；(3)在分析时要求气井（田）生产时间足够长，能够发现产量递减趋势；(4)储层参数以及气井生产措施不会发生变化。

由 Fetkovich、Blasingame、Agarwal-Gardner 等在 Arps 递减曲线基础上建立的生产曲线特征图版拟合法，利用经过压力规整化后的产量，从而考虑了流动压力变化对生产的影响，使曲线更能反映储层本身的流动特征，而且使分析方法既适用于定产量生产，也适用于变产量生产。此外通过引入拟时间函数和物质平衡拟时间函数，考虑了随地层压力变化的气体的 PVT 性质以及储层应力敏感性等。从流动阶段来讲，生产曲线特征图版既包括了早期的不稳定流动段，也包括了后期的边界流动段。

生产曲线特征图版拟合法只需要产量和流压数据，除原始地层压力之外，不需要关井测压数据，只要储层中的流动达到拟稳定流（定产条件下）或边界流（变产条件下）就能进行分析。通过对气井生产曲线进行典型图版拟合的方式计算储层渗透率、表皮系数、井控储量，并能定性分析井间关系、水驱特征等。

生产曲线图版包括传统 Arps、Fetkovich 方法，现代 Blasingame、AG、NPI、Transient、FMB（流动物质平衡）等方法。同时还有在图版基础上，结合气井生产历史拟合的 Analytical 解析方法，综合获得气井的动态控制储量和泄流范围。

本次计算为保证计算结果的准确可靠，全部选用生产时间超过 500 天，基本达到拟稳态的气井评价泄压范围。同时对所选气井进行逐井数据质量控制，对异常点进行排查处理，且在参数选取上逐单井提取射孔层沟通的有效储层厚度，并以该有效储层厚度为基础，通过加权平均的方式获取孔隙度和渗透率物性数据。评价参数包括单井动态储量人工裂缝半长、拟合泄压面积及拟合泄压半径。例如，对气井 S36-8-21A 井开展的分析评价如图 4-127—图 4-130 所示。

评价结果显示，气井动态储量平均 $3034\times10^4m^3$，泄流面积主要分布范围为 0.15～0.3km^2，均值 0.26km^2，其中，小于 0.3km^2 的气井超过 80%，0.2～0.25km^2 的气井占比 48.8%，为有效砂体分布频率的绝对峰值（图 4-131），对应井网密度为 4 口/km^2。可见从气井动态泄流范围角度，苏里格气田的合理井网密度应该不低于 4 口/km^2。

3. 经济技术指标评价法

经济技术指标评价法，在致密气井产能指标评价基础上，通过采用数值模拟手段，建立“井网密度—单井预测最终累计产量—采收率”关系模型，确定经济极限单井累计产量对应的井网密度及其对应的经济极限采收率（图 4-132）。模拟不同储量丰度条件气井产量

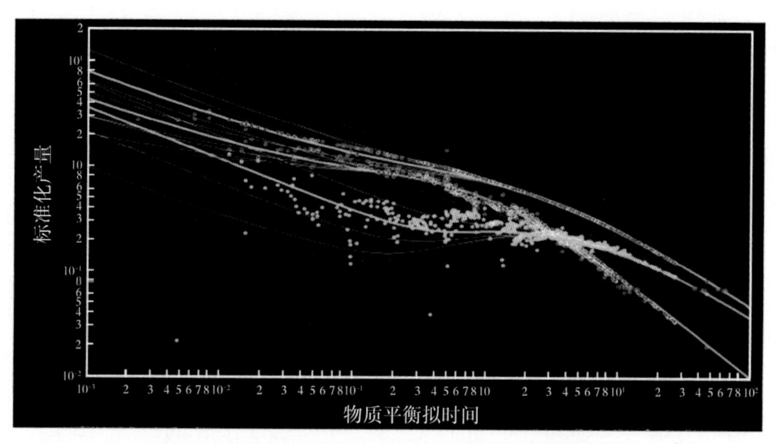

图 4-127 S36-8-21A 井 Blasingame 图版拟合

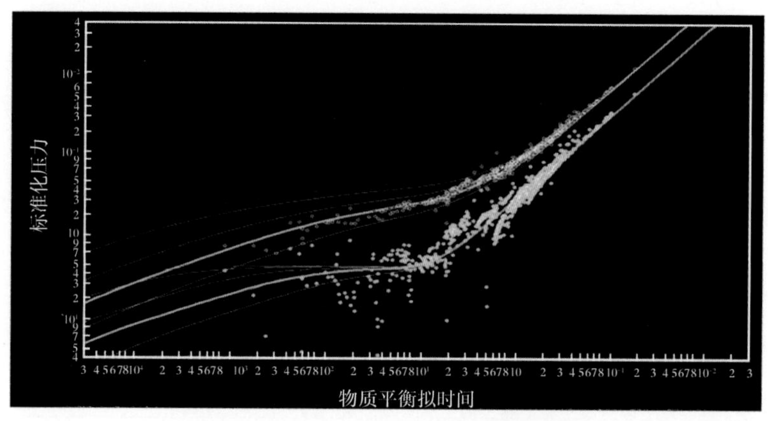

图 4-128 S36-8-21A 井 NPI 图版拟合

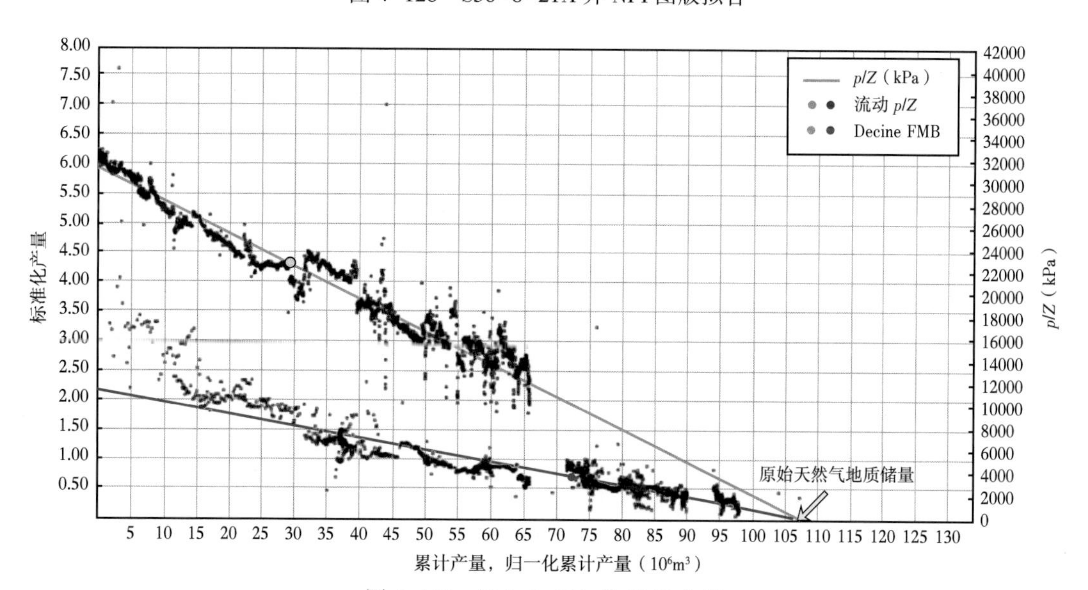

图 4-129 S36-8-21A 井 FMB 分析

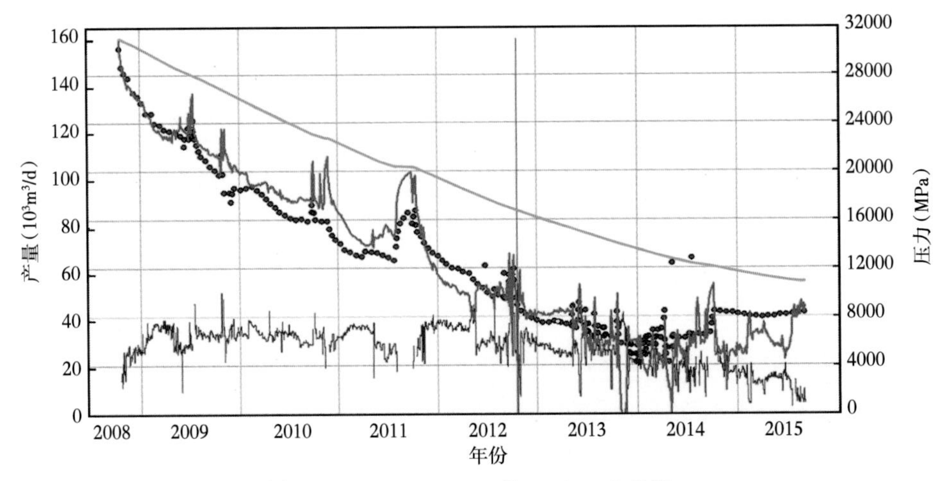

图 4-130 S36-8-21A 井 Analytical 分析

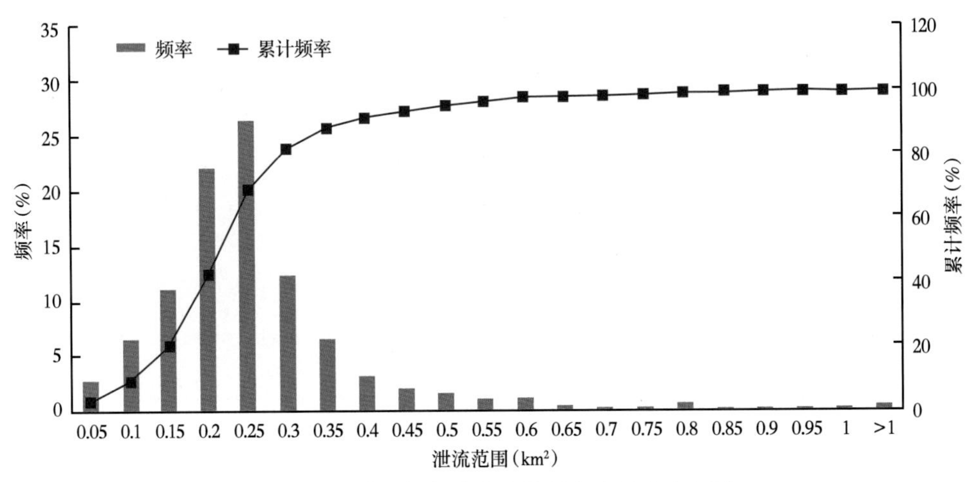

图 4-131 苏里格气井泄流范围分布频率直方图

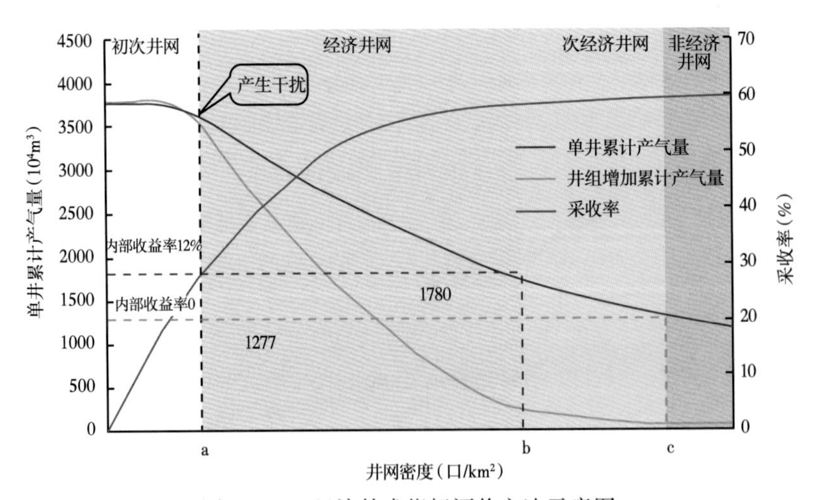

图 4-132 经济技术指标评价方法示意图

与井网密度关系，一定经济产量储量丰度越大经济井网密度越大，即满足一定经济条件时储量丰度越大的区域加密空间越大，根据气田不同区域储层状况选择合适的密度布井。

二、水平井加密调整

1. 水平井提高层内储量动用程度

由于苏里格气田复合有效砂体内部存在“阻流带”的隔挡作用，限制了直井的泄流范围，直井开发难以充分动用储层地质储量，而水平井可以通过分段压裂，克服“阻流带”隔挡的影响，沟通整个复合有效砂体，有效提高储层层内储量的动用程度（图 4-133、图 4-134，表 4-24）。

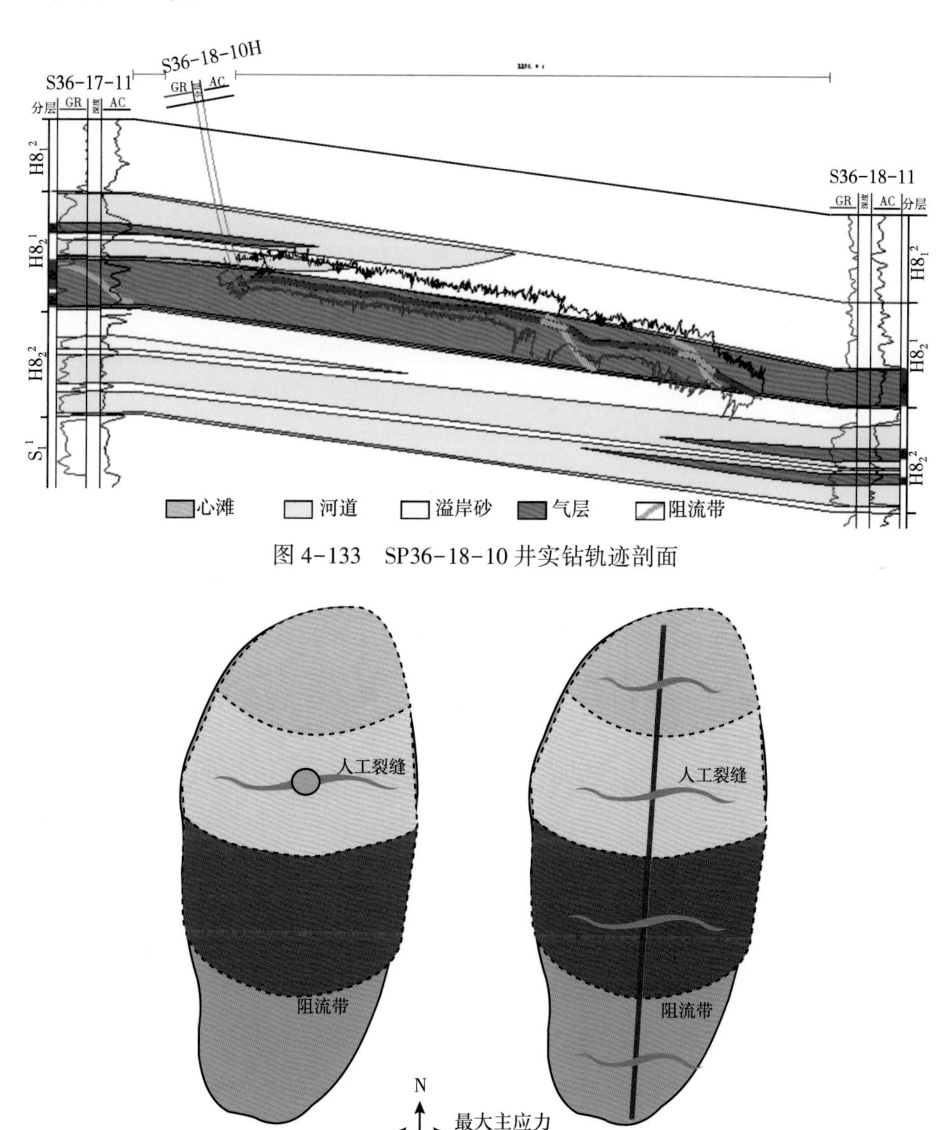

图 4-133 SP36-18-10 井实钻轨迹剖面

图 4-134 直井与水平井动用示意图

表 4-24　苏里格气田单井累计产量对比

井型	单井累计产量(10^4m^3)			
	Ⅰ类井	Ⅱ类井	Ⅲ类井	平均
直井	3842	2272	1137	2384
水平井	13700	7600	4000	7800

为了进一步分析水平井提高层内储量动用程度，在对苏里格气田水平井静态、动态特征分析的基础上，选取了苏里格中区已完钻的、不同储量丰度下的、井控程度相对较高的4个水平井与直井联合开发井组进行采收率对比分析，分别为S6-16-1H井组、S6-2-10H井组、S36-1-20H井组、S6-21-12H井组(表4-25，图4-135)。

表 4-25　模拟井组基本参数表

井组	井组面积(km^2)	现有钻井数(口)		有效厚度(m)	孔隙度(%)	饱和度(%)	储量丰度($10^8m^3/km^2$)
		直井	水平井				
井组1	10.62	5	1	15.20	8.83	71.20	2.18
井组2	5.92	5	1	14.18	8.36	69.03	1.87
井组3	5.62	5	1	9.32	8.10	71.13	1.32
井组4	3.59	4	1	9.46	7.75	67.62	1.28

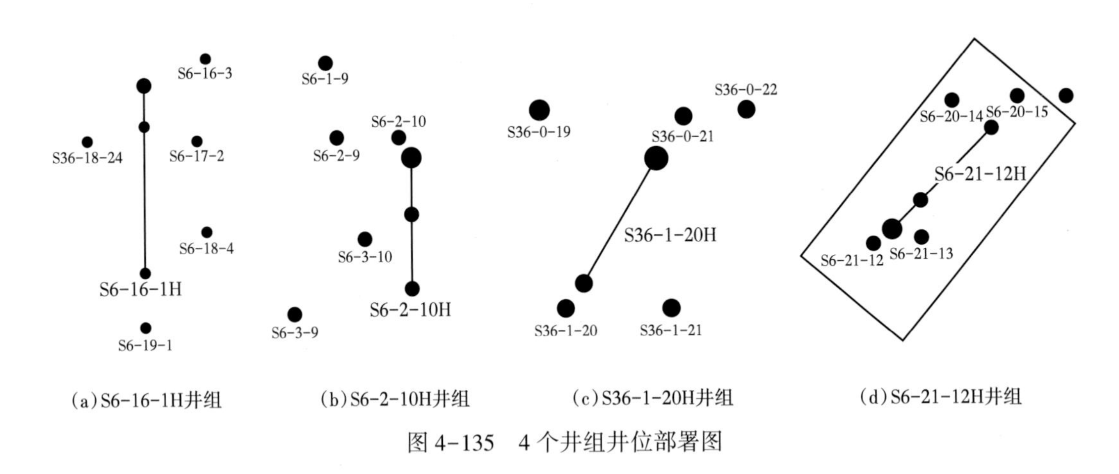

图 4-135　4个井组井位部署图

利用已完钻井地质资料获取井组静态原始地质储量，然后按照直井600m×800m井网、水平井600m×1600m井网整体开发，通过计算井组内已投产直井和水平井的平均单井控制储量来预测直井或水平井整体开发下的提高采收率值。

分别对4个井组中直井、水平井计算气井动态控制储量，评价井组可采储量及采出程度，对比分析井组内部直井与水平井多控制的可动储量情况，最终综合4个井组评价结果：目前600m×800m井网条件，水平井采收率(55%~65%)相比直井采收率(46%~60%)提高15%~25%，储量丰度低的区域采收率提高幅度较大；在同等投资的条件下，水平井采收率(55%~65%)相比直井采收率(46%~60%) 提高3%~10%，储量丰度低的区域采收率提高幅度较大(表 4-27)。

表 4-27　直井与水平井储量动用程度对比参数表

井组	井组面积 (km^2)	储量丰度 ($10^8m^3/km^2$)	地质储量 (10^8m^3)	井型	部署井数 (口)	井均动态储量 (10^4m^3)	井组可采储量 (10^8m^3)	采出程度 (%)
S6-16-1H	10.62	2.18	23.15	水平井	11	13120	14.51	62.7
				直井	33	3310	10.92	47.18
S6-2-10H	5.92	1.87	11.05	水平井	6	11210	6.91	62.58
				直井	18	2909	5.24	47.39
S36-1-20H	5.62	1.32	7.42	水平井	6	7524	4.4	59.38
				直井	18	2128	3.83	51.62
S6-21-12H	3.59	1.28	4.60	水平井	4	7025	2.63	57.17
				直井	12	1778	2.13	46.38

2. 水平井提高层间储量动用程度

针对单期厚层孤立型、多期垂向叠置泛连通型、多期分散局部连通型开展数值模拟研究，论证直井与水平井层间储量动用程度差异(图 4-136—图 4-138)。

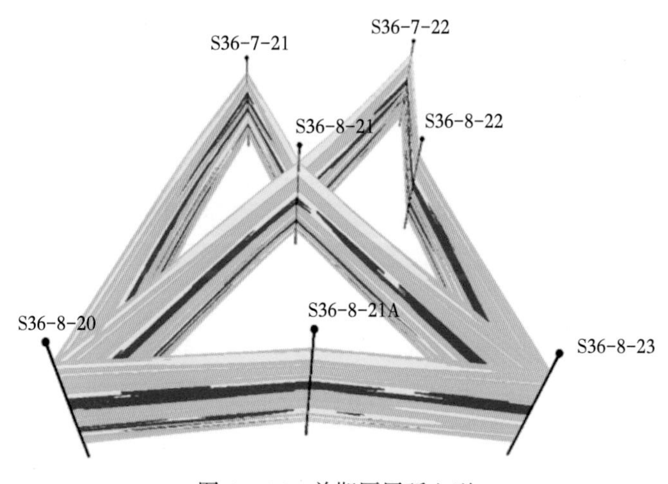

图 4-136　单期厚层孤立型

1)方案设计

直井开发：按井网密度 3 口/km^2 完善井网。

水平井整体开发：直井模型基础上，按照 600m×1600m 井网整体部署水平井。

2)模拟开发指标对比

模拟结果显示，同等投资条件下，水平井在动用层间储量方面没有表现出较高优势。剖面储量集中度超过 60%，水平井可获得比直井略高的采出程度；剖面储量集中度低于 60%，水平井不能获得比直井高的采出程度，而且储层分布越分散水平井开发的采收率越低(表 4-27)。

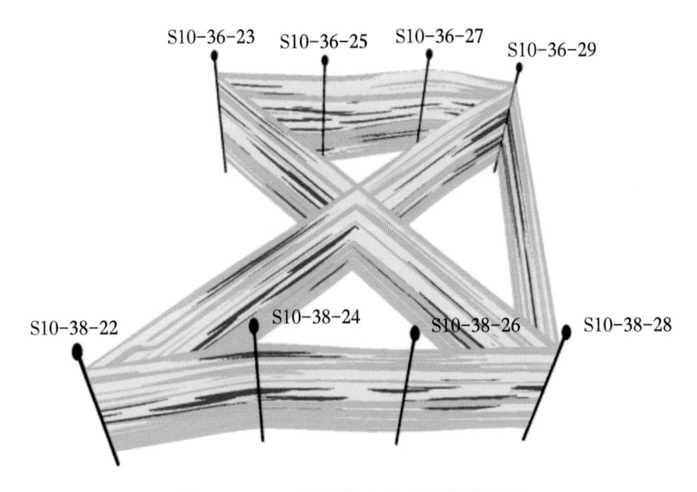

图 4-137　多期垂向叠置泛连通型

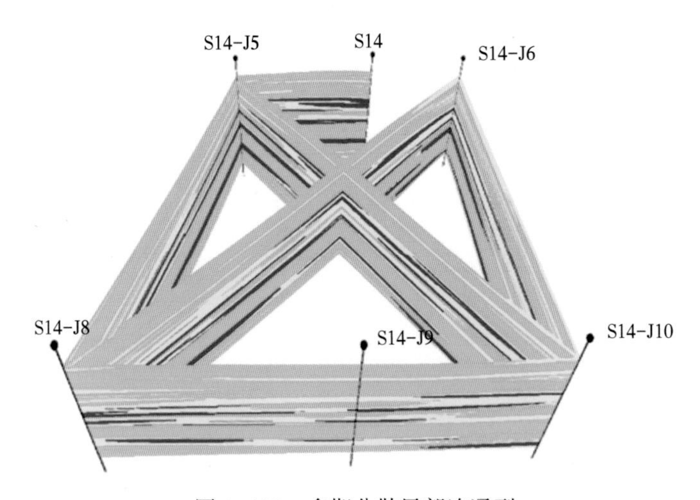

图 4-138　多期分散局部连通型

表 4-27　直井与水平井采出程度数值模拟评价结果表

模拟井组	地质储量			直井开发		水平井开发	
	面积（km^2）	储量（10^8m^3）	丰度（$10^8m^3/km^2$）	累计产气量（10^8m^3）	采出程度（%）	累计产气量（10^8m^3）	采出程度（%）
S36-8-21	4.94	10.32	2.0881	5.6578	54.82	6.2374	60.44
S10-38-24	6.01	9.50	1.5804	4.1850	44.05	4.5333	47.72
S14	2.84	5.56	1.9577	2.3691	42.61	1.0430	18.76

单期厚层块状型、多期垂向叠置泛连通型储层剖面上储量集中度高，水平井控制层段采出程度可达 65%以上，层间采出程度在 40%以上，采用水平井整体开发可大幅提高采收率；多期分散局部连通型储层剖面上储量分布分散，水平井控制层段采出程度小于 60%，

层间采出程度小于25%，可在井位优选的基础上，采用加密水平井开发（表4-28）。

表4-28　水平井层间采出程度数值模拟评价结果表

井组	剖面储量集中度（%）	水平井控制层段采出程度（%）	层间采出程度（%）	水平井部署方式
S36-8-21	80.09	75.47	60.44	水平井整体开发
S10-38-24	61.63	67.11	41.36	
S14	37.77	49.67	18.76	加密水平井开发

三、混合井网加密

1. 井网部署方案

探索三维地质模型中的混合井网部署，以第三章所建立的三维地质模型为基础，综合考虑储层地质特征、储量集中度情况，部署水平井和直井，不考虑地面井场的相应部署问题。将本区按照水平井单井控制区域（600m×1600m）划分为面积约1km^{2}的区域单元，根据单元区内储层状况部署水平或直井，共设计四套方案，其中两套为直井、水平井混合井网，两套为全直井井网（表4-29）。井距、排距部署采用水平井600m×1600m，直井400m×600m和600m×800m；最终对比分析各套井网的采收率指标，评价混合井网提高储量动用程度的可行性。

表4-29　井网试验方案设计

方案	直井		水平井	
	有或无	单井控制范围	有或无	单井控制范围
混合井网方案一	有	400m×600m	有	600m×1600m
对比方案一	有	400m×600m	无	
混合井网方案二	有	600m×800m	有	600m×1600m
对比方案二	有	600m×800m	无	

将建模区域按照600m×1600m的单位区域划分，形成150个独立的区域单元，分析每个区域单元的储层特征，判别适合部署水平井的区域，最终实现混合井网部署（图4-139）。

2. 储层类型分析

分析模型划分后的150个单元区域储层发育情况，可将其归纳总结为4种类型（图4-140—图4-143）。

（1）储层类型一：有效储层单层厚度适中，储量集中度高，有明显的主力层，适合水平井开发。

（2）储层类型二：有效储层集中分布在相邻的小层中，累计厚度较大且储量集中，适合水平井开发。

（3）储层类型三：有效储层单层厚度适中，但储层均匀分布于在不同小层内，层间发育较厚的隔层，储量不集中。

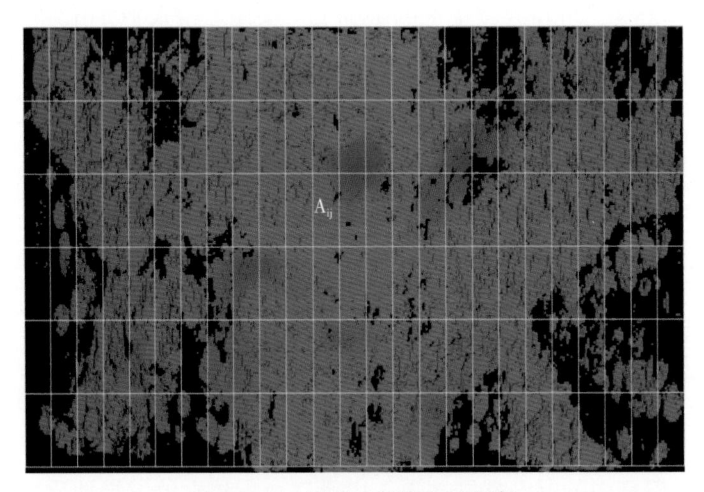

图 4-139　模型区域划分示意图

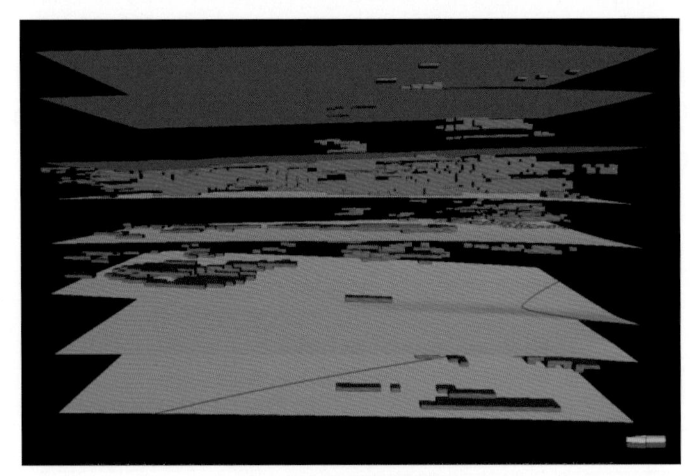

图 4-140　储层类型一

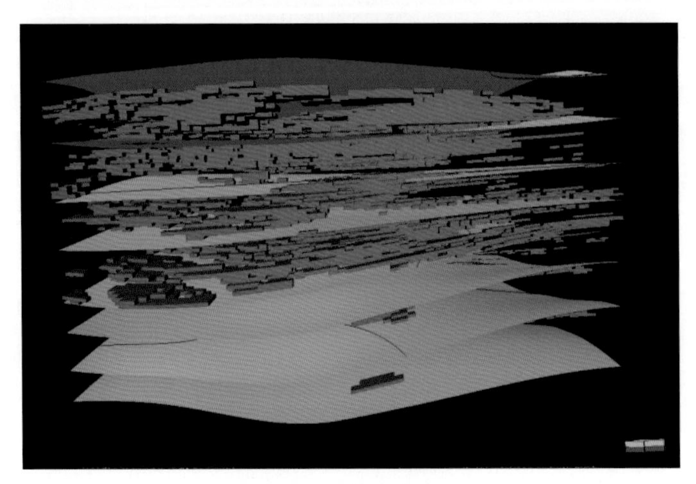

图 4-141　储层类型二

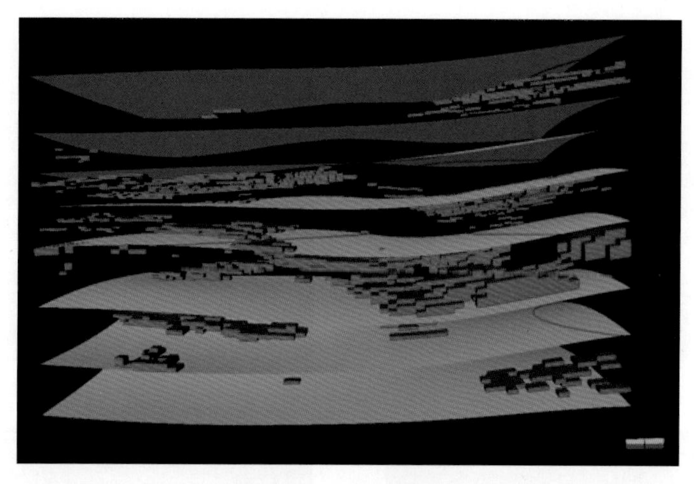

图 4-142　储层类型三

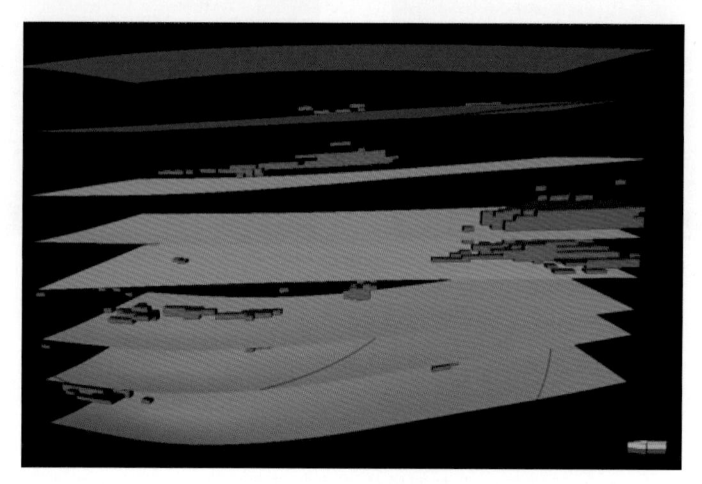

图 4-143　储层类型四

(4)储层类型四：有效储层单层厚度小，在各小层中随机分布，储量不集中且整体储量丰度低。

分别建立适合水平井和直井开发的储层参数标准，其中适合水平井开发的储层要求有效砂体连片发育，有效砂体叠加厚度大于 7m，有效砂体尺寸大于 1000m，储量集中度较高，大于 55%(表 4-30，图 4-144)。

表 4-30　试验区适应水平井部署的单元区储层参数统计表(42 个区域)

层段	厚度(m)	有效砂体叠合长度(m)	有效砂体体积(10^4m^3)	储量丰度($10^4m^3/km^2$)	储量集中度(%)
盒八段上亚段	2.3	350	195.2	0.255	15.6
盒八段下亚段	8.2	1117	620.3	1.1	67.2
山一段	2.6	358	246.2	0.282	17.2

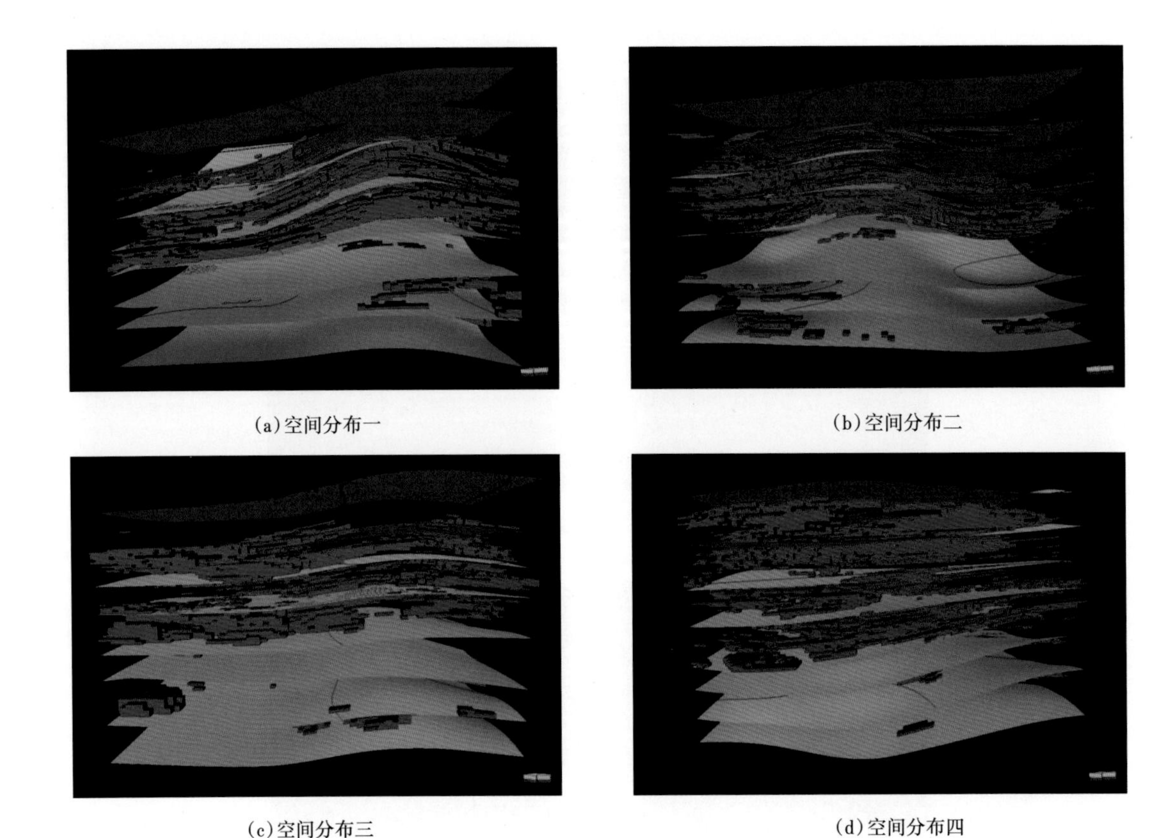

图 4-144　适合水平井部署的储层切剖面有效砂体空间分布

适合直井开发储层有效砂体孤立、分散发育，有效砂体叠加厚度小于 5m，有效砂体小于 800m，储量集中度小于 40%（表 4-31，图 4-145）。

表 4-31　试验区适应水平井部署的单元区储层参数统计表（108 个区域）

层段	厚度（m）	有效砂体叠合长度（m）	有效砂体体积（10^4m^3）	储量丰度（$10^4m^3/km^2$）	储量集中度（%）
盒八段上亚段	3.9	675	425.7	0.5	35.1
盒八段下亚段	4.1	633	465.1	0.532	37.3
山一段	3.4	233	340.6	0.393	27.6

3. 方案指标预测与对比

直井井网密度为 2 口/km^2 时，通过优选井位部署混合井网可以提高区块采收率，提高幅度 5%左右；直井井网密度为 4 口/km^2 时，混合井网采收率与直井井网采收率相当，无明显提高；按照水平井投资是直井 3 倍计算，混合井网方案可节约与水平井数量相等的直井投资（表 4-32，图 4-146）。

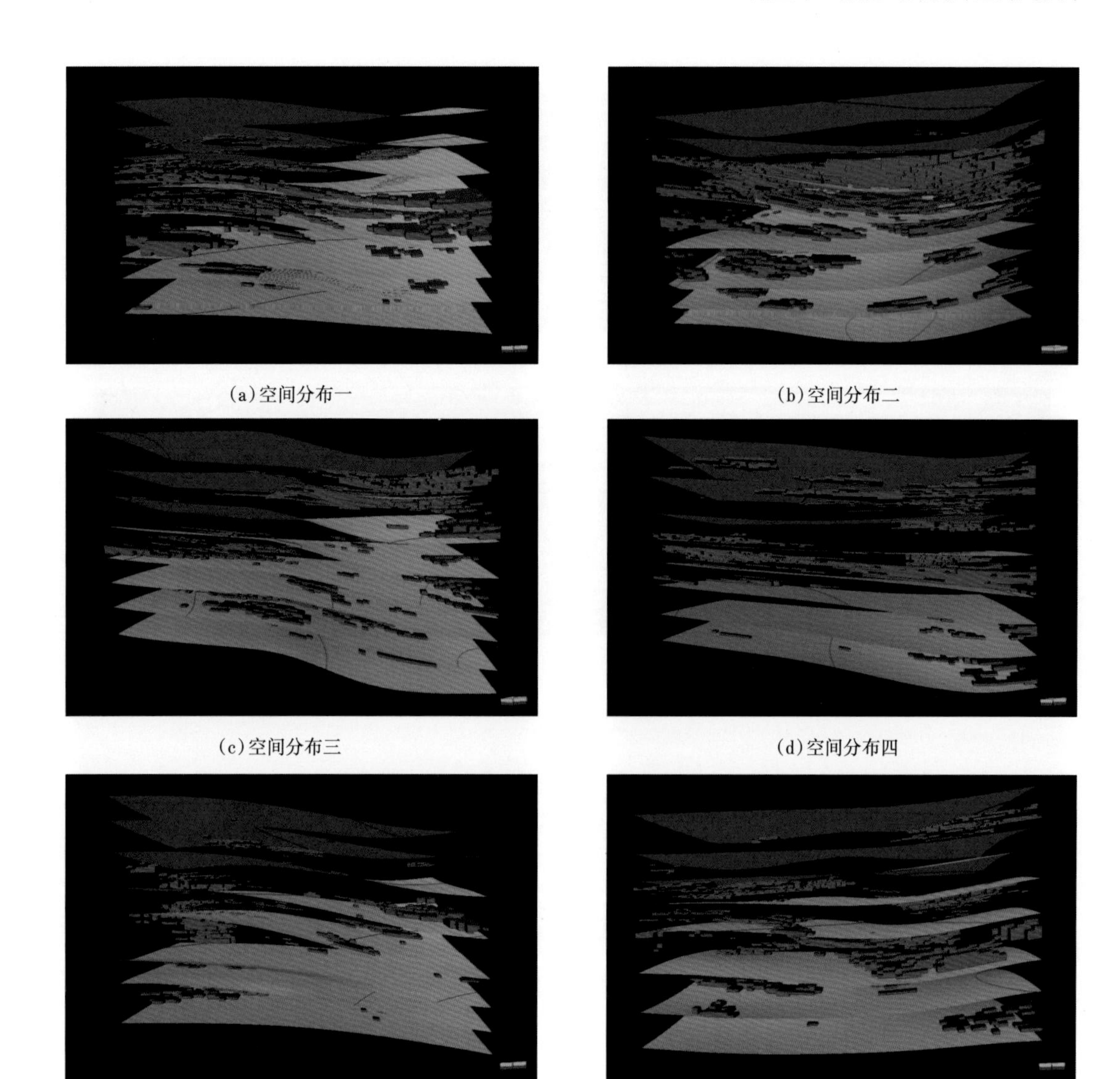

(a)空间分布一　(b)空间分布二

(c)空间分布三　(d)空间分布四

(c)空间分布五　(f)空间分布六

图 4-145　适合直井部署的储层切剖面有效砂体空间分布

表 4-32　四种部署方案指标模拟预测对比

方案	直井数（口）	直井平均产量（10^4m^3）	水平井数（口）	水平井平均产量（10^4m^3）	区块累计采气量（10^8m^3）	采收率（%）
混合井网方案一	432	1771	42	7932	109.82	50.70
对比方案一	600	1801	0	0	108.06	49.89
混合井网方案二	216	2193	42	7932	80.68	37.25
对比方案二	300	2306	0	0	69.18	31.94

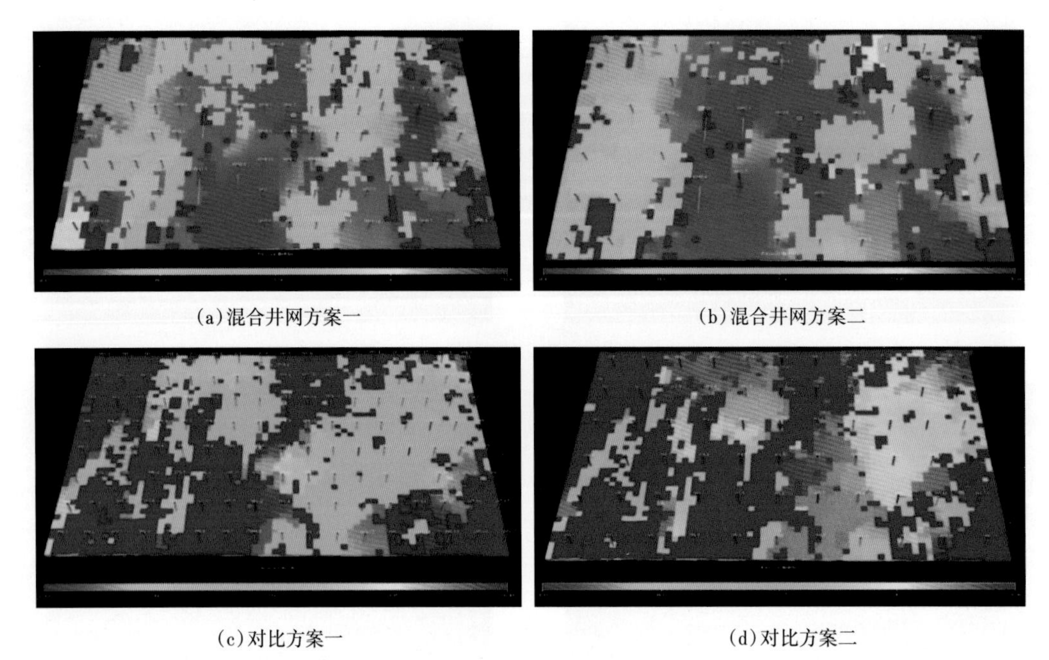

(a)混合井网方案一　(b)混合井网方案二

(c)对比方案一　(d)对比方案二

图 4-146　混合井网部署数值模拟预测

第四节　苏里格致密气井型井网优化

将致密气开发井型井网技术研究成果应用于苏里格气田 S36-11 井开发先导试验区，评价提高采收率技术和经济指标。

3 个约束条件分别为：

(1)在 600m×800m 基础开发井网采收率 30%的基础上进行指标评价；

(2)采用直井加密井网评价提高采收率指标；

(3)以储量丰度为依据划分区域类型，分区优化指标(表 4-33)。

表 4-33　苏 36-11 区储量分区评价表

储量分区	储量丰度($10^8m^3/km^2$)	面积(km^2)	储量(10^8m^3)	储量比例(%)	备注
Ⅰ类	>2	86.50	220.58	29.30	加密调整区
Ⅱ类	1.5~2	96.40	179.30	23.82	
Ⅲ类	1~1.5	120.40	174.58	23.19	
Ⅳ类	<1	189.50	178.34	23.69	非经济区
合计		492.80	752.80	100	

以 2 口/km² 的 600m×800m 基础井网作为对比基础，三类效益储量井网加密到 3～4 口/km² 合理可行，采收率可由当前的 32%提高到 50%左右（表 4-34，图 4-147—图 4-149）。

表 4-34　三类储量井网加密分析

储量类型	井网密度（口/km²）	采收率（%）	采收率增幅（%）	效　果　评　价
Ⅰ类	3	52.54	9.2	效益最大化，采收率略低，风险小
	4	57.33	14.1	采收率高，12%内部收益率，加密井增产效果差，一定效益风险
Ⅱ类	4	52.7	18.5	加密井和整体均满足 12%内部收益率，增产效果较好，风险小
Ⅲ类	3	40.82	12.1	效益最大化，采收率略低，风险小
	4	50.42	21.79	采收率高，12%内部收益率，加密井增产差，一定效益风险

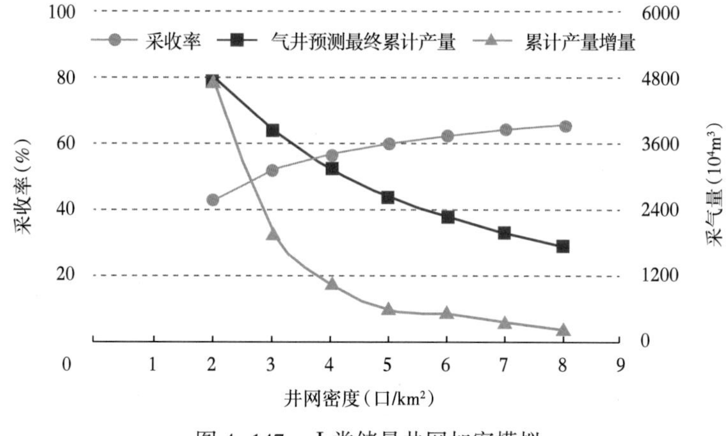

图 4-147　Ⅰ类储量井网加密模拟

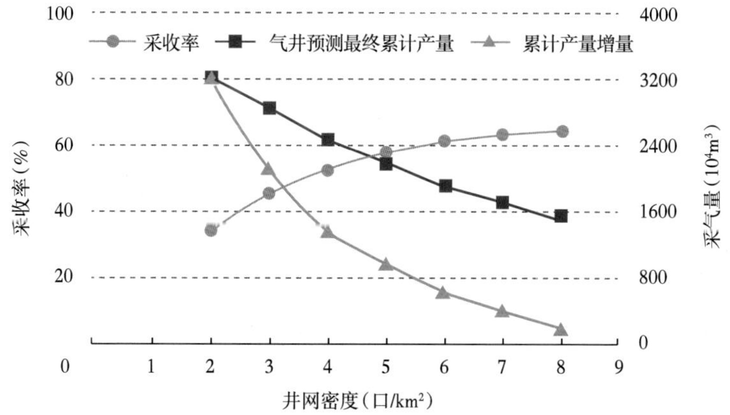

图 4-148　Ⅱ类储量井网加密模拟

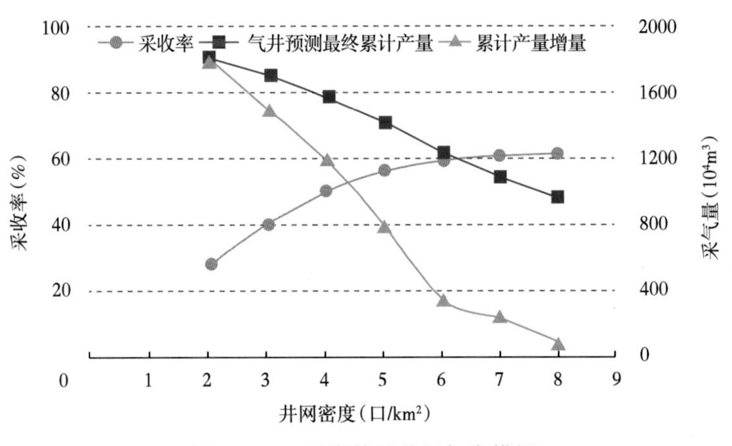

图 4-149　Ⅲ类储量井网加密模拟

兼顾采收率和经济效益情况下，Ⅰ类、Ⅲ类储量区适宜采用 3 口/km² 井网，Ⅱ类储量区适宜采用 4 口/km² 井网(表 4-35，图 4-150、图 4-151)。

表 4-35　井网加密综合评价表

加密方式	Ⅰ类、Ⅱ类、Ⅲ类储量区都采用 3 口/km² 井网	Ⅰ类、Ⅱ类、Ⅲ类储量区都采用 4 口/km² 井网	Ⅰ类、Ⅲ类储量区 3 口/km² 井网，Ⅱ类储量区 4 口/km² 井网
采收率	提高 10.7%	提高 18.2%	提高 13.4%
井均累计产量	满足 12%内部收益率	满足 12%内部收益率	满足 12%内部收益率
加密井增产气量	满足 12%内部收益率	满足 0 内部收益率	满足 8%内部收益率
评价	经济效益较高	采收率较高	兼顾采收率和经济效益

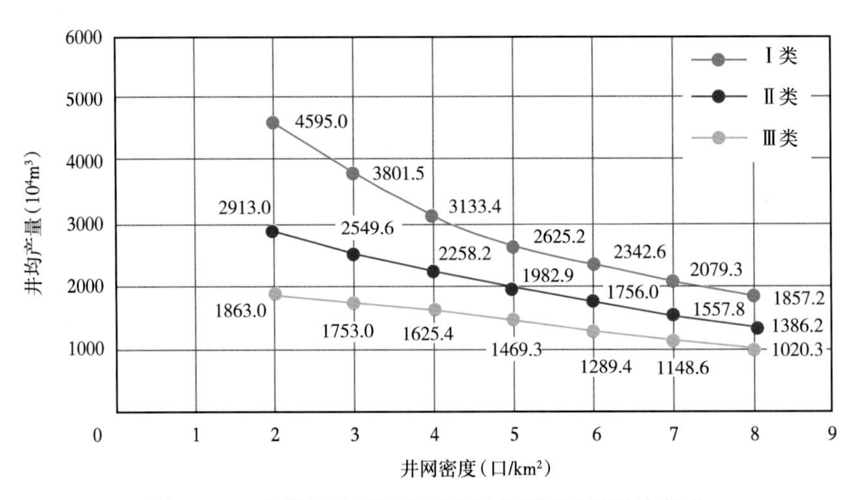

图 4-150　各类储量不同井网下气井预测最终累计产量

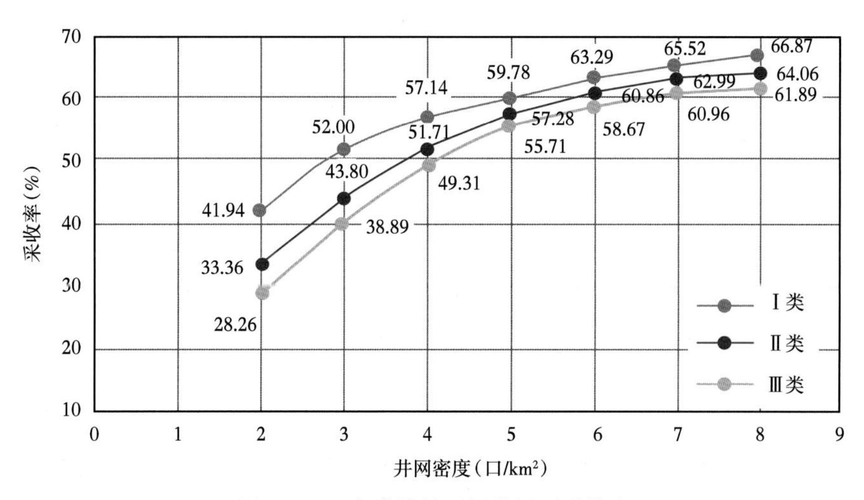

图 4-151　各类储量不同井网下采收率

第五章　致密气低产低效井挖潜技术

第一节　致密气藏低产低效井控制因素

本章主要以我国最大的致密气田苏里格气田为研究对象，开展致密气低产低效井形成原因及挖潜技术研究。苏里格气田气井生产受储层致密影响，初期产量通常较低，在$(1\sim3)\times10^4m^3/d$左右，并且投产即进入递减，没有稳产期。苏里格气田当前投产井超过15000口，产量小于$0.5\times10^4m^3/d$的低产低效气井占总井数的比例已经超过60%。分析造成低产低效井的原因，总体可以划分为8类：气井积液、储层物性差、自然递减、井筒故障、外协、管线改造、井下作业及其他。其中气井积液、储层物性差及自然递减为主要的3种，所占比例分别为60%、18%、13%，共计占比超过90%。分区来看，中区主要为自然递减，东区气井积液与储层物性差兼有，西区则主要由气井积液导致。

一、井筒积液导致低产低效井

1. 气井积液规律分析

积液气井按照气井产量和累计产量指标，可将其划分为三种：携液生产型、轻度积液型、重度积液型（表5-1，图5-1—图5-4）。其中携液生产型即为气井日产量大于气井临界携液流量，可有效将液体从井底携带出来，正常携液生产；轻微积液型即为气井生产过程中整体配产略小于气井临界携液流量，稍调节配产即可连续携液生产，气井积液程度低对生产影响较小；严重积液型气井生产过程中配产远低于气井临界携液流量，积液严重导致压力快速下降，严重影响气井正常生产，多造成关井停产。

表5-1　积液气井分类及生产特征

类别	分布	产水时间	影响生产程度	累计产量(10^4m^3)
携液生产型	非富水区	中后期	影响不大	>1000
轻度积液型	非富水区	中后期	影响较大	450~1000
重度积液型	富水区	初期	影响严重	<450

采用李闽模型共计算了苏47区块、苏48区块及苏120区块198口气井的全生产周期临界携液流量，然后与气井日产气量做比较，并对结果做统计。结果显示产水气井临界携液流量普遍在$2\times10^4m^3/d$至$3\times10^4m^3/d$，绝大多数气井日产气量小于气井携液临界流量，携液生产型占比4%、轻微积液型占比10.1%、严重积液型占比85.9%（表5-2）。这说明大多数井携液能力差，需要采取排水采气等措施治理积液严重井，实现产能挖潜。

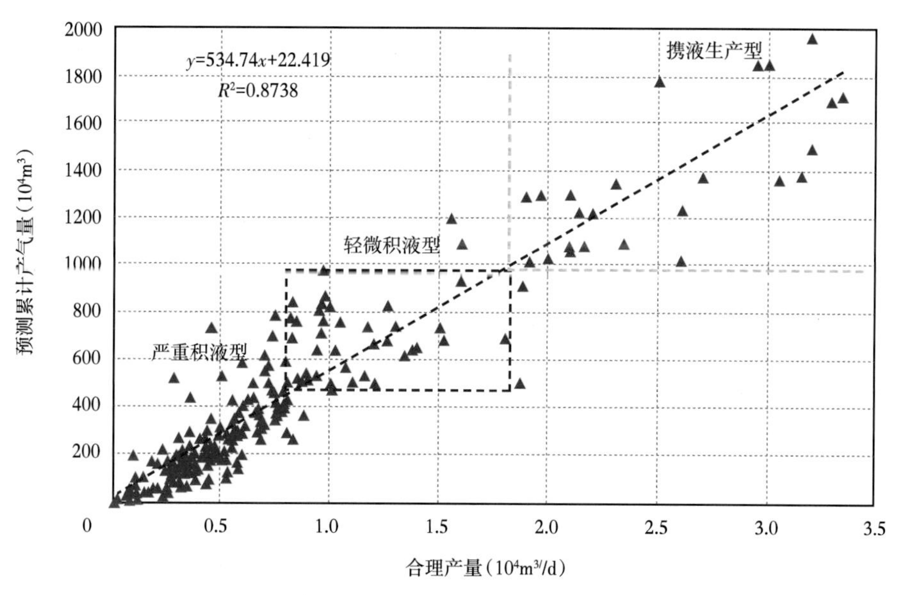

图 5-1 积液气井 330 天合理产量与预测最终累计产气量关系

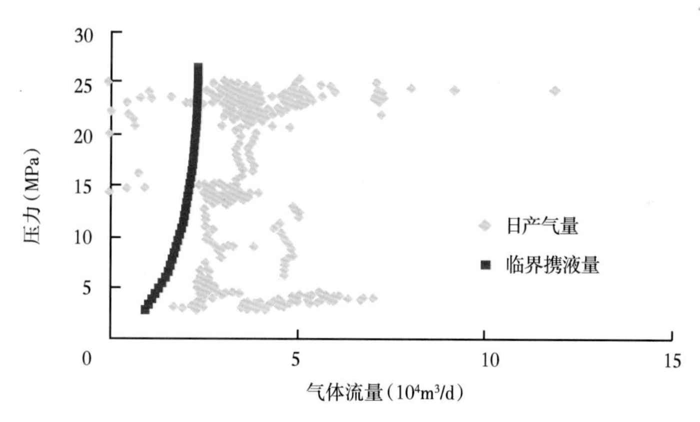

图 5-2 携液生产型气井

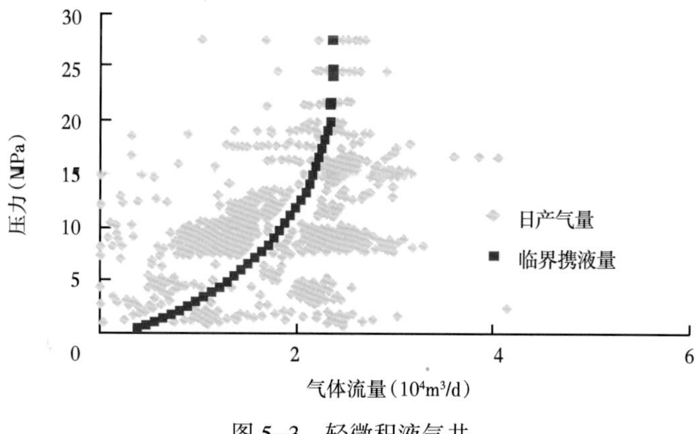

图 5-3 轻微积液气井

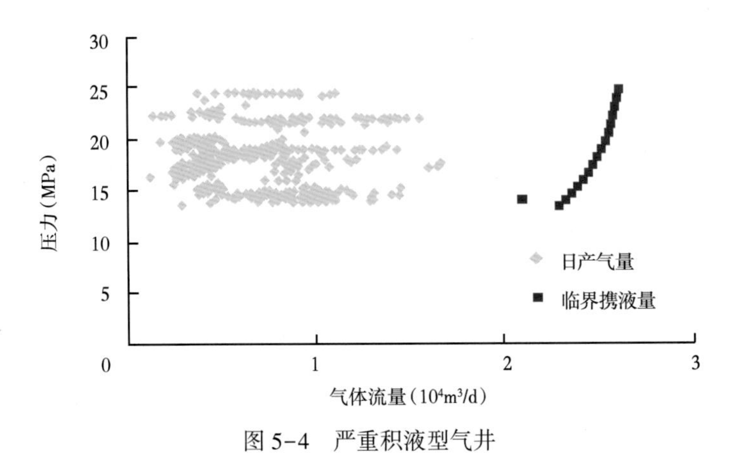

图 5-4 严重积液型气井

表 5-2 气井积液情况分析表

积液类型	井数(口)	比例(%)
携液生产型	8	4.00
轻微积液型	20	10.10
严重积液型	170	85.90

2. 积液对气井动态储量影响

产水会导致地下天然气流动受阻，会造成气井控制区域流体流动发生变化，延缓或减小气井的流动控制，造成气井动态储量减小。本次结合气井试气、生产实际，选取相同静态分类结果，试气产水和不产水的气井，利用实际生产数据进行产量不稳定分析，计算动态控制储量，分析评价产水对气井动态储量的影响程度。评价结果显示，产水均导致了各类气井动态储量降低，Ⅰ类井影响程度 41.6%，Ⅱ类井影响程度 33.4%，Ⅲ类井影响程度 46.2%(表 5-3，图 5-5)。

表 5-3 产水影响气井动态储量分析表

分类	试气不产水		试气产水		影响程度(%)
	井数(口)	动态储量(10^4m^3)	井数(口)	动态储量(10^4m^3)	
Ⅰ	30	3174	58	1853	41.6
Ⅱ	13	2400	11	1598	33.4
Ⅲ	26	1522	9	819	46.2

二、自然递减导致低产低效井

自然递减类型的低产低效井主要为静态特征Ⅰ类井和Ⅱ类井，储层物性较好，处于非富水区，气井试气无阻流量一般大于 $10×10^4m^3/d$，初期日产量较高，预测累计产气量大于 $850×10^4m^3$，挖潜重点存在于动态、静态分类矛盾突出气井(图 5-6，表 5-4)。

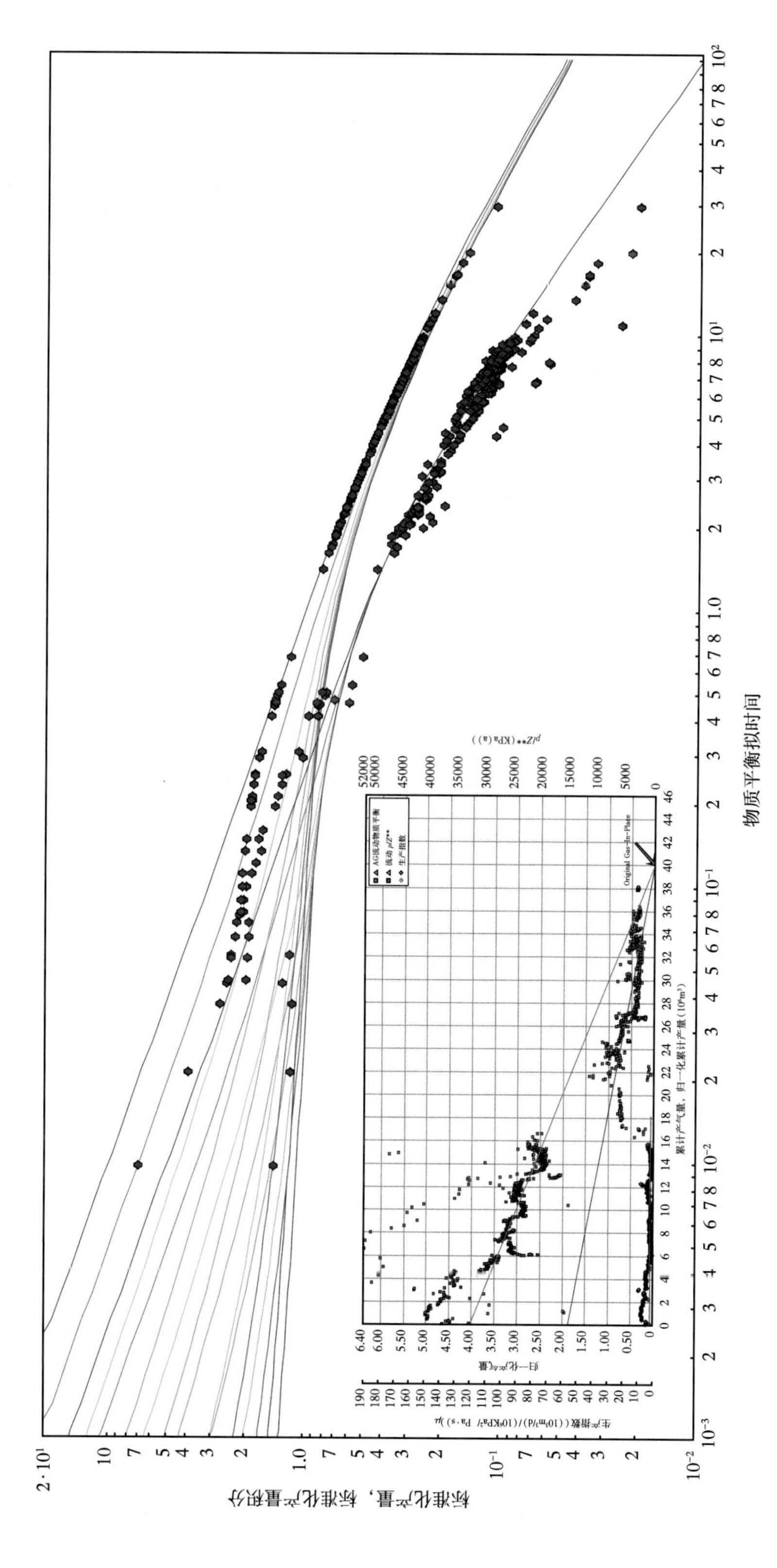

图 5-5　S47-30-46井 Gas-Blas-Fracture&FMB-Gas分析图解

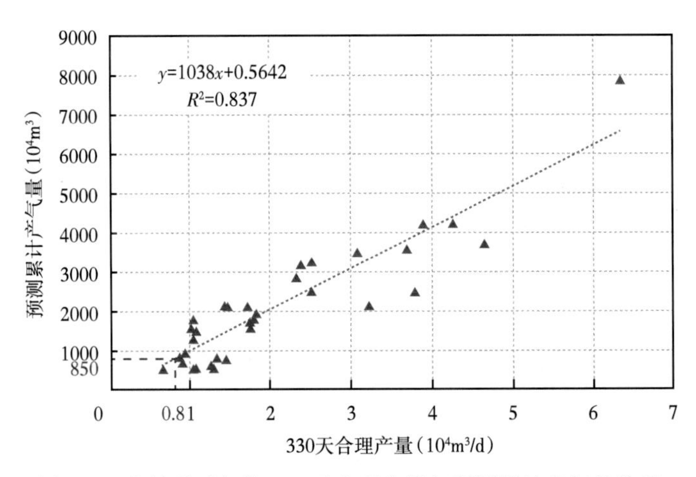

图 5-6　自然递减气井 330 天合理产量与预测累计产气量关系

表 5-4　自然递减低产低效井分布特征

分区	静态Ⅰ+Ⅱ类比例(%)	动态Ⅰ+Ⅱ类比例(%)
中区	71.25	38.75
东区	64.58	7.29
西区	64.45	4.27
合计	65.89	12.14

三、储层物性差导致低产低效井

储层物性差类型的低产低效井主要为静态特征Ⅱ类和Ⅲ类井，处于非富水区，动态特征为Ⅲ类井，试气无阻流量一般小于 $8\times10^4m^3/d$，初期日产量低，平均小于 $0.48\times10^4m^3$，预测累计产气量小于 $550\times10^4m^3$，基本不具备挖潜潜力(图 5-7)。

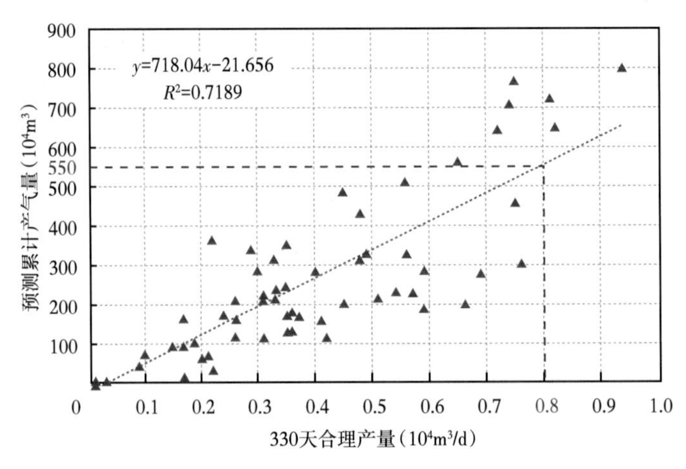

图 5-7　储层物性差气井 330 天合理产量与预测累计产气量关系

第二节　低产低效井挖潜技术措施

针对不同控制因素导致低产低效井，分类施策，制定差异化挖潜复产措施：包括排水采气、查层补孔、侧钻水平井等（表5-5）。

表5-5　低产低效井差异化复产挖潜措施

类型		生产动态特征	措施选择
积液型	携液生产	Q（产量）>Q_c（临界携液流量）； 气井产量、压力下降平稳； 生产连续性好	产量低于临界携液流量时辅以泡排防止井底积液
	轻度积液	$Q \approx Q_c$； 产气量、套压波动频繁； 携液能力较差，井底形成积液	(1)速度管柱，降低临界携液流量排除积液； (2)间歇生产，开井流量高于临界携液流量，可适当辅助泡排
	重度积液	$Q<Q_c$； 套压持续上升，产量逐渐降低； 井底积液严重，生产连续性差	(1)柱塞气举，利用地层能量携出液体； (2)气举复产，严重积液及水淹停产井
自然递减型		静态表现Ⅰ类和Ⅱ类井，储层物性较好 试气无阻流量大于$10\times10^4m^3/d$ 初期日产较高，后期稳定性差	(1)测井复查，查层补孔； (2)测井复查、井震结合，侧钻水平井

一、排水采气

1. 建立积液井判识方法

通过不断摸索和试验，逐渐总结出一套系统的产水井排查方法，指导气井生产管理和排水采气工作，主要包括静态测井资料法、生产动态曲线判识、临界携液流量法、井筒流压梯度测试法、回声仪测液面法、液面探测法等方法（图5-8）。

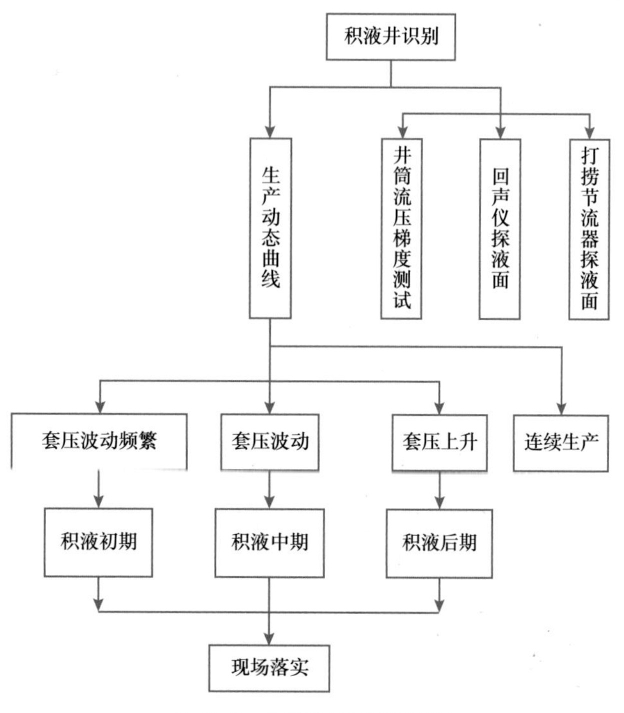

图5-8　积液气井识别标准

2. 建立排水采气方法流程

对于积液气井，井筒内是否存在节流器对于排水采气工艺措施实施尤为重要。针对有无节流分别建立积液气井排水采气方法流程（图5-9、图5-10）。

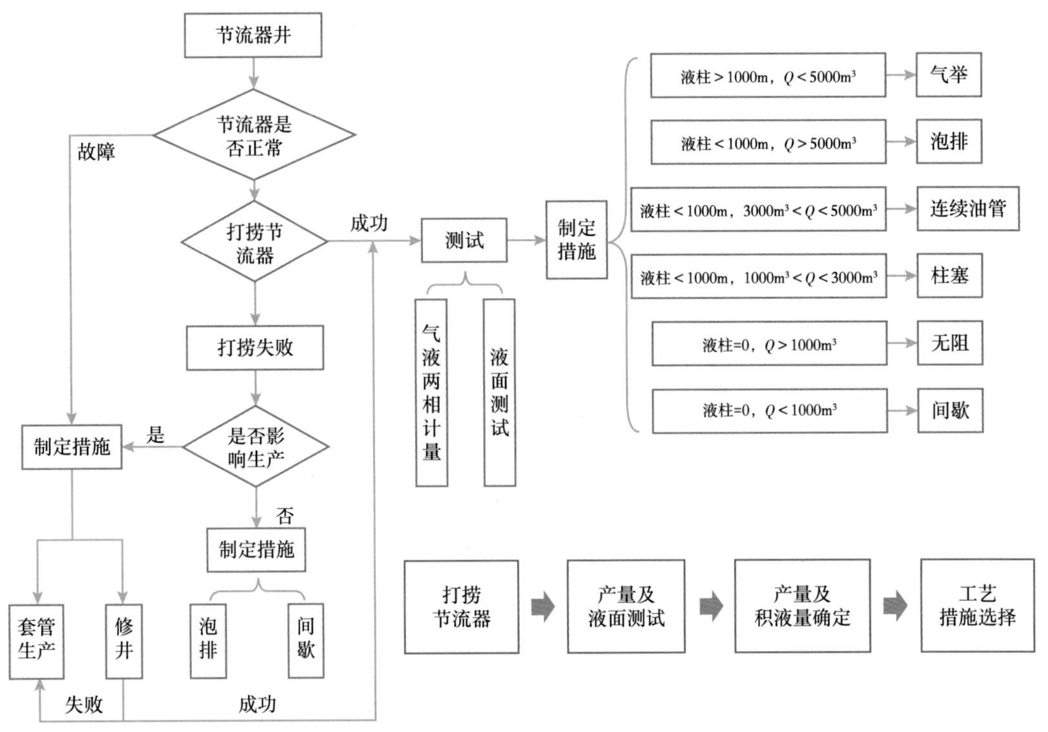

图 5-9　节流器低产低效井排水采气实施流程

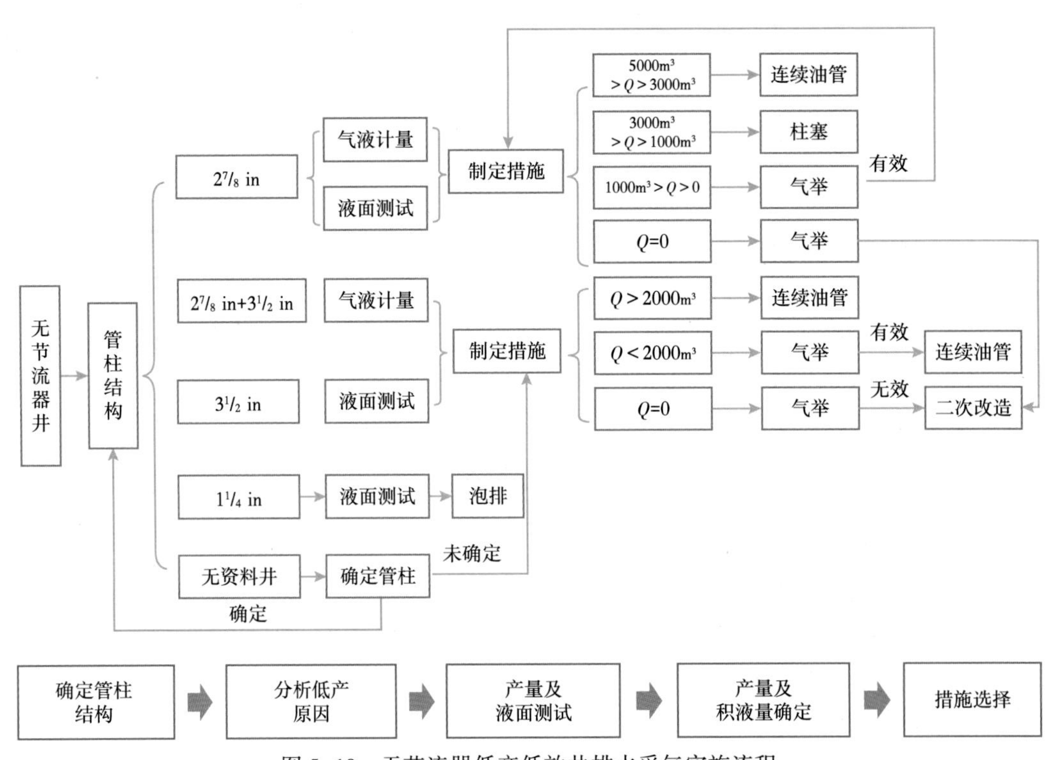

图 5-10　无节流器低产低效井排水采气实施流程

二、间歇生产

针对轻度积液井，采用“短关长开”间歇生产制度，利用井筒及周边地层的储集效应，辅以泡排提高天然气携液能力；对于无产能气井，通过有规律长关短开，发挥外围低渗透区供给能力(图 5-11 与图 5-12)。

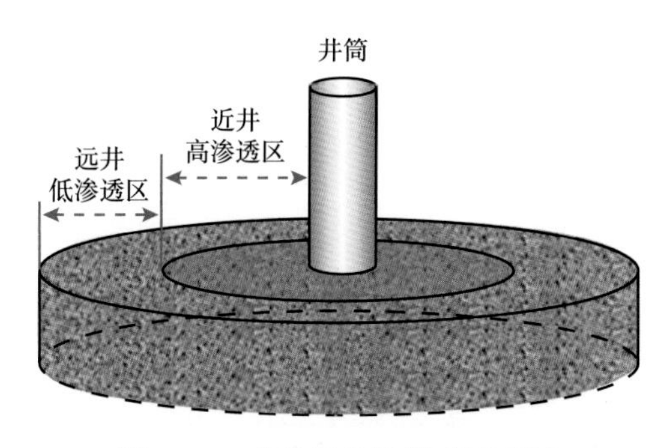

图 5-11　井控区地质模型示意图

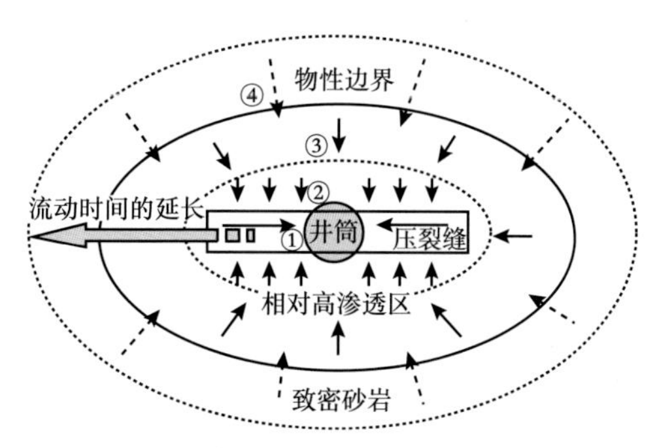

图 5-12　井控区渗流示意图

基于室内理论研究及现场长、短关井试验取得的认识，结合低产气井生产动态规律，形成一套确定合理间歇生产制度的方法(图 5-13)。

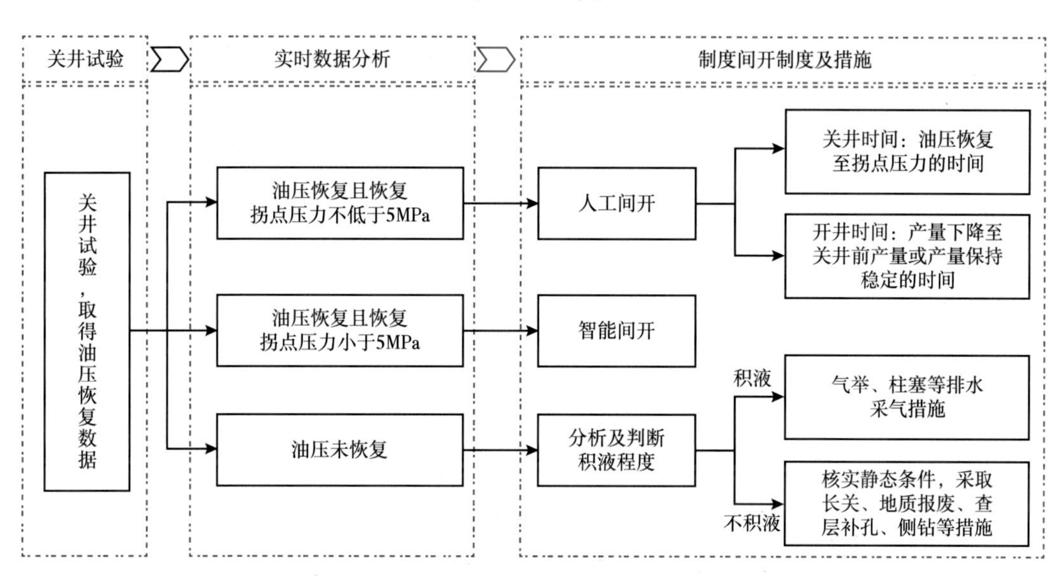

图 5-13　间歇生产制度优化流程

三、查层补孔

基于低产低效井测井解释复查工作，综合评价主力层和次产层静、动态响应特征，制定气井产层补孔实施方案(图 5-14)。

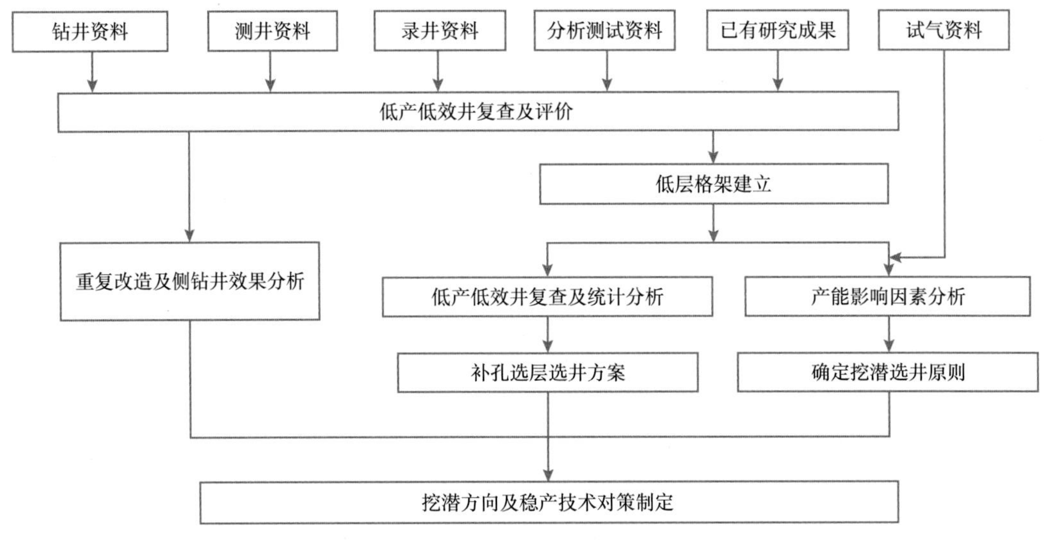

图 5-14　低产低效井查层补孔实施方法及流程

第三节　侧钻水平井挖潜低产低效井技术

一、储层空间结构精细表征

1. 储层品质控制因素

开展单井综合解剖及储层品质控制因素分析，明确影响储层品质及气井产能的主控地质因素，分析储层各项参数与气井生产指标关系，从而为建立储层分类标准及模式提供依据。分析表明，储量丰度、储层物性、有效砂体空间展布及组合特征是储层品质及储量动用效果的主要控制因素，影响气井无阻流量、预测最终累计产量、控制范围等动态指标。

1) 储量丰度

储量丰度是气井高产的物质基础，丰度越高，有效砂体厚度越大、规模尺度大且连通性好的有效砂体占比大、高产气井比例越大(图 5-15—图 5-18)。

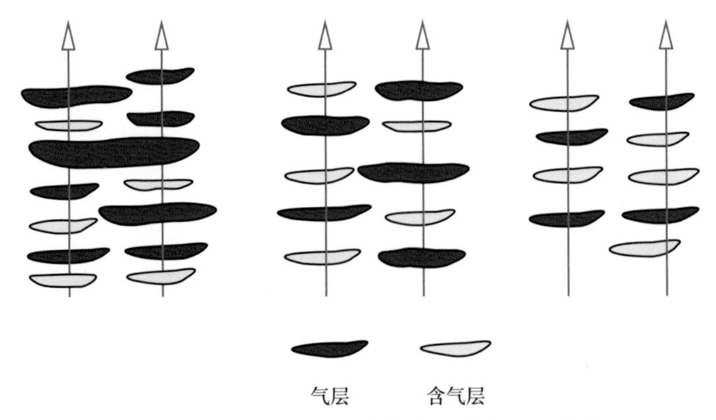

图 5-15　不同储量丰度条件储层结构差异模式

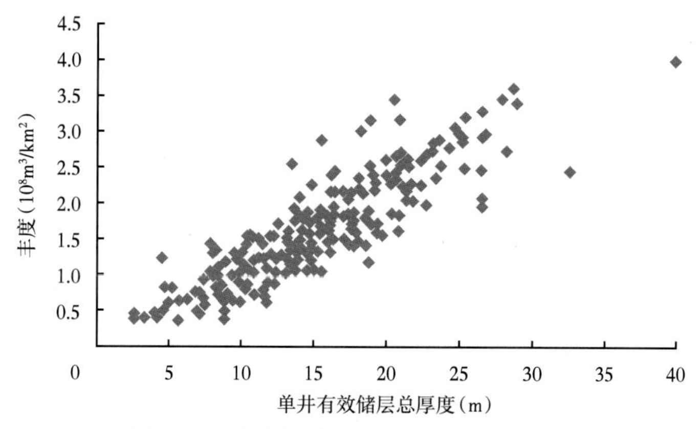

图 5-16 丰度与单井有效储层总厚度关系

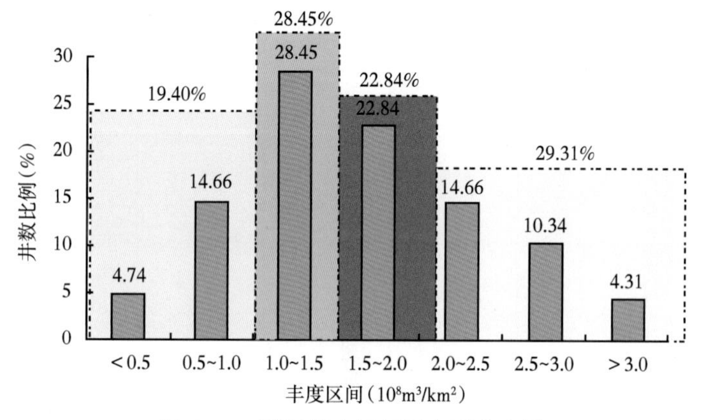

图 5-17 苏里格中区储量丰度分布图

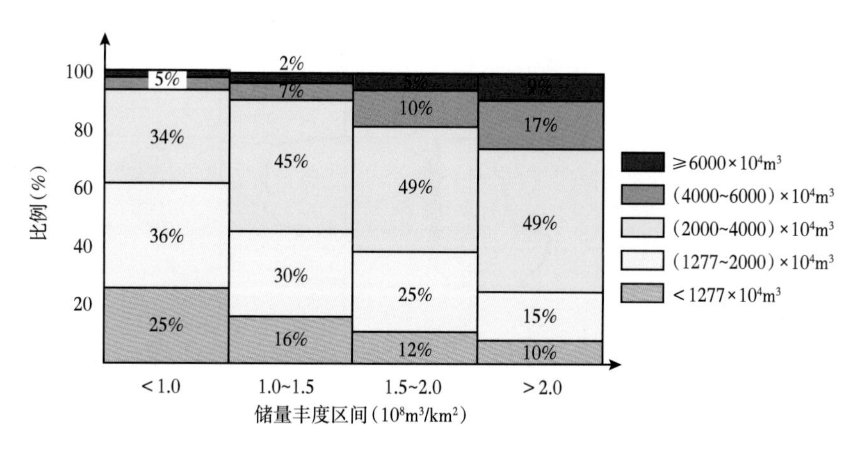

图 5-18 不同储量丰度下气井预测最终累计产量构成比例

2）*厚层发育程度*

厚层发育程度反映了储层的叠置及平面连通性，有效厚度越大，优质储层平面规模越大，储层连续性和连通性越好（图 5-19—图 5-21，表 5-6）。累计厚度相同，厚层 2 倍，储量 4 倍；厚砂体平均 5.6m，为薄砂体的 2.27 倍，延伸范围为薄砂体的 5.2 倍。

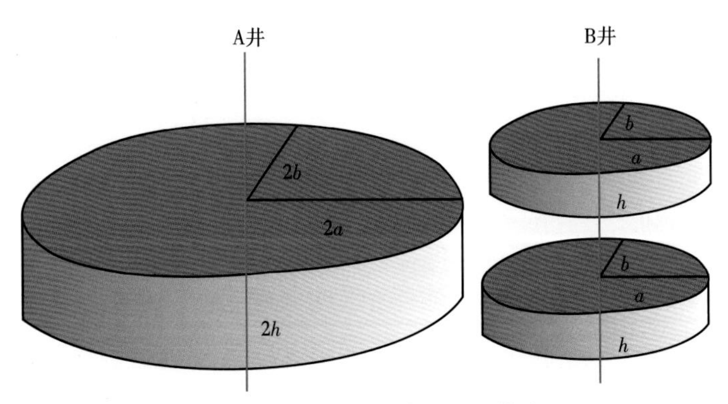

图 5-19　储层分布对储量影响模式图

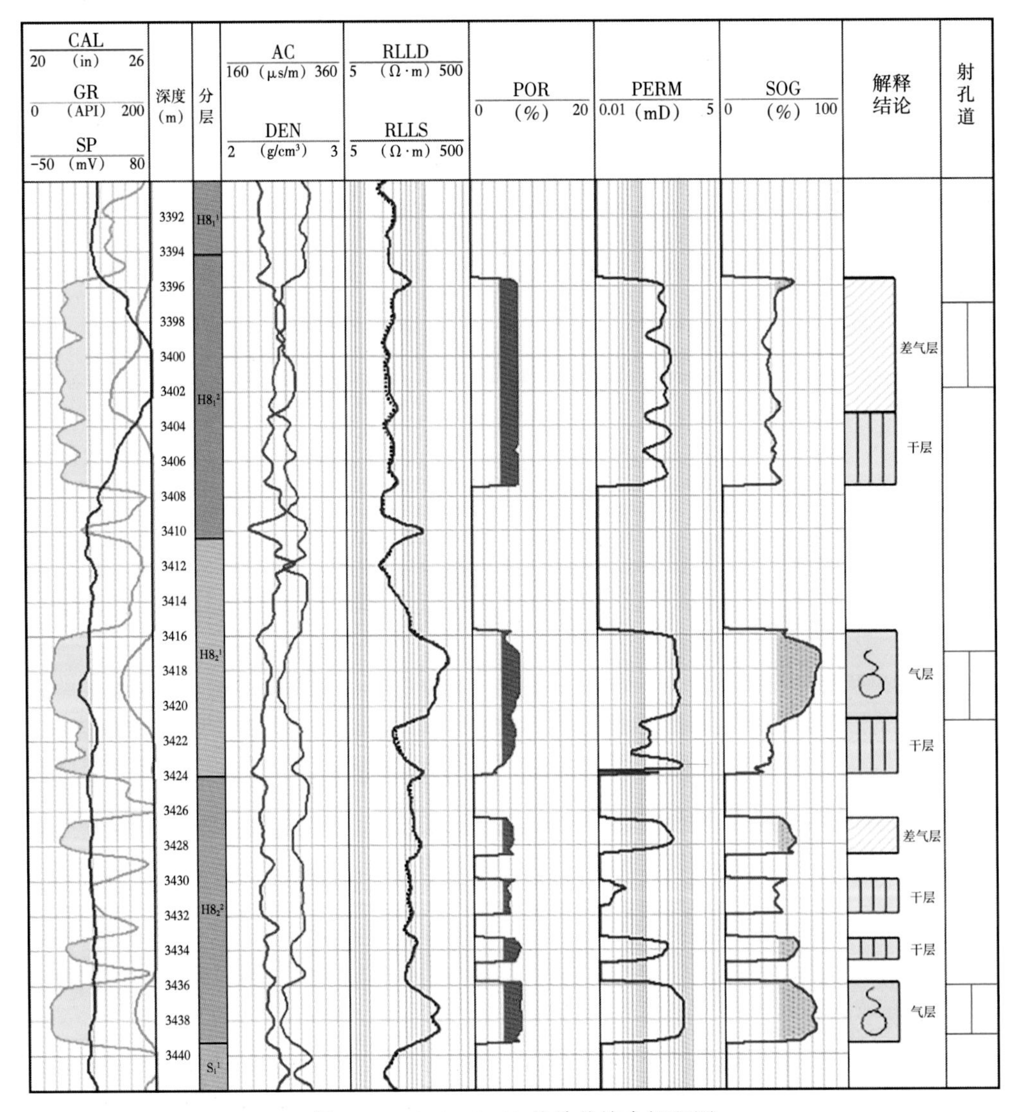

图 5-20　S14-12-41 井单井综合解释图

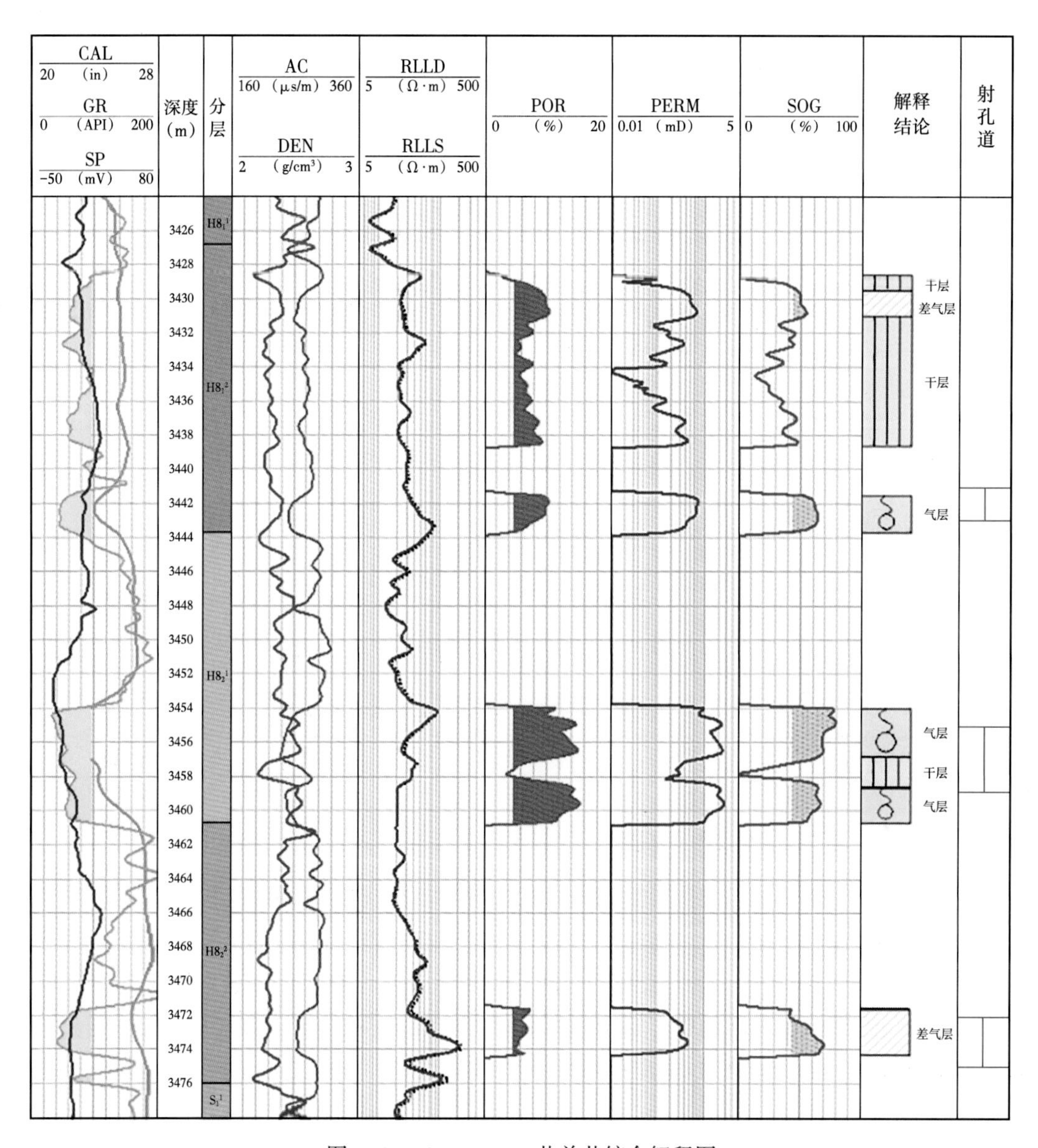

图 5-21　S14-17-40 井单井综合解释图

表 5-6　S14-12-41 井与 S14-17-40 井基本参数对比表

井名	储量丰度($10^8m^3/km^2$)	孔隙度(%)	含气饱和度(%)	单井累计有效厚度(m)	有效砂体均厚(m)	累计产量(10^4m^3)	储层分布模式
S14-12-41	1.61	7	56	16.4	4.5	4093	块状厚层型
S14-17-40	1.64	10	62	16.8	2.8	2151	孤立薄层型

3)纯气层比例

纯气层比例反映物性及气体流动性，差气层与纯气层相比，孔隙度、渗透率低，含气饱和度小，气体流动性差，对比仅发育差气层井与仅发育气层井的最终累计产量，储量丰度及有效厚度接近时，差气层仅为气层累计产量的75%(图5-22，表5-7)。

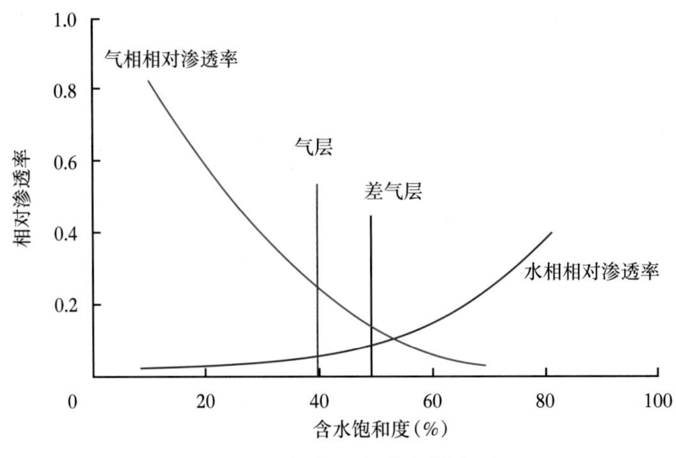

图5-22　气水两相渗流模式图

表5-7　仅发育差气层井与仅发育气层井对比

对比项	对比井数(口)	有效厚度(m)	储量丰度($10^8m^3/km^2$)	井均累计产量(10^4m^3)
仅差气层	23	8.7	0.862	1873
仅气层	15	8.3	0.856	2492

4)储层物性

储层物性是判断气井生产动态重要参数。有效厚度、孔隙度、渗透率及含气饱和度等参数及组合与产气量、无阻流量、动态储量动态指标相关性较好，反映了储层品质、静态地质参数对气井生产动态具有很好的预判(图5-23—图5-34)。

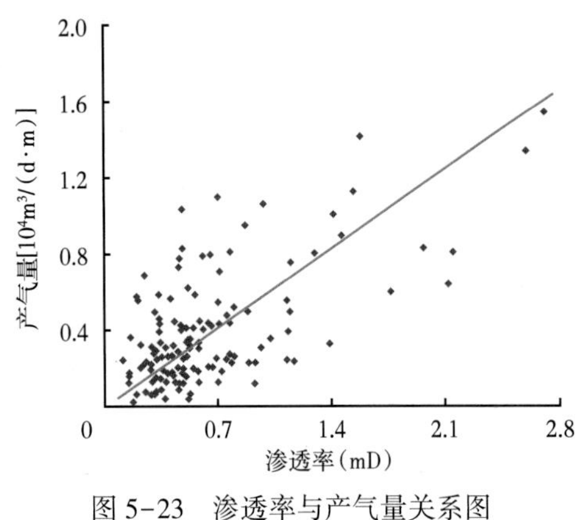

图5-23　渗透率与产气量关系图

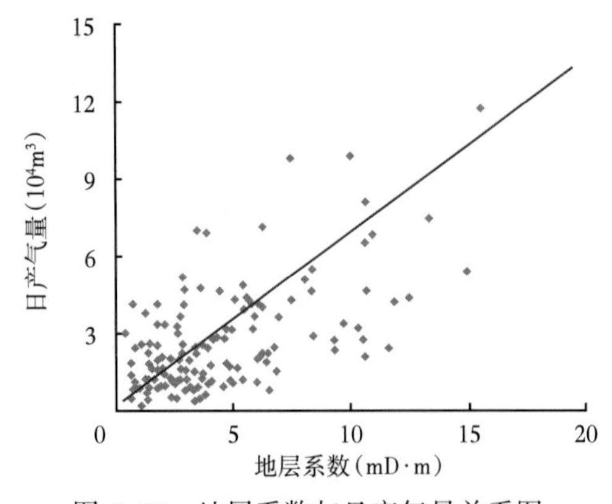

图5-24　地层系数与日产气量关系图

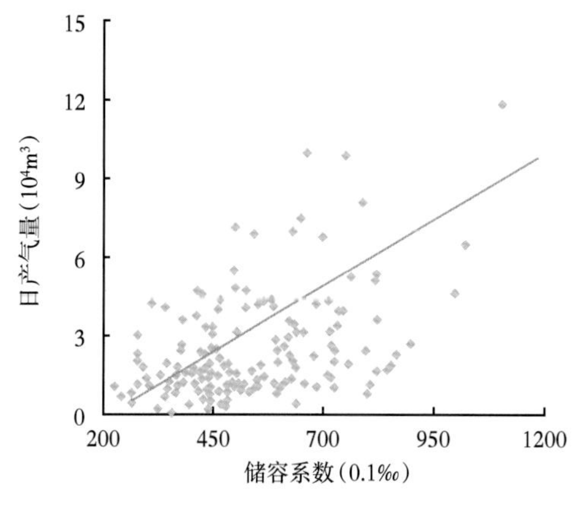

图 5-25 储容系数与日产气量关系图

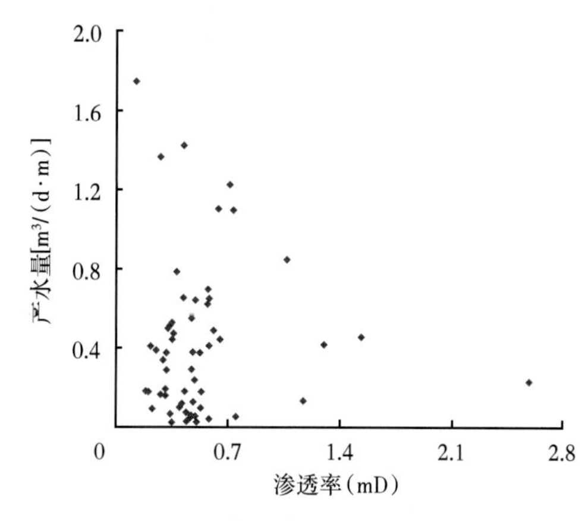

图 5-26 渗透率与产水量关系图

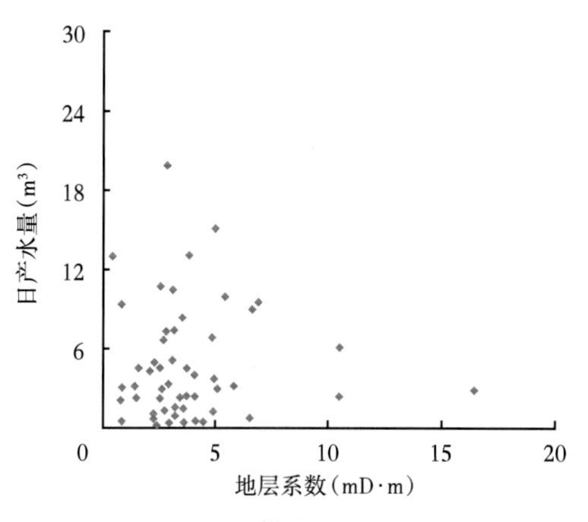

图 5-27 地层系数与日产水量关系图

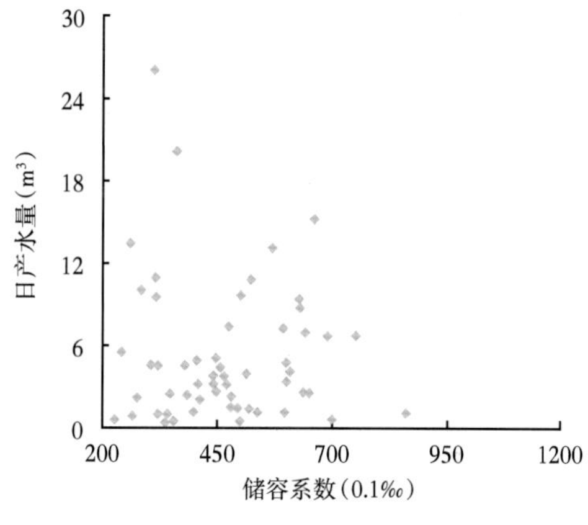

图 5-28 储容系数与日产水量关系图

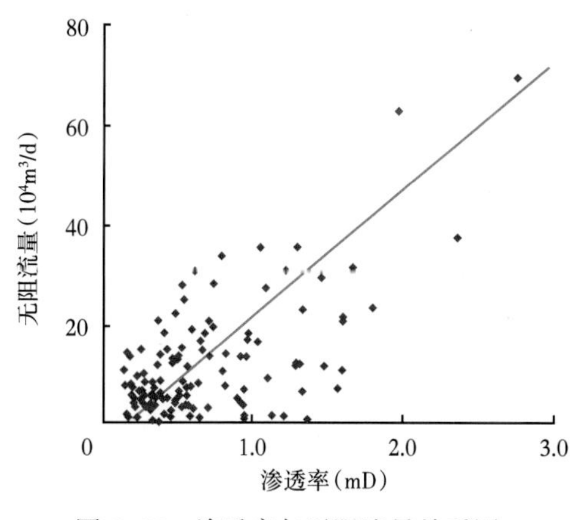

图 5-29 渗透率与无阻流量关系图

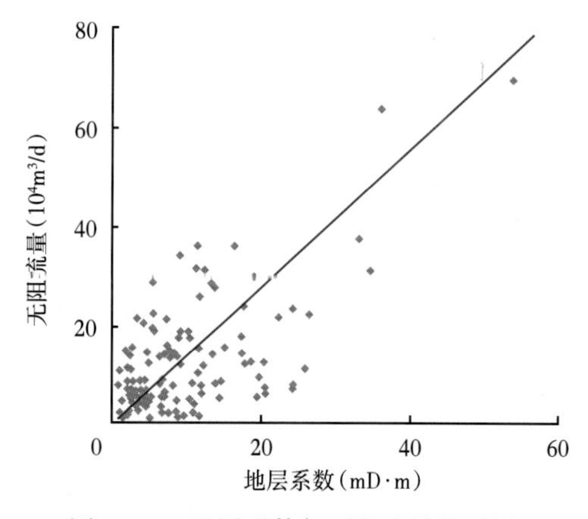

图 5-30 地层系数与无阻流量关系图

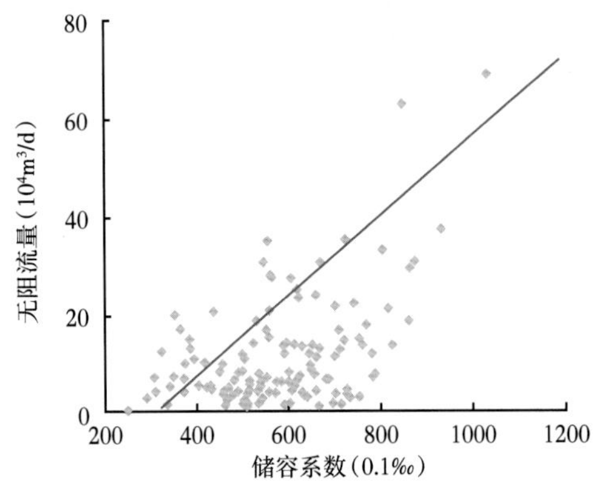

图 5-31　储容系数与无阻流量关系图

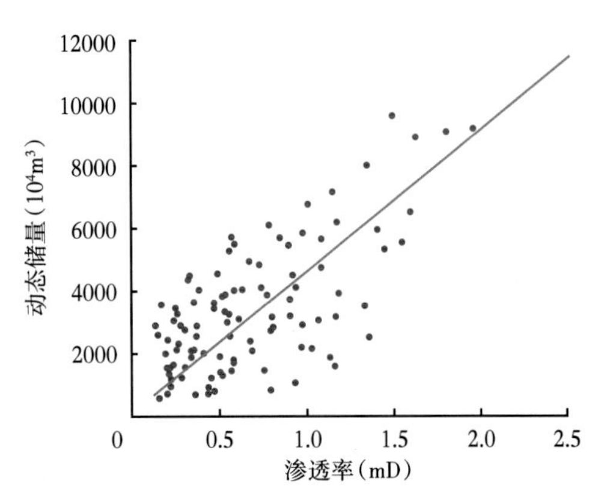

图 5-32　渗透率与动态储量关系图

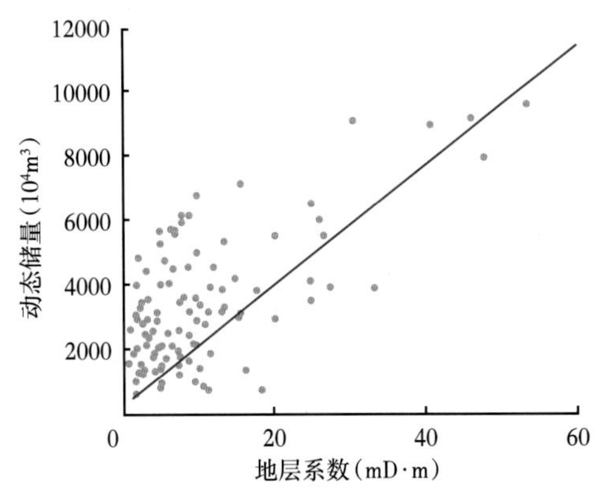

图 5-33　地层系数与动态储量关系图

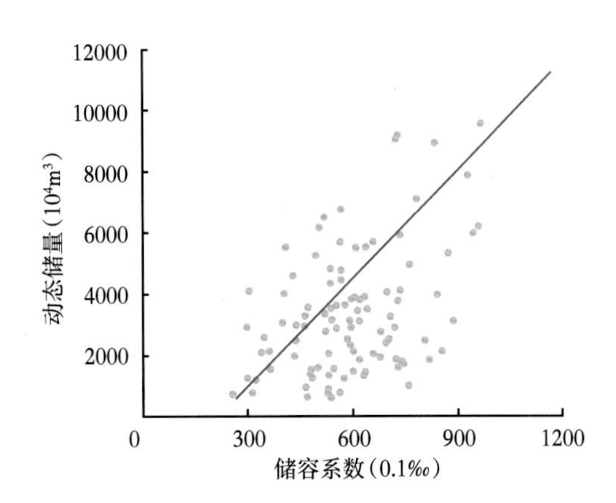

图 5-34　储容系数与动态储量关系图

2. 储层纵向结构特征及模式

1）储层纵向结构模式

结合辫状河体系带划分理论，基于单井及井组解剖，综合动态、静态多参数指标将有效储层纵向空间组合划分为 4 种类型：块状厚层集中发育型、中厚层垂向叠加型、薄层分散叠加型及薄层孤立型（表 5-8，图 5-35）。

表 5-8　苏里格气田有效储层纵向空间结构组合划分

类型	丰度（$10^8m^3/km^2$）	有效储层厚度（m）	预测最终累计产量（10^4m^3）	组合特征			沉积部位
				层数	主力砂厚（m）	规模尺度	
块状厚层集中发育型	≥2	≥18	≥3600	≥3	≥6	宽＞600m、长＞800m 厚层块状、规模尺度较大有效砂体组合	辫状河体系叠置带主体部位，水动力条件最强，有效砂体规模最大、连通性最好

续表

类型	丰度($10^8m^3/km^2$)	有效储层厚度(m)	预测最终累计产量(10^4m^3)	组合特征			沉积部位
				层数	主力砂厚(m)	规模尺度	
中厚层垂向叠加型	1.5~2	12~18	2400~3600	≥3	4~6	宽400~600m、长600~800m中等规模有效砂体、多层切割叠置组合	辫状河体系叠置带侧边翼部位，水动力条件相对较强，有效砂体规模较大、连通性较好
薄层分散叠加型	1~1.5	6~12	1200~2400	2~3	2~4	宽200~400m、长300~600m中等规模有效砂体多层、分散叠置组合	辫状河体系过渡带，水体条件中等，有效砂体规模中等、连通性差
薄层孤立型	<1	<6	<1200	<2	<2	宽<200m、长<300m薄层孤立、小规模有效砂体组合	辫状河体系带间，水体条件最弱，有效砂体规模最小、连通性最差

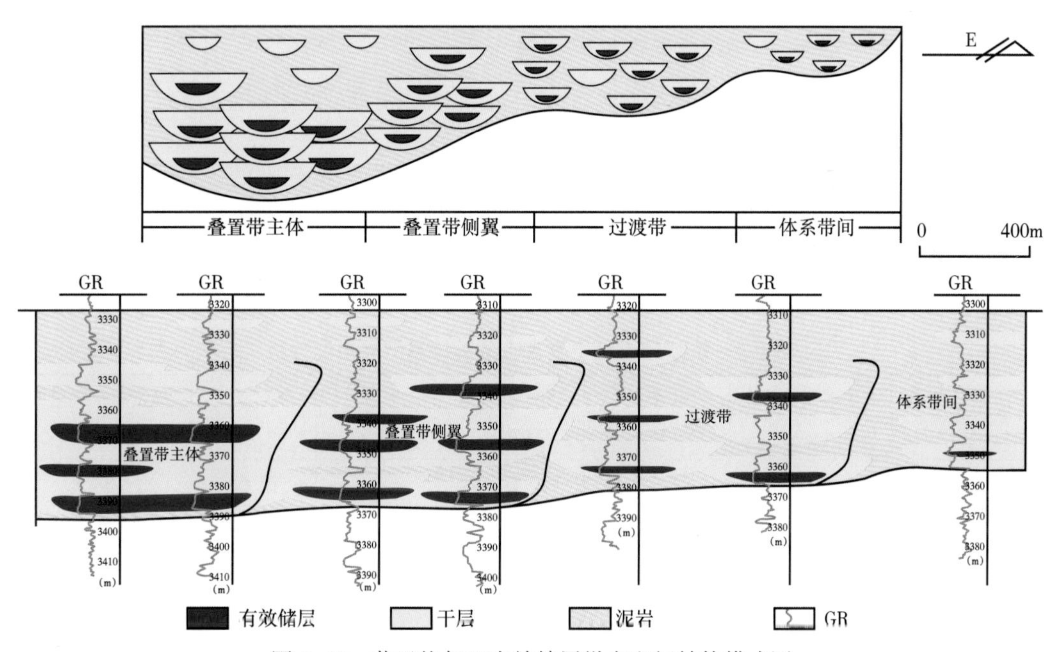

图5-35 苏里格气田有效储层纵向空间结构模式图

2)优质储层结构高产直井动态表现

块状厚层集中发育型有效砂体空间延展规模大，具有强有力的保压和供气物质基础，气井往往高配产且压力下降平缓，预测最终累计产量高。例如，S36-8-21a井，仅钻遇一个有效储层，但厚度大，为11m，最终评价预测最终累计产量高达$9033×10^4m^3$；S36-8-20井，同样在厚度11.12m情况下评价预测最终累计产量超过$7000×10^4m^3$(图5-36)。

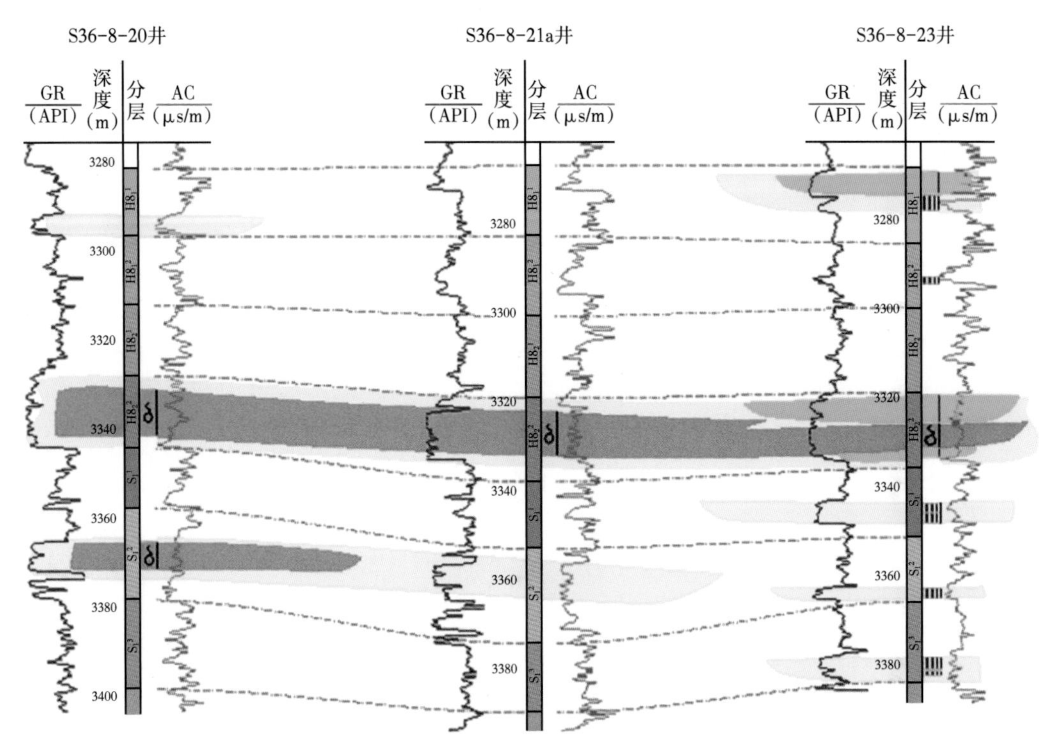

图 5-36　块状厚层集中发育型气井 S36-8-20 井柱状图及连井剖面图

生产动态反映有效砂体空间延展规模大，为气井提供了强有力的保压和供气物质基础，气井具有配产高、压力下降平缓、单位压降产气量大的特征。例如，S36-23-20 井投产 2270 天，平均日产量 $4.3\times10^4m^3$，单位压降采气 $931\times10^4m^3$，累计产量已超过 $1\times10^8m^3$（表 5-9，图 5-37）。

表 5-9　块状厚层集中发育有效砂体高产井指标分析

井名	有效砂体总厚度（m）	孔隙度（%）	含气饱和度（%）	气层个数	气层厚度（m）	最大单个气层厚（m）
S36-23-20	36.12	8.35	67	2	22.62	15.75
S36-8-21a	11	5.98	67.32	1	11	11
S36-8-20	17.49	7.69	68.2	2	17.49	11.12
S36-7-23	27.5	8.25	64.91	2	13.12	11.25
S36-7-18	22.87	8.14	70.57	2	12.22	8.1
S36-4-8	15.88	8.16	59.86	2	10.75	7
S36-8-18	17.48	8.29	66.67	2	12.25	7.5
S36-6-20	21.23	7.38	65.61	3	13.99	7.62
平均	21.2	7.78	66.28	2	14.2	9.9

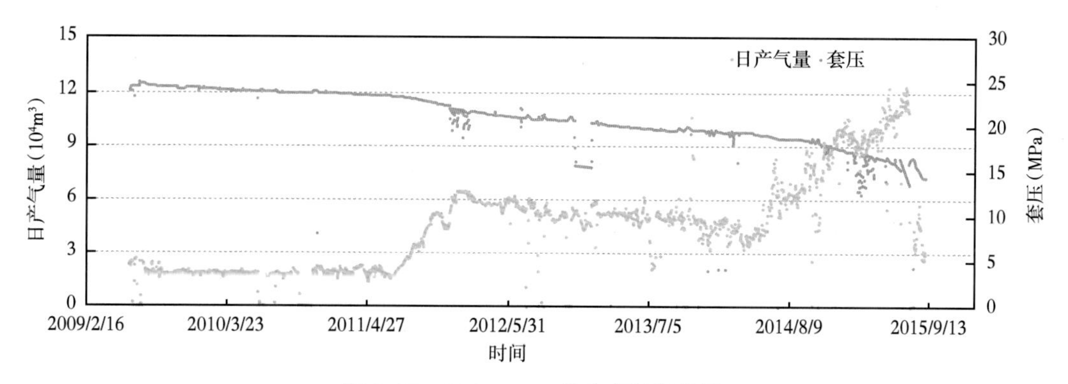

图 5-37　S36-23-20 井生产运行曲线

中厚层垂向叠加型有效砂体数量多，累计厚度大，具有丰富的天然气储集空间，气井具有产量高、单位压降产气量相对较大特征。例如，S36-13-16 井，发育 4 个有效储层，累计厚度 19.33m，评价预测最终累计产量 $6358\times10^4m^3$（图 5-38）。

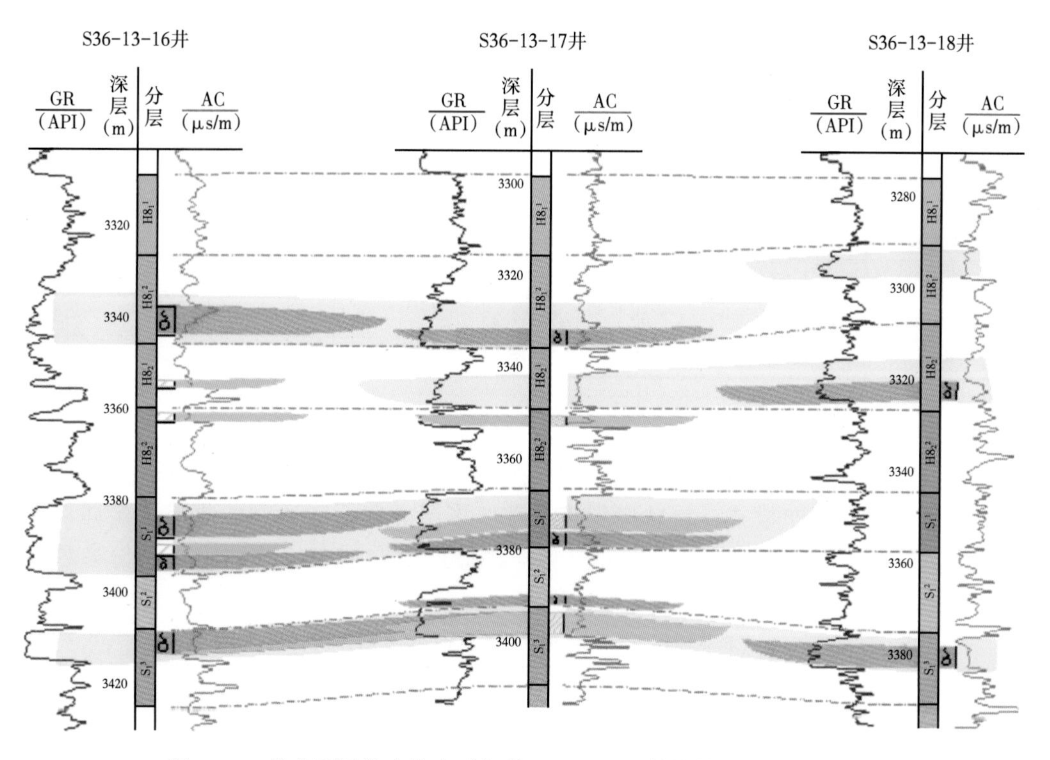

图 5-38　块状厚层集中发育型气井 S36-13-16 井柱状图及连井剖面图

生产动态反映气层个数多、厚度大，为气井提供了较强的保压和供气物质基础。气井具有产量高、压力下降平缓、单位压降产气量相对较大的特征。例如，S36-15-12 井投产 2899 天，平均日产量 $1.8\times10^4m^3$，单位压降采气量 $263\times10^4m^3$，累计产量超过 $5000\times10^4m^3$（图 5-39，表 5-10）。

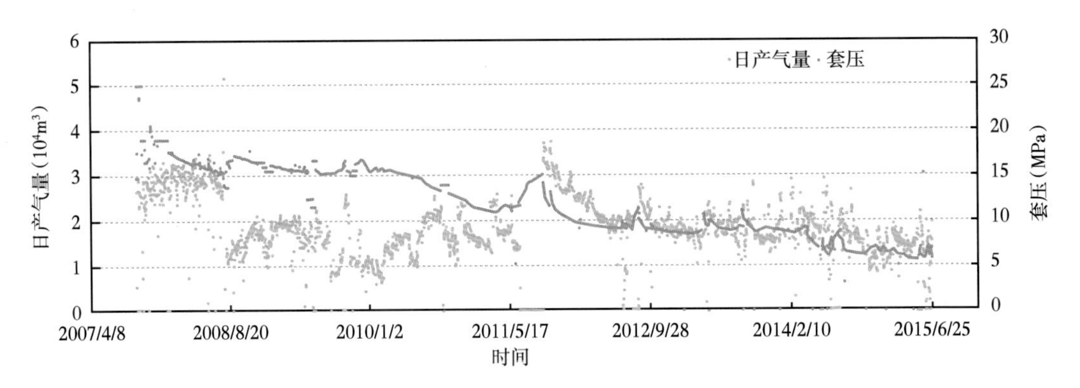

图 5-39 S36-15-12 井生产运行曲线

表 5-10 中厚层垂向叠加型有效砂体高产井指标分析

井名	有效砂体总厚度（m）	孔隙度（%）	含气饱和度（%）	气层数（个）	气层厚度（m）	最大单个气层厚度（m）
S36-8-19	20. 49	8. 36	72. 89	4	17. 14	5. 68
S36-7-21	31. 96	8. 41	65. 87	5	19. 48	6. 37
S36-13-11	20. 61	8. 32	62. 74	3	14. 49	5. 75
S36-15-12	23. 38	8. 11	66. 8	4	14. 25	6. 88
S36-13-16	25. 32	7. 55	64. 7	4	19. 33	6. 33
S36-21-24	26. 49	6. 59	62. 23	3	13. 24	5. 62
S36-7-20	25. 87	6. 62	67. 47	3	18. 87	8. 5
S36-11-16	17. 49	7. 35	54. 23	5	15. 75	7. 75
平均	23. 2	7. 74	65. 4	4	15. 8	6

3. 储层横向展布结构及模式

综合致密储层空间结构特征、水平井钻遇有效储层的井轨迹走向及开发动态响应，建立 4 种储层横向展布模式：块状厚层连通型、多层叠置泛连通型、薄层拼接局部连通型、薄层分散孤立型（图 5-40）。并建立了 4 种储层横向展布模式的定量评价参数标准（表 5-11）。

表 5-11 四种储层横向展布模式参数标准

储层横向展布类型	水平井轨迹类型	地质参数					动态参数			
		有效砂体长度（m）	砂体钻遇率（%）	有效砂体钻遇率（%）	有效厚度（m）	阻流带发育间隔（m）	无阻流量（$10^4m^3/d$）	初期产量（$10^4m^3/d$）	动态储量（10^4m^3）	预测最终累计产量（10^4m^3）
块状厚层连通型	单层平追	≥750	≥80	≥60	≥7. 0	≥150	≥40	≥15	≥9000	≥7500
多层叠置泛连通型	叠层平追	≥700	≥75	≥55	≥6. 5	≥120	≥30	≥10	≥6500	≥5500

续表

储层横向展布类型	水平井轨迹类型	地质参数					动态参数			
		有效砂体长度（m）	砂体钻遇率（%）	有效砂体钻遇率（%）	有效厚度（m）	阻流带发育间隔（m）	无阻流量（$10^4m^3/d$）	初期产量（$10^4m^3/d$）	动态储量（10^4m^3）	预测最终累计产量（10^4m^3）
薄层拼接局部连通型	大斜度	≥600	≥70	≥50	≥5.5	≥90	≥20	≥5	≥4000	≥3500
薄层分散孤立型	阶梯型	<600	<70	<50	<5.5	<90	<20	<5	<4000	<3500

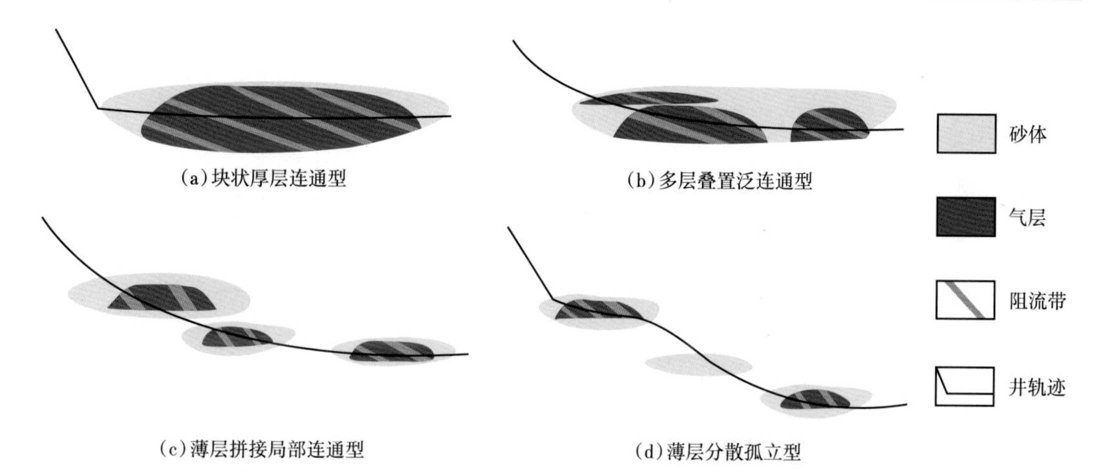

图 5-40　苏里格气田有效储层横向展布模式

1)块状厚层连通型

钻遇块状厚层连通型(80 口)水平段平均长度 1441m，储层厚 1213m，有效储层厚 916m；平均无阻流量 $56.4\times10^4m^3/d$，动储量 $12249\times10^4m^3$，预测最终累计产量 $10412\times10^4m^3$。例如，J52-34H1 井有效砂体长，厚度大，横向连续性好，岩性为较纯的中粗砂岩；阻流带发育频率低，规模小，水平井为单层平追型(图 5-41)。

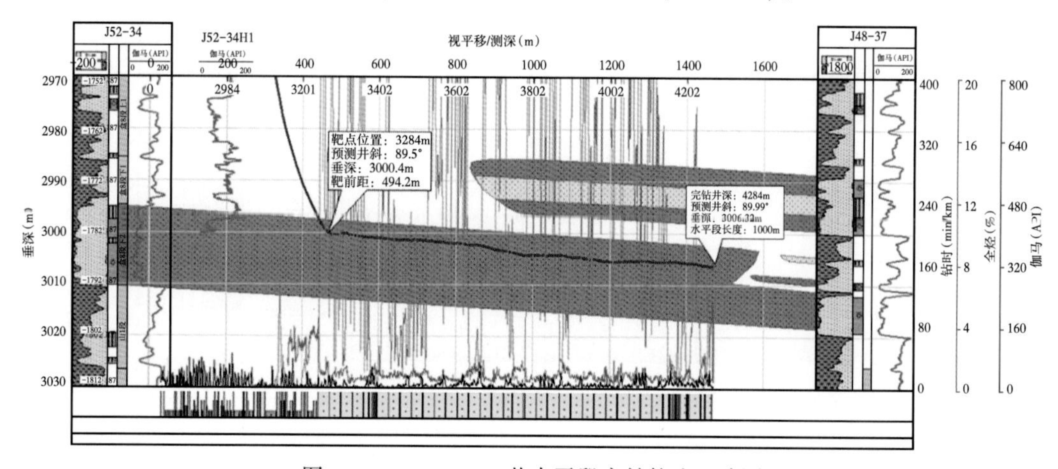

图 5-41　J52-34H1 井水平段实钻轨迹跟踪图

2) 多层叠置泛连通型

钻遇多层叠置泛连通型(49 口)水平段平均长度 1311m，储层厚 1085m，有效储层厚 819m，无阻流量 38.4×10^4m^3/d，动态储量 7834×10^4m^3，预测最终累计产量 6658×10^4m^3。例如，J76-24H1 井有效砂体长度大，储层多层叠置，具有一定连续性，相比一类井，其岩性变细，厚度较小，水平井为叠层平追型或小斜度型(图 5-42)。

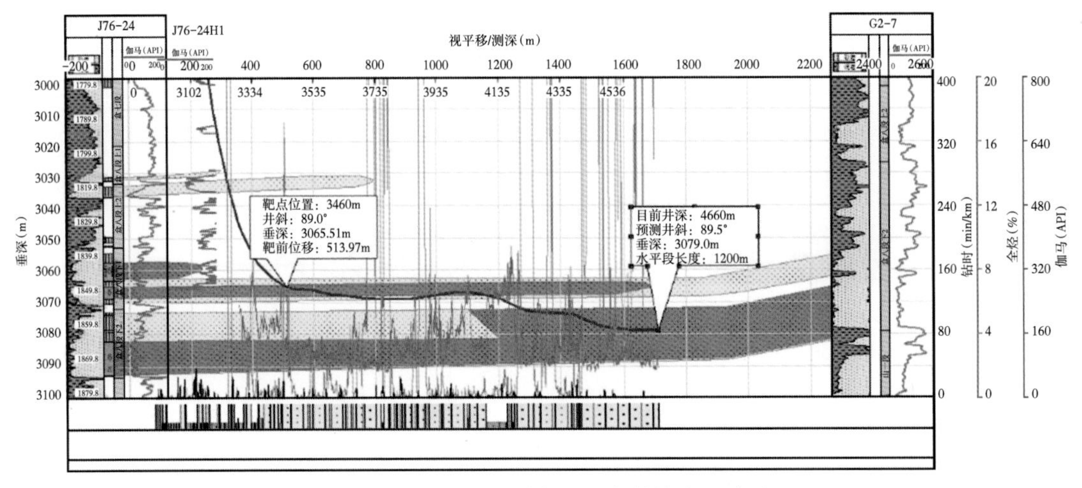

图 5-42　J76-24H1 井水平段实钻轨迹跟踪图

3) 薄层拼接局部连通型

钻遇薄层拼接局部连通型(49 口)水平段平均长度 1261m，储层厚 985m，有效储层厚 669m，平均无阻流量 27.2×10^4m^3，动态储量 5124×10^4m^3，预测最终累计产量 4355×10^4m^3。例如，J59-50H1 井有效砂体长度、厚度中等，储层细粒成分高，连续性较差，仅在局部集中，水平井为大斜度型(图 5-43)。

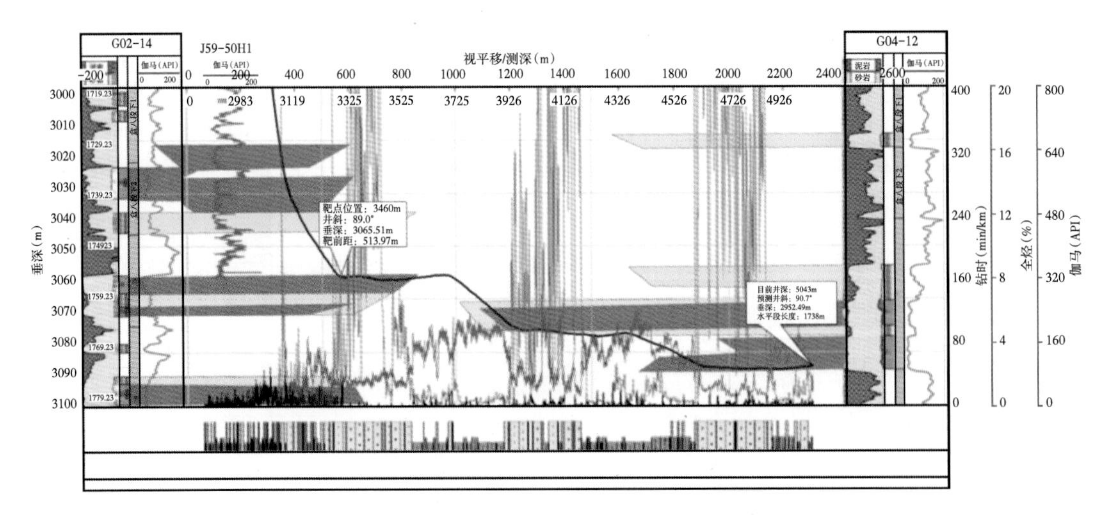

图 5-43　J59-50H1 井水平段实钻轨迹跟踪图

4）薄层分散孤立型

钻遇薄层分散孤立型（40 口）水平段平均长度 955m，储层厚 656m，有效储层厚 358m，平均无阻流量 14.7×10^4/d，动储量 2601×10^4m^3，预测最终累计产量 2211×10^4m^3。例如，J52-51H2 井有效砂体薄层孤立，为 1~3 个，储层粒度细，泥质含量高，有效砂体厚度薄，长度短，连续性差，水平井为大斜度型或阶梯型（图 5-44）。

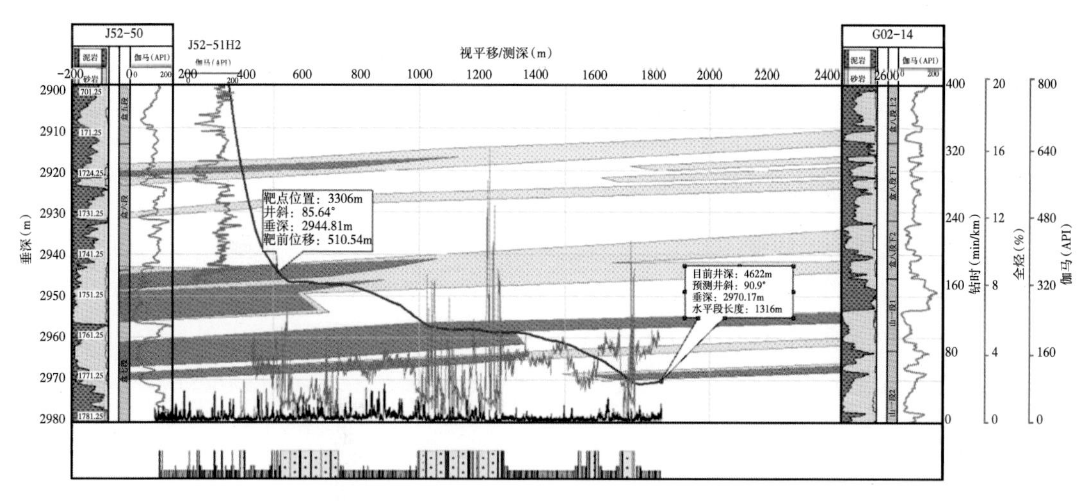

图 5-44 J52-51H2 井水平段实钻轨迹跟踪图

4 类储层横向展布模式差异较大，地质与动态表现具有明显的一致性。4 类储层也对应了 4 类水平井的开发效果，其中钻遇平追型水平井的块状厚层连通型和多层叠置泛连通型两种储层，在水平段长度、砂岩长度、气层长度、气层钻遇率、储层平均气测、无阻流量、初期产量、单位压降产气等方面均好于大斜度型及阶梯型水平井，这对侧钻水平井优化部署也具有很好的启示，即块状厚层连通型和多层叠置泛连通型两种储层是侧钻优质目标（表 5-12、表 5-13）。

表 5-12 不同横向展布类型储层水平井开发表现

储层横向展布模式	井数（口）	地质参数							动态参数		
		水平段长度（m）	砂岩长度（m）	有效长度（m）	砂体厚度（m）	有效厚度（m）	阻流带分布间距（m）	阻流带规模（m）	无阻流量（$10^4m^3/d$）	动态储量（10^4m^3）	预测最终累计产量（10^4m^3）
块状厚层连通型	80	1441	1213	916	13.1	7.3	180	15	56.4	12249	10412
多层叠置泛连通型	49	1311	1085	819	12.7	6.8	120	22	38.4	7834	6658
薄层拼接局部连通型	49	1261	985	669	11.8	5.9	100	27	27.2	5124	4355
薄层分散孤立型	40	959	656	358	11.3	5.4	90	33	14.7	2601	2211

表 5-13　不同类型水平井钻遇储层指标及动态表现

水平井类型	井数（口）	完钻井深（m）	水平段长度（m）	砂岩长度（m）	气层长度（m）	气层钻遇率（%）	钻遇储层平均气测（%）	无阻流量（$10^4m^3/d$）	初期产量（$10^4m^3/d$）	单位压降产气（$10^4m^3/MPa$）
大斜度型	55	4645	1289	826	535	40.75	9.11	27.5	4.0	248.5
平追型	241	4694	1351	1122	865	62.58	12.54	44.0	4.7	320.4
阶梯型	68	4728	1338	976	684	50.48	11.20	42.5	3.4	213.7

二、侧钻井地质可行性分析及目标优选

1. 侧钻井储层钻遇特征

截至 2020 年，苏里格老井侧钻累计完钻 30 口，平均水平段长度 687m，其中气层 373m，干层 228m，泥岩 86m，砂岩钻遇率 87.5%，气层钻遇率 54.3%（图 5-45）。

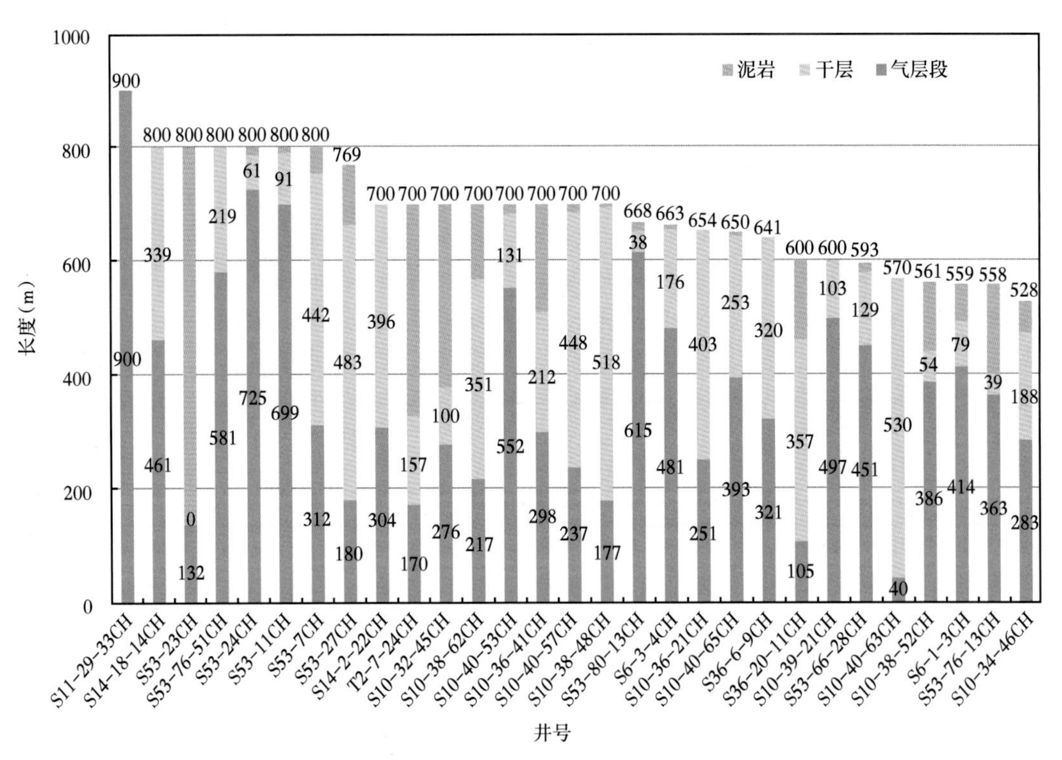

图 5-45　苏里格气田老井侧钻水平井钻遇效果柱状图

2. 侧钻井开发效果及静动态相关性

截至 2020 年，苏里格气田共投产老井侧钻水平井 27 口，侧钻初期井均日产气量 $4.93\times10^4m^3$，井均日产 $1.9\times10^4m^3$，总体平均日产气量 $2.6\times10^4m^3$，侧钻后套压平均升高 11.3MPa，平均单井累计增产气 $1455\times10^4m^3$（图 5-46）。

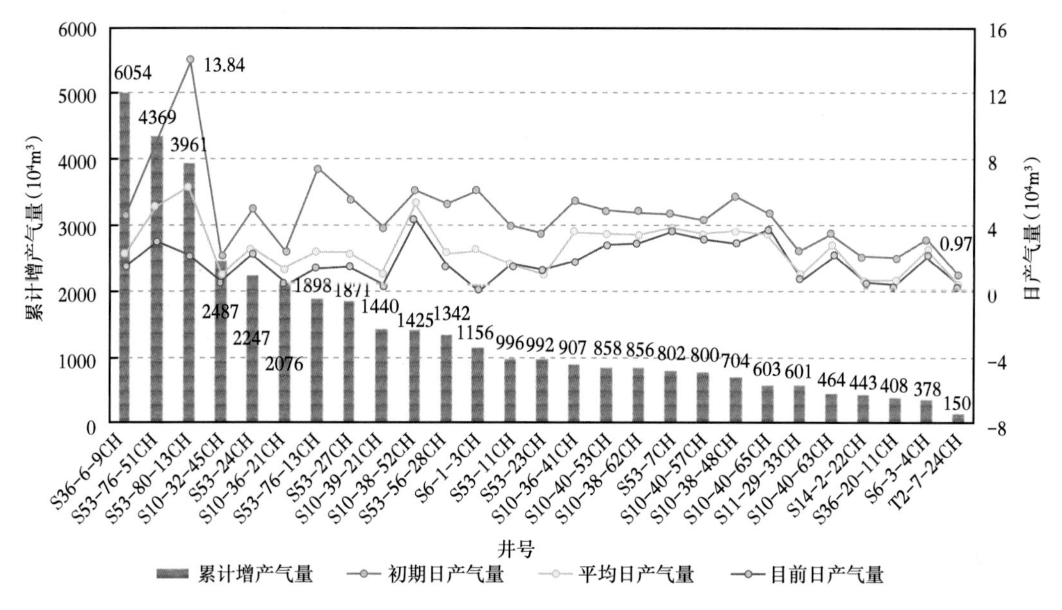

图 5-46 苏里格气田侧钻水平井投产效果柱状图

1）S10-32-45CH 井

多方法评价表明，侧钻前后动储量发生明显变化。侧钻前，老井直井压力平均动态储量为 $1270\times10^4m^3$，侧钻后动态储量为 $4300\times10^4m^3$，增产超过 $3000\times10^4m^3$（表 5-14，图 5-47—图 5-52）。

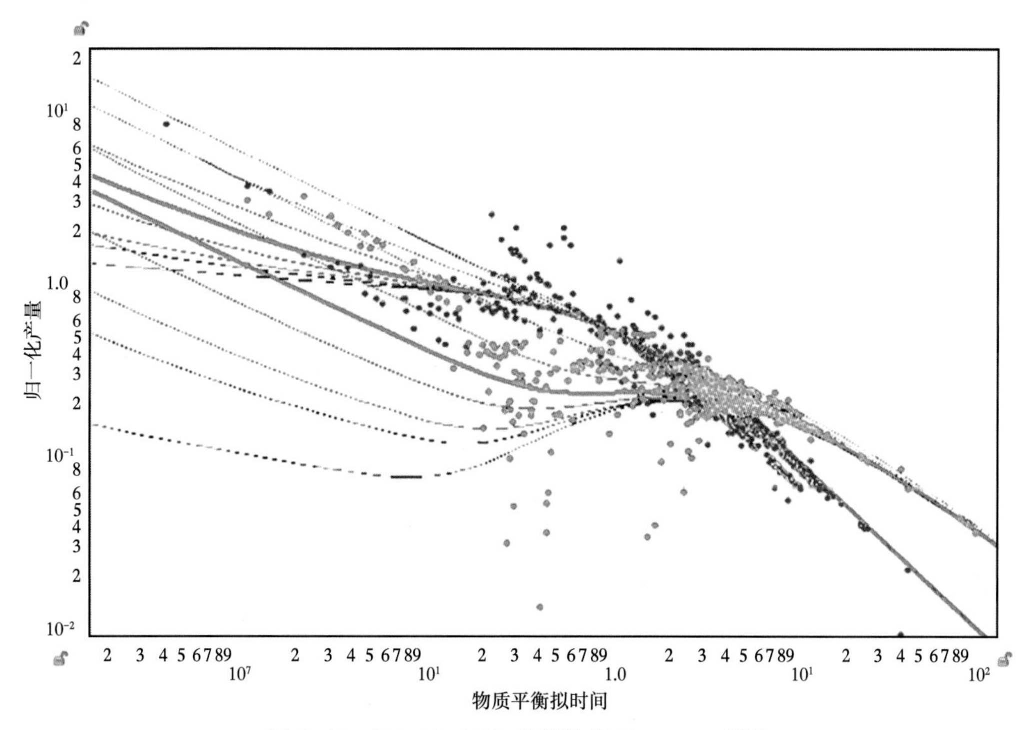

图 5-47 S10-32-45CH 井侧钻前 Blasingame 评价

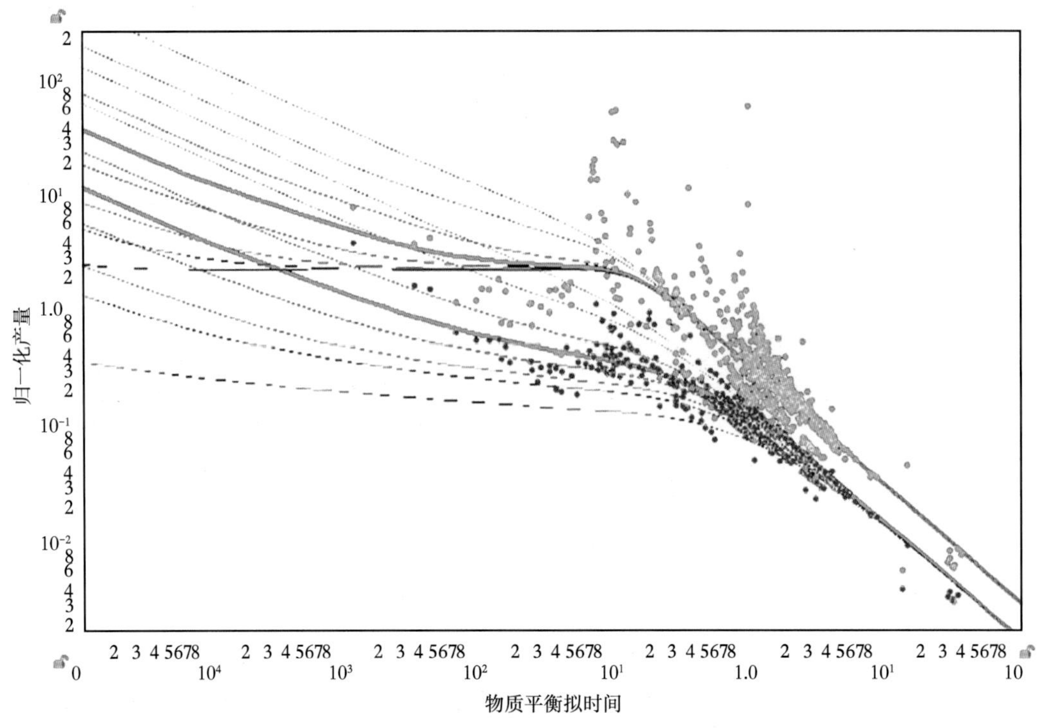

图 5-48　S10-32-45CH 井侧钻前 AG 评价

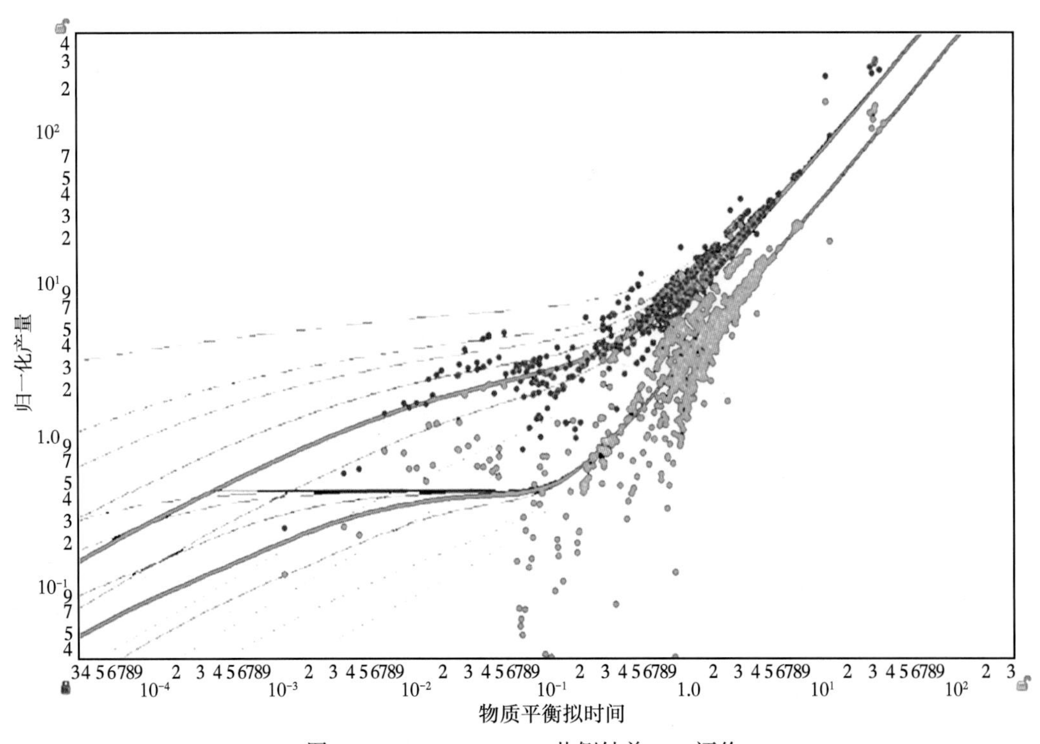

图 5-49　S10-32-45CH 井侧钻前 NPI 评价

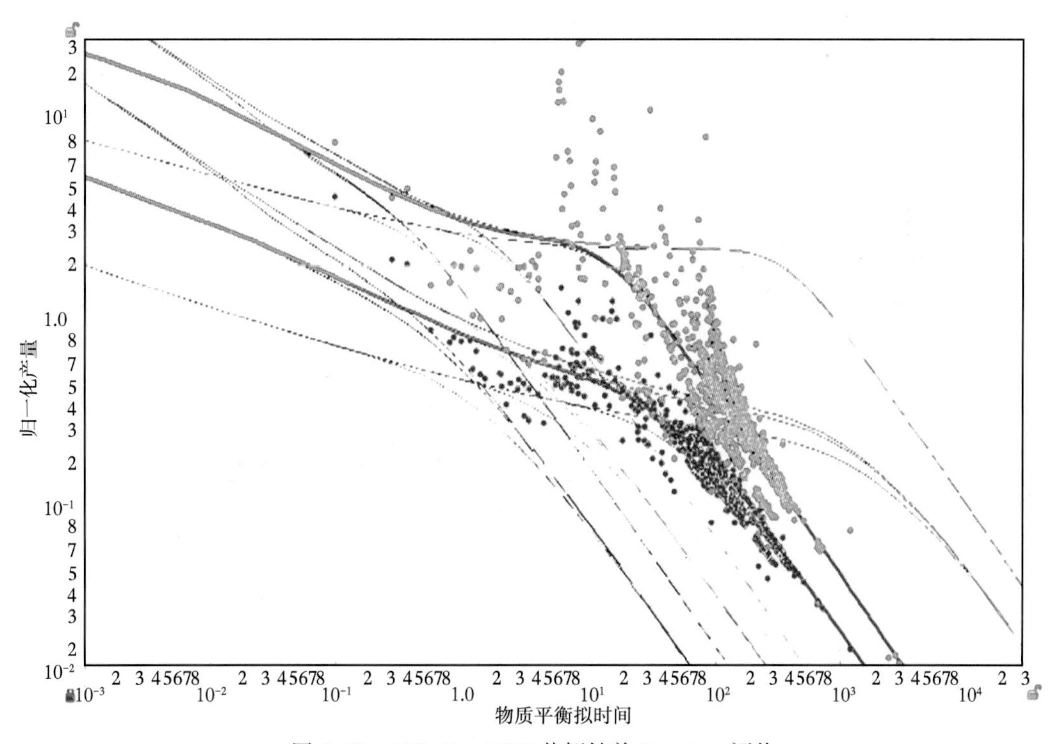

图 5-50　S10-32-45CH 井侧钻前 Transient 评价

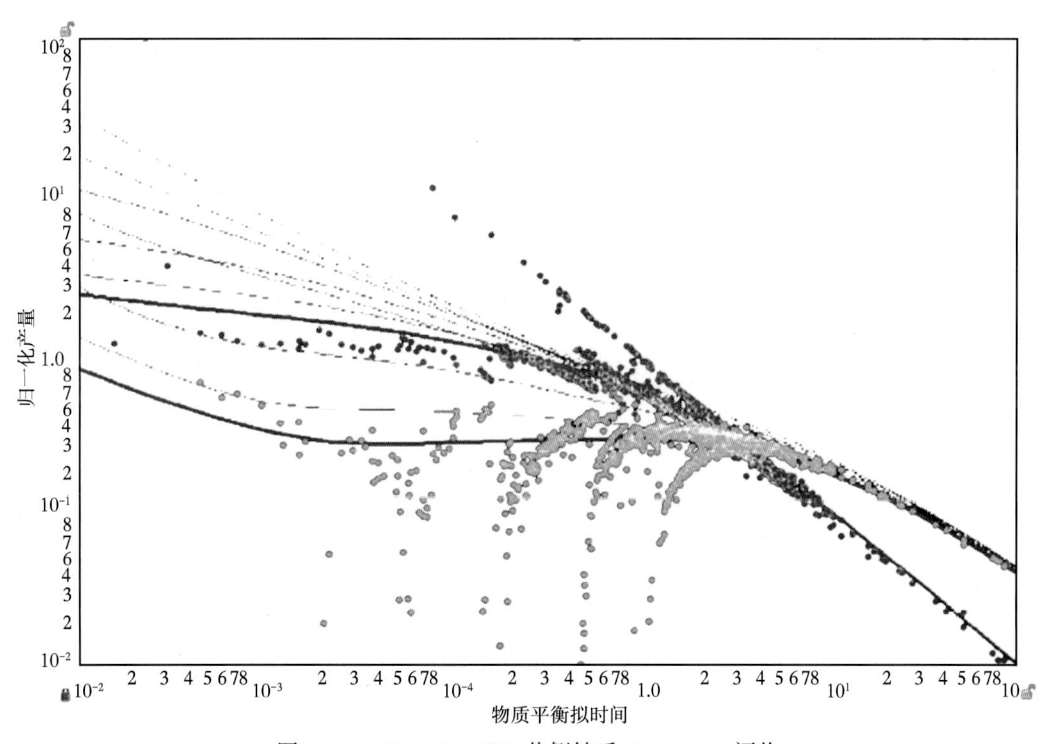

图 5-51　S10-32-45CH 井侧钻后 Blasingame 评价

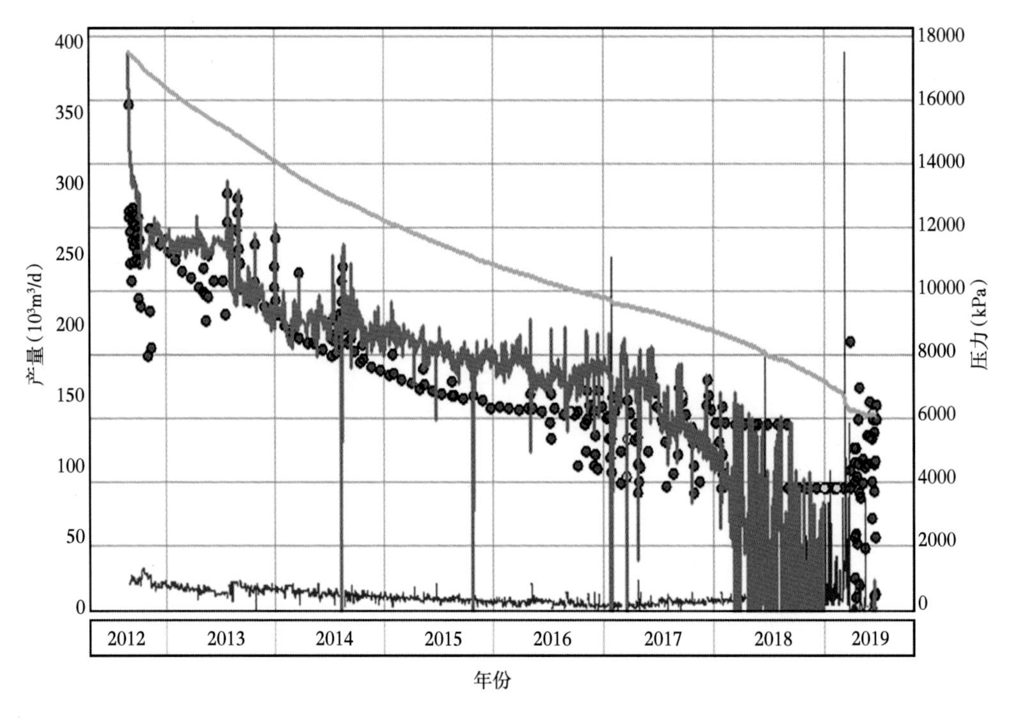

图 5-52　S10-32-45CH 井侧钻后 Analytical 评价

表 5-14　S10-32-45CH 井侧钻水平井动储量评价表

评价阶段	评价模型	评价图版	动态储量(10^4m^3)	平均(10^4m^3)
侧钻前	直井压裂	Blasingame	1285	1270
		AG	1286	
		NPI	1260	
		Transient	1250	
侧钻后	水平井压裂	Blasingame	4251	4300
		Analytical	8166	

2)S53-76-51CH 井

多方法评价表明，侧钻前后动储量发生明显变化。侧钻前，老井直井压力平均动储量为 $1321\times10^4m^3$，侧钻后动储量为 $7812\times10^4m^3$，增产约 $6500\times10^4m^3$(表 5-15，图 5-53—图 5-58)。

表 5-15　S53-76-51CH 井侧钻水平井动储量评价表

评价阶段	评价模型	评价图版	动态储量(10^4m^3)	平均(10^4m^3)
侧钻前	直井压裂	Blasingame	1322	1321
		AG	1324	
		NPI	1315	
		Transient	1324	
侧钻后	水平井压裂	Blasingame	7457	7812
		Analytical	8166	

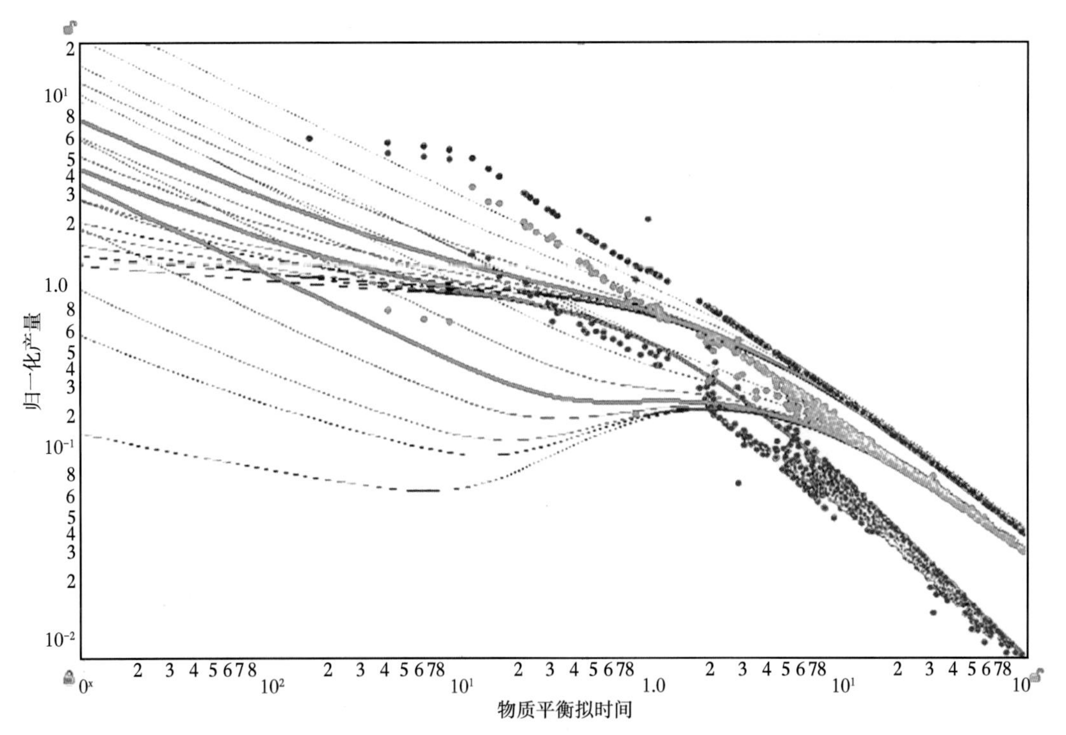

图 5-53　S53-76-51CH 井侧钻前 Blasingame 评价

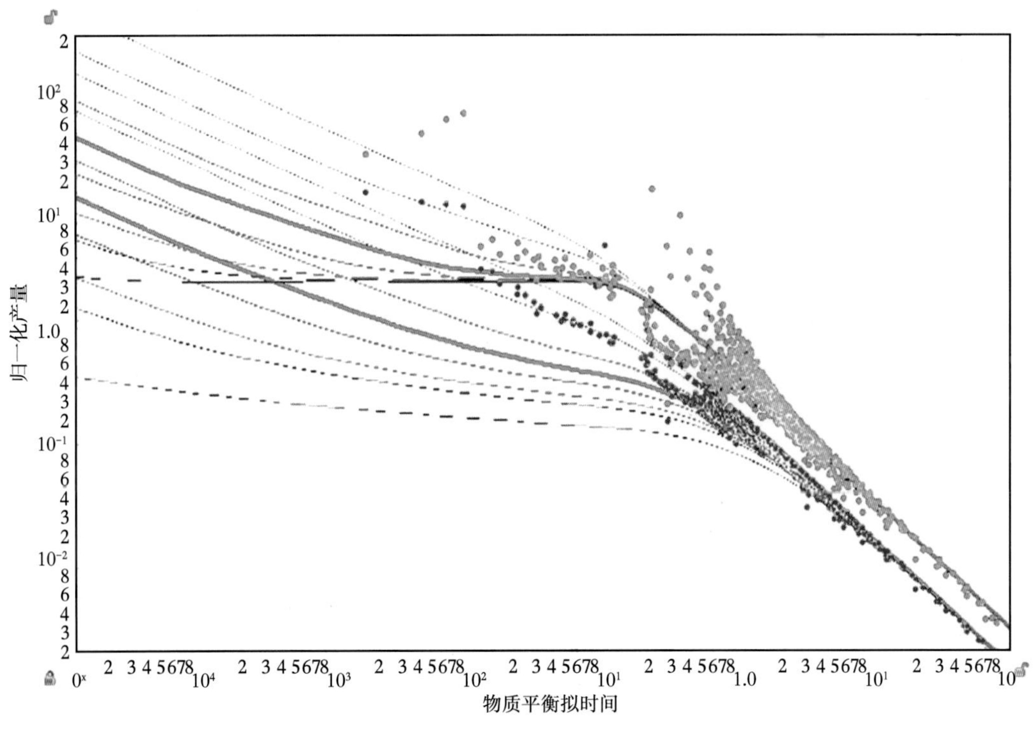

图 5-54　S53-76-51CH 井侧钻前 AG 评价

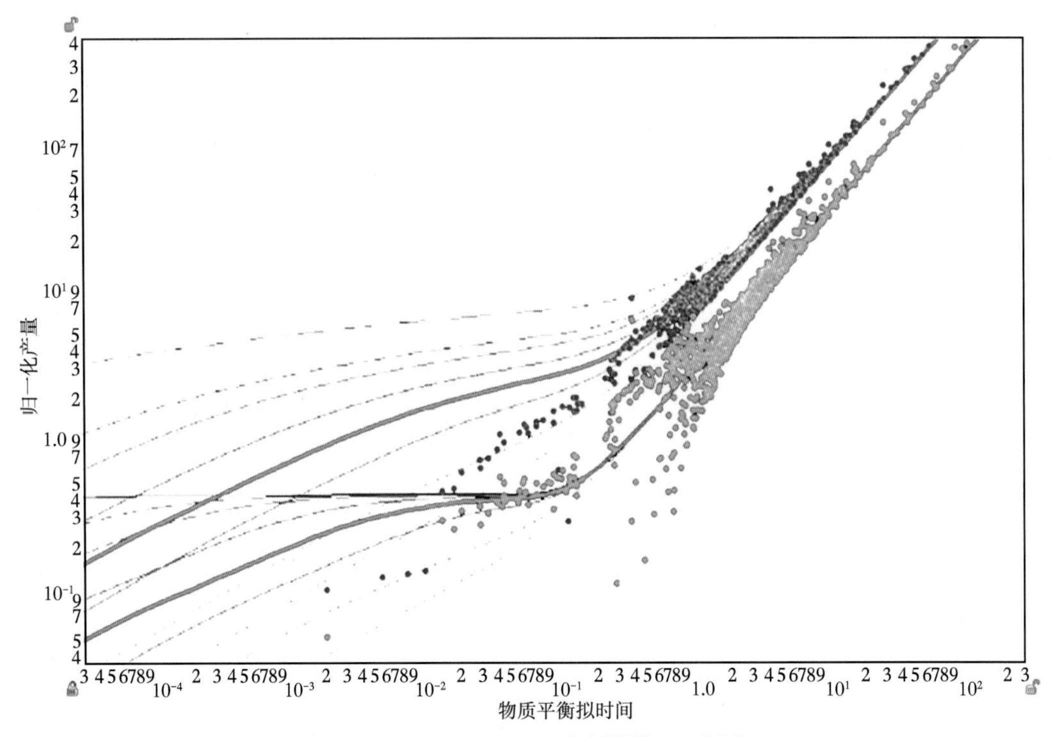

图 5-55　S53-76-51CH 井侧钻前 NPI 评价

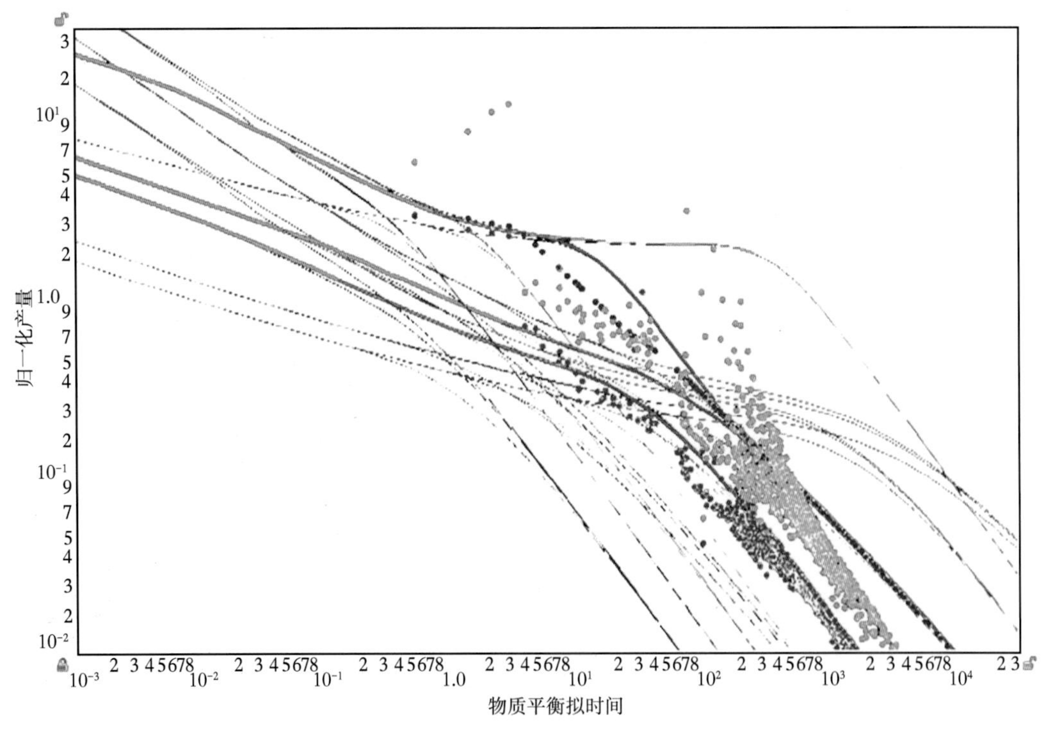

图 5-56　S53-76-51CH 井侧钻前 Transient 评价

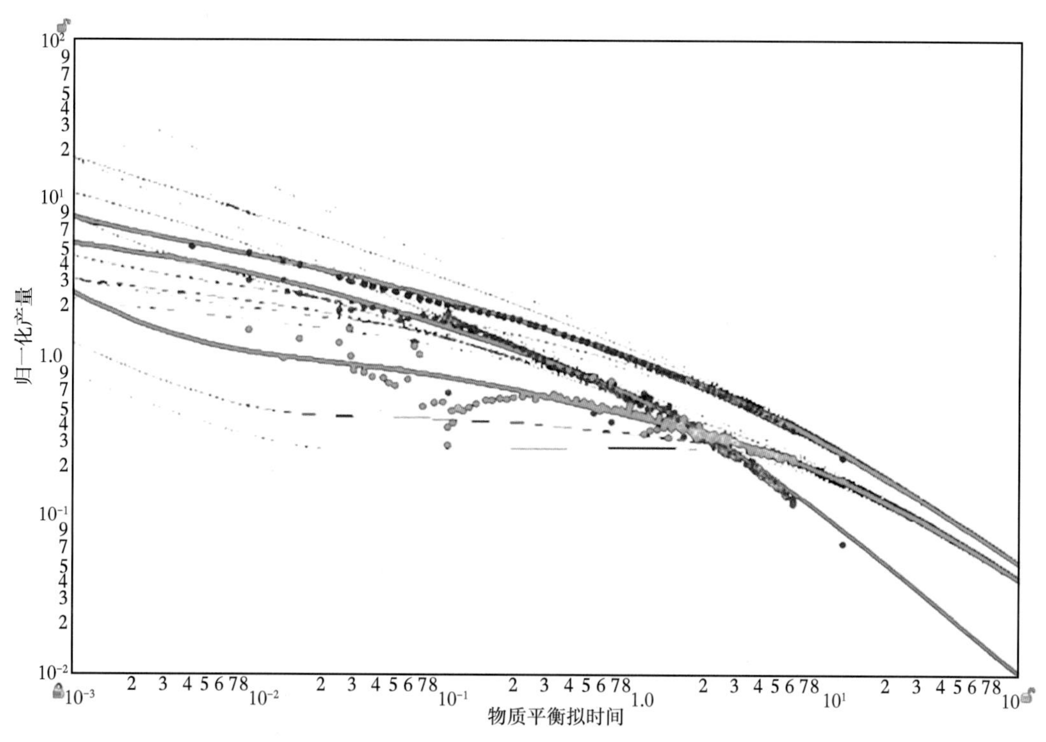

图 5-57　S53-76-51CH 井侧钻后 Blasingame 评价

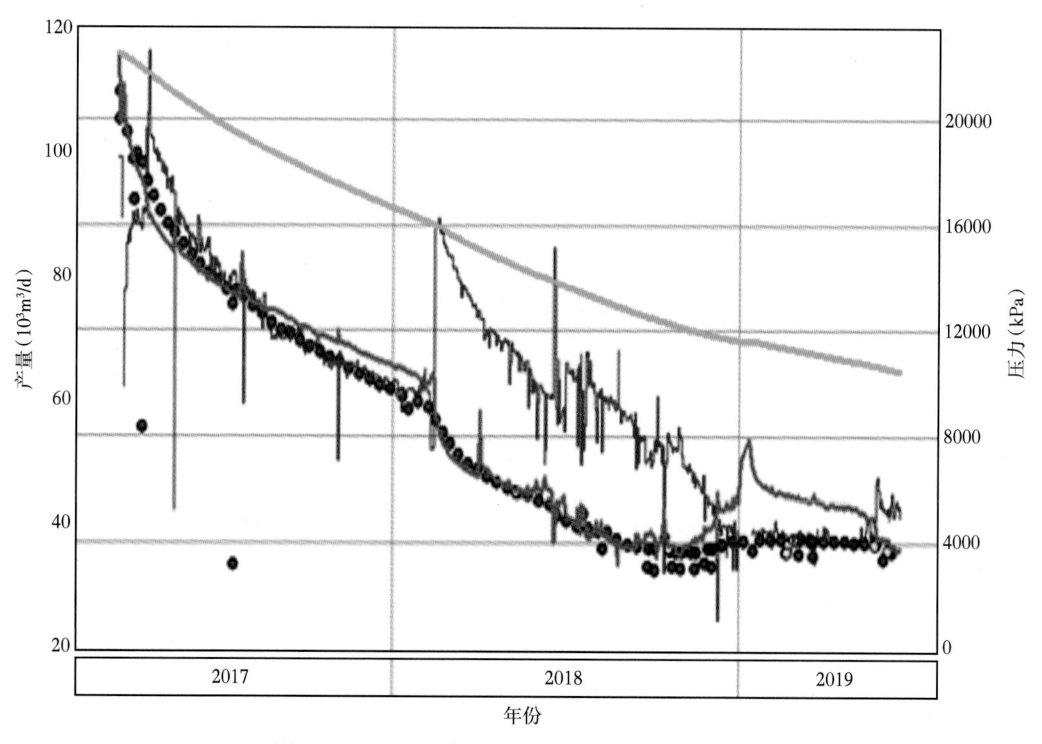

图 5-58　S53-76-51CH 井侧钻后 Analytical 评价

27 口投产侧钻水平井，侧钻后评价预测最终累计产量分布范围在（1586~8186）$\times10^4m^3$，较侧钻前预测最终累计产气量平均提高 2883$\times10^4m^3$（图 5-59）。

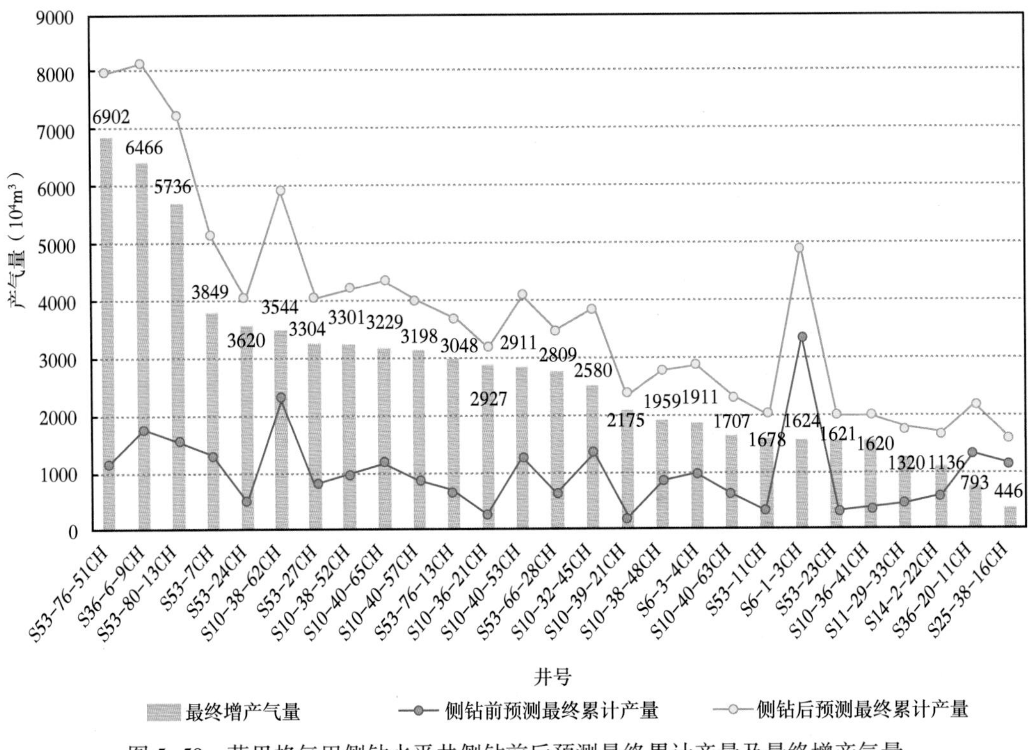

图 5-59　苏里格气田侧钻水平井侧钻前后预测最终累计产量及最终增产气量

3. 侧钻井分类评价

根据侧钻后气井套压表现，以 20MPa 为界限，将侧钻井分为两类：老储层改造型、新储层钻遇型，占比分别为 69.2%、30.8%。结合两种情况开展侧钻井侧向钻遇精细解剖，分析对开发效果影响（表 5-16）。

表 5-16　苏里格气田侧钻水平井钻遇储层类型划分

侧钻储层类型	侧钻前套压（MPa）	侧钻后套压（MPa）	井名	井数（口）	占比（%）
新储层钻遇型（未泄压）	2.11~12.94，平均 6.3	>20，平均 22.6	S10-38-52CH、S10-40-57CH、S11-29-33CH、S14-2-22CH、S6-6-9CH、S53-76-51CH、S53-80-13CH、S6-3-4CH	8	30.8
老储层改造型（泄压）		<20，平均 15.6	S10-32-45CH、S10-36-21CH、S10-36-41CH、S10-38-48CH、S10-38-62CH、S10-39-21CH、S10-40-53CH、S10-40-63CH、S10-40-65CH、S36-20-11CH、S53-11CH、S53-23CH、S53-24CH、S53-27CH、S53-66-28CH、S53-76-13CH、S53-7CH、S6-1-3CH	18	69.2

1）新储层钻遇型（未泄压）

未泄压型原始地层压力保存好，有效储层钻遇率较高，改造后增产气量一般较大（图5-60—图5-62，表5-17—表5-19）。若有效储层钻遇情况差，即使压力保存好，增产效果一般也不理想（图5-63，表5-20）。

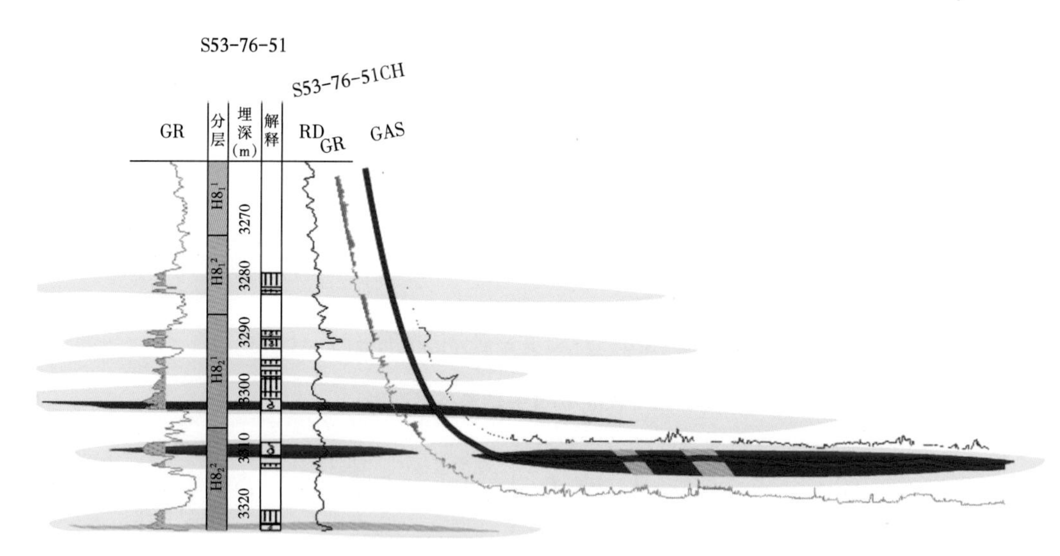

图5-60　S53-76-51井钻遇储层精细解剖

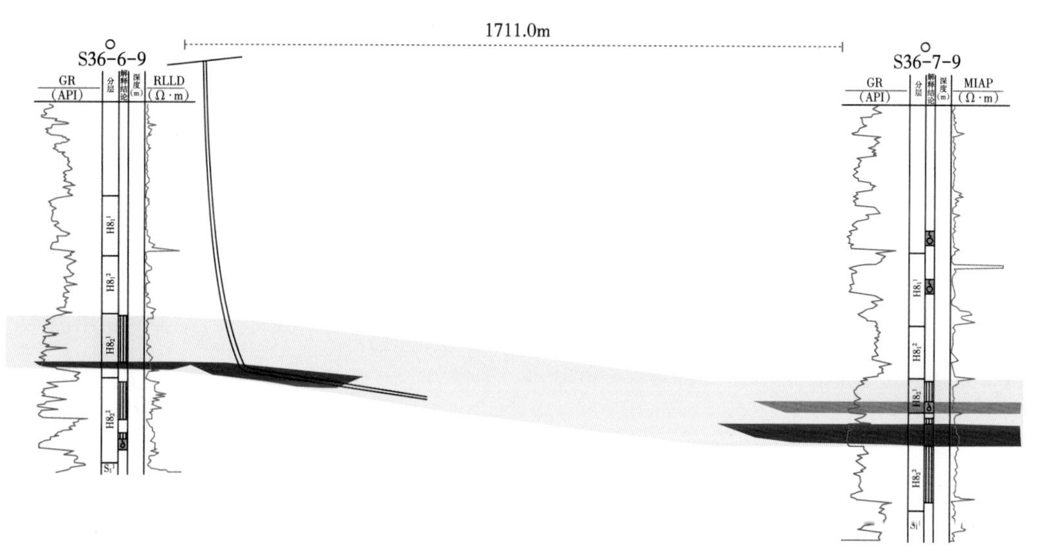

图5-61　S36-6-9井钻遇储层精细解剖

表5-17　S53-76-51井动静态参数表

井号	水平段长度（m）	有效储层长度（m）	有效储层钻遇率（%）	钻前套压（MPa）	钻后套压（MPa）	钻后预测最终累计产量（10^4m^3）	增产气量（10^4m^3）
S53-76-51CH	800	581	72.6	4.71	21	8024	6901

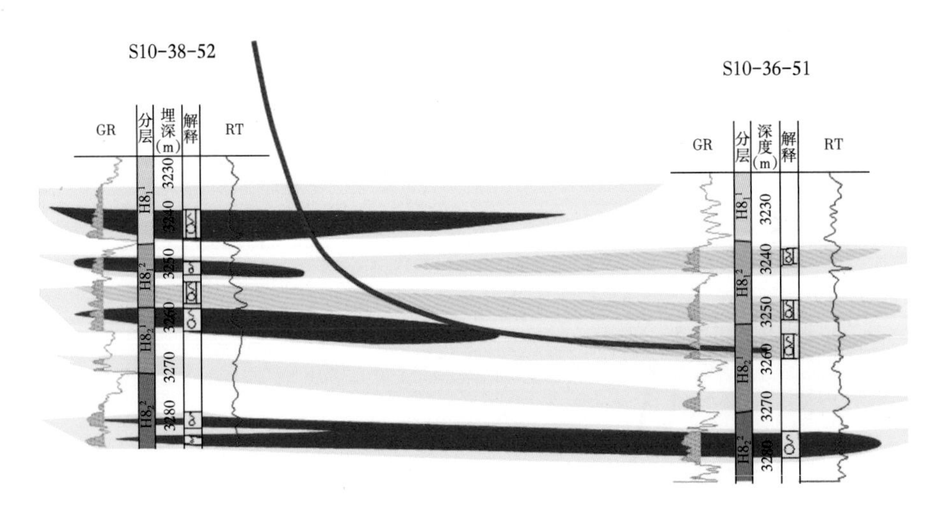

图 5-62　S10-38-52 井钻遇储层精细解剖

表 5-18　S36-6-9 井动静态参数表

井号	水平段长度(m)	有效储层长度(m)	有效储层钻遇率(%)	钻前套压(MPa)	钻后套压(MPa)	钻后预测最终累计产量(10^4m^3)	增产气量(10^4m^3)
S36-6-9CH	641	321	50.1	12.94	21	8186	6466

表 5-19　S10-38-52 井动静态参数表

井号	水平段长度(m)	有效储层长度(m)	有效储层钻遇率(%)	钻前套压(MPa)	钻后套压(MPa)	钻后预测最终累计产量(10^4m^3)	增产气量(10^4m^3)
S10-38-52CH	561	386	68.8	6.18	20	4236	3301

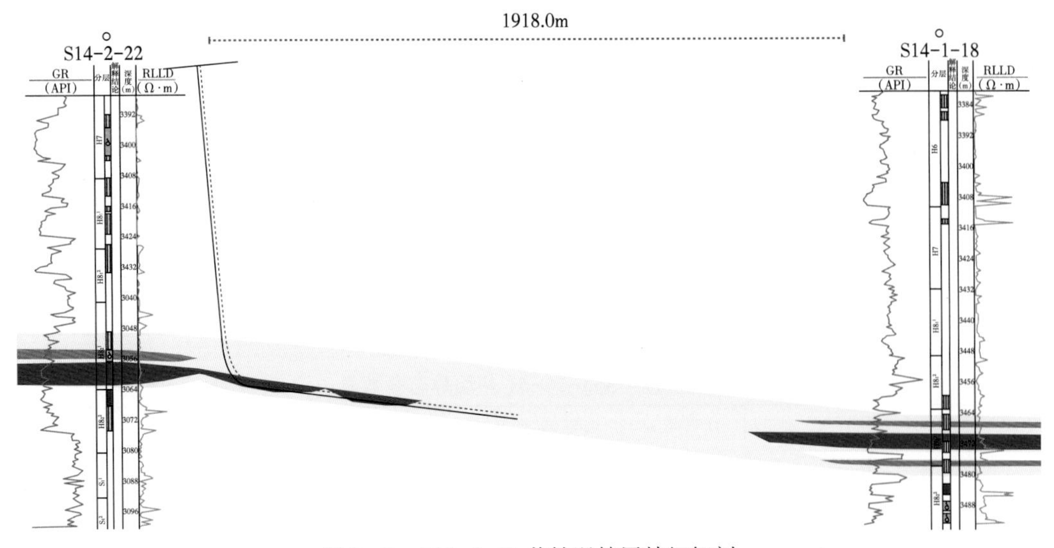

图 5-63　S14-2-22 井钻遇储层精细解剖

表 5-20　S14-2-22 井动静态参数表

井号	水平段长度(m)	有效储层长度(m)	有效储层钻遇率(%)	钻前套压(MPa)	钻后套压(MPa)	钻后预测最终累计产量(10^4m^3)	增产气量(10^4m^3)
S14-2-22CH	700	304	43.4	8.3	25.3	1659	1136

2)老储层改造型(泄压)

原始地层压力保存不好，改造后增产气量低(图 5-64 与图 5-65，表 5-21 与表 5-22)。

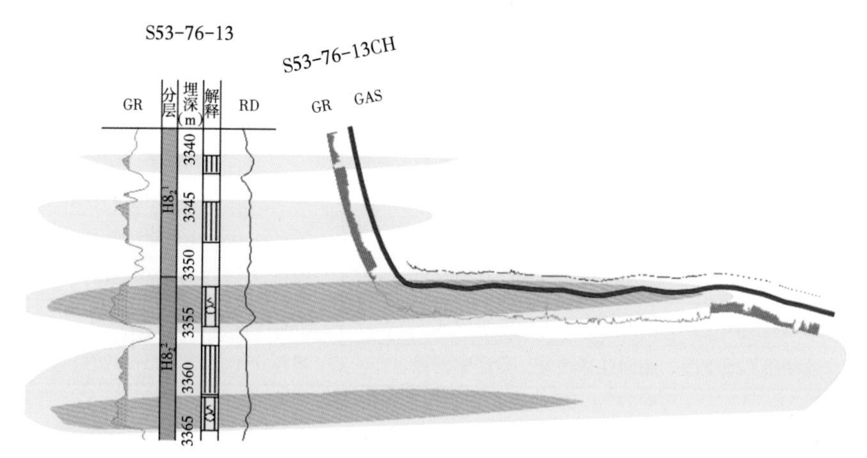

图 5-64　S53-76-13 井钻遇储层精细解剖

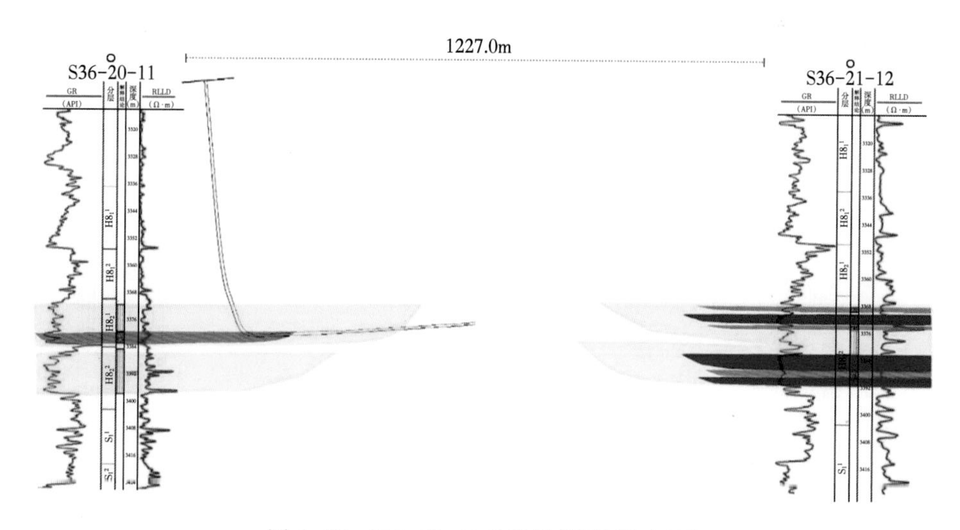

图 5-65　S36-20-11 井钻遇储层精细解剖

表 5-21　S53-76-13 井动静态参数表

井号	水平段长度(m)	有效储层长度(m)	有效储层钻遇率(%)	钻前套压(MPa)	钻后套压(MPa)	钻后预测最终累计产量(10^4m^3)	增产气量(10^4m^3)
S53-76-13CH	558	363	65.1	5.78	14.5	3699	3048

表 5-22　S36-20-11 井动静态参数表

井号	水平段长度（m）	有效储层长度（m）	有效储层钻遇率（%）	钻前套压（MPa）	钻后套压（MPa）	钻后预测最终累计产量（10^4m^3）	增产气量（10^4m^3）
S36-20-11CH	600	105	17.5	10.2	12.5	2111	793

综合侧钻井钻遇有效储层品质、厚度及延展规模特征、泄压状况、评价预测最终累计产量及最终增产气量，将侧钻井划分为三种类型（表 5-23）。

表 5-23　苏里格气田侧钻井分类

侧钻井类型	静、动态特征		典型井	增产气量（10^4m^3）
	有效砂体特征	泄压情况		
Ⅰ（好）	钻遇新有效储层品质好，厚度及侧向延伸规模大，有效储层钻遇率高	未泄压	S36-6-9CH S53-76-51CH	>4000
Ⅱ（中）	侧钻有效砂体品质中等，侧向延伸范围较大	未泄压	S10-38-52CH	2000~4000
	有效储层品质中等，隔夹层发育，侧向延伸规模较大	泄压	S53-76-13CH	
Ⅲ（差）	有效储层品质中等、侧向不发育，钻遇率较低	未泄压	S14-2-22CH	<2000
	有效储层品质变差、侧向连通性好，钻遇率较低	泄压	S36-20-11CH	

例如，S36-6-9CH 井，盒八段下亚段 1 小层砂体厚度 11.2m，有效砂厚 7.9m，储层连续性好，分布稳定，构造幅度约 2m/km，为侧钻提供了有利条件（图 5-66）。

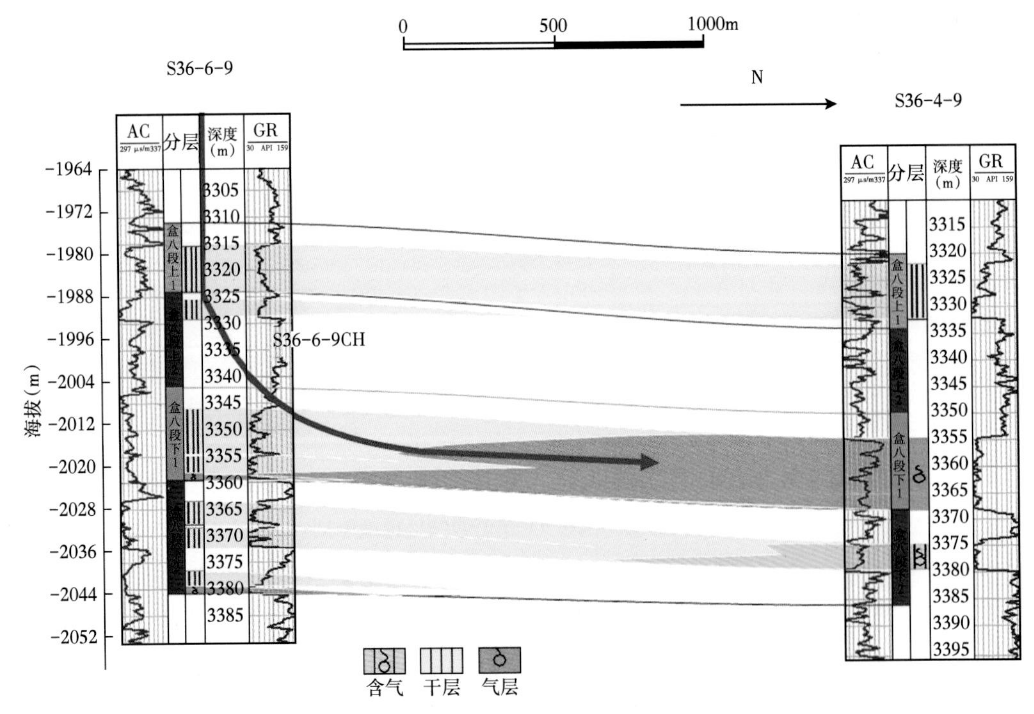

图 5-66　S36-6-9CH 井气藏剖面图

生产动态方面，2012 年 11 月完钻，水平段 641m，有效砂体 321m，裸眼封隔器 5 段压裂，无阻流量 $34\times10^4m^3/d$；初期日均产量 $4.0\times10^4m^3$，为原直井 10 倍，2020 年，日均产量 $1.5\times10^4m^3$，累计产量 $6067\times10^4m^3$；预测最终累计产量 $8186\times10^4m^3$，较老井增产 $6466\times10^4m^3$（图 5-67 与图 5-68）。

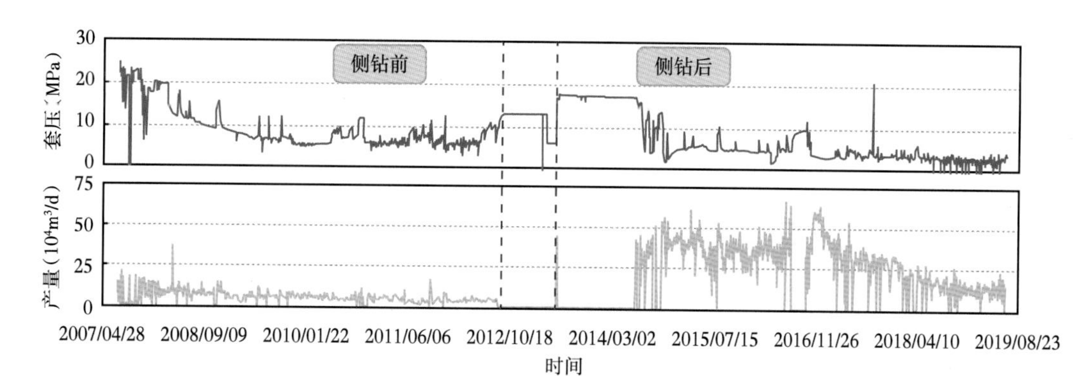

图 5-67　S36-6-9CH 井综合采气曲线

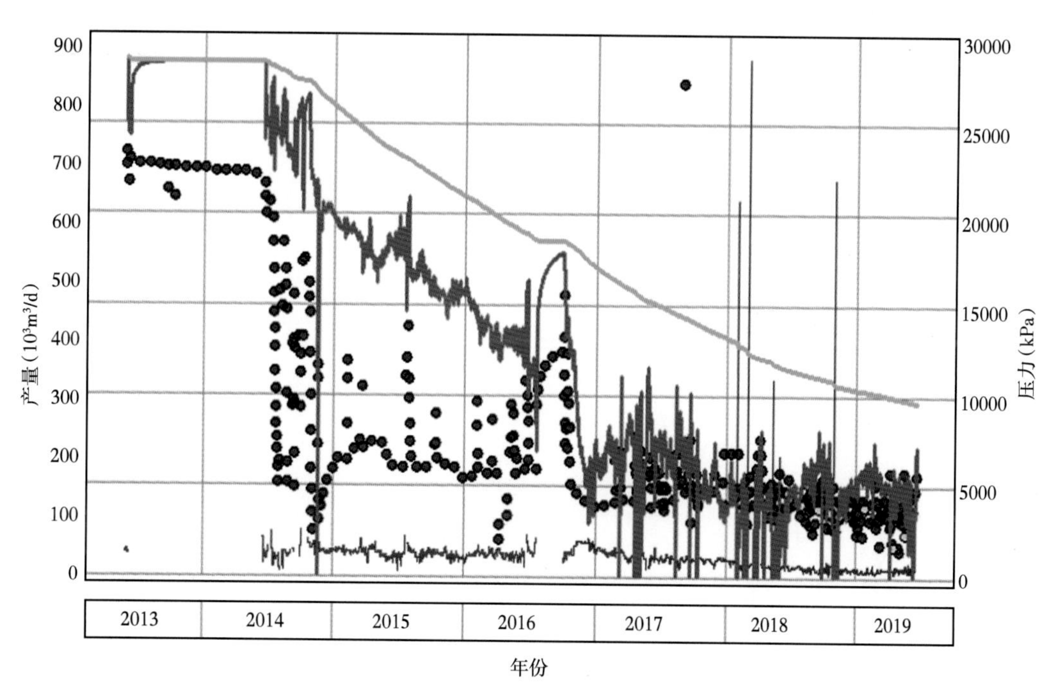

图 5-68　S36-6-9CH 井侧钻后动储量评价

例如，S10-32-45CH 井，2012 年 4 月侧钻，目的层段盒八段下亚段 2 小层，水平段 700m，压裂 8 段，钻遇砂岩 630m，有效储层 276m；钻前日产气量 $0.4\times10^4m^3$，累计产气量 $886\times10^4m^3$；钻后初期日产气量 $2.2\times10^4m^3$，2020 年，日产气量 $0.48\times10^4m^3$，累计产气量 $3373\times10^4m^3$；预测最终累计产量 $3870\times10^4m^3$，最终增产 $2580\times10^4m^3$（图 5-69—图 5-71）。

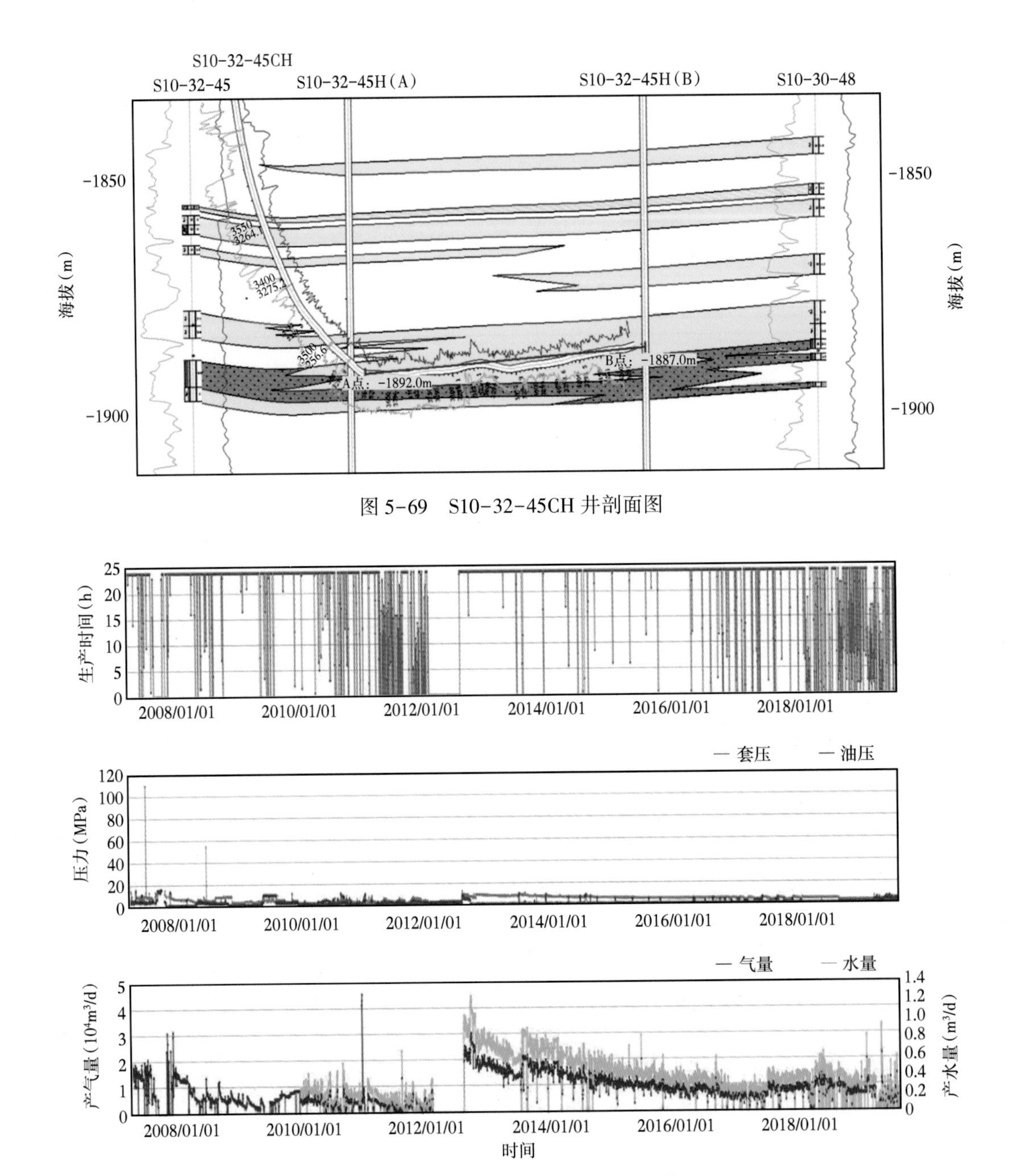

图 5-69　S10-32-45CH 井剖面图

图 5-70　S10-32-45CH 井生产运行曲线

例如，S25-38-16CH 井，2011 年 12 月侧钻，目的层段盒八段上亚段 2 小层，水平段 463m，压裂 4 段，钻遇有效储层 175m，水平段入窗点气层厚度仅 3.7m；改造前日产气量 $0.3\times10^4m^3$，累计产气量 $876\times10^4m^3$；改造后初期日产气量 $1.0\times10^4m^3$，截至 2020 年，日产气量 $0.1\times10^4m^3$，累计产气量 $1388\times10^4m^3$；预测最终累计产量 $1586\times10^4m^3$，较老井最终增产 $446\times10^4m^3$（图 5-72—图 5-75）。

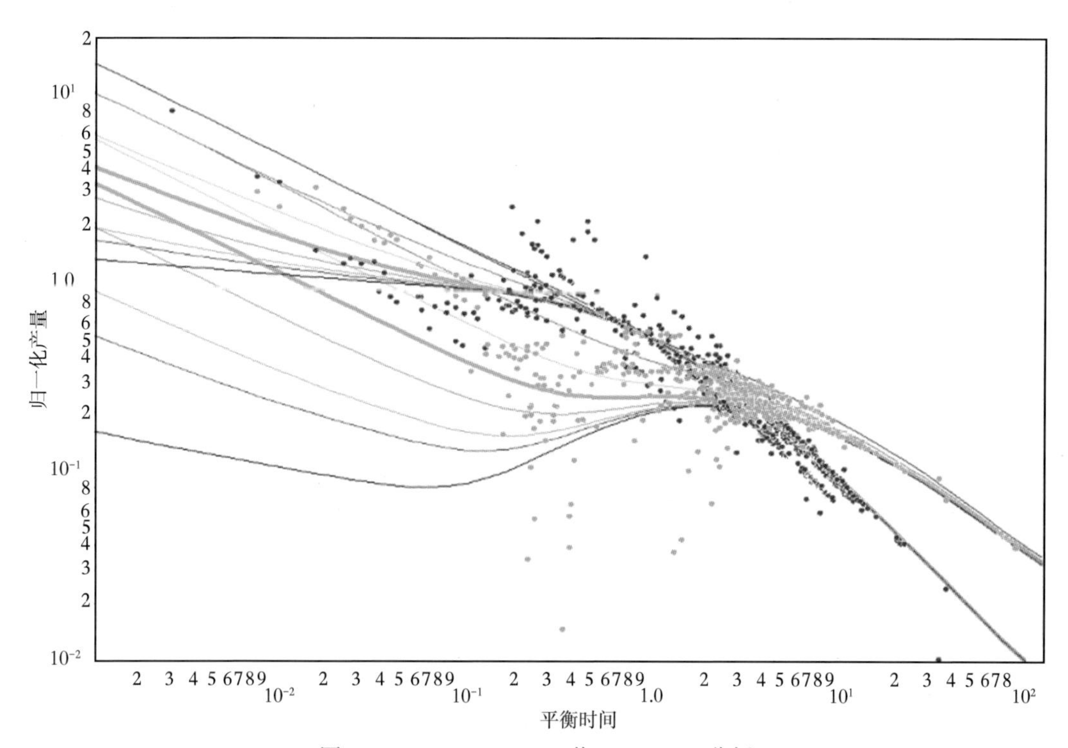

图 5-71　S10-32-45CH 井 Blasingame 分析

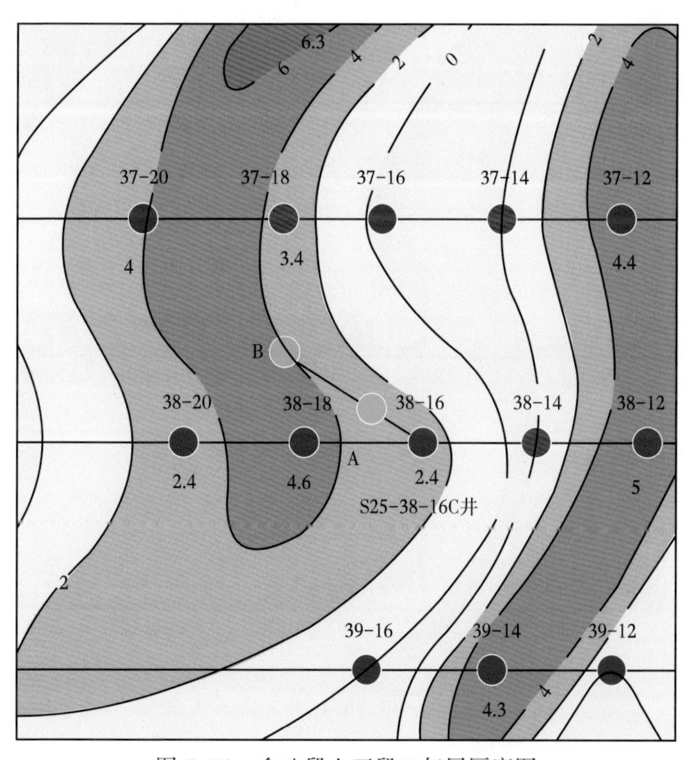

图 5-72　盒八段上亚段 2 气层厚度图

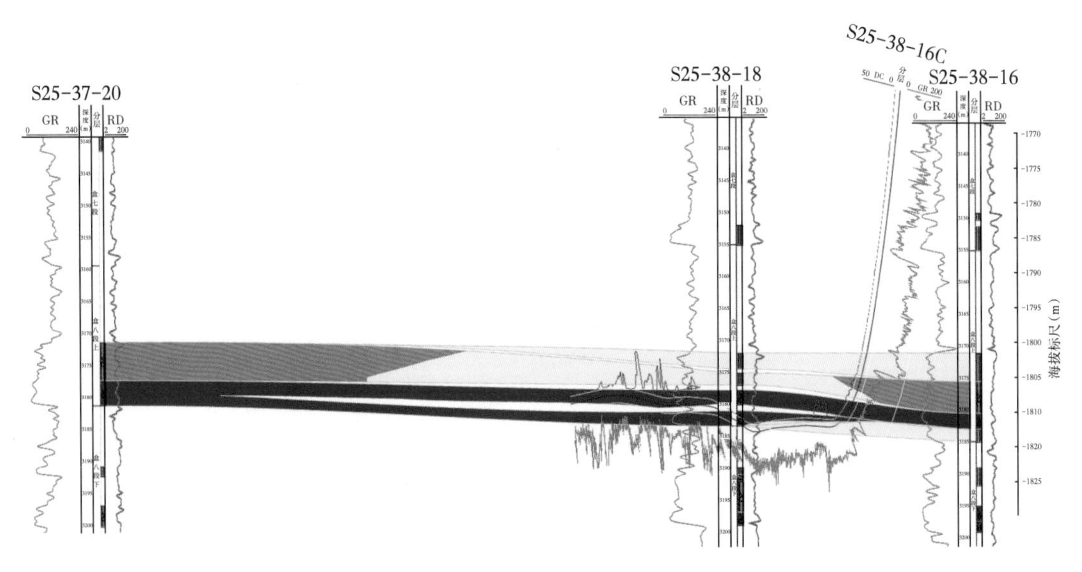

图 5-73　S25-38-16CH 井剖面图

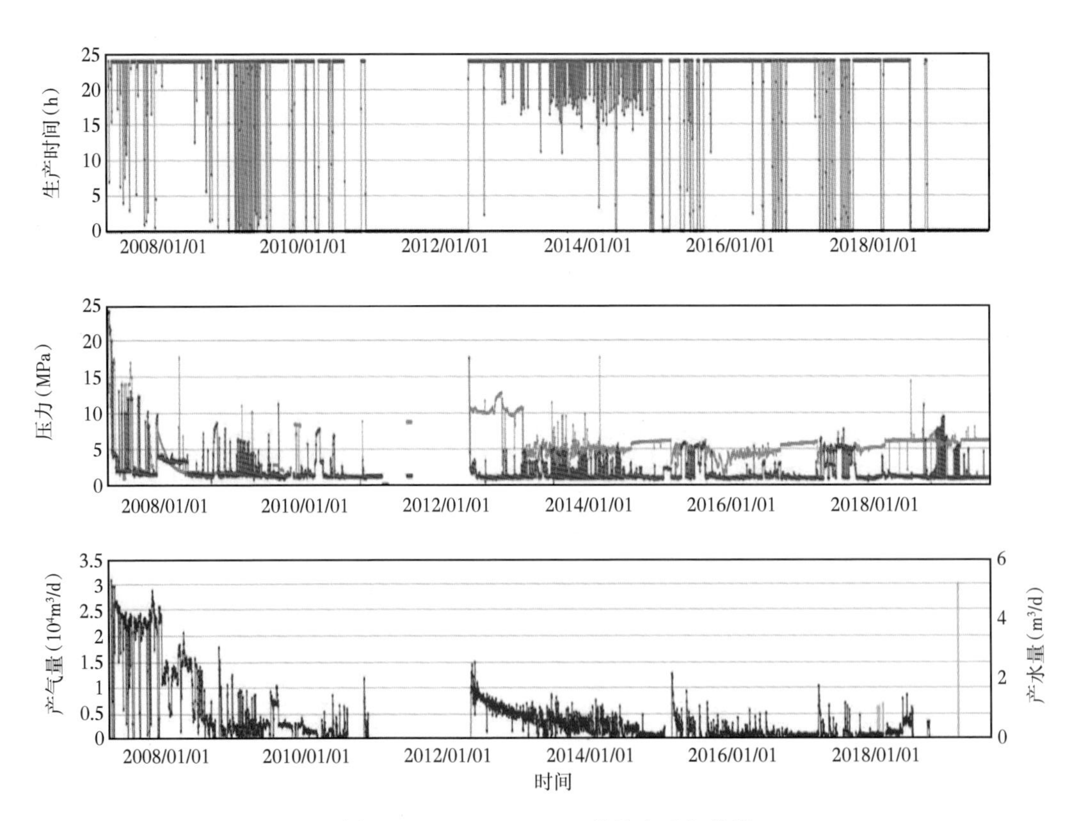

图 5-74　S25-38-16CH 井综合采气曲线

4. 侧钻井地质目标优选方法及流程

老井侧钻是气田开发盘活报废井、挖潜剩余气、提高采收率重要手段。侧钻井可充分利用老井井场和地面管网、减少垂直井段费用，降低综合成本。侧钻水平井面临着技术难点(图 5-75)，针对这一问题，提出了“五步法”开展侧钻水平井优选(图 5-76)。

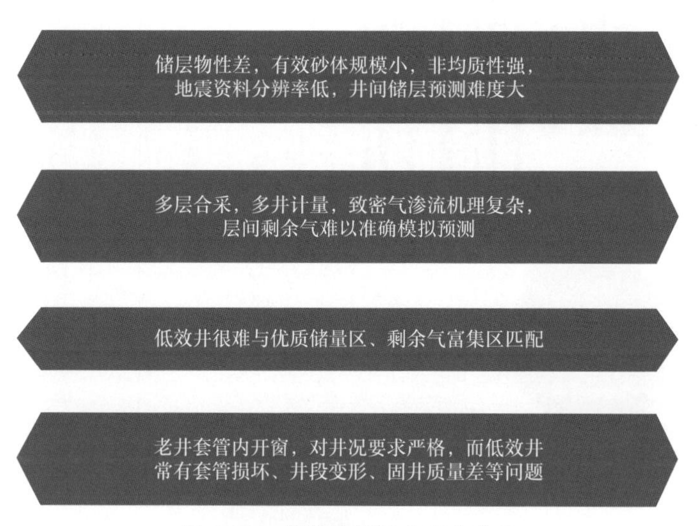

图 5-75 苏里格侧钻水平井难点

5. 侧钻井地质目标优选评价标准

兼顾水平井优选标准、低产低效井产能情况、老井工程质量要求等方面，提出了侧钻井地质目标评价标准，形成了侧钻井优选技术流程。按照地质条件好、剩余气富集、单井日产量低、侧钻目标区优选(表 5-24，图 5-77)。

表 5-24 侧钻井地质目标评价标准

目标区	沉积相带	辫状河体系叠置带
	构造幅度	平缓，坡降小于 10m/1000m
	砂体厚度	>10m
	有效储层	厚度大于 6m，且主力层突出
	隔夹层厚度	<2m
	储层展布	横向稳定，可对比性强
	地震资料	质量可靠，含气性检测良好
老井	日产气	$<0.5\times10^4m^3$
	与邻井距离	1.5~2km（靶前距 400m，水平段 400~700m）
	工程因素	气层以上 500m 范围内固井质量良好
		开窗段以上无射孔或严重套管损坏、变形井段

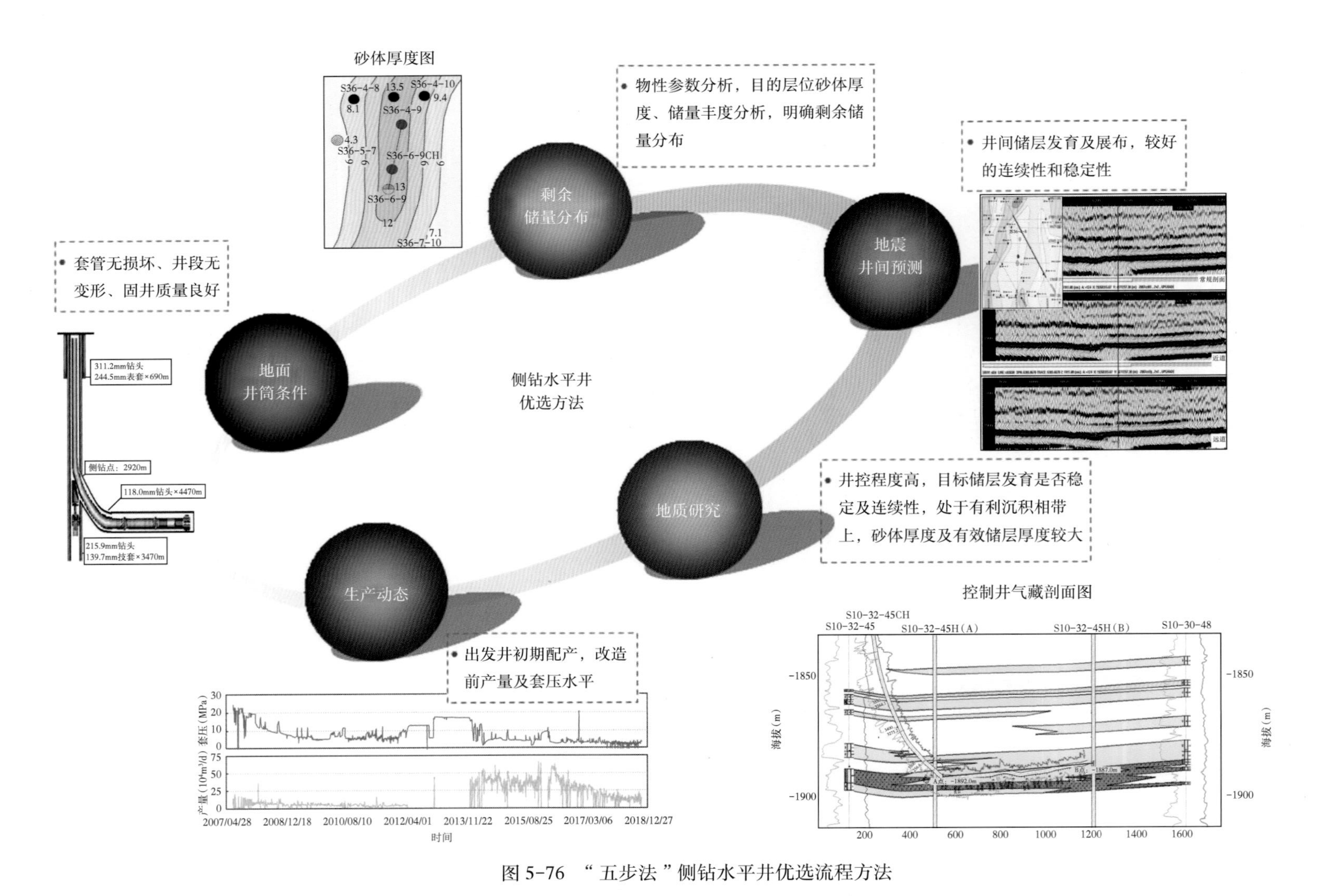

图 5-76 “五步法”侧钻水平井优选流程方法

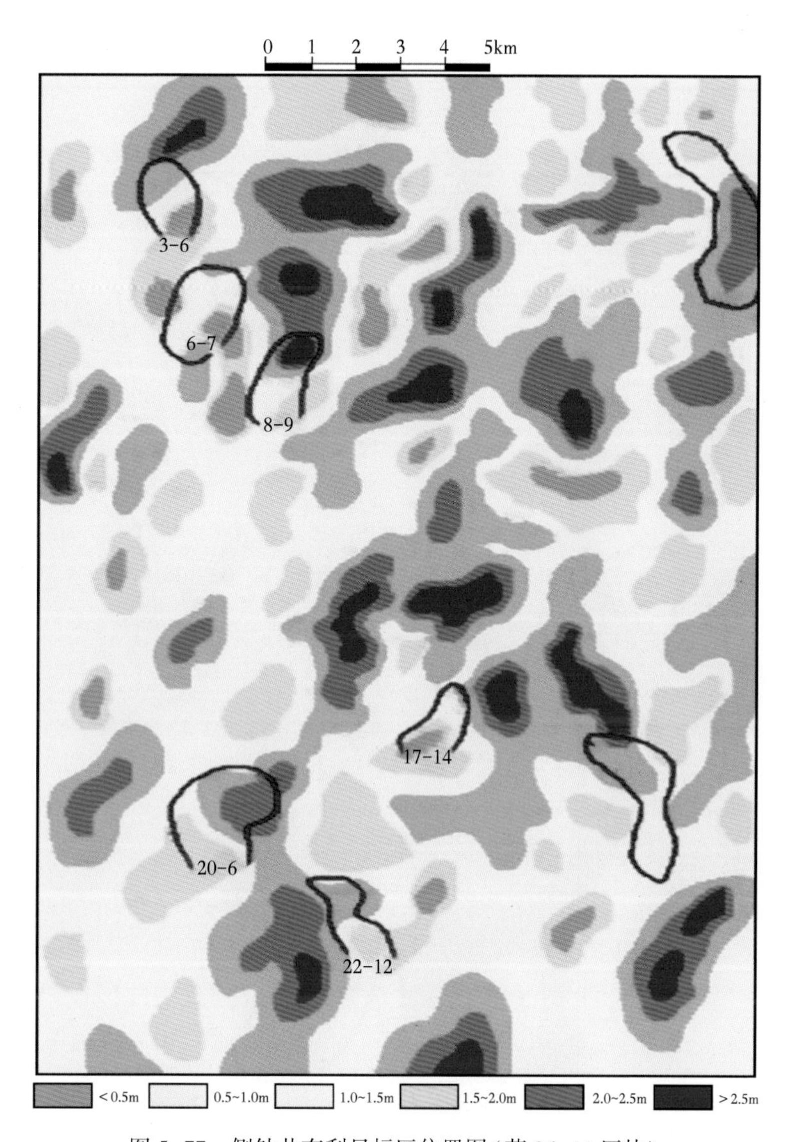

图5-77　侧钻井有利目标区位置图（苏36-11区块）

根据侧钻井地质目标评价标准及设计流程，综合储层条件、剩余储量分布情况、低产低效井位置，在苏36-11、苏6、苏14区块优选了17个侧钻井有利地质目标区（图5-78、图5 79，表5 25），有效储层钻遇率56%，无阻流量$31.4\times10^4m^3/d$。

表5-25　苏里格气田侧钻井地质目标优选

优选井位（17口）	实际采纳（9口）	有效储层钻遇率（%）	无阻流量（$10^4m^3/d$）
S36-17-14、S36-22-12、S36-20-6、S36-3-6、S36-6-7、S36-8-9、S39-14-1、S38-16-2、S38-16-1、S6-6-5、S6-6-6、S6-6-8、S6-7-9、S14-13-35、S14-4-09、S14-19-37、S14-18-38	S36-20-6、S36-3-6、S36-6-7、S6-6-5、S6-6-8、S6-7-9、S14-4-09、S14-19-37、S14-18-38	56	31.4

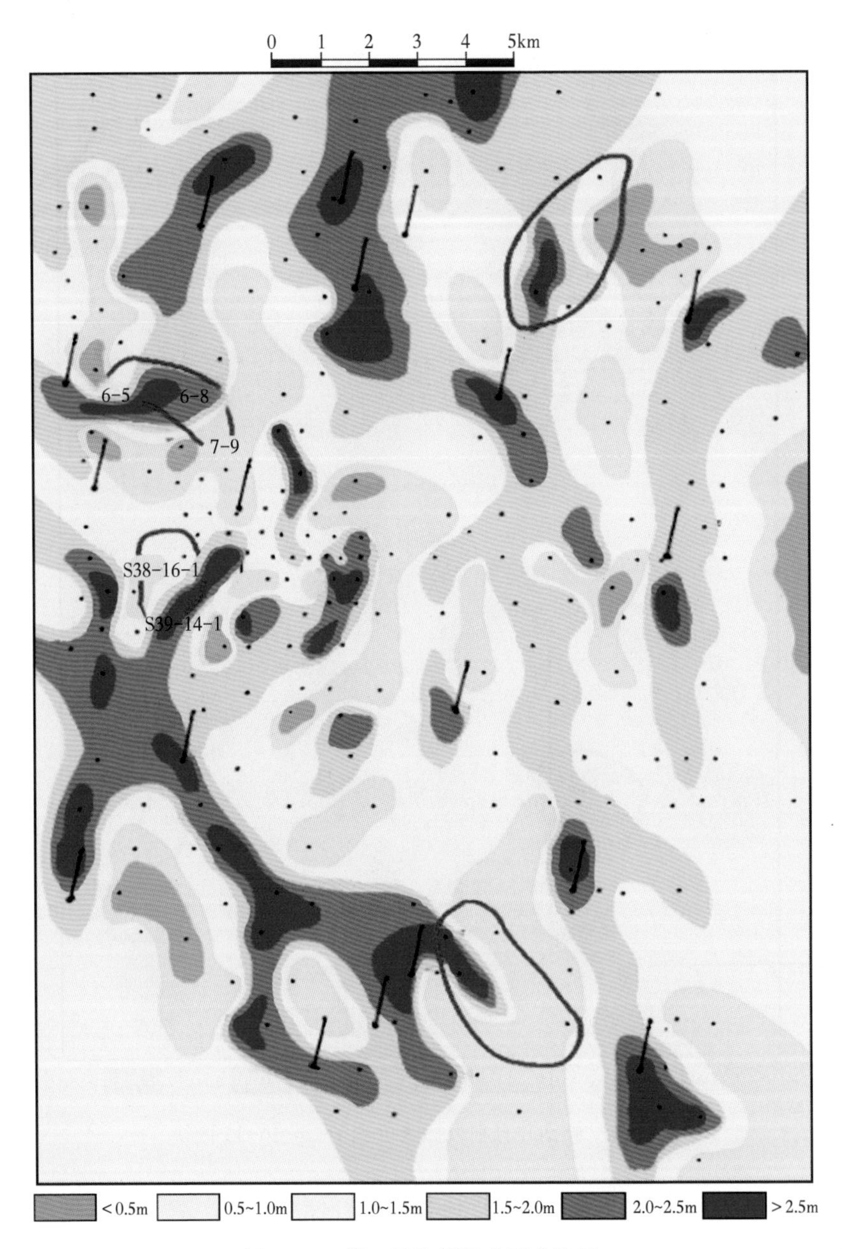

图 5-78　苏 6 区块侧钻水平井选区

6. 新侧钻水平井开发及效果分析

2019 年自营区完钻 22 口，平均水平段 686m，有效储层钻遇率 55.4%。实施效果：ϕ118mm 裸眼封隔器平均分压 4.9 段，完试 15 口，试气无阻流量 $27.11\times10^4m^3/d$，投产 13 口，初期日均产气 $3.4\times10^4m^3$（图 5-80、图 5-81）。

应用富气指数预测 2019 年新测钻水平井最终增产气量，平均单井预计可增产 $2237\times10^4m^3$（表 5-26）。

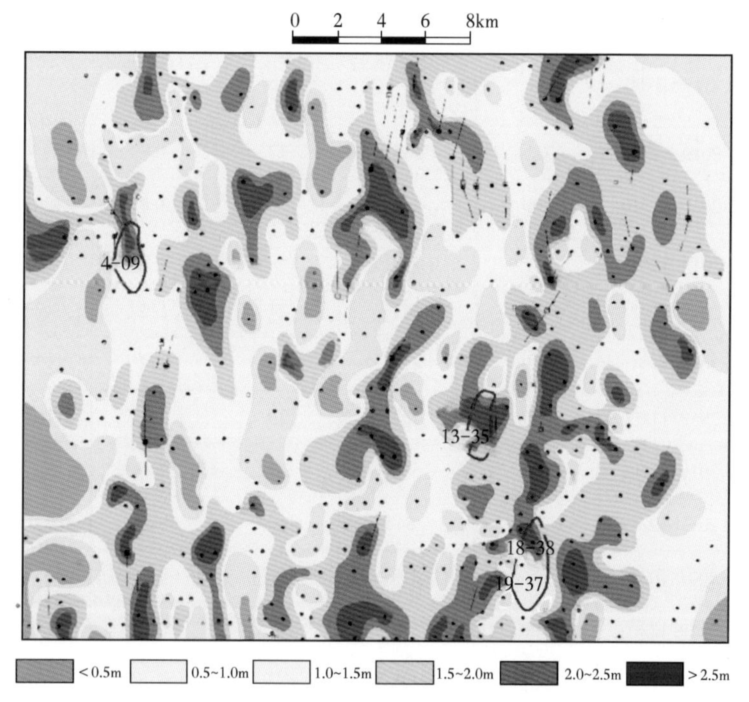

图 5-79　苏 14 区块侧钻水平井选区

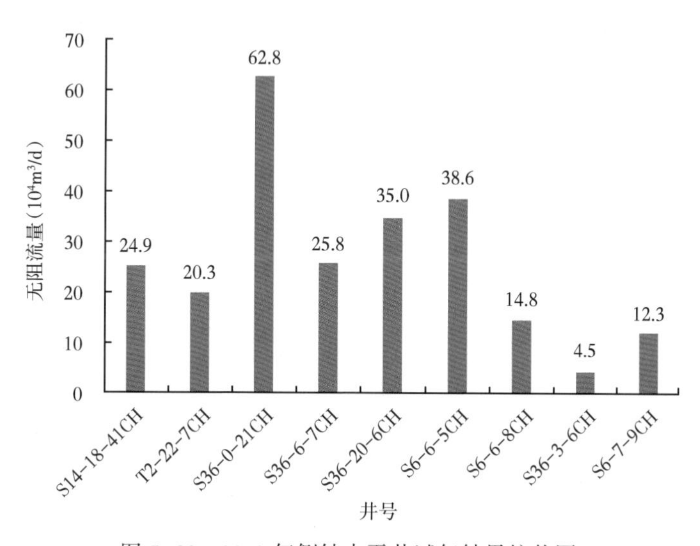

图 5-80　2019 年侧钻水平井试气结果柱状图

表 5-26　2019 年新侧钻井增产气量预测

井名	投产日期	水平段长度（m）	有效储层长度（m）	套压（MPa）	日产气量（10^4m^3）	富气指数（m^3）	预测增产气量（10^4m^3）
S6-6-5CH	2019/12/02	648	579	19.5	3.1	137649	3591
S6-6-8CH	2019/12/05	466	170	12.6	2.9	16772	1234
S6-7-9CH	2019/12/03	600	344	12.3	2.4	20683	1310

续表

井名	投产日期	水平段长度（m）	有效储层长度（m）	套压（MPa）	日产气量（10^4m^3）	富气指数（m^3）	预测增产气量（10^4m^3）
S6-9-23CH	2019/12/08	726	555	17	4.8	164943	4123
S6-17-2CH	2019/12/10	800	244	11.7	3.8	41165	1709
S14-4-09CH	2019/12/24	547	443	22.8	1.4	50152	1884
S36-0-21CH	2019/11/13	600	367	21	1.3	25585	1405
S36-6-7CH	2019/11/15	639	414	22	3.2	129459	3431
S36-20-6CH	2019/11/06	739	232	19	5.1	110729	3066
S36-25-10CH	2019/12/09	600	393	19.3	2.5	50336	1888
SD13-38CH	2012/09/19	782	84	15.4	2	7312	1049
SD28-54CH	2007/10/11	726	495	18.7	4.2	135605	3551
SD35-32CH	2019/12/07	700	534	15.5	2.2	53393	1948
T2-22-7CH	2019/12/24	681	128	23	1.3	11417	1129

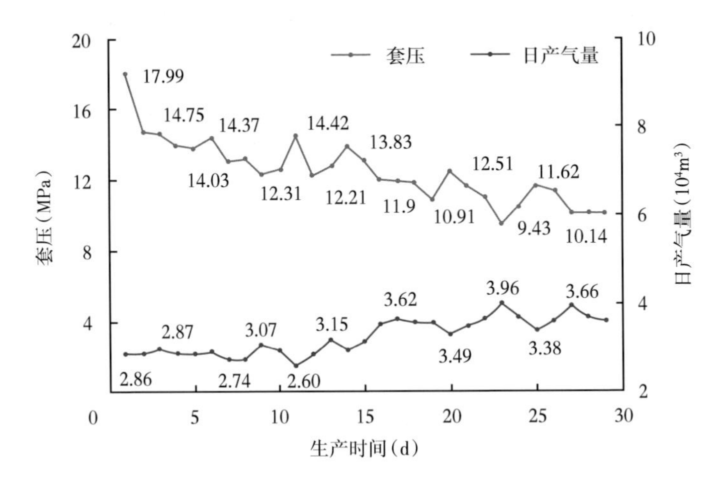

图 5-81　2019 年侧钻水平井生产效果

三、侧钻井部署及开发效果分析

1. 经济极限产量确定

1）丛式直井经济极限产量

丛式直井经济极限产量的确定采用如下参数：固定成本 800 万元，银行贷款 45%，利率 6%，操作成本 120 万元，折旧 10 年，并综合考虑销售税金、城市建设、教育附加、资源税等，天然气商品率 92%，动态计算不同气价下的经济产量。1.15 元/m^3 气价下，内部收益率 IRR，0、6%、8%、12%对应的累计产量分别为 $1075\times10^4m^3$、$1293\times10^4m^3$、$1364\times10^4m^3$、$1504\times10^4m^3$（表 5-27，图 5-82）。

表 5-27　动态法计算丛式直井经济累计产量

气价（元/10^3m^3）	经济累计产量（10^4m^3）			
	内部收益率 0	内部收益率 6%	内部收益率 8%	内部收益率 12%
1000	1278	1536	1621	1786
1050	1203	1446	1525	1681
1100	1135	1365	1440	1587
1150	1075	1293	1364	1504
1200	1021	1228	1295	1428
1250	972	1169	1234	1360
1300	928	1116	1178	1298
1350	887	1067	1126	1242
1400	850	1022	1079	1190
1450	816	983	1036	1142
1500	785	944	996	1098

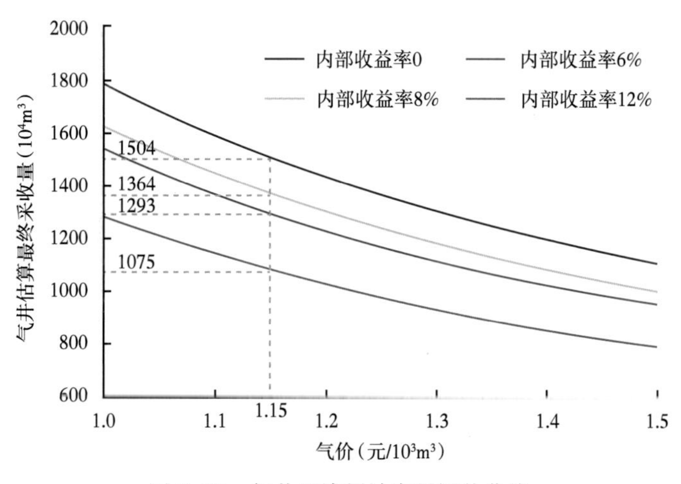

图 5-82　气井经济累计产量评价曲线

2）侧钻水平井经济极限产量

试验阶段侧钻井与水平井相比，单井节省成本约 430 万元；后期通过提速攻关及关键工具自主研发，侧钻水平井费用有望达到新钻水平井的 1/2（表 5-28、表 5-29）。

表 5-28 常规水平井钻完井费用表

项　　目	费用（万元）	备　　注
井场费用	35	项目组提供
进尺费用	808	直斜井段 1709 元/m×3594m+3013 元/m×640m
固井费用	65	固井 125 元/m×3595m+分级箍 80000 元+水平段下套管附件 120000 元
录井费用	31	直斜井段 74 元/m×4236m
测井费用	35	直斜井段 76 元/m×3595m+固井质量检测 23 元/m×3595m
套管费用	182	参考苏里格气田费用
地面管线等费用	100	项目组提供大致费用
裸眼分段完井工具(国产)	40	根据参考价格，10 万元/段
压裂试气	404	按照 2018 年 5 段分压价格体系
甲供材料费	35	按产建规定领用套管、油管，据实核销结算
其他费用	65	管理、外协、监督等费
合计	1800	

表 5-29 老井侧钻水平井钻完井费用表

引进试验阶段			自主阶段
项　　目	费用(万元)	备　　注	价格(万元)
钻前工程 修井费用	200	按照前期试验测算	125
侧钻进尺费用	314	1709 元/m×707m+3013 元/m×640m	314
侧钻工具费用	50	厂家报价不同，暂定 50 万元	10
录井费用	9		9
裸眼分段完井工具(进口)	300	前期进口工具价格约 300 万元	40
压裂试气	404	按照 2018 年 5 段分压价格体系	404
甲供材料费	35	按产建规定领用套管、油管，据实核销结算	35
其他费用	60	管理、外协、监督等费	60
侧钻井合计	1372		997

按照侧钻井总成本 1372 万元/997 万元(引进试验阶段/自主阶段)，银行贷款 45%，利率 6%，操作成本 120 万元，折旧 10 年，并综合考虑销售税金、城市建设、教育附加、资源税等，天然气商品率 92%，动态计算不同气价下的经济产量。

1.15 元/m^3 气价下，1372 万元成本下 0、6%的内部收益率 IRR 对应的累计产量分别为 $1876\times10^4m^3$、$2280\times10^4m^3$，997 万元成本下 0、6%的内部收益率对应的累计产量分别为 $1364\times10^4m^3$、$1656\times10^4m^3$(表 5-30，图 5-83)。

表 5-30　动态法计算侧钻井经济累计产量

气价（元/10^3m^3）	成本 1372 万元成本对应经济累计产量（10^4m^3）		成本 997 万元成本对应经济累计产量（10^4m^3）	
	内部收益率 0	内部收益率 6%	内部收益率 0	内部收益率 6%
1000	2232	2710	1622	1969
1050	2099	2549	1525	1853
1100	1981	2407	1440	1749
1150	1876	2280	1364	1656
1200	1782	2165	1295	1574
1250	1696	2062	1233	1498
1300	1618	1967	1176	1430
1350	1547	1882	1124	1368
1400	1482	1803	1077	1310
1450	1422	1731	1034	1257
1500	1367	1664	994	1209

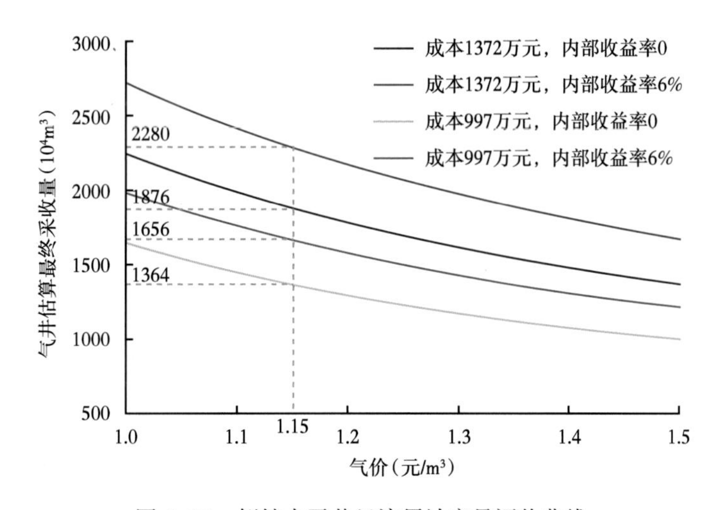

图 5-83　侧钻水平井经济累计产量评价曲线

3）已投产侧钻水平井经济效益评价

已投产侧钻水平井经济效益较好，1372 万元成本下平均内部收益率为 14.5%，997 万元成本下平均内部收益率为 37.3%（表 5-31）。

表 5-31　已投产侧钻水平井经济效益评价

井名/参数	投产时间	最终增产气量（10^4m^3）	内部收益率（%）（1372 万元）	内部收益率（%）（997 万元）
S53-76-51CH	2017/3/15	6901	270.9	>1000
S36-6-9CH	2013/5/29	6466	196.7	>1000
S53-80-13CH	2017/10/19	5736	122.6	770.7
S53-7CH	2018/11/28	3849	37.4	93.8

续表

井名/参数	投产时间	最终增产气量 (10^4m^3)	内部收益率 (%)(1372万元)	内部收益率 (%)(997万元)
S53-24CH	2017/3/20	3620	31.6	77.5
S10-38-62CH	2018/10/22	3544	29.8	72.8
S53-27CH	2017/4/5	3304	24.4	59.4
S10-38-52CH	2018/10/2	3301	24.4	59.3
S10-40-65CH	2019/1/11	3229	22.9	55.6
S10-40-57CH	2018/11/5	3198	22.3	54.2
S53-76-13CH	2017/4/25	3048	19.2	47.7
S10-36-21CH	2015/5/26	2927	16.9	42.4
S10-40-53CH	2018/10/22	2911	16.6	41.8
S53-66-28CH	2017/11/8	2809	14.8	37.9
S10-32-45CH	2012/8/28	2580	10.8	30
S10-39-21CH	2015/12/6	2175	4.4	18.2
S10-38-48CH	2018/12/12	1959	1.2	12.8
S6-3-4CH	2019/1/25	1911	0.5	11.7
S10-40-63CH	2019/1/9	1707	-2.4	7.1
S53-11CH	2017/11/22	1678	-2.8	6.4
S6-1-3CH	2018/4/3	1624	-3.5	5.3
S53-23CH	2016/12/4	1621	-3.6	5.2
S10-36-41CH	2018/10/22	1620	-3.6	5.2
S11-29-33CH	2017/9/26	1320	-7.8	-0.87
S14-2-22CH	2017/11/1	1136	-10.5	-4.4
S36-20-11CH	2017/11/1	793	-15.6	-11.1
S25-38-16CH	2012/9/4	446	-21.8	-18.6
平均		2793	14.5	37.3

2. 侧钻井与直井生产动态对比分析

1)初期产量及递减率

直井首年平均日产气量 $1.3\times10^4m^3$，前三年平均日产气量 $1.04\times10^4m^3$，初期递减率20%~23%，中后期逐步降低到13%左右，平均18.4%。侧钻水平井首年平均日产气量 $3.1\times10^4m^3$，初期递减率34%(图5-84)。

2)动态储量及控制范围

直丛井动态储量平均 $3034\times10^4m^3$，泄流面积主要为0.15~0.3km^2，均值0.26km^2，小于0.3km^2气井超过80%；侧钻水平井动态储量平均 $3641\times10^4m^3$，泄流面积0.35~0.87km^2，平均0.52km^2(图5-85)。

3. 侧钻精细井组地质模型建立

采用多期约束，分级相控，多步建模”方法，建立精细地质模型。多期约束：分多期在模型中加入约束条件，降低资料多解性。分级相控：积微相模型同时受到沉积体系模型

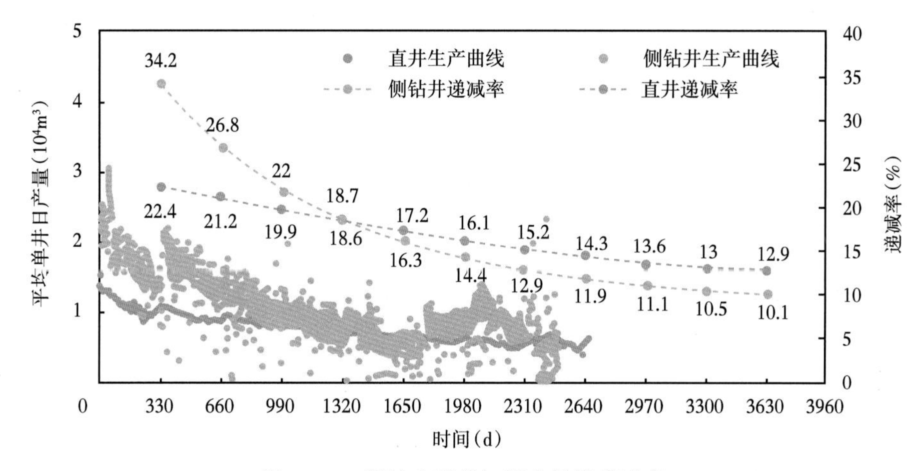

图 5-84　侧钻水平井初期产量及递减率

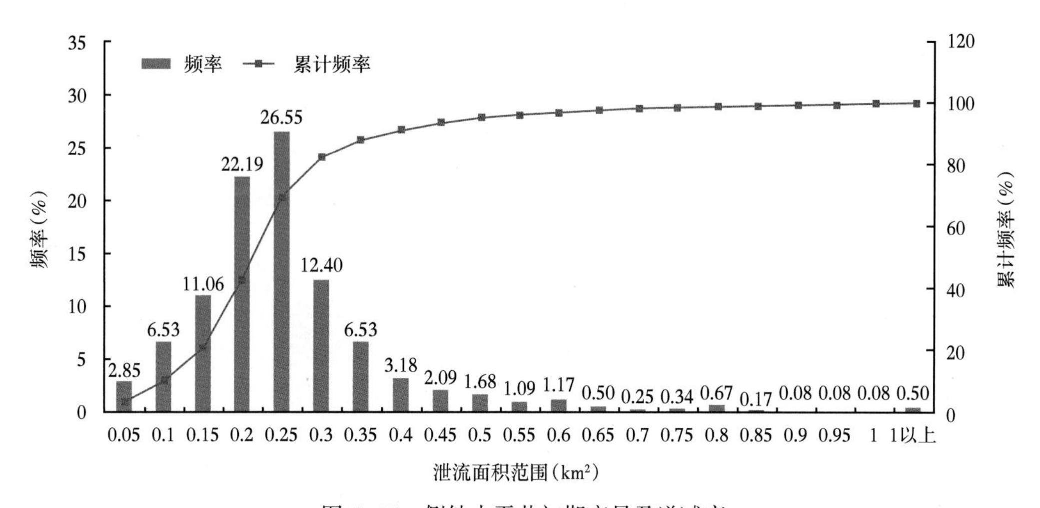

图 5-85　侧钻水平井初期产量及递减率

和岩相模型的控制；多步建模：建立岩相—沉积相—属性—有效砂体模型。利用“多点地质统计学”，综合象元和目标模拟，精细刻画辫状河砂体特征(图 5-86)。在岩相模型基础上结合离散型和连续性建模建立有效砂体模型，三维空间展现“砂包砂”二元结构，真实反映苏里格气田储层地质特点(图 5-87)。

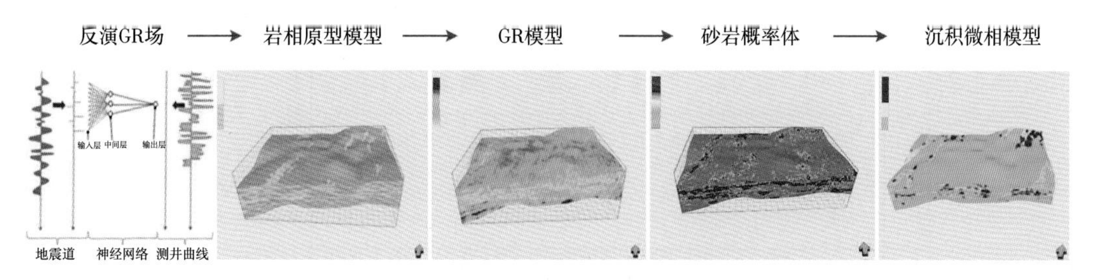

图 5-86　多点地质统计学建立岩相模型

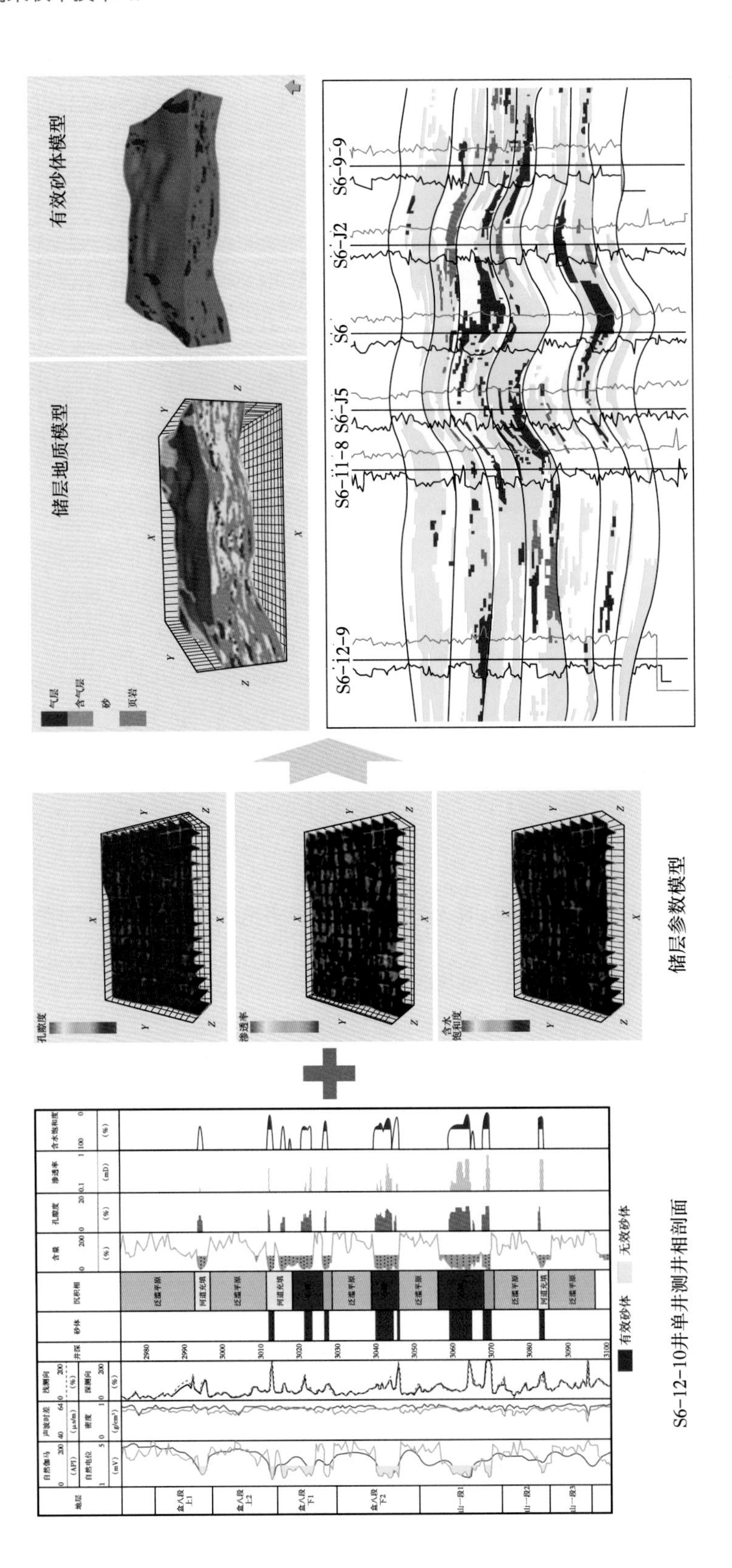

图 5－87　离散型及连续型建模

基于储层特征认识，结合压力监测、干扰试验、动态分析等成果，调整“阻流带”完成气井生产历史拟合，优化地质模型。模型一次拟合率64%，动态调整后历史拟合率达到了92.7%。抽稀井网至800m×1200m和1200m×1800m，检验井储层符合率分别达到86%和73%。

4. 侧钻井组模拟效果分析

在苏里格气田苏6区块精细三维地质模型基础上，优选切割代表不同储层结构的典型井组模型，模拟预测直从井与侧钻水平井的开发效果(表5-32、图5-88)。

表5-32　不同储量结构典型井组模型数据信息

井组	储层结构	储量丰度($10^8m^3/km^2$)	井组生产状况
WG1	块状厚层集中发育	2.2	Ⅰ类：S38-16-5、S38-16、S6-J21。 Ⅱ类：S6-J20。 Ⅲ类：S6-J19、S6-J16
WG2	中厚层垂向叠加型	1.7	Ⅰ类：S6、S38-16-2。 Ⅱ类：S6-J1、S6-J2。 Ⅲ类：S6-J3
WG3	薄层分散叠加型	1.2	Ⅰ类：S38-16-3。 Ⅱ类：S38-16-4。 Ⅲ类：S6-J6、S6-J17、S6-J18、S6-J14

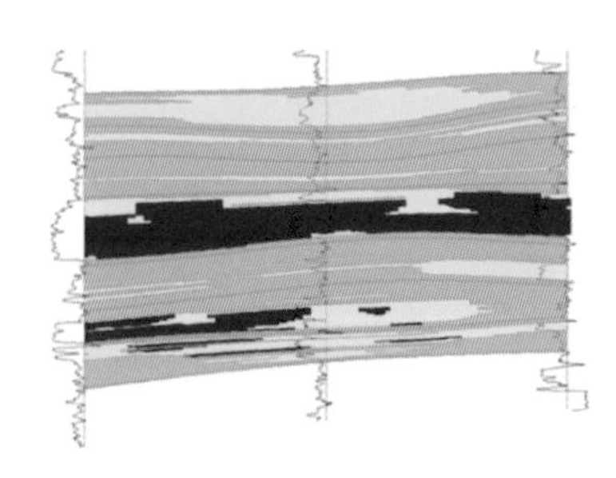

(a)块状厚层集中发育型　　(b)中厚层垂向叠加型

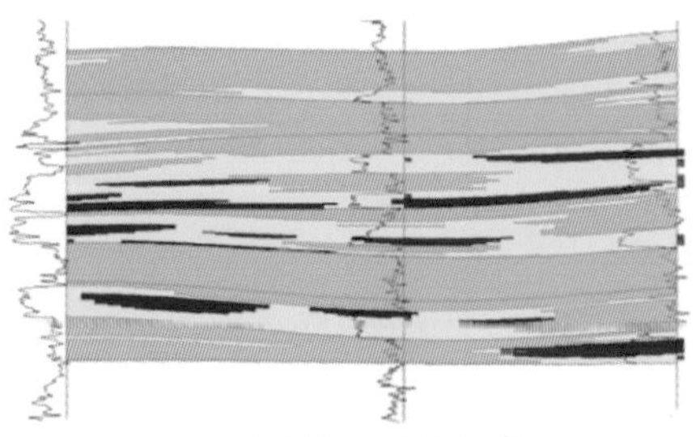

(c)薄层分散叠加型

图5-88　不同类型储层模型剖面

1)直井部署储量挖潜预测

加密部署方式为在600m×800m基础井网对角线中心加密部署一口直井(图5-89，表5-33)。

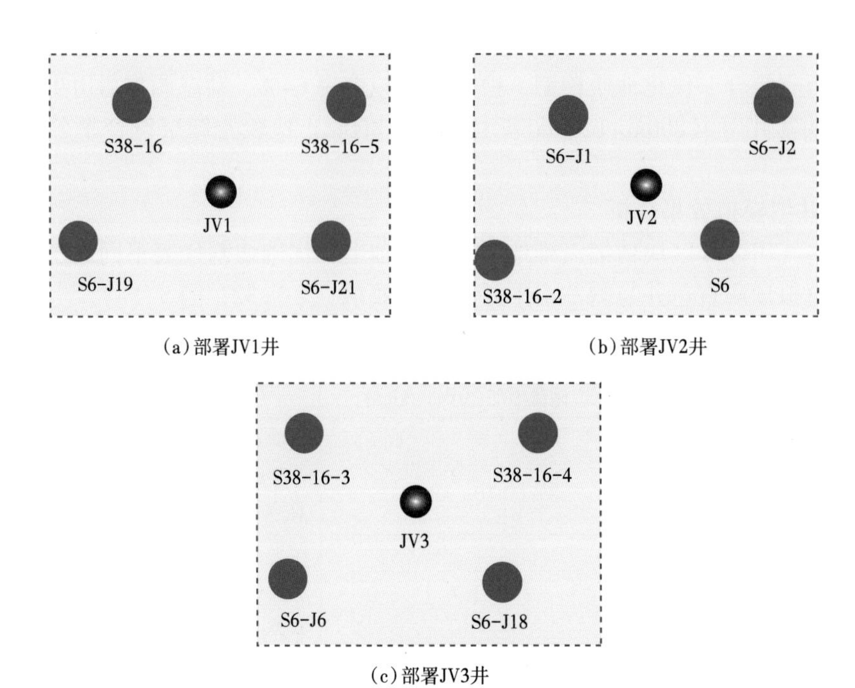

(a)部署JV1井

(b)部署JV2井

(c)部署JV3井

图 5-89　直井加密部署图

表 5-33　不同储量结构井组直井部署挖潜数值模拟预测

G1	裂缝半长（m）	JV1 井累计产气量（10^4m^3）	加密直井内部收益率（%）	单井累计产气量（10^4m^3）			
				S38-16-5	S38-16	S6-J19	S6-J21
	100	4359	263	7382	3701	831	2727
	50	4078	197	7356	3702	824	2731
G2	裂缝半长（m）	JV2 井累计产气量（10^4m^3）	加密直井内部收益率（%）	单井累计产气量（10^4m^3）			
				S38-16-2	S6	S6-J1	S6-J2
	100	2594	52.6	2924	3268	1944	1893
	50	2353	41.5	2890	3230	1933	1879
G3	裂缝半长（m）	JV3 井累计产气量（10^4m^3）	加密直井内部收益率（%）	单井累计产气量（10^4m^3）			
				S38-16-3	S38-16-4	S6-J6	S6-J18
	100	1335	7.2	3624	1668	1472	967
	50	1304	6.3	3570	1580	1392	954

2）侧钻水平井部署储量挖潜预测

加密部署方式为在 600m×800m 基础井网对角线中心加密部署一口侧钻水平井（图 5-90，表 5-34）。

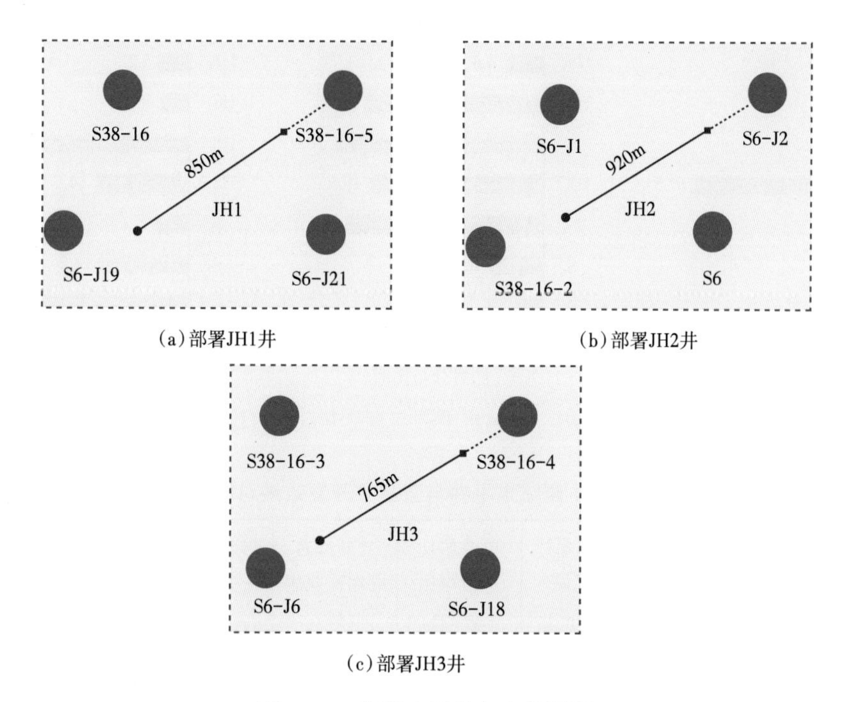

(a)部署JH1井　(b)部署JH2井　(c)部署JH3井

图 5-90　侧钻水平井加密部署图

表 5-34　不同储量结构井组侧钻水平井部署挖潜数值模拟预测

	裂缝半长(m)	JH1井累计产气量(10^4m^3)	侧钻井内部收益率(%)	单井累计产气量(10^4m^3)			
				S38-16-5	S38-16	S6-J19	S6-J21
G1	100	5061	81.4	7144	3689	827	2684
	50	4674	64.3	7152	3592	818	2607
	裂缝半长(m)	JH2井累计产气量(10^4m^3)	侧钻井内部收益率(%)	单井累计产气量(10^4m^3)			
				S38-16-2	S6	S6-J1	S6-J2
G2	100	1953	1.1	3087	3356	1982	1884
	50	1773	无效益	3032	3273	1964	1861
	裂缝半长(m)	JH3井累计产气量(10^4m^3)	侧钻井内部收益率(%)	单井累计产气量(10^4m^3)			
				S38-16-3	S38-16-4	S6-J6	S6-J18
G3	100	792	无效益	3705	1628	1426	1005
	50	761	无效益	3676	1537	1403	969

3）直丛井与侧钻水平井部署开发效果对比

分析表明，块状厚层集中发育型井组，侧钻井自身和井组整体储量挖潜效果均好于直井部署，垂向叠加和分散叠加类型井组则相对较差（图 5-91，表 5-35）。

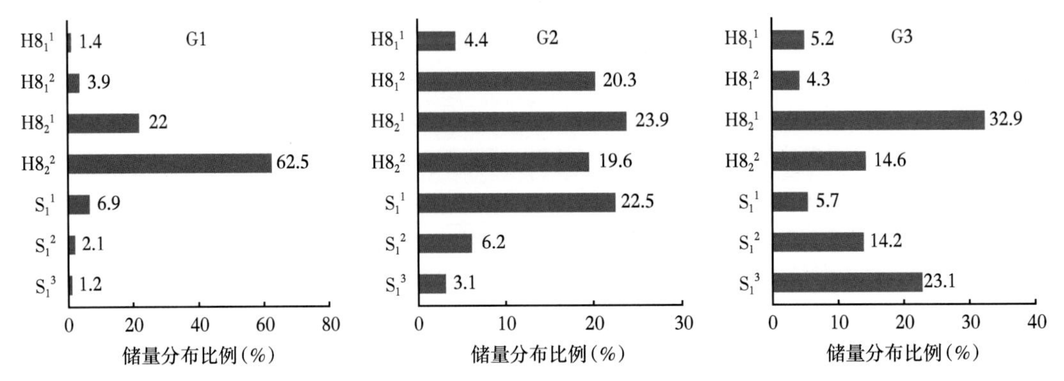

图 5-91 侧钻水平井与直丛井效果对比

表 5-35 侧钻水平井与直丛井开发效果对比表

	裂缝半长(m)	JV1 井累计产气量(10^4m^3)	JH1 井累计产气量(10^4m^3)	单井累计产量对比(%)	直井部署井组采收率(%)	侧钻井部署井组采收率(%)	直井、侧钻井组采收率对比(%)	内部收益率对比(%)
G1	100	4359	5061	+16.1	44.9	45.9	+1	+6.3
	50	4078	4674	+14.6	44.2	44.6	+0.4	+2.4
G2	裂缝半长(m)	JV2 井累计产气量(10^4m^3)	JH2 井累计产气量(10^4m^3)	单井累计产量对比(%)	直井部署井组采收率(%)	侧钻井部署井组采收率(%)	直井、侧钻井组采收率对比(%)	内部收益率对比(%)
	100	2594	1953	−24.7	41.1	39.9	−0.2	−2.5
	50	2353	1773	−24.6	39.9	38.7	−1.2	−2.5
G3	裂缝半长(m)	JV3 井累计产气量(10^4m^3)	JH3 井累计产气量(10^4m^3)	单井累计产量对比(%)	直井部署井组采收率(%)	侧钻井部署井组采收率(%)	直井、侧钻井组采收率对比(%)	内部收益率对比(%)
	100	1335	792	−40.6	39.3	37.1	−2.2	−2.7
	50	1304	761	−41.6	38.2	36.2	−2.0	−2.4

参考文献

曹宝军，李相方，姚约东，等. 2007. 火山岩气藏开发难点与对策［J］. 天然气工业，27(8)：82-84.

曹青，赵靖舟，刘新社，等. 2013. 鄂尔多斯盆地东部致密砂岩气成藏物性界限的确定［J］. 石油学报，34(6)：1040-1048.

陈克勇，段新国，张小兵，等. 2010. 基于三维岩相建模的火山岩岩性识别与预测［J］. 西南石油大学学报：自然科学版，32(2)：19-24.

邓勇，陆燕妮，李进，等. 2011. 低渗透气藏层内次生可动水流动临界条件研究［J］. 天然气勘探与开发，34(1)：36-38+75.

范坤，朱文卿，周代余，等. 2015. 隔夹层对巨厚砂岩油藏注气开发的影响——以塔里木盆地东河 1 油田石炭系油藏为例［J］. 石油学报，36(4)：475-481.

冯文光. 1986. 非达西低速渗流的研究现状与进展［J］. 石油勘探与开发，13(4)：76 -80.

冯曦，钟孚勋，罗涛. 1998. 低渗透致密储层气井试井模型研究［J］. 天然气工业，18(1)：70-73+11.

伏海蛟，汤达祯，许浩，等. 2012. 致密砂岩储层特征及气藏成藏过程［J］. 断块油气田，19(1)：48-49.

高建，吕静，王家禄. 2009. 储层条件下低渗透岩石应力敏感评价［J］. 岩石力学与工程学报，28(S2)：3899-3902.

郭平，徐永高，陈召佑，等. 2007. 对致密气藏渗流机理实验研究的新认识［J］. 天然气工业，27(7)：86-88.

郭智，贾爱林，薄亚杰，等. 2014. 致密砂岩气藏有效砂体分布及主控因素——以苏里格气田南区为例［J］. 石油实验地质，36(6)：684-691.

郭智，贾爱林，何东博，等. 2016. 鄂尔多斯盆地苏里格气田辫状河体系带特征［J］. 石油与天然气地质，37(2)：197-203.

郭智，贾爱林，冀光，等. 2017. 致密砂岩气田储量分类及井网加密调整方法［J］. 石油学报，38(11)：801-811.

郭智，孙龙德，贾爱林，等. 2015. 辫状河相致密砂岩气藏三维地质建模［J］. 石油勘探与开发，42(1)：76-83.

何东博，贾爱林，冀光，等. 2013. 苏里格大型致密砂岩气田开发井型井网技术［J］. 石油勘探与开发，40(1)：79-89.

何东博，贾爱林，田昌炳，等. 2004. 苏里格气田储集层成岩作用及有效储集层成因［J］. 石油勘探与开发，31(3)：69-71.

贺承祖，华明琪. 1998. 油气藏中水膜的厚度［J］. 石油勘探与开发，25(2)：75-77.

贺伟，冯曦，钟孚勋. 2002. 低渗储层特殊渗流机理和低渗透气井动态特征探讨［J］. 天然气工业，(z1)：91-94+4.

侯启军，赵志魁，王立武. 2009. 火山岩气藏：松辽盆地南部大型火山岩气藏勘探理论与实践［M］. 北京：科学出版社.

胡勇，朱华银，万玉金，等. 2007. 大庆火山岩孔隙结构及气水渗流特征［J］. 西南石油大学学报：自然科学版，29(5)：63-65.

胡治华，姜大巍，马艳荣，等. 2009. 徐家围子汪深 1 区块火山岩岩相特征及识别标志研究［J］. 西安石油大学学报：自然科学版，23(5)：32-36.

计秉玉，王春艳，李莉，等. 2009. 低渗透储层井网与压裂整体设计中的产量计算［J］. 石油学报，30(4)：578-582.

冀光，贾爱林，孟德伟，等. 2019. 大型致密砂岩气田有效开发与提高采收率技术对策——以鄂尔多斯盆地苏里格气田为例［J］. 石油勘探与开发，46(3)：11.
贾爱林，何东博，何文祥，等. 2003. 应用露头知识库进行油田井间储层预测［J］. 石油学报，24(6)：51-53.
贾爱林，王国亭，孟德伟，等. 2018. 大型低渗—致密气田井网加密提高采收率对策：以鄂尔多斯盆地苏里格气田为例［J］. 石油学报，39(7)：802-813.
贾爱林. 2011. 中国储层地质模型20年［J］. 石油学报，32(1)：181-188.
姜振学，林世国，庞雄奇，等. 2006. 两种类型致密砂岩气藏对比［J］. 石油实验地质，28(3)：210-214.
蒋海军，鄢捷年. 2000. 裂缝性储集层应力敏感性实验研究［J］. 特种油气藏，7(3)：39-41.
兰林，康毅力，陈一健，等. 2005. 储层应力敏感性评价实验方法与评价指标探讨［J］. 钻井液与完井液，(3)：1-4.
李国然. 2002. 经济措施产量模式的建立与应用［J］. 断块油气田，9(1)：40-42.
李海波，郭和坤，李海舰，等. 2015. 致密储层束缚水膜厚度分析［J］. 天然气地球科学，26(1)：186-192.
李建奇，杨志伦，陈启文，等. 2011. 苏里格气田水平井开发技术［J］. 天然气工业，31(8)：60-64.
李建忠，郑民，陈晓明，等. 2015. 非常规油气内涵辨析、源—储组合类型及中国非常规油气发展潜力［J］. 石油学报，36(5)：521-532.
刘建军，刘先贵，胡雅衽. 2003. 低渗透岩石非线性渗流规律研究［J］. 岩石力学与工程学报，22(4)：556-561.
刘思峰. 2014. 灰色系统理论及其应用［M］. 7版. 北京：科学出版社.
刘晓旭，胡勇. 2006. 储层应力敏感性影响因素研究［J］. 特种油气藏，13(3)：18-19.
卢涛，刘艳侠，武力超，等. 2015. 鄂尔多斯盆地苏里格气田致密砂岩气藏稳产难点与对策［J］. 天然气工业，35(6)：43-52.
罗群，刘为付，郑德山. 2001. 深层火山岩油气藏的分布规律［J］. 新疆石油地质，22(3)：196-198.
罗瑞兰，程林松，朱华银，等. 2007. 研究低渗气藏气体滑脱效应需注意的问题［J］. 天然气工业，27(4)：92-94.
马新华，贾爱林，谭健，等. 2012. 中国致密砂岩气开发工程技术与实践［J］. 石油勘探与开发，39(5)：572-579.
蒙启安，门广田，赵洪文，等. 2002. 松辽盆地中生界火山岩储层特征及对气藏的控制作用［J］. 石油与天然气地质，23(3)：285-288.
孟德伟，贾爱林，冀光，等. 2016. 大型致密砂岩气田气水分布规律及控制因素——以鄂尔多斯盆地苏里格气田西区为例［J］. 石油勘探与开发，43(4)：607-614.
闵琪，付金华，席胜利，等. 2000. 鄂尔多斯盆地上古生界天然气运移聚集特征［J］. 石油勘探与开发，27(4)：26-29.
明红霞，孙卫，张龙龙，等. 2015. 致密砂岩气藏孔隙结构对物性及可动流体赋存特征的影响——以苏里格气田东部和东南部盒8段储层为例［J］. 中南大学学报(自然科学版)，46(12)：4556-4567.
牛博，高兴军，赵应成，等. 2015. 古辫状河心滩坝内部构型表征与建模——以大庆油田萨中密井网区为例［J］. 石油学报，36(1)：89-100.
阮宝涛，孙园辉，苏爱武，等. 2009. 松辽盆地长岭1号气田营城组火山岩岩相分析［J］. 天然气工业，29(4)：27-29.
石磊，李书兵，黄亮，等. 2009. 火山岩储层研究现状与存在的问题［J］. 西南石油大学学报：自然科学版，31(5)：68-72.
孙园辉，沈平平，阮宝涛，等. 2008. 松辽盆地长岭断陷长深 1 号气田火山岩岩性及储渗特征研究［J］. 天然气地球科学，19(5)：630-633.
谭中国，卢涛，刘艳侠，等. 2016. 苏里格气田“十三五”期间提高采收率技术思路［J］. 天然气工业，36(3)：30-40.
王璞珺，陈树民，刘万洙，等. 2003. 松辽盆地火山岩相与火山岩储层的关系［J］. 石油与天然气地质，24(1)：18-23.
王英南，郗玉清. 2009. 松辽盆地兴城地区营一段火山岩岩性岩相及孔隙结构特征研究［J］. 中国石油勘探，14(1)：24.
王颖，宋立斌，张东，等. 2007. 松辽盆地南部深层火山岩岩性识别和岩相划分［J］. 天然气技术，1(5)：32-35.
王拥军，闫林，冉启全，等. 2007. 兴城气田深层火山岩气藏岩性识别技术研究［J］. 西南石油大学学报：自然科学版，29(2)：78-81.
王永祥，张君峰，段晓文. 2011. 中国油气资源/储量分类与管理体系［J］. 石油学报，32(4)：645-651.
魏虎. 2011. 低渗致密砂岩气藏储层微观结构及对产能影响分析［D］. 西安：西北大学.
吴景春，袁满，张继成，等. 1999. 大庆东部低渗透油藏单相流体低速非达西渗流特征［J］. 大庆石油学院学报，23(2)：82-84.
吴英，程林松，宁正福. 2005. 低渗气藏克林肯贝尔常数和非达西系数确定新方法［J］. 天然气工业，25(5)：3.
武力超，朱玉双，刘艳侠，等. 2015. 矿权叠置区内多层系致密气藏开发技术探讨——以鄂尔多斯盆地神木气田为例［J］. 石油勘探与开发，42(6)：826-832.
向阳，向丹，羊裔常，等. 1999. 致密砂岩气藏水驱动态采收率及水膜厚度研究［J］. 成都理工学院学报，26(4)：389-391.
肖渊甫，王道永，邓江红，等. 2004. 新疆北山晚古生代克拉通裂谷火山作用特征［J］. 成都理工大学学报：自然科学版，31(4)：331-337.
徐兵祥，李相方，尹邦堂. 2010. 滑脱效应对气井产能评价的影响［J］. 天然气工业，30(10)：45-48+119.
薛国庆，李闽，罗碧华，等. 2009. 低渗透气藏低速非线性渗流数值模拟研究［J］. 西南石油大学学报(自然科学版)，31(2)：163-166+193.
严谨，史云清，郑荣臣，等. 2016. 致密砂岩气藏井网加密潜力快速评价方法［J］. 石油与天然气地质，37(1)：125-128.
杨朝蓬，李星民，刘尚奇，等. 2015. 苏里格低渗致密气藏阈压效应［J］. 石油学报，36(3)：347-354.
杨华，付金华，刘新社，等. 2012. 鄂尔多斯盆地上古生界致密气成藏条件与勘探开发［J］. 石油勘探与开发，39(3)：295-303.
杨建，康毅力，李前贵，等. 2008. 致密砂岩气藏纳微观结构及渗流特征［J］. 力学进展，38(2)：229-236.
杨凯，郭肖，肖喜庆，等. 2009. 修正的低渗透气藏产能方程［J］. 天然气工业，29(4)：68-70+138-139.
杨胜来，魏俊之. 2004. 油层物理学［M］. 北京：石油工业出版社.
杨宇，周文，姜平，等. 2019. 对致密气藏水膜厚度的再认识［J］. 中国海上油气，31(1)：94-102.
袁士义，冉启全，徐正顺，等. 2007. 火山岩气藏高效开发策略研究［J］. 石油学报，28(1)：73-77.
张东. 2016. CO_2 驱经济极限产量确定方法研究［J］. 中国科技信息，(8)：122-123.

张烈辉，梁斌，刘启国，等. 2009. 考虑滑脱效应的低渗低压气藏的气井产能方程［J］. 天然气工业，29（1）：76-78+140.

张晓丽，杨建强，常春影，等. 2005. 多目标模糊优化方法及其在工程设计中应用［J］. 大连理工大学学报，45(3)：375-378.

张琰，崔迎春. 1999. 砂砾性低渗气层压力敏感性的试验研究［J］. 石油钻采工艺，21(6)：1-6.

赵芙蕾. 2019. 致密气藏采收率综合评价方法——以苏里格东区为例［D］. 北京：中国石油大学(北京).

赵靖舟，曹青，白玉彬，等. 2016. 油气藏形成与分布：从连续到不连续——兼论油气藏概念及分类［J］. 石油学报，37(2)：145-159.

赵文智，汪泽成，朱怡翔，等. 鄂尔多斯盆地苏里格气田低效气藏的形成机理［J］. 石油学报，26(5)：5-9.

周波，李舟波，潘保芝. 2005. 火山岩岩性识别方法研究［J］. 吉林大学学报：地球科学版，35(3)：394-397.

卓峻峰，赵冬梅. 2003. 基于混沌搜索的多目标模糊优化潮流算法［J］. 电网技术，27(2)：41-44.

Cluff S G, Cluff R M. 2004. Petrophysics of the Lance sandstone reservoirs in Jonah field, Sublette County, Wyoming［C］// AAPG：215-241.

Gao S S, Ye L Y, Xiong W, et al. 2010. Nuclear magnetic resonance measurements of original water saturation and mobile water saturation in low permeability sandstone gas［J］. Chinese Physics Letters, 27 (12)：128902.

Guang J, Ailin J, Dewei M, et al. 2019. Technical strategies for effective development and gas recovery enhancement of a large tight gas field：A case study of Sulige gas field, Ordos Basin, NW China［J］. Petroleum Exploration and Development, 46(3)：629-641.

Jelmert T A, Selseng H. 1998. Permeability function describes core permeability in stress-sensitive rocks［J］. Oil & Gas Journal, 96(49)：60-63.

Ji G, Zhang J, Lv Z, et al. 2018. Modeling and analyzing gas supply characteristics and development mode in sweet spots of Sulige tight gas reservoir, Ordos Basin, China［J］. Energy Exploration & Exploitation, 36(4)：895-909.

Jin Y. 2013. Grey Incidence Analysis on Sort Standard of National Standard［J］. Cancer Cell International, 13 (1)：77-77.

Jones F O, Owens W W. 1980. A laboratory study of low-permeability gas sands［J］. Journal of petroleum Technology, 32(9)：1631-1640.

Jones F O. 1975. A laboratory study of the effects of confining pressure on fracture flow and storage capacity in carbonate rocks［J］. Journal of Petroleum Technology, 27(1)：21-27.

Klinkenberg L J. 1941. The permeability of porous media to liquids and gases［A］//Drilling and Production Practice［C］//New York：American Petroleum Institute：200-213.

Sampath K, Keighin C W. 1982. Factors affecting gas slippage in tight sandstones of cretaceous age in the Uinta basin［J］. Journal of Petroleum Technology, 34(11)：2715-2720.

Walsh J B. 1981. Effect of Pore Pressure and Confining Pressure on Fracture Permeability［J］. International Journal of Rock Mechanics & Mining Sciences & Geomechanics Abstracts, 18(5)：429-435.

Wang P J, Hou Q J, Shu P, et al. 2005. Facies-controlled volcanic reservoirs of northern Songliao Basin, NE China［J］. Journal of Geoscientific Research in Northeast Asia, 8(1)：72-77.